戴永年论文选

——有色冶金及真空冶金

戴永年　著

北京
冶金工业出版社
2009

内 容 提 要

本书为戴永年院士论文选，分为五个部分，主要介绍了戴永年院士在真空冶金和锡冶金方面所做的工作及所获得的研究成果。主要内容涉及真空冶金的原理、二次资源的回收利用、真空冶金新工艺、锡冶金原理及工艺。此外，本书还收录了部分关于有色金属冶炼及深加工、金属提纯、电池材料方面的文章。

本书可供冶金及材料领域的科研、生产、设计、管理和教学人员使用。

图书在版编目(CIP)数据

戴永年论文选：有色冶金及真空冶金/戴永年著．—北京：冶金工业出版社，2009.1

ISBN 978-7-5024-4784-7

Ⅰ．戴…　Ⅱ．戴…　Ⅲ．①有色金属冶金—文集　②真空冶金—文集　Ⅳ．TF8-53　TF13-53

中国版本图书馆 CIP 数据核字（2008）第 214270 号

出 版 人　曹胜利

地　　址　北京北河沿大街嵩祝院北巷 39 号，邮编 100009

电　　话　(010)64027926　电子信箱　postmaster@ cnmip. com. cn

责任编辑　张熙莹　美术编辑　李　心　版式设计　张　青

责任校对　刘　倩　责任印制　牛晓波

ISBN 978-7-5024-4784-7

北京兴华印刷厂印刷；冶金工业出版社发行；各地新华书店经销

2009 年 1 月第 1 版，2009 年 1 月第 1 次印刷

787mm×1092mm　1/16；21. 25 印张；513 千字；332 页；1-2000 册

68. 00 元

冶金工业出版社发行部　电话：(010)64044283　传真：(010)64027893

冶金书店　地址：北京东四西大街 46 号(100711)　电话：(010)65289081

（本书如有印装质量问题，本社发行部负责退换）

前　言

云南地处横断山脉、属高原地区，矿藏丰富，为历来人民重视的资源财富。个旧的锡、东川的铜早已开采。其他许许多多的矿藏在近代也发挥了重要的作用。这些宝藏使我倾心于矿冶事业。

自1947年进入云大矿冶系读书，至今已半个世纪。大学毕业后，承担了锡冶金等有色金属冶金课，教学和科学研究都在矿冶方面。曾去中南矿冶学院冶金系研究生班学习，向中国的周则岳、赵天从和前苏联的彼斯库诺夫、克里沃森科等教授学习，内容都集中在有色金属冶金。教学和科研中多次去国内有色金属冶金厂和俄、美、德等国学习、考察。在厂里学到许多宝贵的东西，使书本上的知识在实践中得到了验证。认识到矿冶工作已经生产了大量的金属材料，为人类进步作出了巨大贡献；同时也感到工厂生产还存在一些问题，需要改进。如：污染环境、深加工不足、经济效益较低等。矿冶工程应提高各种金属的产量，深加工，产出多种产品，满足日益增长的社会需要；减少能耗，对环境无污染，创造更高的经济效益和社会效益。

真空冶金技术的发展也只经历了半个多世纪，其许多应用基础问题仍有待于深入研究，如真空条件下的物理化学反应过程、物质运动、能量传递等过程规律，真空装置中温度场的分布，真空反应器的设计与强化等。冶金及材料工业今后的任务更为艰巨，前景更加广阔。传统冶金技术需要改造，以现代科学技术为基础的新的冶金技术和材料需要创造，以推动冶金技术不断向前发展。

文集中一部分是属于“有色金属真空冶金”这个新的领域。例如我们研制的新型立式和卧式真空炉，现应用于中国、巴西、玻利维亚、美国以及东南亚等国，共有90多台真空炉建在50多个单位，因此得到国家级和省部级的一些奖励。这几篇文章希望能够起到“引玉”的作用。愿我国有色金属真空冶金事业创新成果涌现，日益蓬勃发展。

这些论文完成时，得到国内外和校内外的老师、领导、同事、同学、亲友以及妻子赵瑞芳和家人的关怀、支持，在此向他们致以衷心的感谢。

本书论文多数是在国内外的学术刊物、学术会议上发表的部分文章。在文中难免有不当之处，恳请读者指正！

作　者

2008年12月

目　　录

有色金属真空冶金

有 色 冶 金

锡 冶 金

粗锑及硅的精炼

高 能 电 池

有色金属真空冶金

YOUSEJINSHU ZHENKONG YEJIN

有色金属真空冶金
有色冶金
锡冶金
粗锑及硅的精炼
高能电池

金属在真空中的挥发性❶

戴永年　夏丹葵　陈　燕　蔡晓兰
杨　斌　李金华　邓智明　魏宗平

摘　要： 对Zn，Cd，Pb，Sb等金属的挥发速率与温度和压力的关系做了研究，结合国外的数据，归纳提出典型曲线和表达式，曲线以临界压力 p_{crit} 为界分两部分，高于 p_{crit}，残余气体起主要作用，金属挥发速率 ω 随压力增大而减小，有 $\lg\omega = a - bp_{残}$；小于 p_{crit} 时，金属的蒸气压起决定作用，ω 在一定温度时为定值。此规律对实践有重要意义，如确定作业的真空度，温度，加大设备生产率，不污染环境，在真空中不氧化金属，不使金属溶解气体，还可以脱除金属中的气体等。

关键词： 真空度；挥发性；金属的挥发速率

现代冶金及材料的发展中，金属的挥发性起着重要的作用，特别在较高温度和真空的条件下是这样，但迄今这方面的研究不多，数据少，人们不能据以估计(半定量或定量地)某些过程的趋势，选择适宜的条件。

本文在一些实验研究[1,2]的基础上阐明金属挥发性和压力的关系，列出前人的一些工作[3]，从而得到一些规律性的认识。

例如冶金技术发展，在历史上确定锌的火法提炼是应用锌的挥发性(锌的沸点为906℃)，在1200℃以上还原氧化锌产生锌蒸气，使气体冷却，凝结成金属锌，并且在1100℃左右使粗锌挥发，精馏成纯度高的锌，这些作业都是在常压下进行的。

然而，在近半个世纪以来，真空技术应用到冶金中，日益广泛，产生很好的结果。这样必然提出问题：火法生产锌，精炼粗锌，在什么压力下进行为宜？传统的常压作业在今天应当如何看待？

因此研究锌的挥发性就成为重要的事。

同样，除锌之外，如：Cd、As、Sb、Pb、Bi等金属都有同样的情况。

进一步，在金属及合金材料生产中，应用其挥发性也是近来提出的，并日益显示其重要性。

总之，在现代冶金及材料工业中，进一步了解金属的挥发性，有重要意义。

1　实验结果

经过实验研究，对Cd、Zn、Pb、Sb等金属得到如图1～图4所示的结果，ω 为蒸发速率。

❶ 本文发表于《昆明工学院学报》，1994，19(6)：26～32。云南省应用基础研究基金支持项目。

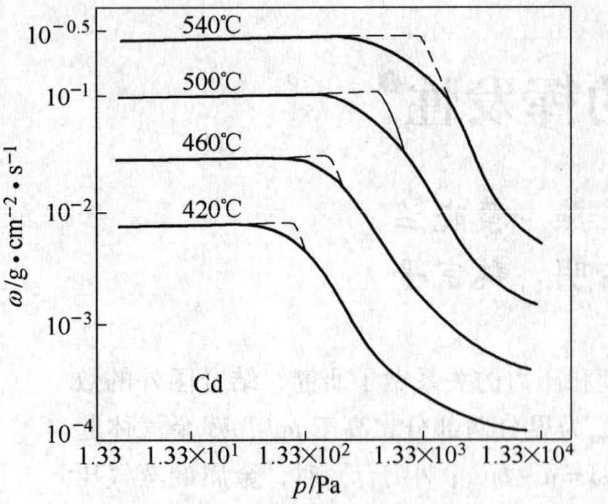

图 1 纯镉在不同温度下的 p-ω 关系

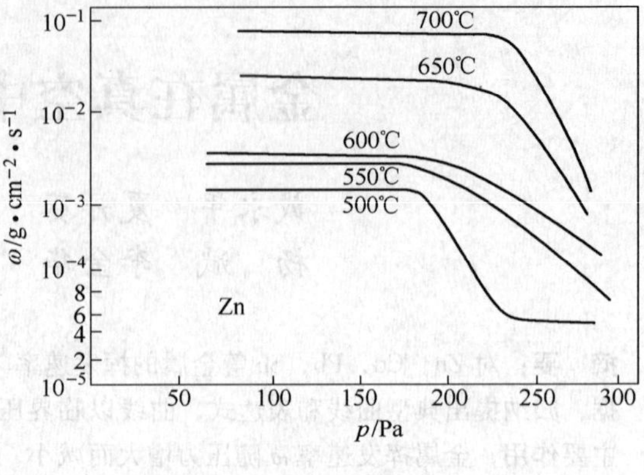

图 2 纯锌在不同温度下的 p-ω 关系

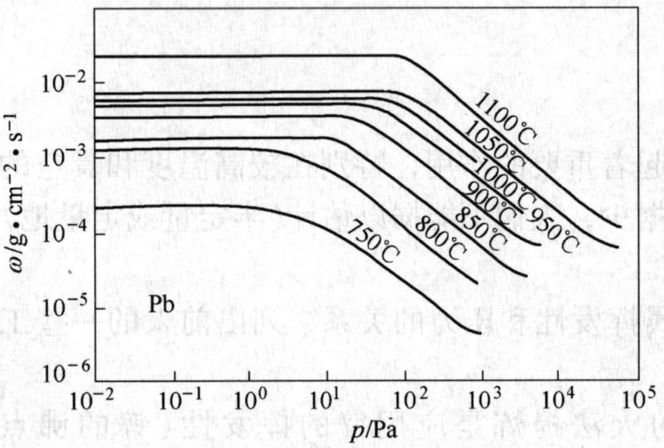

图 3 纯铅在不同温度下的 p-ω 关系

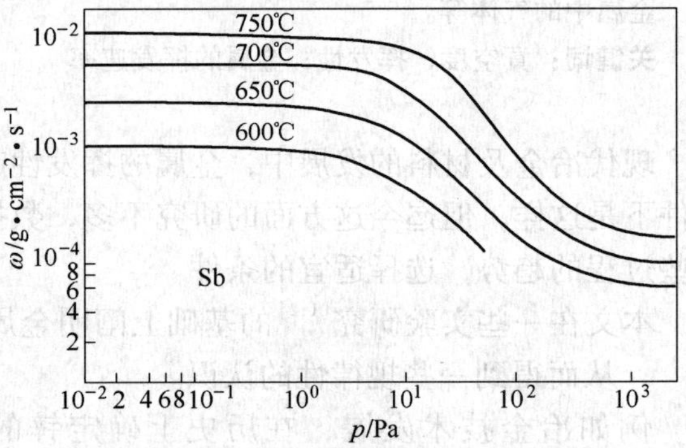

图 4 纯锑在不同温度下的 p-ω 关系

2 前人的工作

在文献中[3]列出一些金属与合金元素的挥发性和温度与压力的关系如图 5 所示。

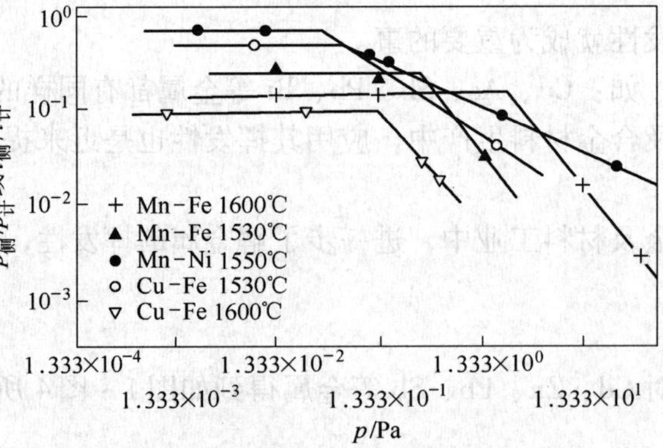

图 5 残余气体压强对相应金属蒸发速率的影响

图中每条曲线的转折点的压力称为临界压力(critical pressure)p_{crit}。许多研究者提出一些金属及合金的 p_{crit} 和相应的温度值，见表 1[3]。

表1 一些金属和合金的“临界压强”和相应温度[4]

蒸发金属	基体金属	工作温度/℃	相应的蒸气压/Pa	临界残余气体压强/Pa
Zn	Zn	465①	73.31①	39.99
Zn	Zn	440②	39.99①	8.00
Zn	Zn	421①	18.66①	13.33
Ag	Ag	1050	14.66	20.00
Ag	Ag	1150	79.98	41.32
Al	Al	1050	0.25	1.33
Al	Al	1150	1.47	5.33
Al	Al	1250	6.67	4.67
Mn(0.75% ~10%)	Ni	1550	约39.99 ~399.90	约13.33
Mn(0.1% ~5%)	Fe	1530	2.67 ~133.30	约26.66
Mn(0.1% ~5%)	Fe	1600	5.33 ~266.60	约133.30
Mn(0.7% ~0.1%)	Fe	1580	5.33 ~39.99	9.33
Cu(1% ~5%)	Fe	1530	1.33 ~26.66	约4.00
Cu(0.2% ~4.5%)	Fe	1600	1.33 ~26.66	约4.00
Al(63.8%)	Si(32.7%)	1035 ~1245	2.40	6.67

①计算值；

②在497℃试验值。

3 结果讨论

3.1 共性

可以看到上述这些工作数据有共同的性质，如图6所示，在一定温度有这样一条曲线，表达金属挥发速率与压力的关系，温度升高，曲线上移。

曲线的特点是：当压力大于 p_{crit} 时，金属的挥发速率 ω(g/(cm^2 · s))随着压力 p(Pa)增大而减小；当压力小于 p_{crit} 时，则压力减小，ω 不变，为一定值，p_{crit} 为曲线的转折点处的压力。

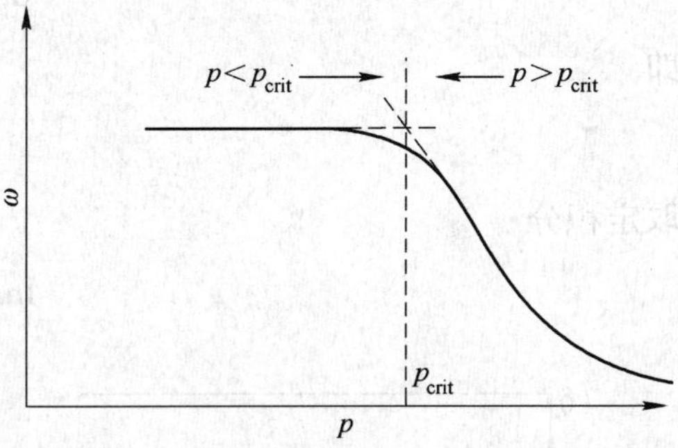

图6 金属蒸发的 p-ω 曲线

3.2 模型

为了解释这种共性，作者考虑一种模型，如图7所示。

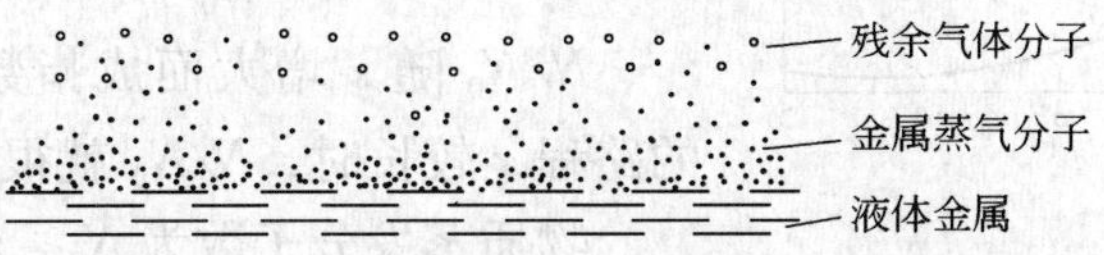

图7 液体金属上方存在着残余气体分子和金属蒸气分子

图7表明液体金属上方存在着残余气体分子和金属蒸气分子，这两种气体分子构成对液体金属继续挥发的阻力，继续挥发的金属气体分子飞出液面后会有一部分与上面已有的两种气体分子相碰撞，而返回金属液体。

用此模型可以说明阻力变化对金属挥发影响情况。

第一种残余气体分子，它存在的多或少，显示的阻力就大或小，它存在的量决定于抽空程度，即真空度；强化抽气系统则能减少残余气体分子数量；阻力降低，则金属挥发速度增大。

第二种阻力是金属气体分子在金属液体表面上方存在，它的多或少，构成对继续蒸发的金属分子外移的阻力大或小；它的数量取决于金属的饱和蒸气压 p_i^0；当温度一定，p_i^0 为定值，阻力也成为定数。

p_{crit} 是残余气体和金属饱和蒸气压力交替成为主要阻力的界限。

4 由气体分子运动阐明金属挥发曲线

上述实验的规律和解释，由分子运动来分析，得到进一步的说明。

若物质蒸发在单位时间内形成气体分子 N 个，当其向冷凝器运动时若有1个分子与已有气体分子(残余气体分子和物质已蒸发并存在空间的分子)碰撞，则 N_0 个分子就减少一个。经过路程 x 后剩下 N 个，再经过 dx 路程，又减少 dN 个($-dN$ 表示 N 的减量)。

蒸发分子的平均自由程为 λ，则在单位长度的路程上每个分子碰撞数为 $1/\lambda$，在 dx 路程上每个分子碰撞 dx/λ 次，M 个分子在 dx 路程上平均碰撞 Ndx/λ 次。因此，分子数的减少量为

$$-dN = \frac{1}{\lambda} \cdot N \cdot dx$$

即

$$\frac{-dN}{N} = \frac{dx}{\lambda}$$

取定积分

$$\ln N = -\frac{x}{\lambda} + C \tag{1}$$

C 为积分常数，按假设 $x=0$ 时 $N=N_0$，代入上式

$$\ln N_0 = C$$

代入式（1）

$$\ln\frac{N}{N_0} = -\frac{x}{\lambda}$$

或

$$\frac{N}{N_0} = \exp\left(-\frac{x}{\lambda}\right) \tag{2}$$

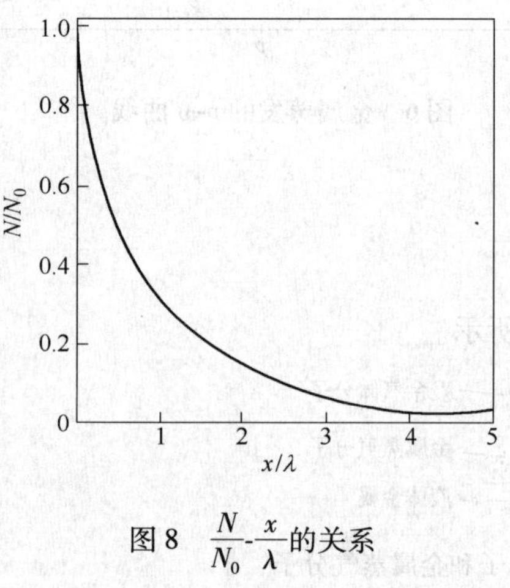

图8 $\frac{N}{N_0}$-$\frac{x}{\lambda}$的关系

N/N_0 随 x 增大而成指数衰减，故当分子经过的路程 x 较长时，N/N_0 就很小，如图8所示[5]。

物质蒸发分子数为 N_0，经过 x 路程到达冷凝器的分子数为 N，则应有

$$\alpha = N/N_0 \tag{3}$$

式中 α——适应系数。

由 $\lambda = K/p$，K 为常数，则有

$$-x/\lambda = -xp/K$$

从式（2）

$$\ln\left(\frac{N}{N_0}\right) = -\frac{x}{\lambda} = -\frac{xp}{K}$$

$$\lg\ (N/N_0) = -\frac{xp}{2.303K}$$

$$\frac{N}{N_0} = 10^{-\frac{xp}{2.303K}}$$

系统的压力 $p = p_{残} + p_i$，$p_{残}$ 是残余气体压力，p_i 是 i 物质的蒸气压力，则

$$N = N_0 \times 10^{-(p_{残}+p_i)x/(2.303K)}$$

即

$$\lg N = \lg N_0 - (p_{残} + p_i)\ x/(2.303K)$$

以单位时间和单位面积逸出的分子数计，则 $N_0 = \omega_{max}$（最大蒸发速率），$N = \omega$（蒸发速率），得

$$\lg\omega = \lg\omega_{max} - (p_{残} + p_i)\ x/(2.303K) \tag{4-1}$$

并由式（3）有

$$\lg\alpha = -(p_{残} + p_i)\ x/(2.303K) \tag{5-1}$$

从式（4-1）和式（5-1）可以讨论压力变化时的情况：

（1）当系统的压力大于 p_{crit} 时，$p_i \ll p_{残}$，则 $p_{残} + p_i \approx p_{残}$，式（4-1）成为：

$$\lg\omega = \lg\omega_{max} - p_{残}\ x/(2.303K)$$

当温度一定，设备不变时，ω_{max}，x 和 K 都是定值，则

$$\lg\omega = a - bp_{残} \tag{4-2}$$

式中，a 和 b 为常数。

式（4-2）表明：温度一定，$p_{残} > p_{crit}$ 范围内，$\lg\omega$-$p_{残}$ 为直线关系，$p_{残}$ 减小，ω 增大。同时由式（5-1）得

$$\lg\omega = -bp_{残} \tag{5-2}$$

表明 $p_{残}$ 的变化也影响 α（蒸发系数），$p_{残}$ 增大，α 减小。

（2）当 $p_{残}$ 与 p_i 相近时，

$$p = p_{残} + p_i \approx 2p_{残}$$

$$\lg\omega = a - b\ (p_{残} + p_i) \approx a - 2bp_{残} \tag{4-3}$$

$$\lg\alpha = -b\ (p_{残} + p_i) \approx -2bp_{残}$$

（3）当 $p_{残}$ 减少到 $p_{残} < p_i$ 时，则 $p_{残} + p_i \approx p_i$，得

$$\lg\omega = a - bp_i \tag{4-4}$$

式中，p_i 取决于 p_i^0，温度一定时 p_i^0 为定值，p_i^0 也将不变，则

$$\lg\omega = a - bc = d \tag{4-5}$$

式中，c 和 d 皆为常数。

因此，在一定温度下，当 $p_{残} \ll p_i$ 时，ω 为定值。

(4) ($p_{残}+p_i$) 不会为零，式 (4-1) 右边第二项不会为零，故 ω 不会等于 ω_{max}，α 总小于1。在极限的情况下 ω 接近 ω_{max}，α 接近于1。

5　金属挥发规律在实践中的作用

(1) 确定作业的真空度。在某一温度下使金属蒸发，从图1~图4中可以看到，在大气压下金属的挥发速率较低，降低系统内的压力，ω 随之升高，达到 $p=p_{crit}$ 时，ω 达到最高值，以后再降低压力，ω 不变。

因此，使金属蒸发的作业，应当在系统内压力为该金属在该温度时的临界压力下，可保持金属挥发最快，此时的 ω 与大气压下相比约高于 10^2 倍。

压力小于 p_{crit} 很多是没有必要的，它无助于提高金属的挥发速率，反而要使用更多的抽空设备，造成不必要的、过多的消耗。

(2) 金属挥发速率大约 10^2 倍，将对设备和作业消耗产生深刻的影响。在相同温度下，设备中同样的蒸发面，生产率将增大约 10^2 倍。若生产的规模不变，则所需的设备可相应地缩小，设备的基本建设投资会随之减小，设备作业的维持性消耗将会降低。

(3) 作业的温度可以降低。例如铅在常压下的沸点为1740℃，故过去很少有人考虑铅冶金中使用铅蒸发的方法，因为铅的沸点比较高，若将铅仅加温到1100℃，在 10^5Pa 压力下其挥发速率只有 10^{-4}g/ (cm^2·s) 以下 (相当于0.0036t/ (m^2·h))，但抽空到 10^2Pa 的压力下，挥发速率增大到3.6t/ (m^2·h)，甚至温度只升到1000℃，压力保持 10^2Pa，挥发速率还在0.03~0.3t/ (m^2·h)。在工业上已可以实现，勿需加热到1740℃。

同样原因，Pb、Bi、Sb等都可以考虑用较低温度的真空挥发的方法来冶炼，铅的真空精炼已在生产上实现[1~5]。

(4) 真空设备为密闭容器，在其中金属进行蒸发和冷凝，往外排的气体量极其稀少，都经过真空泵，故极易处理到无污染环境的程度，可以认为是无污染或极少污染的冶金过程。

(5) 真空中残余气体很少，其中的氧气就更为微少，在真空中蒸发金属不会或极微发生氧化，例如锌、铅、锑等金属在真空中蒸发再冷凝成金属都不会氧化。

(6) 真空中残余气体分压很低，金属熔化再凝结时不会溶解气体。若原金属中有气体在真空中熔化和冷凝还能将其脱除，铝液在真空中脱氢就是例子。

6　结论

金属与合金的挥发速率与温度和压力的关系具有一定的共同性，在一定温度有图6的曲线，其主要特点是：

(1) 压力大于 p_{crit}，ω 随压力增大而减小，有 $\lg\omega=a-bp$ 的关系。

(2) 压力等于 p_{crit}，ω 达到最大值。

(3) 压力小于 p_{crit}，ω 为定值，不受压力变化而影响。

(4) p_{crit} 与金属的饱和蒸气压 p_i^0 有关，p_i^0 只决定于温度，故温度一定时 p_{crit} 为定值。

此规律性对实践工作有重要的影响。

参 考 文 献

[1] 夏丹葵，戴永年. 纯锌挥发规律研究. 有色金属. 1992，44（2）：53~55.
[2] 陈燕. 金属镉真空蒸馏基本规律的研究：［硕士论文］. 昆明：昆明工学院真空冶金研究所，1989.
[3] Winkler O. Bakish R. 真空冶金学.（英文版 1971）. 上海：上海科学技术出版社，1980，21~38.
[4] 戴永年，赵忠. 真空冶金. 北京：冶金工业出版社，1988，14~41.
[5] 张树林. 真空技术物理基础. 沈阳：东北工学院出版社，1988，18~80.

Separation of Various Elements in Crude Metal or Alloy during Vacuum Distillation❶

Dai Yongnian

Abstract: The feasibility to vacuum distillation of a crude metal or an alloy was discussed. The equilibrium relationship between vapor phase and liquid phase in A-B System——$\rho_A/\rho_B=\beta_A\ a^*/b$ has been derived. The separation coefficient $\beta_A=r_A p_A/(r_B p_B)$ is a judgment criterion. By calculation p_A/p_B, the equilibrium composition diagram of vapor phase and liquid phase was drawn. By use of the equation derived by M. Olette, the relationship among the volatilization amounts of various impurities in a crude metal(y_i) was further solved. $1-(x/100)=C=(1-y_i/100)^{1/\alpha_i}$. From y_i value obtained in practice, α_i, β_i and then can be calculated. The correct volatilization order of various impurities was obtained. These results can be applied to determine the practical conditions(temperature, vacuum degree, type of distillation furnace, times of distillation and control of product composition) in distillation of a crude metal or an alloy.

1 Introduction

Refining and separation of various impurities from nonferrous crude metals by vacuum distillation have many the advantage of high metal recovery, impurities recovered in metallic state, flowsheet simplified, good enviromental protection, low operation costs and incomplex equipment. So in recent years this method has been adopted widely.

Vacuum distillation has also been studied and used in separation of various elements from nonferrous alloys and the area of its application is being extended rapidly.

At this situation, some problems have been put up: What kind of impurities can be removed from crude metals? What kind of alloys can be separated by vacuum distillation? In present paper, attempts have been made to answer these problems and combine with practical results to analyse some valuable data obtained from test-work on vacuum distillation of crude tin and Pb-Sn alloy.

2 Evaluation of distillability for separation of various elements from crude metals and alloys

2.1 Evaluation by boiling points or vapor pressures of pure substances

Usually, the boiling points of various elements in crude metals and alloys at pure state or their vapor pressures at the same temperature($p_i^\ominus$) are compared. The boiling points of some elements, namely the temperatures at vapor pressure of 1 atmosphere are shown in Table 1.

❶ 本文发表于1989年TMS年会论文集。

Table 1 Boiling points of some metal elements

Element	Hg	As	Cd	Zn	Ti	Bi	Sb	Pb	In	Ag	Sn
Boiling point/℃	357	603	765	907	1460	1564	1678	1740	2073	2200	2623

As shown in Table 1, the difference between boiling points of lead and zinc is 833℃, so it is determined that Pb-Zn alloy or crude lead containing zinc can be separated one another by vacuum distillation due to great difference in their boiling points. For the same reason, the similar substances such as Sn-Pb alloy or crude tin containing with lead, cadmium in Zn-Cd alloy or crude zinc and so on can also be separated by vacuum distillation.

On the other hand, the $p_A^{\ominus}$ and $p_B^{\ominus}$ of element A and B at the same temperature can be calculated, if $p_A^{\ominus} \neq p_B^{\ominus}$, it is considered that element A and B can be separated by vacuum distillation.

In this evaluation, the difference of action forces between atoms of elements in alloys is not put into consideration, so, for some materials the regularity discribed above can not be adopted and sometimes an impractical result occurs. Alloys of Pb-Bi, Sn-As-Pb and so on belong to such materials. For example, at the part of rich lead(crude lead, >90% Pb) in Pb-Sb alloy, lead is selectively vatillized during distillation, and at the part of rich antimony(crude antimony, >90% Sb), antimony is preferentially vatillized into gas phase. When crude tin containing arsenic and lead, lead is selectively vatillized into gas phase rather than arsenic.

2.2 Evaluation by practical vapor pressure

When evaluation, not only the values of $p_A^{\ominus}$ and $p_B^{\ominus}$ must be considered, but also much attention should be paid to activity a_i of each component(or activity coefficient r_i) and their contents of percentage(a^* stands for A, b for B) or mole fractions N_A and N_B, that is, the practical vapor pressures p_A and p_B produced after the solution of A and B is formed. Since

$$p_i = r_i N_i p_i^{\ominus} \tag{1}$$

Here, the change range of N_i is very large, it may be up to several orders of magnitude and that of r_i is of the same extent.

For example

Pb-Zn system(650℃)	Cu-Zn system(500℃)
End in rich lead $r_{Zn}^{\ominus} = 7.94$	End in rich copper $r_{Zn}^{\ominus} = 0.014$
End in rich zinc $r_{Pb}^{\ominus} = 34.6$	End in rich zinc $r_{Cu}^{\ominus} = 0.018$

The difference between two $r_{Zn}^{\ominus}$ in above binary systems is two orders of magnitude.

The change of r_i and N_i has great influence on p_i, so, for evaluating separation of elements, it is more perfect by use of p_i than by use of p_i^0.

2.3 Evaluation by separation coefficient

Because of the molecular weight of each substance is different at the same practical vapor pressure, it is also different mass in gas. This can be shown by a simple example: at condition of

0℃ and 1 atmosphere, the mass of hydrogen in 22.4L is 2g and that of CO_2 is 44g, the later is 22 times as heavy as the former.

Thus, the content of one substance i in gas is expressed by vapor density ρ_i

$$\rho_i = M_i p_i/(RT) \tag{2-1}$$

where ρ_i is the mass of gas containing substance i in volume of unit. It is related to molecular weight M_i, practical vapor pressure p_i and the temperature of gas T; R is gas constant.

Substituting Eq. (1) into Eq. (2-1)

$$\rho_i = \gamma_i N_i M_i p_i^{\ominus}/(RT) \tag{2-2}$$

comparing vapor densities of A and B in gas of A-B system, That is,

$$\frac{\rho_A}{\rho_B} = \frac{\gamma_A N_A M_A p_A^{\ominus}}{\gamma_B N_B M_B p_B^{\ominus}} \tag{3-1}$$

then changing mole fraction N_A and N_B into weight of percentage a^* and b, Eq. (3-1) becomes

$$\frac{N_A}{N_B} = \frac{a^* M_B}{b M_A} \tag{4}$$

If there are the same molecular weights of A and B in both gas and liquid phases, then

let
$$\frac{\rho_A}{\rho_B} = \frac{a^*}{b} \frac{\gamma_A p_A^{\ominus}}{\gamma_B p_B} \tag{3-2}$$

$$\beta_A = \gamma_A p_A^{\ominus}/(\gamma_B p_B^{\ominus}) \tag{5-1}$$

Eq. (3-2) turns into

$$\frac{\rho_A}{\rho_B} = \beta_A a^*/b \tag{3-3}$$

where ρ_A/ρ_B is the ratio of contents of two components A and B in gas phase; a^*/b is the ratio of contents in liquid phase and Eq. (3-3) is the relationship of contents between two components in gas and liquid phases. The distribution of component A in two phases depends on β_A. There are three cases:

(1) When $\beta_A > 1$, then $\rho_A/\rho_B > a^*/b$, during distillation A is concentrated in gas phase and B in liquid phase;

(2) When $\beta_A < 1$, then $\rho_A/\rho_B < a^*/b$, B is concentrated in gas phase and A in liquid phase. It is opposite to above;

In cases 1 and 2, A and B can be concentrated in gas phase or liquid phase respectively.

(3) When $\beta_A = 1$, then $\rho_A/\rho_B = a^*/b$, it means the contents of A and B in gas phase is equal to that in liquid phase, so that A and B can not be separated by distillation. Thus, β_A is a key value for evaluating possibility of separating A and B by distillation, it is called "separation coefficient".

As show in Eq. (3-3), β_A represents the difference in contents of A and B between two phases by times. The farer is the from 1, the larger is the value of difference and the effect of separation of A and B by distillation is better.

2.4 Evaluation of alloys

Taking Pb-Sn alloy as an example the diagram of β_{Pb}-N_{Pb} at temperatures of 1000℃ and

1100℃ is shown in Fig. 1.

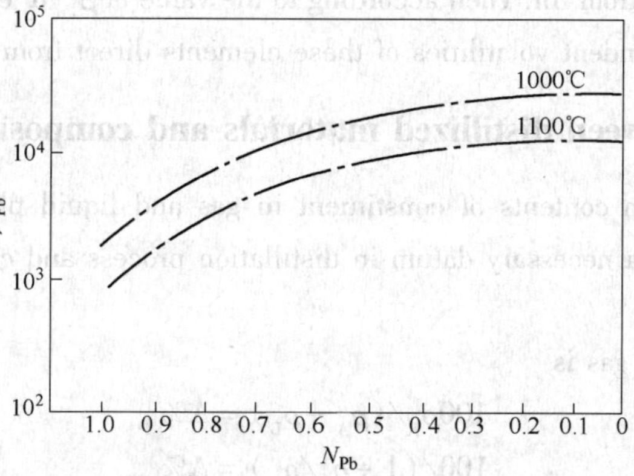

Fig. 1 The β_{Pb} value of Pb-Sn system in gas and liquid phases at balance, at temperatures of 1000℃ and 1100℃

β_{Pb} changes within $10^3 \sim 10^4$ with the change of alloy compositions and temperatures.

As shown in Fig. 1, the ratio of contents of lead and tin in gas and liquid phases is up to thousands to ten thousands. It is determined that lead and tin can be concentrated and purified in gas phase and liquid phase respectively by vacuum distillation. The effect of separation for one time distillation is better.

2.5 Evaluation of crude metals

Suppose element B is base metal of a crude metal and element A is an impurity. Indeed it is a dilute solution formed by a large amount of B and a small amount of A. Here

$$r_B = 1$$

$$r_A^{\ominus} = \text{consant}$$

then Eq. (5-1) is

$$\beta_i^{\ominus} = \gamma_i^{\ominus} \cdot \frac{p_i}{p_{Sn}} \tag{5-2}$$

it is suitable for impurity A in crude metal.

For example of crude tin, by application of data from reference 1, $\gamma_i^{\ominus}$ of binary system Sn-i including tin and various impurities and then $\beta_i^{\ominus}$ is calculated. They are listed in Table 2.

Table 2 $\beta_i^{\ominus}$ value of Sn-i system containing small amount of i at temperature of 1000℃

i	Cu	Ag	In	Bi	Sb	Pb	As
p_i/p_{Sn}	9.3×10^{-2}	6.2×10	2.3×10^2	1.4×10^4	1.42×10^5	3.3×10^4	1.29×10^9
$\gamma_i^{\ominus}$	0.317	0.187	1.241	1.356	0.411	2.195	
$\beta_i^{\ominus}$	2.948×10^{-2}	1.16×10	3.85×10^2	1.898×10^4	3.84×10^4	7.23×10^4	

The data from Table 2 indicated that during vacuum distillation for crude tin, copper remains in residual solution due to $\beta_{Cu}^{\ominus} < 1$. Ag, In, Bi, Sb and Pb are impurities which $\beta_i^{\ominus} > 1$, they can be volatilized and separated from tin. Then according to the value of $\beta_i^{\ominus}$ of elements from small to large in sequence, the correspondent volatilities of these elements direct from difficult to easy.

3 Relationship between distillized materials and compositions of alloys

Relationship between contents of constituent in gas and liquid phases is very important for vacuum distillation, it is a necessary datum in distillation process and can be used as an indicator for separation efficiency.

The content of A in gas is

$$100\rho_A/(\rho_A + \rho_B) = A\%_{gas}$$

namely

$$100/(1 + \rho_B/\rho_A) = A\%_{gas} \tag{6}$$

As stated above, when ρ_A/ρ_B is obtained, then at different a^* and b, $A\%_{gas}$ is obtained from Eq. (6), a diagram of relationship between a and $A\%_{gas}$ can be figured, namely a diagram of $A\%_{liquid} - A\%_{gas}$. From study of Pb-Sn alloy system by vacuum distillation a equilibrium diagram of relationship between contents of constituent in gas and liquid phases at temperature of 1000℃ and 1100℃ is produces (expressed by Sn%). As shown in Fig. 2, the diagram can directly show the quantitive relation in tin contents of great difference between gas and liquid phases. If raw material (liquid phase) is only a common tin solder containing about 62% Pb, when distillation lead is preferentially volatiled. Tin contained in volatilized lead is only about 0.01%. When at higher distillation temperature of 1100℃ tin content is higher about 0.02%. When tin content in liquid phase is 90%, the tin content in volatilized lead is up to 0.1% ~0.2%.

Eq. (5-2) and Eq. (6) can also be used for equilibrium composition of various impurities in crude tin between gas and liquid phases. It is shown in Fig. 3.

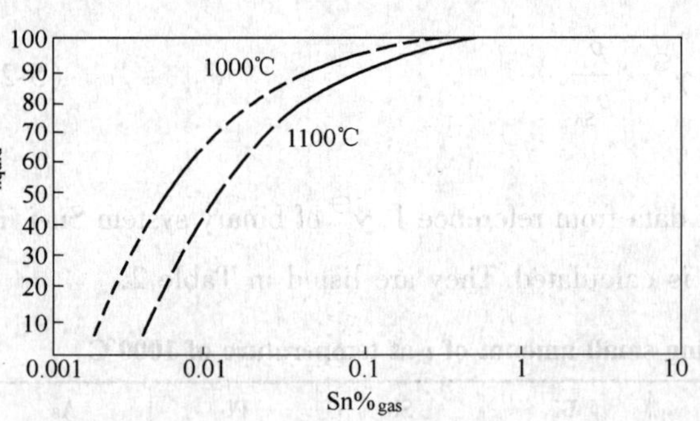

Fig. 2 Equilibrium Relationship between contents of constituent of Pb-Sn system in gas and liquid phases

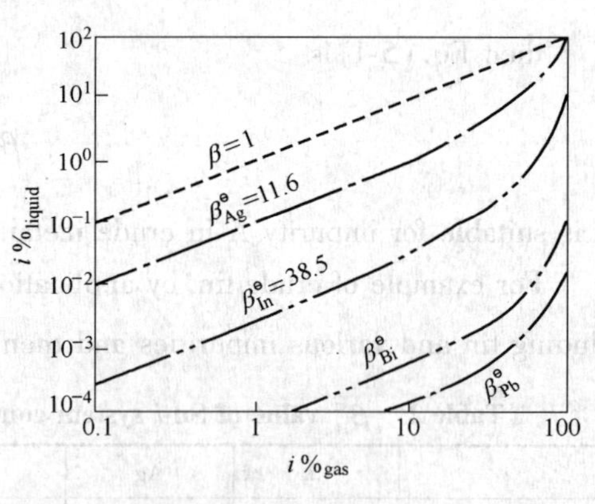

Fig. 3 Equilibrium composition of Sn-i system in gas and liquid phases at temperature of 1000℃

There are curves of distribution with quantitive values of Pb, Bi, In and Ag when crude tin is processed by vacuum distillation shown in Fig. 3.

Undoubtedly, this diagram has a great important sense in vacuum distillation for crude metals and alloys, when studying crude metals and alloys of Pb-Ag, Pb-Sn and so on by vacuum distillation, it plays a directive role.

4 The relationship between volatilizing rates of various impurities in crude metal

A crude metal with B as basic element contains various impurities of 1, 2, 3..., and each element has its own separation coeffecient $\beta_1^{\ominus}, \beta_2^{\ominus}...$, and activity coefficient $\gamma_1^{\ominus}, \gamma_2^{\ominus}....$ Distillation coefficients α_1, α_2...are introduced through application of Langmuir equation by M. Olette, and the relationship between volatilization rates of B and impurity i represented by x and y is shows as follows

$$y_i = 100 - 100(1 - x/100) \tag{7-1}$$

$$\alpha_i = \gamma_i^{\ominus} p_i^{\ominus} \sqrt{M_B}/(\gamma_B^{\ominus} p_B^{\ominus} \sqrt{M_i}) \tag{8-1}$$

since suppose α_i is a constant at integral to establish equation (7-1), so, Eq. (7-1) can only be used in this condition. Impurities in crude metals belong to this classification. For crude tin, there is

$$\alpha_i = \gamma_i^{\ominus} p_i^{\ominus} \sqrt{M_{Sn}}/p_{Sn}^{\ominus}\sqrt{M_i} \tag{8-2}$$

after considering Eq. (5-2)

$$\alpha_i = \beta_i^{\ominus} \sqrt{M_{Sn}}/\sqrt{M_i} \tag{8-3}$$

x gained from Eq. (7-1)

$$x = 100[1 - \sqrt[\alpha_i]{1 - y_i/100}] \tag{7-2}$$

for various impurities Pb, Bi...there is

$$\begin{aligned} x &= 100[1 - \sqrt[\alpha_{Pb}]{1 - y/100}] \\ &= 100[1 - \sqrt[\alpha_{Bi}]{1 - y/100}] \\ &= \cdots \end{aligned}$$

then obtain

$$1 - x/100 = (1 - y/100)^{1/\alpha_{Pb}} = (1 - y/100)^{1/\alpha_{Bi}} = \cdots = c \tag{7-3}$$

for one impurity can obtain

$$\lg(1 - y_i/100) = \alpha_i \lg c \tag{7-4}$$

Eq. (7-3) shows the relationship between volatilization rates of various impurites in crude metals and α_i and $y_i^{\ominus}$ are important values in Eq. (7-3). Volatilization rates of various impurities are obtained through test-work, then α_i and $\gamma_i^{\ominus}$ can be calculated.

The content of impurity is obtained when crude tin is treated by test of vacuum distillation at 1200℃, 1.33Pa, and 2 ~ 15min, let $\gamma_{Pb} = 1.2$, by use of equation above α_{Bi} and its average value

$\bar{\alpha}_{Bi}$ of impurity Bi are calculated and shown in Table 3.

Table 3 α_{Bi} and $\bar{\alpha}_{Bi}$ obtained from volatilization rates of lead and bismuth in crude tin

volatilization time/min	2	3	5	7	10	15
γ_{Pb}	20. 1	76. 55	93. 16	78. 4	99. 77	99. 95
γ_{Bi}	61. 21	70. 91	91. 92	96. 77	99. 84	99. 84
α_{Bi}	2.036×10^3	2.24×10^3	2.43×10^3	2.158×10^3	2.75×10^3	2.202×10^3
$\bar{\alpha}_{Bi}$			2.303×10^3			

put $\bar{\alpha}_{Bi}$ into Eq. (7-4), the calculated volatilization rate of bismuth γ_{Bi} is very close to the rate obtained from experiment(refer to Table 4).

Table 4 $\gamma_{Bi,exp.}$ and $\gamma_{Bi.cal.}$

volatilization time/min	2	3	5	7	10	15
$\gamma_{Bi,exp.}$	61. 21	70. 91	91. 92	96. 77	99. 84	99. 84
$\gamma_{Bi,cal.}$	65. 72	72. 31	90. 66	97. 42	99. 53	99. 88

After $\bar{\alpha}_i$ of one impurity in crude tin is gained, then $\beta_i^{\ominus}$ and $\gamma_i^{\ominus}$ can be produced, as shown in Table 5.

Table 5 $\gamma_i^{\ominus}$, $\beta_i^{\ominus}$ and $\bar{\alpha}_i$ of impurity *i* in crude tin(1200℃)

i	Pb	Bi	As	Sb
$p_i^{\ominus}/p_{Sn}^{\ominus}$	2.85×10^3	3.894×10^4	8536×10^7	1.778×10^4
$(M_{Sn}/M_i)^{1/2}$	0. 757	0. 7536	1. 028	0. 57
$\bar{\alpha}_i$	2.60×10^3	2.303×10^3	1.295×10^3	2.501×10^2
$\gamma_i^{\ominus}$	1. 2	7.8×10^{-2}	1.475×10^{-5}	2.468×10^{-2}
$\beta_i^{\ominus}$	3.419×10^3	3.05×10^3	1.295×10^3	4.38×10^2

Note: according to Table 5, let $M_{As} = 1.5 \times 74.82$ is substance in gas state, bismuth is a single atom, antimony is a molecule of three atoms.

The volatilization rates of impurities including arsenic and antimony in crude tin calculated form data listed is Table 5 is very close to that obtained from experiments. It is shown in Table 6.

Table 6 $\gamma_{As.exp.}$, $\gamma_{Sb.exp.}$ and $\gamma_{As.cal.}$, $\gamma_{Sb.cal.}$

Distillation time/min	2	3	5	7	10	15
$\gamma_{As,exp.}$	47. 2	55. 49	71. 69	80. 25	85. 06	98. 35
$\gamma_{As,cal.}$	45. 24	51. 43	73. 71	87. 25	95. 14	97. 73
$\gamma_{Sb,exp.}$	9. 49	8. 57(?)	22. 96	28. 89	46. 66	58. 52
$\gamma_{Sb,cal.}$	10. 08	13. 02	22. 73	32. 85	44. 24	51. 86

Note: (?) the data form reference 3 may be inaccurate among the activity coefficients of arsenic, antimony and bismuth obtained from Table 5, $\gamma_{As}^{\ominus}$ has not yet been studied, while $\gamma_{Sb}^{\ominus}$ and $\gamma_{Bi}^{\ominus}$ are very different from the data obtained reference 1. It is shown in Table 7.

Table 7 The comparison of $\gamma_i^{\ominus}$ for As, Sb and Bi in crude tin

i	Sb	As	Bi
$\gamma_i^{\ominus}$(1200℃ *)	2.468×10^{-2}	1.475×10^{-5}	7.8×10^{-2}
$\gamma_i^{\ominus}$	4.11×10^{-1}(677℃)		1.356(326℃)

Note: * is present paper.

and liquid phases obtained in present paper have great importance in practice. It is a supplement to basic data and can be used to predict quality of product, structure of equipment and scheme of distillation.

References

[1] Nesmeyanov A N. Vapor Pressure of the Chemical Elements. 1963.

[2] Hultgren R, et al. Selected Values of the Thermodynamic Properties of Binary Alloys. 1973.

[3] Pearce S C. Lead-Zinc-Tin. 1980, 754 ~ 768.

[4] Olette M. Physical Chemistry of Process Metallurgy, 1961, paty 2. 1065. Proceedings 4th International Conference on vacuum Metallurgy Section 1. New York. London: Interscience publishers, 1973, 29.

[5] Dai Yongnian, He Aiping. Vacuum Distillation at Lead-Tin Alloy. 1987.

铅-锡合金真空蒸馏分离[❶]

戴永年

粗锡精炼除铅，我国生产上多采用结晶法，产出纯锡和焊锡（Sn 约 65%、Pb 约 35%），焊锡再用氯化物电解液电解得精锡和阳极泥（氯化铅），再将氯化铅处理成粗铅。粗铅精炼除锡，一般是采用氧化法使锡氧化进入渣中，再用重选将氧化锡富集，然后炼成焊锡。

当前，生产上使用这些方法有效地解决了铅-锡分离的问题，经济上也较合理。但从发展上看，这些方法流程较长，材料消耗多，设备较复杂，加工成本高，有必要探索新的更快、更经济地分离铅和锡的方法。

真空蒸馏铅-锡合金，可以一举产出粗锡或精锡和粗铅，流程简单，材料消耗少，加工费较低。为此，许多单位在小型试验中对蒸馏温度、时间和料层厚度等因素进行了研究，一些单位正在进行扩大试验。

本文特就铅-锡合金真空蒸馏的一些基本问题进行分析，以供参考。

1　铅与锡的蒸发和气体的扩散

1.1　铅与锡的蒸气压

铅锡合金真空蒸馏是基于两种金属在较高温度下蒸气压的不同而采取的。铅呈蒸气状挥发，而锡留在残液中。铅和锡呈纯金属时的蒸气压（$p^{\ominus}_{Sn}$和 $p^{\ominus}_{Pb}$）列于表 1。

表 1　Pb 和 Sn 的蒸气压与温度的关系

温度/℃	500	600	700	800	900	950
$p^{\ominus}_{Sn}$/mmHg①	1.2×10^{-12}	1.98×10^{-10}	1.12×10^{-8}	2.94×10^{-7}	4.48×10^{-6}	1.47×10^{-5}
$p^{\ominus}_{Pb}$/mmHg	2×10^{-5}	5×10^{-4}	2.8×10^{-3}	5.88×10^{-2}	3.38×10^{-1}	7.224×10^{-1}
温度/℃	1000	1050	1100	1150	1200	1300
$p^{\ominus}_{Sn}$/mmHg	4.42×10^{-5}	1.22×10^{-4}	3.13×10^{-4}	7.53×10^{-4}	1.702×10^{-3}	2.15×10^{-2}
$p^{\ominus}_{Pb}$/mmHg	1.466	2.799	5.102	8.831	14.89	40

①1 mmHg = 133.3224Pa。

1.2　Pb-Sn 合金中铅与锡的蒸气压

铅与锡并非单体存在，而是在合金中。在形成合金后自然存在三种应该考虑的情况：一是合金中铅和锡的浓度，势必影响其实际的蒸气压；二是合金中两种金属原子间的作用

❶　本文发表于《有色金属》，1977：24～30。

力影响其有效浓度(即活度)；三是铅与锡的相对原子质量不同，就使蒸气中二者的含量进一步发生变化。

在理想溶液中组元 i 的实际蒸气压(p_i)与溶液中的浓度(N_i 为摩尔数)有关：

$$p_i = N_i p_i^{\ominus} \tag{1}$$

浓度大到 $N_i = 1$ 时为纯组分 i，则 $p_i = p_i^{\ominus}$。浓度愈小($N_i < 1$)则 p_i 比 $p_i^{\ominus}$ 愈小。实际溶液与理想溶液有区别，引入活度系数(γ_i)来校正上式，则铅锡合金中铅与锡的实际蒸气压为：

$$p_{\mathrm{Pb}} = \gamma_{\mathrm{Pb}} N_{\mathrm{Pb}} p_{\mathrm{Pb}}^{\ominus} \tag{2-1}$$

$$p_{\mathrm{Sn}} = \gamma_{\mathrm{Sn}} N_{\mathrm{Sn}} p_{\mathrm{Sn}}^{\ominus} \tag{2-2}$$

或者用活度(a_i)来代替 $\gamma_i N_i$，而得

$$p_{\mathrm{Pb}} = a_{\mathrm{Pb}} p_{\mathrm{Pb}}^{\ominus} \tag{3-1}$$

$$p_{\mathrm{Sn}} = a_{\mathrm{Sn}} p_{\mathrm{Sn}}^{\ominus} \tag{3-2}$$

合金中铅和锡的蒸气压和纯铅、纯锡的蒸气压($p_i^{\ominus}$)有关，与其活度(a_i)或活度系数(γ_i)有关。

Pb-Sn 系中铅与锡的活度(图1)，与理想溶液比较，存在着不大的正偏差，偏差的程度随温度升高而减小，在约 1200℃附近，偏差程度已经很小，当含铅 0～50% 时，γ_{Pb} 约为 1.3～1.4，γ_{Sn} 略大于1 为 1～1.05。在500℃附近 $\gamma_{\mathrm{Pb}} \approx 1.6$。根据图上的数值，应用式(2-1)和式(2-2)即可得到不同温度下焊锡成分变化时铅与锡的蒸气压，计算结果列于表2。

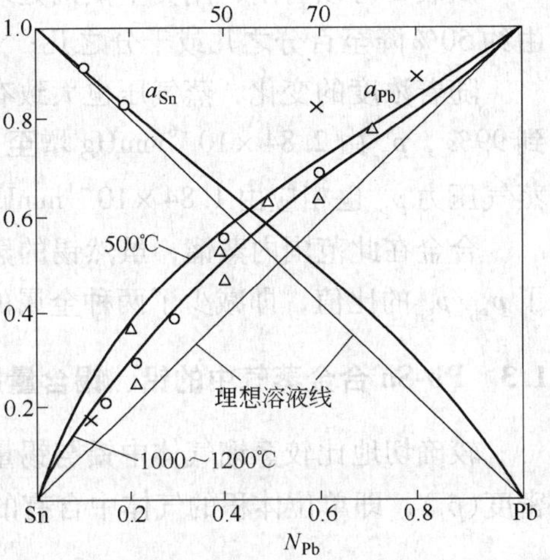

图1 Pb-Sn 系的活度

表2 铅蒸气压和合金成分与温度的关系

合金含铅 /%	蒸气压 /mmHg	温度/℃ 700	800	900	1000	1100	1200	1300
100	p_{Pb}	2.8×10^{-3}	5.88×10^{-2}	3.38×10^{-1}	1.466	5.102	14.89	40
50	p_{Pb}	1.62×10^{-3}	3.2×10^{-2}	1.84×10^{-1}	7.4×10^{-1}	2.59	7.55	18.9
	p_{Sn}	7.14×10^{-9}	1.87×10^{-7}	2.84×10^{-6}	2.82×10^{-5}	1.99×10^{-4}	1.08×10^{-3}	1.37×10^{-2}
40	p_{Pb}	1.23×10^{-3}	2.42×10^{-2}	1.39×10^{-1}	5.61×10^{-1}	1.96	5.61	14.3
	p_{Sn}	8.11×10^{-9}	2.13×10^{-7}	3.24×10^{-6}	3.21×10^{-5}	2.27×10^{-4}	1.23×10^{-3}	1.56×10^{-2}
30	p_{Pb}	8.77×10^{-4}	1.73×10^{-2}	9.94×10^{-2}	4×10^{-1}	1.4	4.07	10.2
	p_{Sn}	9.0×10^{-9}	2.36×10^{-7}	3.6×10^{-6}	3.55×10^{-5}	2.51×10^{-4}	1.36×10^{-3}	1.73×10^{-2}
20	p_{Pb}	5.6×10^{-4}	1.1×10^{-2}	6.34×10^{-2}	2.55×10^{-1}	8.9×10^{-1}	2.6	6.5
	p_{Sn}	9.8×10^{-9}	2.57×10^{-7}	3.91×10^{-6}	3.87×10^{-5}	2.74×10^{-4}	1.48×10^{-3}	1.88×10^{-2}
10	p_{Pb}	2.64×10^{-4}	5.2×10^{-3}	2.99×10^{-2}	1.2×10^{-1}	4.21×10^{-1}	1.23	3.07
	p_{Sn}	1.05×10^{-8}	2.76×10^{-7}	4.21×10^{-6}	4.16×10^{-5}	2.94×10^{-4}	1.6×10^{-3}	2.02×10^{-2}
5	p_{Pb}	1.31×10^{-4}	2.58×10^{-3}	1.48×10^{-2}	5.98×10^{-2}	2.93×10^{-1}	6.1×10^{-1}	1.53
	p_{Sn}	1.09×10^{-8}	2.85×10^{-7}	4.34×10^{-6}	4.29×10^{-5}	3.04×10^{-4}	1.65×10^{-3}	2.08×10^{-2}

续表2

合金含铅/%	蒸气压/mmHg	温度/℃						
		700	800	900	1000	1100	1200	1300
1	p_{Pb}	2.56×10^{-5}	5.05×10^{-4}	2.9×10^{-3}	1.17×10^{-2}	4.08×10^{-2}	1.19×10^{-1}	2.97×10^{-1}
	p_{Sn}	1.11×10^{-8}	2.92×10^{-7}	4.45×10^{-6}	4.39×10^{-5}	3.1×10^{-4}	1.68×10^{-3}	2.13×10^{-2}
0.1	p_{Pb}	2.6×10^{-6}	5.11×10^{-5}	2.94×10^{-4}	1.18×10^{-3}	4.14×10^{-3}	1.21×10^{-2}	3.02×10^{-2}
	p_{Sn}	1.115×10^{-8}	2.93×10^{-7}	4.46×10^{-6}	4.31×10^{-5}	3.12×10^{-4}	1.7×10^{-3}	2.14×10^{-2}
0	p_{Sn}	1.12×10^{-8}	2.94×10^{-7}	4.48×10^{-6}	4.42×10^{-5}	3.13×10^{-4}	1.702×10^{-3}	2.15×10^{-2}

从表2可以看出，用真空蒸馏处理一般成分的焊锡时，随着铅的蒸发排出，含铅量可由约50%降至百分之几或千分之几；含锡量由50%升至90%以上。

随着浓度的变化，蒸气压也大致有相应地增减。例如在900℃时合金含锡由50%上升到99%，p_{Sn}由2.84×10^{-6}mmHg增至4.45×10^{-6}mmHg，同时含铅量由50%降至1%，其蒸气压力p_{Pb}也相应由1.84×10^{-1}mmHg降至2.9×10^{-3}mmHg。

合金在此范围内蒸馏，虽然锡的蒸气压变化不大，但由于铅的蒸气压变化较大而降低了p_{Pb}/p_{Sn}的比值，即减少了两种金属的蒸气压的差距。

1.3 Pb-Sn合金蒸气中的铅、锡含量比

较确切地比较蒸馏气体中铅与锡量的比例，还要进一步比较两种金属在气相中的蒸气密度(ρ_i)，即单位体积的气体中含有的组元i的质量。

$$\rho_i=\frac{m_i}{V} \tag{4}$$

式中 V——气体的总体积；

m_i——i在此体积的气体中的量。

上式分子分母乘以p_i并将m_i化为相对原子质量M_i($m_i=nM_i$)，V化为摩尔体积V_i，($V=nV_i$)，则得：

$$\rho_i=\frac{np_iM_i}{np_iV_i}=\frac{p_iM_i}{RT} \tag{5}$$

式中 R——气体常数；

T——绝对温度。

式(5)说明某物质的蒸气密度除与其蒸气压和温度有关外，还与其相对原子质量有关。

焊锡蒸气里同时存在着铅和锡，二者含量的比值即为铅与锡的蒸气密度的比值，应由式(5)而得：

$$\frac{\rho_{Pb}}{\rho_{Sn}}=\frac{\dfrac{p_{Pb}M_{Pb}}{RT}}{\dfrac{p_{Sn}M_{Sn}}{RT}}=\frac{p_{Pb}M_{Pb}}{p_{Sn}M_{Sn}}$$

式中，两元素的相对原子质量之比$M_{Pb}/M_{Sn}=207.2/118.7=1.745$，故为：

$$\frac{\rho_{Pb}}{\rho_{Sn}} = 1.745\frac{p_{Pb}}{p_{Sn}} \tag{6}$$

应用表2的数据代入式(6)，则可计算出各种成分的铅-锡合金（含铅0.1% ~50%）在700 ~1300℃范围内蒸气里含铅与锡量的比值（表3）。

表3　铅-锡合金蒸气中ρ_{Pb}/ρ_{Sn}与温度和合金成分的关系

合金含铅 /%	温度 /℃						
	700	800	900	1000	1100	1200	1300
50	3.96×10^5	2.98×10^5	1.13×10^5	4.57×10^4	2.27×10^4	1.22×10^4	7.91×10^3
40	2.65×10^5	1.99×10^5	7.49×10^4	3.03×10^4	1.51×10^4	7.95×10^3	1.6×10^3
30	1.61×10^5	1.28×10^5	4.81×10^4	1.97×10^4	9.77×10^3	5.18×10^3	1.03×10^3
20	9.98×10^4	7.46×10^4	2.83×10^4	1.15×10^4	5.65×10^3	3.67×10^3	6.04×10^2
10	4.43×10^4	3.28×10^4	1.24×10^4	5.2×10^3	2.49×10^3	1.34×10^3	2.65×10^2
5	2.09×10^4	1.58×10^4	5.95×10^3	2.42×10^3	1.68×10^3	6.45×10^2	1.28×10^2
1	4.03×10^3	3.02×10^3	1.13×10^3	4.66×10^2	2.31×10^2	1.24×10^2	24.4
0.1	3.94×10^2	3.05×10^2	1.15×10^2	47.8	23.2	12.6	2.46

表3表明合金熔体与蒸气在各种温度下的平衡关系，在温度一定时，含铅高的合金蒸馏得铅/锡大的气体，合金含铅降低，则气体中铅/锡减小，例如合金含铅40%，在700℃时蒸气中铅/锡为265000。此蒸气若全部在冷凝器中凝结下来是相当纯的铅，含锡仅十万分之几；而当合金含铅降到0.1%时，蒸气中铅/锡降至394，冷凝金属含锡为千分之几。这就说明蒸馏的温度一定时，合金蒸馏气体冷凝成的金属含锡量在过程开始时低，到末尾时高。

表中也可看到，若合金含铅量一定，蒸馏温度低时所得蒸气中铅/锡较大，温度高时蒸气中铅/锡较小，假若合金含铅20%，所得蒸气在700℃时铅/锡为99800，冷凝金属中含锡仅十万分之一；而在1300℃时为604，冷凝金属含锡约千分之二，两者纯度相差甚大。

1.4　Pb-Sn合金蒸气中的铅蒸气密度

Pb-Sn合金蒸馏过程中铅挥发到气体里，单位体积的气体内含铅量多则有利于蒸馏作业，应用式(5)，可以得到蒸气密度的数值。

$$\rho_{Pb} = \frac{p_{Pb}M_{Pb}}{RT} \tag{7-1}$$

式中　p_{Pb}——铅蒸气压；

M_{Pb}——207.2，g/mol；

R——0.082，L · atm/(℃ · mol)；

T——K。

而得到：

$$\rho_{Pb} = \frac{207.2}{0.082}\times\frac{p_{Pb}}{T} = 252.7\times\frac{p_{Pb}}{T}(\text{g/L 或 mg/cm}^2) \tag{7-2}$$

将表 2 中 p_{Pb} 的值化为大气压，温度换算为绝对温度，用式(7-2)则可计算得各种成分的合金在不同温度下蒸出的气体里的含铅量，其值列于表 4。

表 4　合金成分温度与蒸气中铅的密度 ρ_{Pb}

合金含铅 /%	温度/℃						
	700	800	900	1000	1100	1200	1300
100	9.6×10^{-6}	1.82×10^{-4}	9.56×10^{-4}	3.78×10^{-3}	1.23×10^{-3}	3.37×10^{-2}	8.42×10^{-2}
50	5.54×10^{-6}	9.90×10^{-5}	5.21×10^{-4}	1.84×10^{-3}	6.28×10^{-3}	1.69×10^{-2}	3.98×10^{-2}
40	4.21×10^{-6}	7.5×10^{-5}	3.93×10^{-4}	1.47×10^{-3}	4.74×10^{-3}	1.27×10^{-2}	3.01×10^{-2}
30	2.99×10^{-6}	5.36×10^{-5}	2.82×10^{-4}	1.05×10^{-3}	3.39×10^{-3}	9.23×10^{-3}	2.53×10^{-2}
20	1.92×10^{-6}	3.38×10^{-5}	1.79×10^{-4}	6.67×10^{-4}	2.16×10^{-3}	5.88×10^{-3}	1.37×10^{-2}
10	9.02×10^{-7}	1.61×10^{-5}	8.45×10^{-5}	3.14×10^{-4}	1.02×10^{-3}	2.79×10^{-3}	6.23×10^{-3}
5	4.47×10^{-7}	7.98×10^{-6}	4.17×10^{-5}	1.57×10^{-4}	7.09×10^{-4}	1.38×10^{-3}	3.22×10^{-3}
1	8.76×10^{-8}	1.56×10^{-6}	8.2×10^{-6}	3.06×10^{-5}	9.88×10^{-5}	2.7×10^{-4}	6.25×10^{-4}
0.1	8.9×10^{-9}	1.58×10^{-7}	8.32×10^{-7}	3.09×10^{-7}	1.0×10^{-5}	2.99×10^{-5}	6.37×10^{-5}

可见蒸气中的铅量在温度不变时，随合金含铅降低而降低，如在 700℃时合金含铅由 50% 降到 1%，蒸气中含铅量由 5.54×10^{-6} mg/cm^3 降低到 8.76×10^{-8} mg/cm^3，表中还可知道铅蒸气密度的数值都比较小，每立方厘米气体中仅有百分之几毫克至亿分之几毫克。

温度由 700℃升高到 1200℃，ρ_{Pb} 大幅度增加，合金含 50% Pb 时蒸气中含铅 0.169mg/cm^3，合金含 1% Pb 时，蒸气含铅 2.7×10^{-4} mg/cm^3，比 700℃时的数值都增大近千倍。

1.5　Pb-Sn 合金中铅的最大理论蒸发速率

蒸馏过程中铅的蒸发速率有重要的作用，直接影响着设备的生产能力和经济技术指标。

液体蒸发的速率，可由气体分子动力论推导出蒸气分子在单位时间内碰撞在器壁的单位面积上的数目来决定，1s 内撞击在 1cm^2 面积上的分子数 N 有以下的关系：

$$N = n_0 \overline{V}/4 \tag{8}$$

式中　n_0——1cm^3 蒸气中该金属的分子数；

$\overline{V}$——分子的算术平均速度。

上式乘以 1 个分子的质量 m，则得 1s 内落在(或离开)1cm^2 表面上的物质质量 W：

$$W = mN = n_0 m \overline{V}/4$$

其中 $n_0 m$ 为 1cm^3 蒸气中该金属气体分子的总质量，即金属的蒸气密度 ρ，由此得到

$$W = \rho \overline{V}/4 \tag{9-1}$$

麦克斯韦的分子速度分布律给出了气体分子算术平均速度与压力和温度的关系：

$$\overline{V} = \sqrt{\frac{8RT}{\pi M}} = 1.60\sqrt{\frac{RT}{M}}$$

代入上式而得：

$$W = 0.4\rho\sqrt{\frac{RT}{M}} \tag{9-2}$$

即为理论最大蒸发速率与蒸气密度和温度的关系，它说明蒸发速率与蒸气密度 ρ 成正比。将式(7-1)代入式(9-2)而得到 W 与 p 和 T 的关系：

$$W = \frac{1}{4}\cdot\frac{Mp}{RT}\cdot\sqrt{\frac{8RT}{\pi M}} = p\sqrt{\frac{M}{2\pi RT}}$$

式中，用的单位为 $p = \rho(\text{mmHg}) \times 1.335 \times 10^3\text{bar}$；$R = 8.31 \times 10^7$（尔格/K，mol）；$T$/K；$M$ = g/mol，则得：

$$W = 0.0583 \times p(\text{mmHg}) \cdot \sqrt{\frac{M}{P}}(\text{g}/(\text{cm}^2 \cdot \text{s})) \tag{9-3}$$

或为 $3.5p(\text{mmHg})\sqrt{\frac{M}{T}}(\text{g}/(\text{cm}^2 \cdot \text{min}))$，或 $210p\sqrt{\frac{M}{T}}(\text{g}/(\text{cm}^2 \cdot \text{h}))$

当气体中仅有铅蒸气时，式(9-3)中 p 即 p_{Pb}。在蒸发速率高时，液体上部的分子会使蒸发出来的分子碰撞而部分返回液体表面凝结下来，需要在上式中加一个系数 α。

$$W = 0.0583\alpha p(\text{mmHg})\sqrt{\frac{M}{T}} \tag{9-4}$$

α 的值与液相上面蒸气压梯度、系统中的残压和蒸发器与冷凝器的尺寸有关，往往当系统中的残压小于 0.1mmHg 时为常数，许多情况下 α 在 0.1 ~ 1 之间[6]。取 $\alpha = 1$，应用表 2 中 p_{Pb} 值，计算出铅-锡合金中铅的理论最大蒸发速率列于表 5。

表 5　铅理论最大挥发速率 W 与合金成分及温度的关系

合金含铅/%	温度/℃ 700	800	900	1000	1100	1200	1300
100	4.5×10^{-3}	9.06×10^{-2}	4.94×10^{-1}	2.05	6.94	19.5	50.4
50	2.61×10^{-3}	4.93×10^{-2}	2.69×10^{-1}	1.07	3.52	9.89	23.8
40	1.98×10^{-3}	3.73×10^{-2}	2.03×10^{-1}	7.84×10^{-1}	2.66	7.35	18.0
30	1.41×10^{-3}	2.66×10^{-2}	1.45×10^{-1}	5.6×10^{-1}	1.91	5.33	12.8
20	9.01×10^{-4}	1.69×10^{-2}	9.25×10^{-2}	3.57×10^{-1}	1.21	3.41	8.19
10	4.25×10^{-4}	8.01×10^{-3}	4.36×10^{-2}	1.68×10^{-1}	5.72×10^{-1}	1.61	3.87
5	2.11×10^{-4}	3.97×10^{-3}	2.16×10^{-2}	8.37×10^{-2}	3.98×10^{-1}	7.99×10^{-1}	1.93
1	4.12×10^{-5}	7.78×10^{-4}	4.23×10^{-3}	1.64×10^{-2}	5.55×10^{-2}	1.56×10^{-1}	3.74×10^{-1}
0.1	4.19×10^{-6}	7.86×10^{-5}	4.29×10^{-4}	1.65×10^{-3}	5.64×10^{-3}	1.58×10^{-2}	3.81×10^{-2}

表 5 的数值表明合金成分对铅的理论最大蒸发速率的影响，合金含铅量下降与 W 减小的数量级相同，温度升高时 W 增大有明显的作用。由 700℃ 升至 1200℃，W 增大约 10^4 倍。

因此，在蒸馏过程中控制较高的温度有着重要的作用，铅的挥发速度可大大提高，设备的生产率也相应提高。

1.6　铅蒸气的扩散

蒸发的铅蒸气迅速扩散到冷凝器，能促进铅的蒸发，式(9-4)中系数 α 较大，反之，则将阻碍铅的蒸发，而使 α 变小。

铅蒸气的扩散条件，可以由气体分子的扩散方程来讨论，气体扩散的质量 Δm，从气体分子动力论推导得如下的关系：

$$\Delta m = -\frac{1}{3}\overline{V}\,\overline{\lambda}\left(\frac{\Delta\rho}{\Delta x}\right)\Delta S\Delta t \tag{10}$$

表明气体扩散的质量 Δm 与气体的密度梯度 $\frac{\Delta\rho}{\Delta x}$，气体扩散经过的面积 ΔS 和时间 Δt 成正比，并与气体分子的平均速度 $\overline{V}$ 和平均自由程 $\overline{\lambda}$ 成正比，此时在通常使用时以扩散系数 D 代替 $\frac{1}{3}\overline{V}\,\overline{\lambda}$。单位时间内，通过单位面积的扩散量为：

$$\Delta m = -\frac{1}{3}\overline{V}\,\overline{\lambda}\left(\frac{\Delta\rho}{\Delta x}\right)$$

由此式可以得到，在真空蒸馏条件下，由液体金属表面向冷凝器表面扩散的金属蒸气的质量与炉内真空度和温度有关。

如前所述，蒸发面于某温度时，一定成分的 Pb-Sn 合金的平衡铅蒸气压 p_{Pb} 和蒸气密度 ρ_{Pb} 都是定值，冷凝器表面的铅蒸气压 p'_{Pb} 与此表面的温度有关，由表 1 之数值并可得到铅的蒸气密度 ρ'_{Pb} 如下：

温度/℃	800	700	600	500
p'_{Pb}/mmHg	5.88×10^{-2}	2.8×10^{-3}	5×10^{-4}	2×10^{-5}
ρ'_{Pb}/mg · cm^{-3}	1.82×10^{-4}	9.6×10^{-6}	5.73×10^{-7}	2.59×10^{-8}

因此冷凝表面温度愈低，$\Delta\rho=\rho_{Pb}-\rho'_{Pb}$ 的值愈大，对一定大小和形状的真空炉，$\frac{\Delta\rho}{\Delta x}$ 就愈大，从而 Δm 也就较大。

蒸发面与冷凝面间的距离愈大，$\frac{\Delta\rho}{\Delta x}$ 就减小，所以这两个面的距离应该小一些，Δm 即可增大。

真空炉内的温度直接影响气体分子的平均速度 $\overline{V}$，二者的关系是：

$$\overline{V}=\sqrt{\frac{8RT}{\pi M}}$$

其中，气体常数 R 和相对原子质量 M 都是定值，故 $\overline{V}$ 与 $T^{1/2}$ 成正比，炉内由蒸发面到冷凝面，温度不断下降，但蒸发面的温度高则其附近的 $\overline{V}$ 增大能在一定程度上增大扩散量。

真空炉内的残压 p，直接影响着气体分子的平均自由程 $\overline{\lambda}$，其关系为：

$$\overline{\lambda}p = K$$

即二者之积为常数(K)，故真空炉内的残压愈低，铅蒸气分子的平均自由程 $\overline{\lambda}$ 愈大，则 Δm 也就增大。

如上所述，铅蒸气分子在单位时间内通过单位面积，由蒸发面扩散到冷凝面的质量受温度、压力和两个面间的距离所影响，真空蒸馏铅-锡合金的适宜条件为：蒸发面宜保持较高温度，冷凝面的温度应当低些，若位于铅熔点以下，冷凝物成固态，在熔点以上成液态；蒸发面和冷凝面的距离不宜过大，否则能减小 $\frac{\Delta\rho}{\Delta x}$ 的值，从而降低铅蒸气的扩散速度。

2 合金蒸发和冷凝的级数

2.1 一级蒸发和一级冷凝

一级蒸发和一级冷凝可以产出粗锡和粗铅，延长蒸馏时间甚至可以产出精锡和粗铅。为了得到较纯的锡而延长蒸馏时间，势必使铅/锡值较小的蒸气增加产量，锡的挥发量增加，冷凝物含锡升高。因此，除非是生产高纯锡，否则为了除去1%以下的铅而过多地延长蒸馏时间是不合算的。

2.2 多级蒸发和多级冷凝

使蒸气与合金熔体呈逆向流动，使之产生交互作用，经过几级蒸发和冷凝，在一端产出较纯的铅，另一端产出较纯的锡。作业可以连续进行。

采用固定温度(如1100℃)的多级蒸发与冷凝(各级温度相同)，可使两端产物较纯，克服了一级蒸发和冷凝的某些缺点，但各级中在定温下铅的挥发速度越向后越低，若用理论最大速率 W(表5)来衡量，合金含铅由50%降到1%，W 由 $3.52\mathrm{g/(cm^2 \cdot min)}$ 降到 $5.55\times10^{-2}\mathrm{g/(cm^2 \cdot min)}$。若合金含铅再降到0.1%，则 W 降至 $5.64\times10^{-3}\mathrm{g/(cm^2 \cdot min)}$。

为解决这个问题，可以考虑改变多级蒸发和冷凝中各级的温度，合金液流向后面各级时含铅降低，此时适当提高各级的温度，使铅的蒸发速率加快，若温度与合金成分的变化如下列的数值，则由表3和表5得到后两行的数值，W 的变化幅度减小，各级中铅蒸发都较快，最后得到的铅也比较纯。

级　数	1	2	3	4	5	6
温度/℃	1000	1000	1100	1100	1200	1200
若合金含铅/%	50	30	10	5	1	0.1
蒸气中Pb/Sn	4.57×10^4	1.97×10^4	2.09×10^3	1.68×10^3	1.24×10^2	12.6
$W/\mathrm{g\cdot(cm^2\cdot min)^{-1}}$	1.07	0.56	0.57	0.398	0.156	0.0158

因此，变温多级蒸发和冷凝的作业能使蒸馏速度加快，同时得到的产品较纯。

3 铅蒸发所消耗的热量

在铅-锡合金真空蒸馏中，电能消耗是过程中的主要指标，它在很大程度上决定着此过程在经济上的合理性。

应用下列数据对铅-锡合金蒸馏过程的热消耗做概略估算：

Pb：$c_p = 5.63 + 0.00233T(\mathrm{cal/(K\cdot mol)})$❶(298K ~ 熔点)

$$c_p = 7.75 - 0.74\times10^{-3}T(\mathrm{cal/(K\cdot mol)})(熔点 \sim 1200\mathrm{K})$$

熔化潜热 = 1.15(kcal/mol)

沸点时蒸发潜热 = 4.25(kcal/mol)

Sn：$c_p = 4.42 + 6.3\times10^{-3}T(\mathrm{cal/(K\cdot mol)})(298\mathrm{K} \sim 熔点)$

---

❶ 1cal = 4.184J。

$$c_p = 7.3(\text{cal}/(\text{K}\cdot\text{mol}))(\text{熔点} \sim 1300\text{K})$$

$$\text{熔化潜热} = 1.69(\text{kcal/mol})$$

$$\text{蒸发潜热(沸点时)} = 47.7(\text{cal}/(\text{K}\cdot\text{mol}))$$

假定作业在1200℃进行，铅与锡混合热为零，则铅由25℃升温到327℃时熔化，再升至1200℃蒸发，由于缺乏气态铅的热容数据，故用沸点时的蒸发潜热来计算：

铅由298K升至600K吸热：

$$Q = \int_{298}^{600}(5.63 + 0.002T)\,\mathrm{d}T$$

$$= 5.63(600 - 298) + 0.001(600^2 - 298^2)$$

$$= 1970(\text{cal/mol})$$

在600K时熔化吸热

$$Q_2 = 1150(\text{cal/mol})$$

液体铅由600K升至1473K吸热

$$Q_3 = \int_{600}^{1473}(7.75 - 0.74\times10^{-3}T)\,\mathrm{d}T$$

$$= 7.75(1473 - 600) - 0.37\times10^{-3}(1473^2 - 600^2)$$

$$= 6000(\text{cal/mol})$$

液体铅蒸发吸热

$$Q_4 = 42500(\text{cal/mol})$$

则得：

	Q_1	Q_2	Q_3	Q_4	总计	折合电力
cal/mol	1970	1150	6000	42500	51628	
cal/g	9.5	5.5	29	205	249	0.29kW·h/kg
%	3.8	2.3	11.6	82.3	100	

锡假定不挥发，仅由0℃升至1200℃。

由298K升至505K吸热

$$Q'_1 = \int_{298}^{505}(4.42 + 6.3\times10^{-3}T)\,\mathrm{d}T$$

$$= 4.42(505 - 298) + 0.00315(505^2 - 298^2)$$

$$= 1440(\text{cal/mol})$$

在505K时熔化吸热

$$Q'_2 = 1690(\text{cal/mol})$$

液态锡由505K升温至1473K吸热

$$Q'_3 = 7.3(1473 - 505) = 7060(\text{cal/mol})$$

则得：

	Q'_1	Q'_2	Q'_3	总计	折合电力
cal/mol	1440	1690	7060	9690	
cal/g	12.1	14.2	596	86	0.1kW·h/kg

若处理的焊锡含锡 65%、铅 35%，则 1t 焊锡需供热：

铅吸热　$249 \times 350 = 8.21 \times 10^4$kcal，折合电力 95.6kW · h。

锡吸热　$650 \times 86 = 5.59 \times 10^4$kcal，折合电力 65kW · h。

1t 焊锡的吸热折合电力为 160.6kW · h。

以上计算表明，处理 1t 焊锡被金属所吸收的热量并不多。假定炉内热效率为 35% ~ 50%，则在真空炉内的电耗约 320 ~ 500kW · h。

（参考资料从略）

铅锡合金(焊锡)真空蒸馏❶

戴永年

国内外炼锡厂的粗锡精炼除铅作业，试验和试用过多种方法，都不甚满意。我国创造的结晶法和焊锡电解联合流程，生产上已使用多年，但也存在一些问题：流程长，金属回收率仅94% ~96%，原材料消耗多，生产费用较高(500 ~700 元/t)，环境污染较大。

为了寻求更合理的工艺，我们从20世纪50年代末期即开展了真空蒸馏法的研究，取得实验室的研究结果。1975年进行了扩大试验。1977年研制成内热式多级连续蒸馏真空炉。试验结果表明[1]，与电解法比较，真空蒸馏法有流程短、金属回收率高(>99%)、消耗少、生产费用低(仅为电解法的1/2 ~1/3)、污染小、设备简单、占地面积少等优点。

1 基本规律

1.1 铅与锡的蒸发和气体扩散

纯铅和纯锡的蒸气压随温度升高而增大，其值列于表1并可用式(1)和式(2)计算[2]。

表1 $\lg p^{\ominus}_{Pb}$和$\lg p^{\ominus}_{Sn}$与温度的关系

温度/℃	500	600	700	800	900	1000	1100	1200	1300
$p^{\ominus}_{Sn}$/托①	1.2×10^{-12}	1.98×10^{-10}	1.12×10^{-8}	2.94×10^{-7}	4.48×10^{-6}	1.42×10^{-5}	3.13×10^{-4}	1.70×10^{-3}	2.15×10^{-2}
$p^{\ominus}_{Pb}$/托	2×10^{-5}	5×10^{-4}	2.8×10^{-3}	5.38×10^{-2}	3.38×10^{-2}	1.466	5.102	14.89	40

①1 托 =133.3224Pa。

$$\lg p^{\ominus}_{Pb} = -10130T^{-1} - 0.985\lg T + 11.16 \quad (1)$$

$$\lg p^{\ominus}_{Sn} = -15500T^{-1} - \lg T + 11.5 \quad (2)$$

铅锡合金中各组元的蒸气压受浓度和活度系数的影响，有如下的关系：

$$p_i = \gamma_i N_i p^{\ominus}_i \quad (3)$$

或

$$p_i = a_i p^{\ominus}_i \quad (4)$$

式中 p_i——实际合金溶液中组元i的蒸气压；
γ_i——活度系数；
N_i——摩尔分数；
a_i——活度。

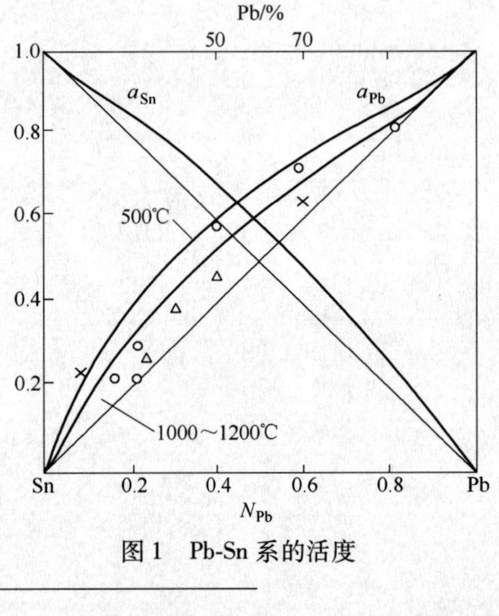

图1 Pb-Sn 系的活度

Pb-Sn 系中a_{Pb}和a_{Sn}(图1)[3]与理想溶

❶ 本文发表于《有色金属》,1980,32(2):73 ~79。参加工作的有:何蔼平、周振刚及云南锡业公司的黄位森、谬尔盛等。

液比较有不大的正偏差。温度升高，偏差减小。在约1200℃、合金含铅0~50%时，γ_{Pb} = 1.3~1.4，γ_{Sn} =1~1.05。据此，应用式(3)和表1的数值即可计算出各种浓度下的p_{Pb}、p_{Sn}与温度的关系(表2)。

表2　p_{Sn}、p_{Pb}与合金成分和温度的关系

合金含铅/%	蒸气压/托	温度/℃			
		1000	1100	1200	1300
50	p_{Pb}	7.4×10^{-1}	2.59	7.55	18.9
	p_{Sn}	2.82×10^{-5}	1.99×10^{-4}	1.08×10^{-3}	1.3×10^{-2}
20	p_{Pb}	2.55×10^{-1}	8.9×10^{-1}	2.6	3.07
	p_{Sn}	2.87×10^{-5}	2.47×10^{-4}	1.48×10^{-3}	2.02×10^{-2}
5	p_{Pb}	5.68×10^{-2}	2.93×10^{-1}	6.1×10^{-1}	1.53
	p_{Sn}	4.29×10^{-5}	3.04×10^{-4}	1.65×10^{-3}	2.08×10^{-2}
0.1	p_{Pb}	1.18×10^{-3}	4.14×10^{-3}	1.12×10^{-2}	3.02×10^{-2}
	p_{Sn}	4.31×10^{-5}	3.12×10^{-4}	1.7×10^{-3}	2.14×10^{-2}

可见，在真空中铅锡合金的沸腾温度远低于纯铅常压下的沸点1740℃。合金含铅大于5%、真空度小于6.1×10^{-1}托，于1200℃沸腾。在真空中蒸馏铅锡合金变得容易了。

真空室中残余气体压力小于6.1×10^{-1}托时，其中含氧量是大气压下的1/760，加上炉内石墨件在1000℃以上能吸收残留气体中的氧，合金蒸馏时就免除了氧化作用发生，有可能蒸馏合金，产出金属。

从表2还可以看到，合金蒸馏时含铅量改变的幅度是以10倍、100倍计，而含锡量只由50%增到99.9%，只改变了1倍。故两者的蒸气压变化程度有相应的数量级，从而气体中p_{Pb}/p_{Sn}由10^4下降到10^1。

Pb-Sn系合金的蒸气里两种金属含量之比，不仅与p_{Pb}/p_{Sn}有关，最终决定于蒸气密度ρ_i的比值。合金中组元i在气体内的蒸气密度，取决于其蒸气压p_i、温度T和气体的相对分子质量M_i：

$$\rho_i = \frac{p_i M_i}{RT} \tag{5}$$

铅锡合金中两种金属的含量比即为蒸气密度之比：

$$\frac{\rho_{Pb}}{\rho_{Sn}} = \frac{\dfrac{p_{Pb}M_{Pb}}{RT}}{\dfrac{p_{Sn}M_{Sn}}{RT}} = \frac{p_{Pb}M_{Pb}}{p_{Sn}M_{Sn}}$$

气体中铅和锡都是单原子气体，M是其相对原子质量：则：

$$\frac{M_{Pb}}{M_{Sn}} = \frac{207.2}{118.7} = 1.745$$

可得

$$\frac{\rho_{Pb}}{\rho_{Sn}} = 1.745\,\frac{p_{Pb}}{p_{Sn}} \tag{6}$$

由式(3)及式(6)即可算出气体中两种金属的含量比，部分数值列入表3。这些数值说明真空蒸馏焊锡蒸发出来的气体中铅比锡大很多倍；但随着合金中铅含量降低和蒸馏温度增高，两种金属挥发量的比值就大大减小。

表3 ρ_{Pb}/ρ_{Sn}与合金成分和温度的关系

合金含铅/%	温度/℃			
	1000	1100	1200	1300
50	4.57×10^4	2.27×10^4	1.22×10^4	7.91×10^3
40	3.03×10^4	1.51×10^4	7.95×10^3	1.6×10^3
30	1.97×10^4	9.77×10^3	5.18×10^3	1.03×10^3
20	1.15×10^4	5.65×10^3	3.67×10^3	6.04×10^3
10	5.2×10^3	2.49×10^3	1.34×10^3	2.65×10^2
5	2.42×10^3	1.68×10^3	6.15×10^2	1.28×10^2
1	4.66×10^2	2.31×10^2	1.24×10^2	24.4
0.1	47.6	23.2	12.6	2.46

这就是蒸馏分离铅和锡的依据。

用表中数据可计算合金蒸气冷凝成粗铅的含锡量：

$$\frac{1}{\rho_{Pb}/\rho_{Sn}+1}\times100=\text{Sn}\%$$

在1200℃时蒸馏，合金含铅大于5%得到的粗铅含锡为

$$\frac{1}{6.15\times10^2+1}\times100=0.16\%$$

是一种较纯的粗铅。

铅在蒸气中的量是很小的：

$$\rho_{Pb}=\frac{207.2}{0.082}\times\frac{p_{Pb}}{T}=2527\times\frac{p_{Pb}}{T}(\text{g/L})\tag{7}$$

如欲将700℃时合金含铅由50%降至1%，p_{Pb}以气压为单位代入上式，可求出气体中$\rho_{Pb}=5.56\times10^{-6}$g/L降为$8.79\times10^{-8}$g/L。而蒸气密度只有$\rho_{Pb}$的$10^{-4}$的$\rho_{Sn}$更是微小，所以锡挥发很少。

Pb-Sn合金中铅的理论蒸发速率ω可用下式计算：

$$\begin{aligned}\omega&=0.0583p\sqrt{\frac{M}{T}}(\text{g/(cm}^2\cdot\text{s))}\\&=3.5p\sqrt{\frac{M}{T}}(\text{g/(cm}^2\cdot\text{min))}\end{aligned}\tag{8-1}$$

由于气相中的分子碰撞蒸发出来的分子，使之重返液相而需要在式中加一个系数α：

$$\omega=0.0583\alpha p\cdot\sqrt{\frac{M}{T}}\tag{8-2}$$

α 与液相面上蒸气压梯度、系统中的残压、蒸发器与冷凝器的尺寸有关，许多情况下 α 在 0.1～1 之间，先取 $\alpha=1$ 计算得表4。表中数值说明，合金含铅量下降使 ω 随之减小，二者下降的数量级相同。温度升高则使 ω 增大，由700℃增到1300℃，ω 增加 10^4 倍。因此，蒸馏过程控制较高的温度有重要作用，可使蒸发器的生产能力大大提高。

铅蒸气的扩散，影响着铅的蒸发过程，由气体分子的扩散方程可以认识各个因素对气体分子扩散的影响。

$$\Delta m = -\frac{1}{3}\bar{v}\,\bar{\lambda}\left(\frac{\Delta\rho}{\Delta X}\right)\Delta S \Delta t \tag{9}$$

式(9)表示气体分子在 Δt 时间内穿过小面积 ΔS 的量 Δm，与气体分子的平均速度 $\bar{v}$ 和平均自由程 $\bar{\lambda}$ 以及气体的密度梯度 $\frac{\Delta\rho}{\Delta X}$ 有关。若考虑在单位时间内通过单位面积的扩散量，式(9)即为：

$$\Delta m = -\frac{1}{3}\bar{v}\,\bar{\lambda}\left(\frac{\Delta\rho}{\Delta X}\right) \tag{10}$$

通常用扩散系数 D 代替式中的 $\frac{1}{3}\bar{v}\,\bar{\lambda}$。

表4 ω_{Pb} 与合金成分及温度的关系 (g/(cm² · min))

合金含铅/%	温度/℃						
	700	800	900	1000	1100	1200	1300
50	2.61×10^{-3}	4.93×10^{-2}	2.69×10^{-1}	1.03	3.52	9.89	23.8
30	1.41×10^{-3}	2.66×10^{-2}	1.45×10^{-1}	5.6×10^{-1}	1.91	5.33	12.8
10	4.25×10^{-4}	8.01×10^{-3}	4.36×10^{-2}	1.68×10^{-1}	5.72×10^{-1}	1.61	3.87
1	4.12×10^{-5}	7.78×10^{-4}	4.23×10^{-3}	1.64×10^{-2}	5.55×10^{-2}	1.56×10^{-1}	3.74×10^{-1}
0.1	4.19×10^{-6}	7.88×10^{-5}	4.29×10^{-4}	1.65×10^{-3}	5.64×10^{-3}	1.58×10^{-2}	3.81×10^{-2}

真空炉中的残压 p 对气体分子自由程有影响：

$$\bar{\lambda}p = k \tag{11}$$

残压越小，气体分子的平均自由程越大。两者的积为常数(k)。因此应当保持炉内有尽可能低的残压。

分子平均速度与温度有关，但若蒸发温度和冷凝器表面温度都固定，$\bar{v}$ 基本上是定值。同时，在这两个面附近的蒸气密度也固定了，因为在平衡条件下，一定温度的铅蒸气压是定值，$\Delta\rho$ 也就不变了。

ΔX 是蒸发面与冷凝面间的距离，此距离加大则 $\frac{\Delta\rho}{\Delta X}$ 减小。可见在真空炉内这两个面之间的距离以小为宜。

综上所述，真空炉的结构和作业条件要求是：蒸发面温度宜高，冷凝面的温度要低，但应保持在铅熔点(327℃)以上，两个面的距离以近为好，炉内残压低一些有利。

1.2 一级蒸发和多级蒸发

若用一个盘状或坩埚状蒸发器，合金由一边流入，经过蒸发后由另一边流出，蒸发出

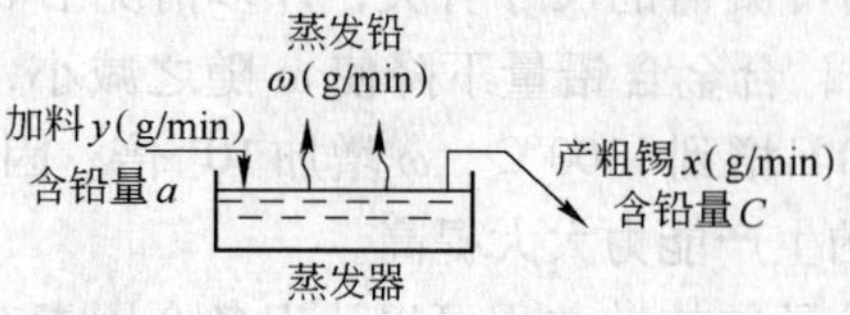

图2　一级蒸发

ω 的铅(图2)。则由进出料量和铅量平衡得到两个式子：

$$y = \omega + x \tag{Ⅰ}$$

$$ay = \omega + cx \tag{Ⅱ}$$

消去 ω，求 x 得

$$x = \left(\frac{1-a}{1-c}\right)y \tag{Ⅲ}$$

这三个式子任选两个，在已知进料量 y 和其成分 α 之后还有三个待定量 ω、c 和 x。一定面积的蒸发盘在某一温度下工作本来可以用式(7)、式(1)、式(3)和图1来计算 ω，如：

$$\omega = 0.0583\alpha\gamma N p_{\mathrm{Pb}}^{\ominus}\sqrt{\frac{M}{T}} \tag{12}$$

取对数

$$\lg\omega = \lg 0.0583\alpha N + \lg\gamma + \lg p_{\mathrm{Pb}}^{\ominus} + \frac{1}{2}\lg\frac{M}{T}$$

将式(1)代入，化简得

$$\lg\omega = \lg 0.0583\alpha N + \lg\gamma - 10130T^{-1} - 1.485\lg T + 12.318 \tag{13}$$

式中，N 可化为质量分数以小数表示即为 C 值，γ 由图1得，在一定温度下即可求 ω，但式(13)用起来很不方便，需做多次繁杂的计算。现用另一个方法来确定 ω 之值。

取蒸发器的蒸发面为 $92\mathrm{cm}^2$，原料含铅 30.6%，蒸馏温度 1000℃。应用表3计算出表5中上面三行，解式(Ⅰ)和式(Ⅱ)又得到表内下面的两行。

表5　蒸发器的加料量、产品产量和成分间的关系

产粗锡含铅 C/%	30	20	10	5	1	0.1
ω'/g·(cm²·min)⁻¹	0.56	0.357	0.168	0.0837	0.0164	0.00165
ω/g·(92cm²·min)⁻¹	51.6	32.8	15.4	7.7	1.51	0.15
加料量 y/g·min⁻¹		248	67.3	28.6	5.05	0.491
产粗锡 x/g·min⁻¹		215	51.9	20.9	3.54	0.341

从表5可见，在一级蒸馏时，若产品纯度要求低，则加料量可以多；当要求产品纯度高，则加料量很少，两种情况的加料量相差很大。高质量的产品与高产量相矛盾，不可能同时兼有。这就是一级蒸馏的基本特点。

若对同样的原料做四级蒸馏，情况将完全不同。当加料速率为 16kg/h 时即 267g/min，代入式(Ⅲ)可得第一级蒸馏的关系

$$X_1 = \frac{1-a_1}{1-c_1}y_1 = \frac{1-0.306}{1-c_1}\times 267$$

即

$$X_1 = \frac{185}{1-c_1} \tag{Ⅳ}$$

取 c_1 变动在 0.1～0.25，并用式(Ⅰ)可计算得 X_1 和 ω_1，将表5中 c-ω 和 c_1-ω_1 做成图3，c-ω 的关系为 AB 线，c_1-ω_1 是Ⅰ线，两线相交于 c'_1 点，由横坐标读出 $c'_1 = 0.206$，代入式

(Ⅳ)得 $X_1=233$，再解式(1)得 $\omega_1'=34$，从而得到第一级蒸馏的数值。

将第一级所产的粗锡作为第二级的进料，用同样的算法得到 c_2、x_2、ω_2。将 c_2-ω_2 绘于图3中成Ⅱ线，Ⅱ线与AB线交于 c_2'，得到 $c_2=0.128$，$x_2=212$ 和 $\omega_2=21$。为第二级的产物。

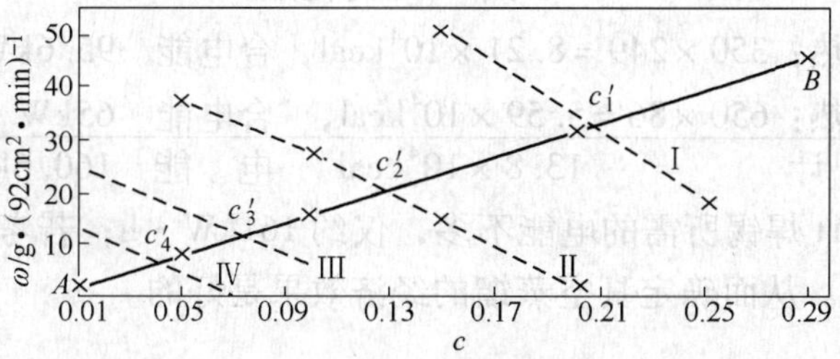

图3 1000℃四级蒸发图

同理，可进行第三、四级的计算。计算结果示于图3。全部数值列于表6。

表6 四级蒸馏时各级的产品数量和成分

级 数	产出粗锡		产出粗铅/g·min⁻¹
	数量/g·min⁻¹	含铅/%	
原料	267	30.6	—
1	233	20.6	34
2	212	12.6	21
3	199.5	7.3	12.5
4	193	4.1	6.5

再以同样方法计算1100℃时的蒸馏效果，其他条件相同。并将这两个温度的数据绘于图4中，成为曲线7和8。

上述计算的结果表明，多级蒸馏能在同样加料量时得到较优质的产品，基本上解决了优质和高产的矛盾。增加级数可以提高产品质量，提高蒸馏温度可进一步提高蒸馏的效果，增加产量或提高质量。因此，真空炉研制以多级蒸馏为主。

1.3 蒸发消耗的能量

应用下列数据估算真空蒸馏焊锡的能量消耗：

Pb： $c_p=5.63+0.00233T$(cal/(℃·mol))❶(298K～熔点)

$c_p=7.75-0.74\times10^{-3}T$(cal/(℃·mol))(熔点～1200K)

熔化潜热 =1.15(kcal/mol)

沸点时蒸发潜热 =42.5(kcal/mol)

Sn： $c_P=4.42+6.3\times10^{-3}T$(cal/(℃·mol))(298K～熔点)

$c_P=7.3$(cal/(℃·mol))(熔点～1300K)

熔化潜热 =1.69(kcal/mol)

❶ 1cal =4.184J。

若蒸馏于1200℃进行，设铅与锡的混合热为零，计算铅由常温升至1200℃蒸发，吸收热为249cal/g，相当于单位电耗0.29kW·h/kg。

锡基本上不蒸发，由常温升至1200℃，吸收热量为86cal/g，相当于单位电耗0.1kW·h/kg。

若处理的焊锡含65% Sn、35% Pb，则1t焊锡耗热：

铅耗热：$350 \times 249 = 8.21 \times 10^4$kcal，合电能 95.6kW·h

锡耗热：$650 \times 86 = 5.59 \times 10^4$kcal，合电能 65kW·h

共 计 13.8×10^4kcal 电 能 160.6kW·h

结果表明，处理1t焊锡所需的电能不多，仅约161kW·h；若考虑了热损失，耗电也是在1000kW·h以下。从而确定真空蒸馏的经济效果是好的。

2 试验概况

2.1 试验设备

试验采用自己研制的内热式多级连续蒸馏真空炉(图5)。

进料和出料都通过压力管，借炉内真空将液态炉料吸到蒸发盘中，产出的液态粗锡和粗铅超过压力柱高度即能排出。每根管子的高度按当地的大气压和管内金属比重决定。蒸发盘上有溢流口，以备盛满金属后溢流到下一层。3~4个蒸发盘堆成塔形。盘中央有石墨棒电阻发热体，与导电盘相连。铅蒸气在冷凝器中凝结为液体粗铅，流到排铅管。炉壳为圆筒形，整个炉体皆为夹壁水套，通水循环冷却。

2.2 试验结果

第一步进行间歇作业试验，以检验设备结构的合理性。每次装料2~4kg，蒸馏30min，炉内压力0.15~0.5托，金属表面温度1100~1150℃。得到的指标：脱铅率约95%，粗锡含锡91%~96%，粗铅含铅约99%。

第二步进行连续试验，试验改变加料速率，每小时加焊锡分别为：8kg、12kg、16kg、20kg、24kg。结果列入表7。各蒸发盘中金属成分列入表8。

表7 连续试验结果

编号	电炉功率 /kV·A	作业时间 /h	加料 速率 /kg·h⁻¹	加料 总量 /kg	产粗锡 量/kg	产粗锡 平均成分/% Sn	产粗锡 平均成分/% Pb	产粗铅 量/kg	产粗铅 平均成分/% Sn	产粗铅 平均成分/% Pb	平均脱铅率 /%	耗电 /kW·h·kg⁻¹
1	14.3	3	8	21.9	14.04	96.24	2.63	7.30	2.8	64.76	93.5	1.76
4	14	7	12	70.63	57.57	86.9	16.32	27.13	6.26	91.5	82	1.17
2	13.5	2.1	16	31.24	14.31	92.73	6.0	2.97	2.35	95.08	85	0.85
5	18	3	16	42.22	20.38	96.92	2.6	16.63	5.13	93.4	95	1.12
6	16.9	2	16	21.85	15.37	97.45	1.61	6.47	9.72	90.16	96.4	1.05
7	15.8	12	16~20	203.1	135.9	95.45	3.41	55.9	4.23	94.1	91.8	0.79
3	16.4	0.6	24	16.73	7.8	93.44	5.61	4.75	20.49	76.5	87	0.68

注：真空度约0.3托，原料30.6% Pb、63.6% Sn。

表8　各级蒸发盘中金属的成分

编号	炉子功率 /kV·A	加料速率 /kg·h^{-1}	各级蒸发盘中金属的成分/%							
			1 级		2 级		3 级		4 级	
			Sn	Pb	Sn	Pb	Sn	Pb	Sn	Pb
1	14.3	8	75	22.22	93.66	5.0	97.05	1.26		
4	14	12	87.36	10.59	93.96	2.56	97.39	0.83		
2	13.5	16	73.76	25.38	90.24	8.22	97.03	2.31		
5	18	16	68.7	30.03	87.65	11.66	96.28	1.63	97.04	1.56
6	16.9	16	68.1	30.22	84.81	13.05	93.32	5.27	97.1	0.17
3	16.4	24	66.81	30.35	78.93	18.63	95.8	4.09		

图4所示为多级蒸馏的试验值与理论计算值。曲线7、8为计算值，余为试验值。曲线4、8很一致，说明在约1100℃时的计算值与试验结果十分吻合；曲线7的计算温度低于试验温度(1100~1150℃)，故二线的斜率相差较大。

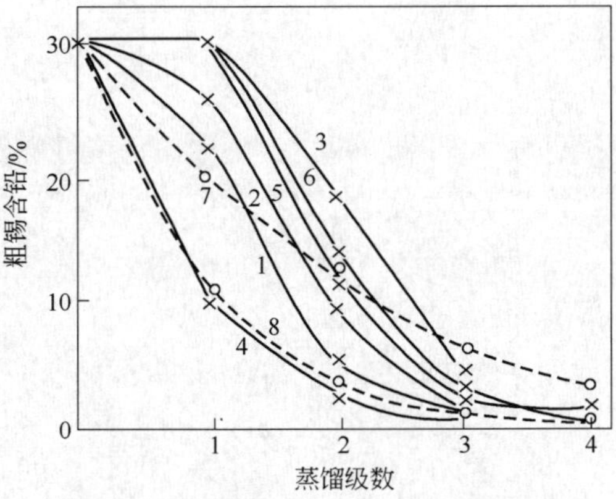

图4　蒸馏级数与产品含铅的关系

1~6—实验值；7(1000℃)、8(1100℃)—计算值

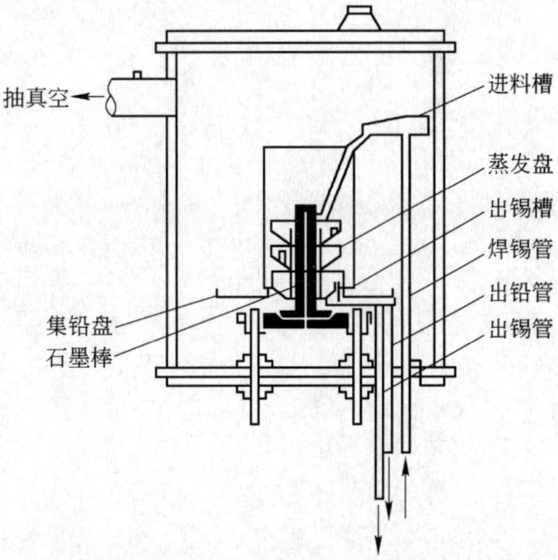

图5　内热式多级连续蒸馏真空炉示意图

3　结语

焊锡真空脱铅，经过多次的连续蒸馏扩大试验，获得了如下的指标：

(1) 脱铅率：82%~96.4%，多数为92%~96.4%；

(2) 处理量：蒸发盘3~4级，日处理约400kg；

(3) 耗电量：炉内耗电0.68~1.17kW·h/kg；

(4) 加工成本：作业中主要消耗电能，不加其他燃料和药剂，估计每吨焊锡的加工费小于200元。

此外，过程中没有废水、废气和废渣，对环境保护的条件甚好。

上述指标说明，我们所研制的真空脱铅设备及蒸馏工艺均较国外为优。在此基础上，云南锡业公司将炉子放大到日处理两吨焊锡的规模，于1978年3月投试，试验取得成功，现已转入试生产。

我们认为，若将真空脱铅与我国的结晶法相结合，我国的炼锡工艺就更趋完善、合理，不但能有效地产出成品锡，又可很好地综合回收铅和铟。

参 考 文 献

[1] 戴永年.有色金属(选冶部分).1977,(9):24~30.
[2] Kubaschewski O,et al. Metallurgical Thermochemistry,1958.
[3] 矢沢彬,小池一男.日本鉱業會誌,1968,(11):25~38.

Vacuum Distillation of Lead-Tin Alloy❶

Dai Yongnian He Aiping

Abstract: This paper summarizes the fundamental regularities and characteristics of vacuum distillation of Pb-Sn alloy from the laboratory-scale research to the industry application. It includes the vapor pressure values of Pb-Sn alloy, the possibility and extent of distilling separation of the alloy, the proper temperature and vacuum degree of distillation, one-stage and multiple-stage distillations, the power consumption, and the situation of environmental protection throughout the whole process. The theoretical analyses are in correspondence with the production data closely.

Key words: alloys; vacuum distillation; tin based alloys

1 Introduction

For both crude ore and secondary metal, the raw material to produce tin usually contains lead, and sometimes the raw material to produce lead contains tin. There is the necessity to separate the two metals in smelting. The known processes, whether the chemical process(oxidizing, chloridizing etc.) or the electrolysis, are not consummate, because of their long flow sheet, need to retreat the by-products, lower recovery of metals and evident environmental pollution etc.

In order to find a more reasonable process, we began to study the vacuum distillation process in 1950s[1], and analysed the results from laboratory research theoretically[2]. In 1977 a vacuum furnace, capable of treating 400 kg solder, daily was developed successfully[3]. After the success in the industrial experiment, the process passed the appraisal in 1979[4]. This achievement in scientific research was then popularized and applied immediately. It is the first time to realize the vacuum distillation of solder(Sn-Pb alloy) in production. Up to now more than 20 units of vacuum furnace have been built in 10 plants and put into production[5,6].

It has been proved that vacuum distillation and separation of Sn-Pb alloy has many advantage: simple flow sheet, high recovery of metals(more than 99%), lower power consumption, lower operating cost(about 2. 0yuan/t of alloy), simpler equipment, small capital construction investment, without environmental pollution, as well as producing directly tin and head metals.

The types of vacuum furnace used to treat similar raw material have been also increased in China recent years[7,8].

This paper compares and completes the theoretical analyses with the results from every experimental stage and the regularities in industrial production, thus the essence of this process is explained.

❶ 本文发表于《Journal of Kunming Institute of Technology》,1989,14(3):16～27。

2 Vaporisation of tin-lead alloy

The vapor pressure of pure tin and lead increases with temperature rise and can be calculated with the following formulas[9]:

$$\lg p_{Pb}^{\ominus} = -10130T^{-1} - 0.9851\lg T + 11.6 \qquad (1)$$

$$\lg p_{Sn}^{\ominus} = -15500T^{-1} + 8.32 \qquad (2)$$

According to these formulas, we get Fig. 1.

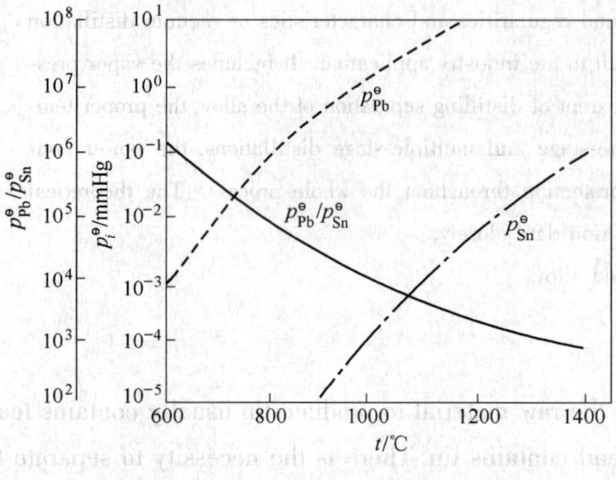

Fig. 1 Relationships of vapor pressures of pure Sn and pure Pb and their ratio to temp

(1mmHg = 133.3224Pa)

The results show that the vapor pressures of the two metals differ largely at same temperature. This difference decreases with temperature increment, e. g. the difference reaches about 10^4 times at 1000℃, and about 10^3 times at 1300℃.

After two elements form alloy, the vapor pressure (p_i) of component i is related to its concentration (mol fraction N_i) and activity coefficient

$$p_i = r_i N_i p_i^{\ominus} \qquad (3)$$

While Sn-Pb system exists as liquid state, some researches[10~12] show that its relationship of a-N deviates from that of ideal solution positively. The deviation in Fig. 2a is larger than that in Fig. 2b. But, the deviation in Fig. 2a enlarges while temperature is higher, and this is contrary to the general regularity. What is correct will be examined in the future. This paper adopts the selected data[8] as shown in Fig. 3.

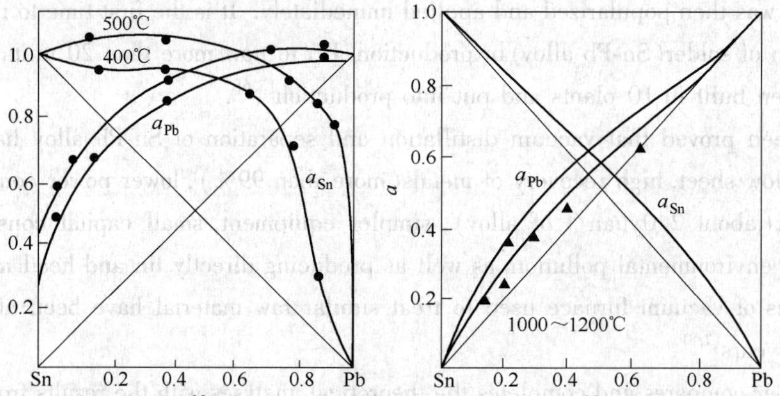

Fig. 2 Relationship of component activity to temperature in Pb-Sn system

The density ratio of the two components in the vapor of Sn-Pb system is calculated with the following formula; where a and b are

$$\frac{\rho_{Pb}}{\rho_{Sn}} = \frac{\gamma_{Pb}}{\gamma_{Sn}} \cdot \frac{\rho_{Pb}^{\ominus}}{\rho_{Sn}^{\ominus}} \cdot \frac{a^*}{b} = \beta \cdot \frac{a^*}{b} \tag{4}$$

the weight-percentage concentrations of Pb and Sn in the condensed phase respectively, and β is the separation coefficient. It can be seen from the formula

$$\beta = \gamma_{Pb} \cdot p_{Pb}/(\gamma_{Sn} \cdot p_{Sn}^{\ominus}) \tag{5}$$

When the operation temperatures are 1000℃ and 1100℃, the values of β are calculated by use of the data in Fig. 3 and Eq. (5) and shown in Fig. 4.

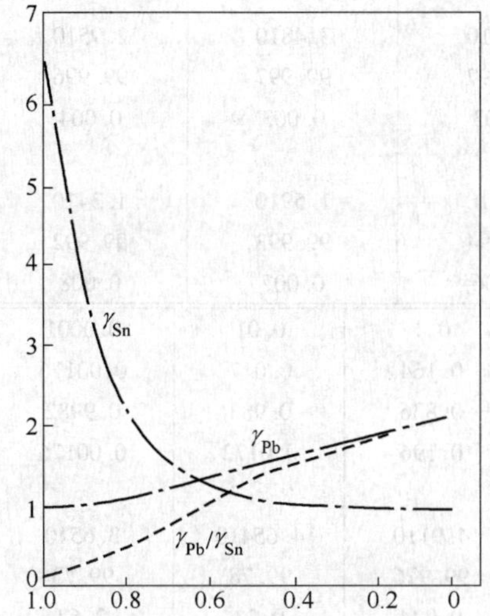

Fig. 3 $\gamma_{Sn}\gamma_{Pb}$ and γ_{Sn}/γ_{Pb} vs. N_{Pb} in Pb-Sn system at 777℃

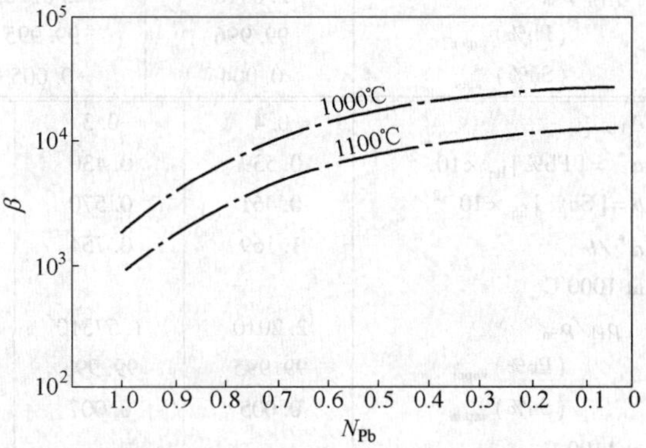

Fig. 4 Values of liquid-vapor equilibrium Pb-Sn system at 1000℃ and 1100℃

Eq. (4) indicated that β represents the difference of the content ratios of the two metals in gaseous and liquid phase. β contains the activity coefficient ratio of two components and is related to the concentrations of components. Fig. 4 points out that, β_{1000} varies between 1.8×10^3 and 2.706×10^4 with concentration change, and β_{1100} varies between 8.27×10^2 and 1.23×10^4.

For both β_{1000} and β_{1100}

$$\beta \gg 1$$

which indicates that the vacuum distillation of Pb-Sn alloy can concentrate lead into vapor phase and tin into liquid phase.

The lead content in vapor phase is

$$(\text{Pb}\%)_{\text{vapor}} = \frac{\rho_{Pb}}{\rho_{Pb} + \rho_{Sn}} \times 100 = \frac{1}{1 + \rho_{Sn}/\rho_{Pb}} \times 100 \tag{6}$$

From the relationship of $N_{Pb} - a_{Pb}^*$ (Pb content in alloy), we get;

$$a^* = \left(\frac{0.568}{N_{Pb}} + 0.432\right)^{-1} \tag{7}$$

$$b = 1 - a^* \tag{8}$$

Then, the equilibrium compostition of vapor and liquid phases at 1000℃ and 1100℃ can be calculated, and they are presented in Table 1 and Fig. 5.

Table 1　Equilibrium composition of vapor and liquid

(Liquid phases in Pb-Sn system at 1000℃ and 1100℃)

N_{Pb}	0.9	0.8	0.7	0.6	0.5
$a^* = [Pb\%]_{liq} \times 10^{-2}$	0.94	0.875	0.804	0.725	0.638
$b = [Sn\%]_{liq} \times 10^{-2}$	0.06	0.124	0.196	0.274	0.362
a^*/b	15.67	7.039	4.102	2.646	1.762
at 1000℃					
ρ_{Pb}/ρ_{Sn}	5.77510	4.53310	4.0110	3.4810	2.9510
$(Pb\%)_{vapor}$	99.998	99.997	99.997	99.997	99.996
$(Sn\%)_{vapor}$	0.002	0.003	0.003	0.003	0.004
at 1100℃					
ρ_{Pb}/ρ_{Sn}	2.6410	2.0710	1.7910	1.5910	1.3410
$(Pb\%)_{vapor}$	99.996	99.995	99.994	99.993	99.992
$(Sn\%)_{vapor}$	0.004	0.005	0.006	0.007	0.008

N_{Pb}	0.4	0.3	0.2	0.1	0.01	0.0001
$a^* = [Pb\%]_{liq} \times 10^{-2}$	0.539	0.430	0.306	0.164	0.017	0.00176
$b = [Sn\%]_{liq} \times 10^{-2}$	0.461	0.570	0.694	0.836	0.983	0.9982
a^*/b	1.169	0.754	0.441	0.196	0.0172	0.00176
at 1000℃						
ρ_{Pb}/ρ_{Sn}	2.2010	1.57310	1.0110	4.9110	4.65410	3.6510
$(Pb\%)_{vapor}$	99.995	99.993	99.990	99.976	99.78	99.73
$(Sn\%)_{vapor}$	0.005	0.007	0.010	0.024	0.22	2.67
at 1100℃						
ρ_{Pb}/ρ_{Sn}	9.9610	9.1910	6.3410	2.2510	2.1210	2.1710
$(Pb\%)_{vapor}$	99.989	99.986	99.978	99.955	99.53	99.59
$(Sn\%)_{vapor}$	0.011	0.014	0.022	0.045	0.47	4.41

Table 1 shows the quantitatively-calculated results of separation of the two components as distillating Pb-Sn alloy at the two temperatures. It indicates that tin content difference in vapor and liquid phase is from tens times to thousands times. If the tin content of residual alloy after being distilled is more than 95%, the tin content in distilled lead is 0.22% ~0.47% or slightly lees. All of these are correspond to the data of productive practice[5], When tin content of residual alloy exceeds 99%, the content in distilled lead reaches 2.67% to 4.41%. This value is also correspond with the data of productive operation[5].

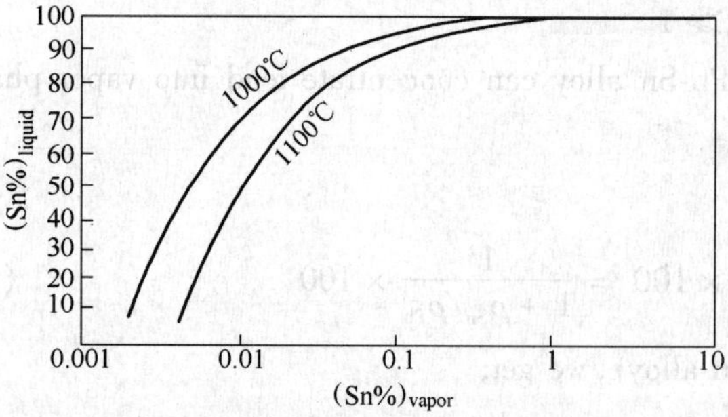

Fig. 5　Equilibrium composition of vapor and liquid phases in Pb-Sn alloy

The left end of the curve in Fig. 5 indicates that as to the alloy containing high lead and low tin, if it(e.g. crude lead) contains tin less than several per cent, the distillate lead may contain tin about 0.001%; and if tin content in residual alloy is about 10%, the tin content in the distillate lead is about 0.002% These data are in agreement with those from the expanding test for distillation of crude lead[14].

Therefore, the curve in Fig. 5 are significant. The curve may be mainly divided into three sections: the left section(lower tin content) is applicable to the vacuum distillation of the crude Lead, the middle section to Pb-Sn alloy and the right section to the crude tin with lower lead content. All of these can be used for directing the practical operation.

3 The number of distillation stages

After the small test of vacuum distillation of Pb-Sn alloy had succeeded in 1950s, many units in China began to research industrial furnaces. In some of their projects the alloy was distilled in a single operation continuously or intermittently, but it was difficult to reach high quality and quantity of production simultaneously. We developed the multiple-stage and open type vacuum distillation[2~4] and met with success. With the output constant, the better quality has been gained. The regularity may be analysed in Fig. 6.

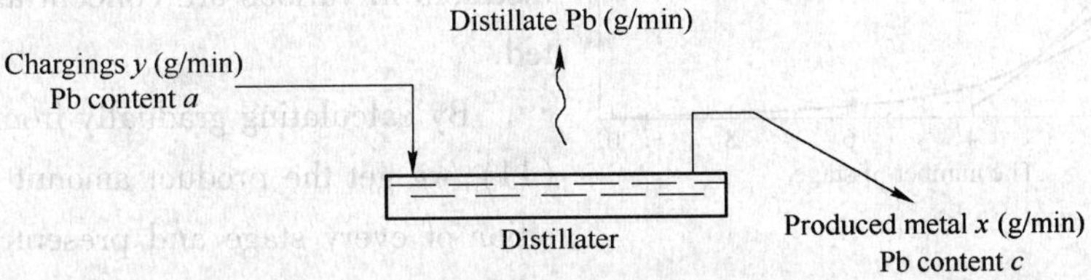

Fig. 6 Single-stage distillation

Since tin volatilizes a little, its volatilization is negligible in the industry calculation. We get from the material balance:

$$y = \omega + x \tag{9}$$

The amounts of lead in the charging and output are the same, so

$$a^{*}y = \omega + cx \tag{10}$$

According to Langmuir's equation, we may evaluate ω(maximum distilling rate of lead, g/(cm^2· s))

Distillate Pb(g/min)

$$\omega = 0.0583\alpha\gamma N_{Pb}p_{Pb}\sqrt{M/T} \tag{11}$$

where α is accommodation coefficient, taken as 1; M is molecular weight of metal vapor(lead).

Let the distillation area of distillator be $92cm^2$, lead content in the raw material 30.6% and the distillation temperature 1000℃, according to the data above solve the Eq. (9) ~ Eq. (11) then get the values in Table 2.

Table 2 Relationship between charge amount of distillater, output amount and composition

Pb content in produced alloy/%	c	30	20	10	5	1	0.1
ω'/g · (cm^2 · min) $^{-1}$		0.56	0.357	0.168	0.0837	0.0164	0.00156
ω''/g · (92cm^2 · min) $^{-1}$		51.6	32.8	15.4	7.7	1.51	0.15
charging/g · min^{-1}	y		248	67.3	28.6	5.05	0.491
produced alloy/g · min^{-1}	x		215	51.9	20.9	3.54	0.314

The data in Table 2 indicate that for single-stage continuous distillation the more the charging (y), the more is the product alloy(x) and the higher the lead content in the alloy, so that the separation of lead from tin is not satisfactory. If we require more through separation of lead form tin, we have to reduce charging amount and the output amount will be reduced accordingly. This is the basic characteristic of single-stage distillation. The experimental results of some research units are in agreement with these analyses. Therefore the high output and high quality (lower lead content) can be acheived simultaneously.

The multiple-stage distillation is equivalent to the series connection of several single-stage distillaters. The first-stage product (residual alloy) is charged to second-stage distiller, and the second-stage product to the third-one, . . . , until reaching the required stage. The final product is tapped from the furnace. The distillates from the distillers in various are concentratively condensated.

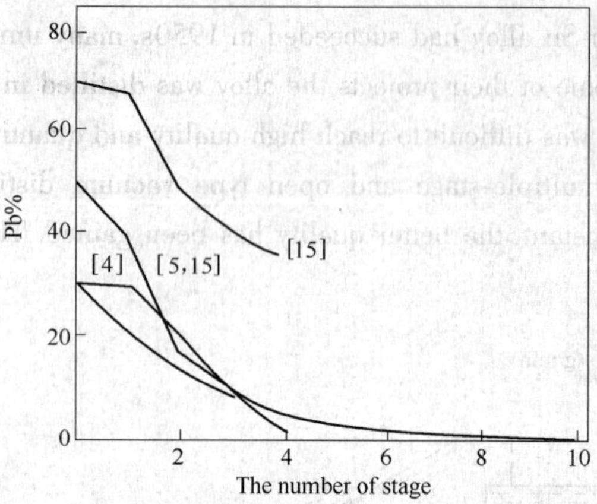

Fig. 7　Comparison of composition change of residual alloy in various stage with practical data in multiple-stage distillation

By calculating gradually from Eq. (9) to Eq. (11), we get the product amount and the composition of every stage and present in Table 3 and in Fig. 7 respectively. The practical data in the references[4,5] and[15] are also shown in Fig. 7. It can be seen that the tendency of the calculated values are correspondent with the tendency of industry experiment. Because the charge temperature of the first-stage distillaters is lower, the charge of lead content is not as much as that of the first-stage of calculated curve. Moreover, only the practical results of 4-stage distillation are presented, and lead contents in the raw material are different, therefore the positions of curves and the positions of ending points are different too. However, the total tendency is the same, namely, the more the number of stages, the lower lead content in the residual alloy, and the more thorough the separation of lead from tin.

Table 3　Amount and composition alloy and amount distillate lead in 10-stage distillation(cals. values)

The number of stage	raw material/g · min^{-1}	1	2	3	4	5
Produced amount/g · min^{-1}	267	233. 2	212	199. 5	193	189
Alloy Pb content/%	30. 6	20. 6	12. 6	7. 3	4. 1	2. 6
Distillate Pb amount/g · min^{-1}		34	21	12. 5	6. 5	4
The number of stage	**raw material/g · min^{-1}**	**6**	**7**	**8**	**9**	**10**
Produced amount/g · min^{-1}		186	184. 8	184. 11	183. 7	183. 5
Alloy Pb content/%		1. 9	1. 2	0. 48	0. 33	0. 15
Distillate Pb amount/g · min^{-1}		2. 11	1. 2	0. 69	0. 4	0. 2

Comparing the results of single-stage with those of multiple-stage distillation and considering the possibility of arrangement of multiple-stage distillation in one furnace, of course, we should adopt the multiple-stage distillation.

The composition of lead vapor produced from each stage in multiple-stage distillation may be seen in Table 3 and in Fig. 7. The lead content of liquid decreases from 30.6% to 0.176%, and the tin content of vapor in equilibrium with the liquid are 0.01% and 2.67% respectively. When all of the vapor from various stage are condensed together, tin content in produced lead may be several thousands, and in practical production, the content is about 0.2%.

4 The temperature and vacuum degree of distillation

R. Kammel and H. Mirafzali[16] investigated the so-called critical pressure, under which the distillation rate of Pb-Sn alloy began to reach a content. The critical pressure(p_{crit}) is related with the temperature as follows:

$$\lg p_{crit} = -4396.6/T + 2.08 \tag{12}$$

The critical pressure should relate with the composition of Pb-Sn alloy. Many experimental data show that it is mainly equivalent to the vapor pressure p_i of distilled material i:

$$p_{crit} \leqslant p_i \tag{13}$$

Table 1 shows that lead is the main volatile component in Pb-Sn alloy. The vapor pressures of lead (p_{Pb}) in alloy at different temperatures are calculated by means of Eq. (3) and the data in Table 1, Table2, Table5, and shown in Fig. 8.

Fig. 8 indicates that the magnitude of lead vapor pressure is influenecd by the temper ature and alloy composition. If the temperature and vacuum degree of operation are selected in accordance with Eq. (13), the requirement of lead content in distillate should be determined first and then the operation conditions are selected.

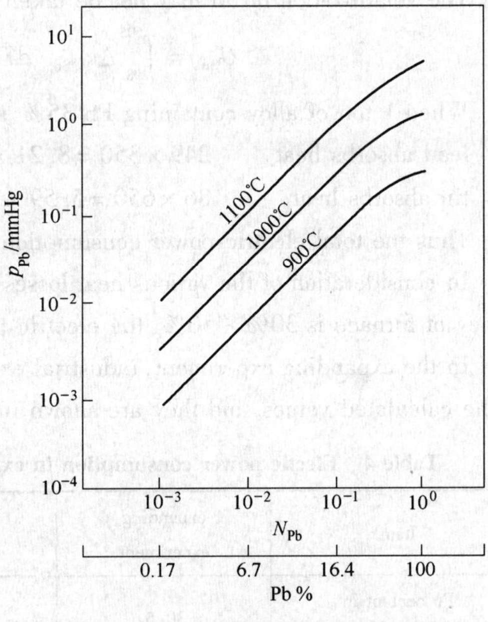

Fig. 8 Relationship between lead vapor pressure in Pb-Sn system and temperature

In order to produce an alloy containing about 5% Pb, we may gain the following values for p and the temperature from Fig. 8:

t/℃	900	1000	1100
p_{Pb}/Torr❶	6×10^{-2}, -6.9×10^{-3}	2.84×10^{-1} -3.05×10^{-2}	10^0 -10^{-1}

❶ 1Torr = 133.3224Pa。

Therefore, the pressure closely approaching the above values may be selected as the vacuum degree of operation.

In production, the distillation temperature for Pb-Sn alloy is between 1000℃ and 1100℃, and the vacuum degree is 10 ~ 100mmHg. Both coincide with the values gained from the above analyses[3~8].

5 Power consumption

The chemical agent is not used for the vacuum distillation of Pb-Sn alloy, and only the heat energy is consumed. If the heat supply is from electricity source, the consumption of electric, power is the main economical index. In some experiments, the consumption reached up to 10 thousand kW · h/t. An estimation of the heat-energy consumption was made[2] and the result was better.

When the temperature rises from the room temperature (298K) to the melting point (600K), lead is melted, and then to 1473K, lead is distillation, and the heat absorbed Q_{Pb} is as follows:

$$Q_{Pb} = \int_{298}^{600} \Delta c_{p,\,Sn_{crit}} dT + Q_{Pb_{crit}} + \int_{600}^{1473} \Delta c_{p,\,Pb_{crit}} dT + Q_{Sn_{crit}}$$

The volatilization of tin may not be taken into account and heat absorbed Q is as follows:

$$Q_{Sn} = \int_{298}^{505} \Delta c_{p,\,Sn_{crit}} dT + Q_{Sn_{crit}} + \int_{505}^{1473} \Delta c_{p,\,Sn_{crit}} dT$$

When 1 ton of alloy containing Pb 35% and Sn 65% is treated:

lead absorbs heat $249 \times 350 = 8.21 \times 10^4$ kcal = 95.6kW · h

tin absorbs heat $86 \times 650 = 5.59 \times 10^4$ kcal = 65kW · h

Thus the total electric-power consumption is 160.6kW · h.

In consideration of the various heat losses in furnace and on the supposition that the heat efficiency of furnace is 30% ~ 50%, the electric power consumption is 320 ~ 500kW · h/t.

In the expanding experiment, industrial experiment and production, the results, are approching to the calculated values, and they are shown in Table 4.

Table 4 Electic power consumption in experiments and production and calculated values

Item	expanding experiment	industrial experiment	industrial production	calculated values
Pb content in raw material/%	30.5	30 ~ 50	30 ~ 35	30
Pb content in product/%	3 ~ 7	5	3 ~ 4	4
electric-power consumption/kW · h · t^{-1}	1040	700	510	500
References	[3]	[6]	[6]	[2]

According to the comparison of the data presented in Table 4, it is clear that the electric-power consumption for treating alloy containing about 35% Pb in industry production is about 500kW · h/t when the heat efficiency of furnace is about 35%.

6 The environmental protection

Many nonferrous metallurgical processes usually produce waste slag, wastewater and waste gas, which pollute the workshop as well as the locate area to different extent. There is the pollution problem in electrolysis of Pb-Sn alloy. For this reason, a tin solder-electrolytical workshop was forbidden to be expanded in the original site.

For vacuum distillation of Pb-Sn alloy, the material is melted in the atmosphere and at the temperature below 400℃, and the vapor pressures of lead and tin are 2.1×10^{-7} mmHg and 1.58×10^{-5} mmHg❶ respectively. The values are very small, and there is no volatilization actually. After the alloy is charged into the vacuum furnace, the distillation and condensation are carried out in furnace, and isolated from atmosphere. The residual gas is exhausted to atmosphere, and its temperature is approaching the room temperature. The metallic vapor condenses and remains in the furnace. The trace dusts remain also in the oil of vacuum pump and do not exhaust to atmosphere. The results measured in the surroundings of industrial equipment and in the workshop are presented in Table 5.

Table 5 Environmental monitoring results in workshop for vacuum distillation of Pb-Sn alloy

Places	Pb dust/mg · m^{-3}		Pb vapor/mg · m^{-3}		Position of sample
	As	Pb	As	Pb	
National standard		0.05	0.3	0.03	Mouth and nose
by Sn-melting kettle	0.013	0.00049	0.012	0.0025	Level of
Sn tap	0.004	0.00713	0.006	0.0113	Person
Pb tap	0.015	0.00432	0.006	0.0113	Person
Center of workshop	0.023	0.00052	0.009		Person

The data in Table 5 indicate that the contents of lead and arsenic in the surroundings of workshop are greatly lower than the national standard. The vacuum furnace is equipped with the cooling-water circulation. The water does not contact with the materials and gas in the furnace, so it is not polluted and no harmful waste water is produced. The small amount of slag scraped out from the surface of metallic kettle in the process is a mixture of metals and a recover metals a few oxides, which must be returned to the process to, so that there is no slag to the tapped.

In summary, the three wastes (waste water, gas and slag) may not be produced in this process to cause environmental pollution.

7 The conclusions

The vacuum distillation Pb-Sn alloy has passed through the experiments of various scales and

❶ 1mmHg = 133.3224Pa。

the continuous, inner-heating and multiple-stage vacuum furnace has been affirmed, The process and furnace widely applied in industry and become new technology and equipment in tin and lead metallurgical industry.

The industrial production indexes of this new process includes: when one ton of starting alloy (containing about 35% Pb) is treated and the crude tin(containing about 5% Pb) and crude lead are produced, electric-power consumption is about 450kW · h, metal-recovery is more than 99%, operation cost is only 10% ~20% of that of the chloride-electrolysis used in the past and the heating efficiency of vacuum furnace is about 35%.

Its characteristics are: shorter flow sheet, gaining directly two metals(lead and tin), simpler equipment, smaller capital construction investment, lower operation cost, smaller floor area, better labor condition, flexible scale, and without environmental pollution.

With its popularization and application in the production, the new process has replaced the chloride-electrolysis recently the chloride electro-analyses used to produce to treat Pb-Sn alloy substantially.

In practical production, the composition of starting materials treated by this process are in a wide range. The process deals with not only the alloy containing about 35% Pb and crude tin, but also the alloy containing several percent to 20% ~30% Sn and even crude lead containing about 1% Sn and 0.1% Ag to separate tin from silver.

After this process was popularized, we have achieved the evident economic and social benefit and advanced at certain extent the development of vacuum metallurgical technique in the field of heavy non ferrous metal metallurgy.

References

[1] CeBprokoB H H, Zhang Tianlu, Dai Yongnian, et al. Vacuum deleading of Pb-Sn Alloy. Tin Metallurgy, Appendix Ⅱ Publishing house of Metallurgical Industry, 1959; Huang Yequan. Li Shulan, Chen Feng, et al. Experiment Report of Vacuum Deleading of Solder in a Plant, Journal, of Kunming Institute of Technology, 1959.

[2] Dai Yongnian. Vacuum Distllation and Seperation of Pb-Sn Alloy. Non-Ferrous Metal, 1977, (9):24 ~30.

[3] Succes of Expanding Test for Vacuum Deleading of solder, Non-Ferrous Metal, 63, Nov. 1977, Yunnan. Metallurgy, p. 71, May, 1977, p. 40 ~48, Feb. 1978. Non-Ferrous Metal (Smelting Section). p. 14 ~21, Apr. 1979, Journal of Kunming Institute of Technology, p. 98-122, Jan. and Feb. 1978.

[4] Dai Yongnian. Vacuum Distillation of Pb-Sn Alloy(Solder). Non-Ferrous metal, Quarterly, 1980, 32(2):73 ~79.

[5] Huang Weisen, Miao Erdhen. Industrial experiment of elimination of lead and bismuth from solder by vacuum volatization. Non-Ferrous Metal Smelting, 1982, (11):14 ~20.

[6] Huang Weisen, Miao Ersheng. Separation of solder in inner-heating, vacuum and electric-resistance furnace. Yunnan Metallurgy, 1985, (5):35 ~41.

[7] Tang Haixi. Experimental production for vacuum distillation and deleading of solder. Non-Ferrous Metal, 1981, (2):1 ~6.

[8] Yuan Tiewen. Treatment of high tin solder in a multiple-stage tower type of vacuum distillation furnace. Non-

Ferrous Metal Smelting, 1984, (5): 17 ~ 19.

[9] Kubaschewski O, AIcock C B. Metallurgical Thermochemistry, Fifth Edition. New York, 1979.

[10] лСцсрнов М. Рафиннрованние Свинца и псреработка полупродуктов, москва, мсталлургия, 1977, 199.

[11] ElLiott J F, Chipman J. J. of American Chemical Society, 73-2082, 1951; R. A. Schaefer, F. Hovoka. Trans of Electrochemical Soc, 87, 479, 1946. 矢沢彬, 小池一男, 日本鉱業会誌. 1988, 11, 84(967): 25 ~ 28

[12] Ralph Hulatgren et al. Selected values of the thermodynamic properties of binary. Alloy, 1973.

[13] Dai Yongnian. Volatization of small amount of impurities in vacuum distillation of crude tin. Journal of Kunming Institute of technology, 1982, (1): 138 ~ 146.

[14] РнурГалиев Д М, Есюцин В С. Укрупнение Испнтания Оцистки цистки церновго Свинца В вакууцноц Аппарате нспрернвного действия процесси црцетной металлургий При Ниэких давлениях 1983, 38, 44.

[15] Wang Tianting. Summary of expanding test for vacuum distillation and deleading of solder. Science and Technology of Yunxi, 1982, (1): 37 ~ 48.

[16] Kammel R, Miradzal H, Erzmetall 1979, Band 30, Heft 10, 437 ~ 444, Translated by Peng Chang-you, Tin Industry in Foreign Countries, 1979, (3): 48 ~ 58.

Vacuum Distillation (VD) of Crude Tin to Remove Antimony❶

Y. N. Dai[1]　B. Yang[1]　G. J. Zhang[1]　C. L. Wang[1]
K. H. Wu[1]　S. C. Zuo[2]　D. K. Xia[3]

(1 Research Institute of Vacuum Metallurgy and Materials. University of Science and Technology at Kunming. Kunming, People' s Republic of China 650093; 2 Long Quan General Mine and Metallurgical Smelter, Nandan Guangxi, People' s Republic of China 547200; 3 Materials and Metallurgical Engineering Department, Queen' s University, Kingston, Ontario, Canada, K7L 3N6)

Abstract: Crude tin usually contains antimony as an impurity. The conventional separating method can not be used when the antimony is high, since a lot of Al is needed to precipitate Sb and thus, a large amount of dross will be formed. Vacuum distillation of high-antimony crude tin was investigated The results were promising. The content of antimony in crude tin was reduced from 8% to 0. 1% in a single stage distillation process with residual gas pressures of below 13 Pa, distillation temperatures of above 1300℃ and distilling times of above 30 minutes. The advantages of this process are: simple flowsheet; no chemical. reagent additions; no environmental pollution; and high metal recoveries. The process is cost-effective and easy to operate.

1 Introduction

Crude tin always contains some antimony as an impurity with concentration as large as about 10%, The traditional method to remove antimony from crude tin is to add Al metal. The intermetallic compound AlSb is formed and floats on the tin surface. It is skimmed off and the dross is treated for the separation of antimony. If the antimony in the crude tin is large, more aluminum is needed. Large amounts of dross with high contents of tin and antimony are accordingly produced. The recoveries of tin and antimony are low. Furthermore, it is a troublesome process to treat so much dross.

Methods to refine this crude tin which contains so much antimony are an important problem both at home and abroad. Before the problem was solved, a large amount of crude tin was stockpiled and it became an economic problem.

As a potential method to solve this problem, the vacuum distillation(VD) process was investigated, which is easy to put into practice in vacuum furnaces of the tin smelters.

2 The principle of VD to treat high antinomy crude tin

The basic concept of this process is the difference in the vapour pressures of pure tin and anti-

---

❶ 本文发表于《Proceedings of the International Symposium on Challenges in Process Intensification Montreal》,1996,283 ~290。

mony. According to following equations:

$$\lg p^{\ominus}_{Sn,Pa} = -15500T^{-1} + 10.35 \quad (505K \sim b.p.)$$

$$\lg p^{\ominus}_{Sb,Pa} = -6500T^{-1} + 8.49 \quad (m.p. \sim b.p.)$$

Table 1 and Fig. 1 are obtained as follows.

Table 1 The vapour pressure of pure Sn and Sb

Temp. /K	973	1073	1173	1273	1373	1473	1573	1673
$p^{\ominus}_{Sn,Pa}$	2.6×10^{-6}	8.0×10^{-5}	1.4×10^{-3}	1.5×10^{-2}	1.2×10^{-1}	6.7×10^{-1}	3.1	12.2
$p^{\ominus}_{Sb,Pa}$	64.5	2.71×10^{2}	8.88×10^{2}	2.4×10^{3}	5.7×10^{3}	1.2×10^{4}	2.3×10^{4}	4.0×10^{4}
$p^{\ominus}_{Sb,Pa}/p^{\ominus}_{Sn,Pa}$	2.5×10^{7}	3.4×10^{6}	6.3×10^{5}	1.6×10^{5}	4.8×10^{4}	1.8×10^{4}	7.4×10^{3}	3.3×10^{3}

These data show $p^{\ominus}_{Sb}$ is larger than $p^{\ominus}_{Sn}$ by about $10^3 \sim 10^7$ folds. The difference is reduced with increasing temperature. For example, 10^7 folds at 700℃ and 10^3 folds at 1400℃. So, the difference is seriously affected by the temperature of the VD process.

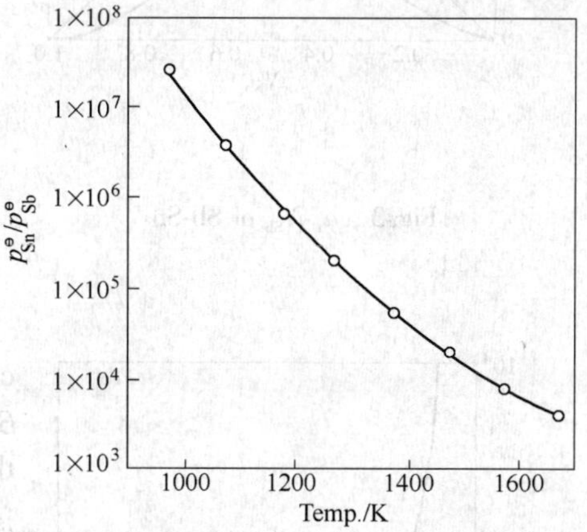

Fig. 1 $p^{\ominus}_{Sb}/p^{\ominus}_{Sn}$ vs. Temperature

In the phase diagram of Sn-Sb system(Fig. 2). There is a β solid solution. Its composition range is not too wide. This shows that the attractive force between atoms of Sn and Sb is large. Negative deviation from ideal solution occurs and the activity coefficient of Sb(γ_{Sb}) is smaller than 1, as shown in Fig. 3 and Fig. 4.

Though there are differences between the two figures, they express the same thing, that is

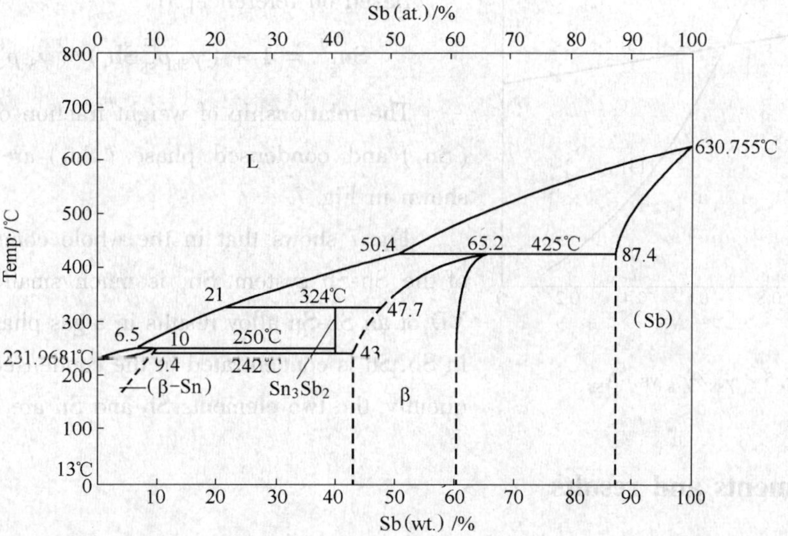

Fig. 2 Sb-Sn

$\gamma_{Sb} < 1$ and p_{Sb} is smaller than p_{Sn}. Thus, antimony evaporates from crude tin with more difficult than from pure antimony. From Fig. 4, the separation coefficient of Sb, β_{Sb} can be calculated[3].

$$\beta_{Sb} = (\gamma_{Sb} p^{\ominus}_{Sb}) / (\gamma_{Sn} p^{\ominus}_{Sn})$$

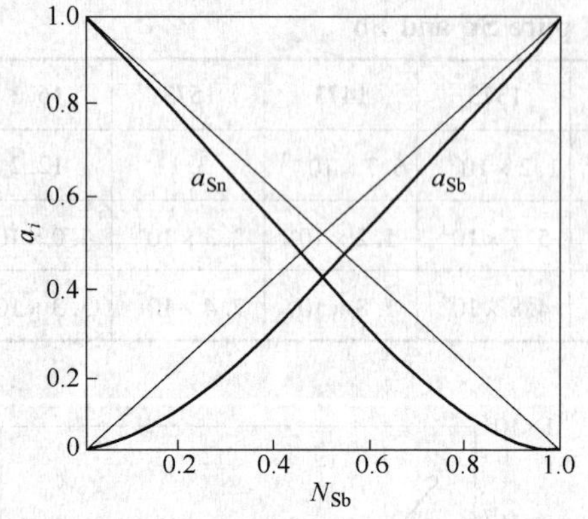

Fig. 3　a_i-N_{Sb} of Sb-Sn

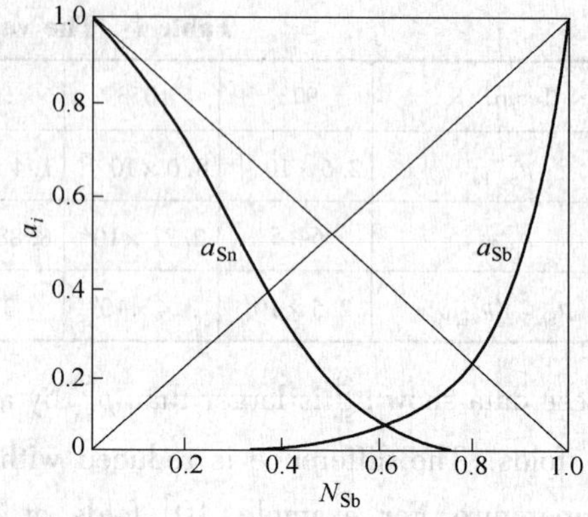

Fig. 4　a_i-N_{Sb} of Sb-Sn

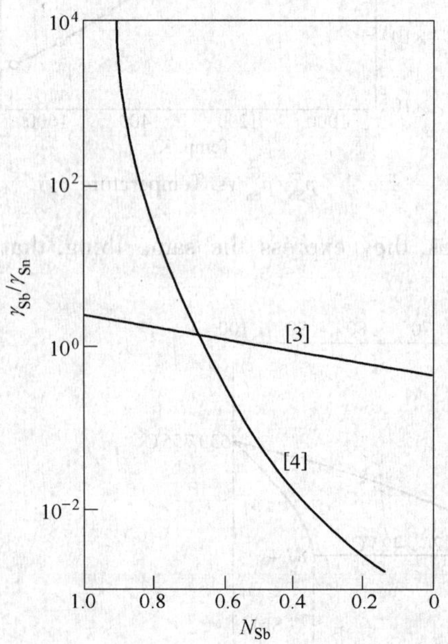

Fig. 5　γ_{Sb}/γ_{Sn} vs. N_{Sb}

The ratio of the activity coefficients, γ_{Sb}/γ_{Sn} can be calculated from Fig. 3 to Fig. 4. Fig. 5 shows the results. β_{Sb} in the Sb-Sn system is shown in Fig. 6 It shows that the content of Sb in the gas and liquid are different. β_{Sb} is equal to 10^4 to 10^{11}, depending upon the mole fraction, N_{Sb} of the liquid alloy. Thus Sb could be concentrated in the gas phase.

Based on reference[3]:

$$Sn_g^{-1} = 1 + (\gamma_{Sb} p^{\ominus}_{Sb} Sb_l) / (\gamma_{Sn} p^{\ominus}_{Sn} Sn_l)$$

The relationship of weight fraction of Sn in the gas (Sn_g) and condensed phase (Sn_l) are calculated, as shown in Fig. 7.

Fig. 7 shows that in the whole compositional range of the Sn-Sb system. Sn_g is much smaller than Sn_l. So VD of an Sb-Sn alloy results in a gas phase which is rich in Sb. Sn is concentrated in the condensed phase. Consequently, the two elements Sb and Sn are separated.

3　Experiments and results

The material, which was from a tin smelter, has the following chemical composition(Table 2)

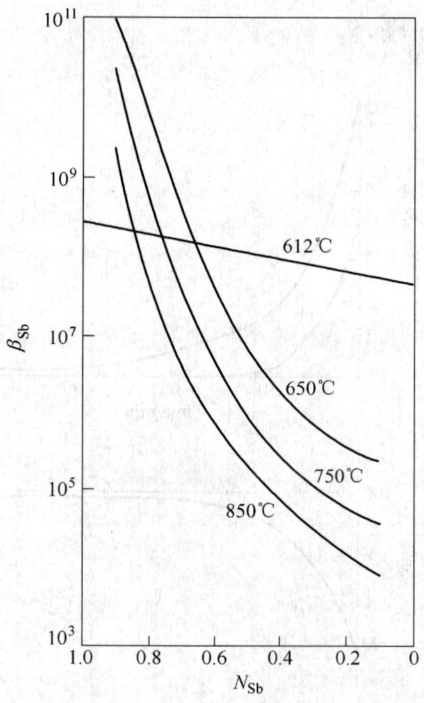

Fig. 6 β_{Sb} vs. N_{Sb}

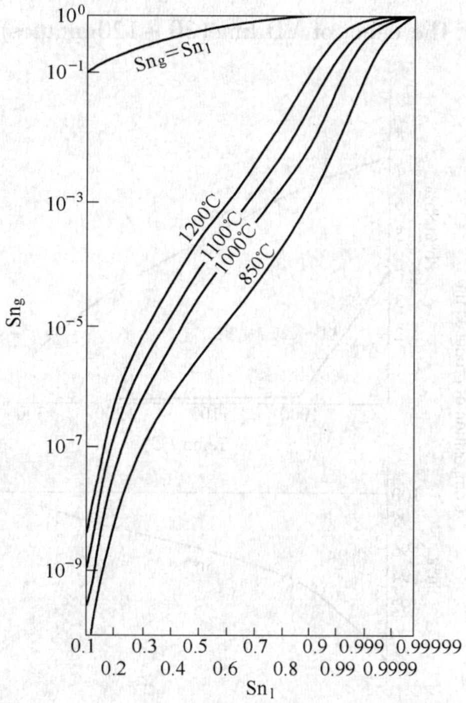

Fig. 7 Sn_g vs. Sn_l (calculated)

Table 2 The composition of crude tin

Items	Sn	Sb	Pb	As	Fe	Bi	Cu	Ni
Chemical analysis/%	88. 19	7. 38	3. 9	0. 05				
Spectral analysis/%	>10	3 ~ 10	1 ~ 3		0. 01	0. 003	0. 001	0. 001

The experimental apparatus was made by the Institute, The experimental conditions were as follows. Batch material 100g, pressure 10^5 ~ 10Pa, processing time 0 ~ 120 minutes and temperature 1000 ~ 1300℃.

Variables studied are discussed below.

(1) Temperature. Fixed conditions: pressure 7 Pa and batch time 30 minutes.

The effect of VD temperature on the material composition is shown in Fig. 8.

It shows.

1) Content of Sb in the product tin decreased with increasing temperatures. At 1300℃ the Sb content was 1. 52% and correspondingly, tin content was increased to 98. 96%.

2) Lead in crude tin was evaporated early. As VD temperature increased from 1000℃ to 1300℃, Pb content in the tin was smaller than 0. 1% and fluctuated in the range of 0. 029% to 0. 08%.

3) When the temperature was increased, a small amount of tin was evaporated so the amount of condensed alloy increased from 3g to 8g. The tin content also increased from 2% to 40%. The Sb content fluctuated from 27% to 40%, and the Pb content decreased from 72. 28% to 28. 6%.

(2) Effect of VD time. Fixed conditions: temperature: 1300℃, pressure: 7Pa.

The effect of VD time(30 ~ 120minutes) is shown in Fig. 9.

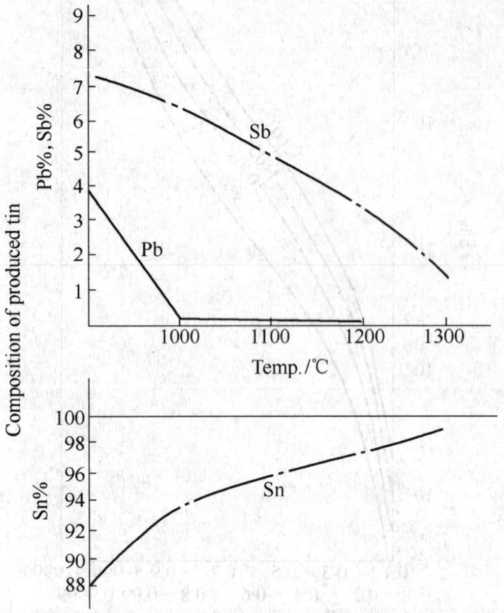

Fig. 8 Relationship between VD temperature and composition of produced tin(7Pa, 30min)

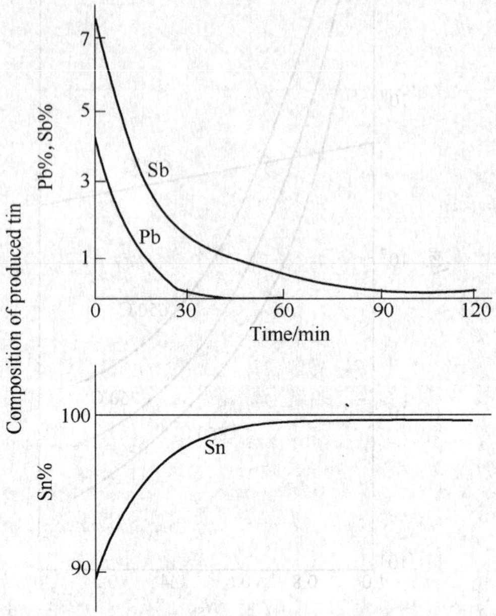

Fig. 9 VD time vs. the composition of produced tin. (1300℃; 7Pa)

The results shows:

1) At VD time of 30minutes, the product tin contained 98. 96% Sn. With time of 60 minutes, the purity of tin was 99. 85%. When the time extended to 90minutes or 120minutes, the Sn content did not change significantly.

2) For VD times of longer than 60minutes, the amount of evaporated Sn increased.

3) For a VD time of 30minutes, antimony content was 1. 52%. Increasing the time resulted in a reduction in the Sb content as shown in Table 3.

Table 3 Effect of VD time on the content of Sb in produced tin(1300℃ 7Pa)

Time/min	Sb%	Time/min	Sb%
30	1. 52	90	0. 079
60	0. 29	120	0. 0067

Thus, at 1300℃ for a suitable VD processing time, No. 1 tin could be obtained.

(3) The effect of residual gas pressure. Fixed conditions: temperature 1300℃ and time 30 minutes.

The pressure was changed from 13. 3Pa to 6. 67 $\times 10^4$ Pa and, the results are shown in Fig. 10. They show:

1) As the pressure rises, the Sb evaporated from the crude tin was reduced. Thus, when the pressure increased from 13. 3Pa to 1. 33 $\times 10^3$ Pa, the Sb content in the product tin increased from

1.52% to 5.94%.

2) The amount of lead evaporated was affected by pressures. The Pb content in the product tin increased from 0.027% at 13.3Pa to 10% at 1.33×10^3Pa.

3) As pressures increased, a larger amount of Pb and Sb remained in the product of tin. Thus, the Sn levels decreased to 90% to 92%.

4 Conclusion

A large amount of Sb in crude tin can be removed by VD process. In the present experiments, the final tin products contained more than 99% Sn and less than 0.067% to 1% Sb. Furthermore, the Pb in crude tin could be decreased to 0.07%.

The VD operation conditions are as follows:

(1) High temperatures such as 1300℃;

(2) High vacuum degrees such as below 13Pa;

(3) Longe processing time such as 30 ~ 60 min;

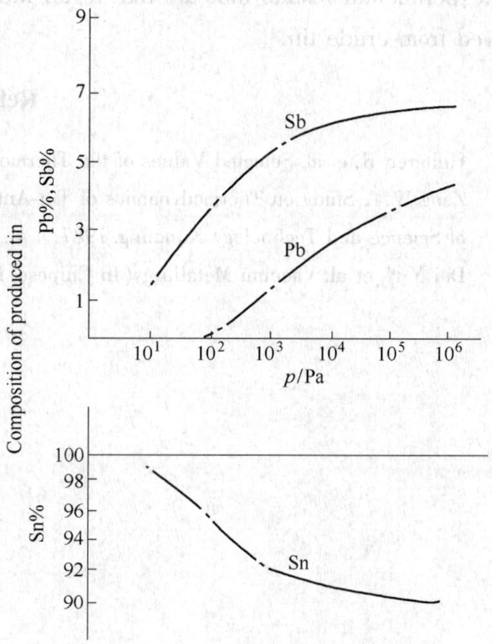

Fig. 10 VD pressure vs. the composition of produced tin. (1300℃, 30min)

Under such optimum conditions, Sb can be effectively removed from Sn. The products of VD of crude tin are: Sn with a purity of above 99% and an Sb-Pb-Sn condensed alloy. The results obtained in our experiments, which agree well with the work of previous researchers, provide useful information on the separation of Sn-Sb alloys in vacuum, as shown in Fig. 11 and Fig. 12. The pres-

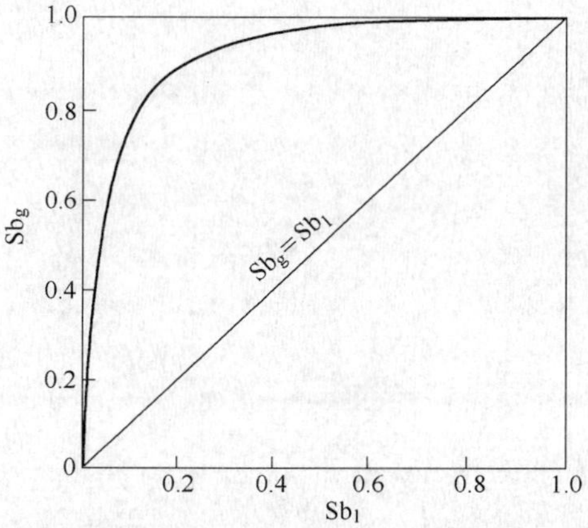

Fig. 11 Sb_g vs. Sb_l for Sn-Sb binary system (experimental 1995: temperature; 1200℃, $Sb_g+Sn_g=1$, $Sb_l+Sn_l=1$)

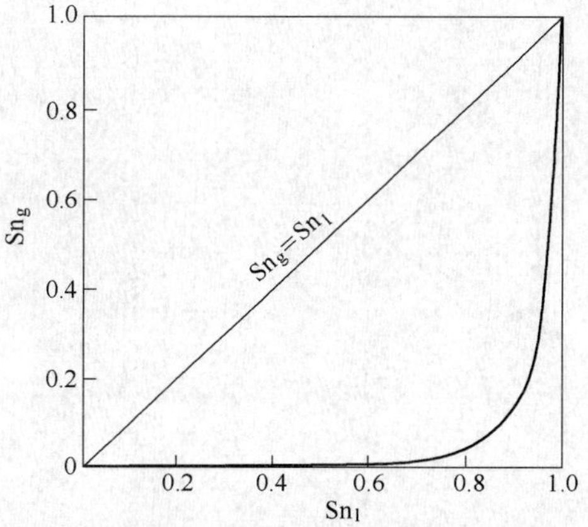

Fig. 12 Sn_g vs. Sn_l for Sn-Sb binary system (experimental 1995: temperature; 1200℃, $Sb_g+Sn_g=1$, $Sb_l+Sn_l=1$)

ent experimental results indicate that in an industrial vacuum furnace, Sb can be satisfactorily removed from crude tin.

References

[1] Hultgren R, et al. Selected Values of the Thermodynamic properties of Binary Alloys, 1973.

[2] Zeng W. A Study on Thermodynamics of Tin-Antimony Binary System(In Chinese) . M. Sc. Thesis. University of Science and Technology Kunming, 1987.

[3] Dai Y N, et al. Vacuum Metallurgy(In Chinese) Beijing: Metallurgical Industry Press, 1988.

炭渣真空蒸馏的初步探讨[❶]

戴永年 何蔼平 赵家德 等

粗锡精炼，用凝析法除砷、铁，产出“炭渣”。色深灰绿，粉末状，夹有木屑炭灰。化学成分(%)为 As 12～14、Fe 0.7、Pb 11.1、Sb 0.09 及 Sn 66.45。

工厂里曾用焙烧法处理炭渣，以图烧去砷而回收锡。但当温度升到700℃以上，炭渣开始部分熔化，妨碍氧化脱砷。在没有更适宜的办法时，炭渣送到反射炉熔炼成粗锡。砷又大部分回下一批炭渣中，造成砷在炼锡过程中往复循环。

1975 年调查了某炼锡厂砷的出入和分布。一年内原料带入的砷量来自锡精矿者为246.4t、中矿者40.97t，由于砷的循环，每年进入锡粗炼工段的砷竟高达658.95t，即分别来自锡精矿者 246.4t、烟尘 64.4t、烟化尘 200t、焙烧析渣 34.5t、炭渣 111.8t 及铅渣 2.25t。

其中，占循环砷量最多的是炭渣，每年达约112t。砷的大量循环势必加重设备的负担和增加环境的污染。

我们自 1974 年开始探索炭渣的性质和真空蒸馏的可能性。几年来取得一些进展。本文概述实验取得的初步成效。

1 炭渣真空蒸馏的依据

砷、铅、锡的蒸气压，这三种元素的纯物质的蒸气压与温度的关系[1]为：

$$As_4: \lg p^{\ominus} = -6160T^{-1} + 9.82 \quad (600 \sim 900\text{K}) \tag{1}$$

$$Pb: \lg p^{\ominus} = -10130T^{-1} - 0.985\lg T + 11.16 \quad (\text{熔点} \sim \text{沸点}) \tag{2}$$

$$Sn: \lg p^{\ominus} = -15500T^{-1} - \lg T + 11.50 \quad (298 \sim \text{沸点}) \tag{3}$$

式中，$p^{\ominus}$的单位为 mmHg(1mmHg = 133.3224Pa)。

蒸气压的数值列于表 1[2]。可见它们的沸点分别为 As 613℃，Pb 1743℃，Sn 2618℃，相互的差别很大。在相同的温度下相差千倍以上。

表 1 砷、铅、锡的蒸气压与温度的关系

蒸气压/mmHg		10^{-4}	10^{-3}	10^{-2}	10^{-1}	1	10	10^2	10^3	760
As	温度/℃	204	237	277	317	372	437	522	627	613
Pb		547	625	715	832	977	1162	1427	1797	1743
Sn		997	1107	1247	1412	1612	1867	2227	2687	2618

❶ 本文发表于《云南冶金》，1980，(6)：28～34，51。

然而在实际溶液中，元素 i 的蒸气压 p_i 有如下的关系：

$$p_i = \gamma_i N_i p_i^{\ominus} \tag{4}$$

除了与 $p_i^{\ominus}$ 有关外还与活度 γ_i 以及浓度（摩尔分数 N_i）有联系，由于这三个元素在液体合金中的活度系数缺乏，现在由三个二元系（As-Sn、Sn-Pb、As-Pb）状态图（图 1）来预测它们的性质。

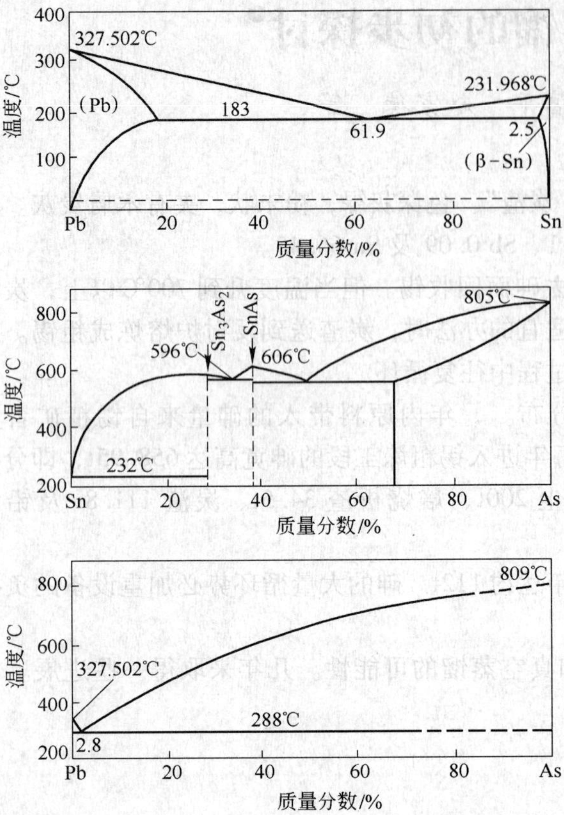

图 1

这三个二元系状况图的结构相差很大，由图的结构比较不同元素原子间的结合能力可以看出：Sn-As 原子由于生成同分熔点化合物 Sn_3As_2 和 SnAs。Sn 原子和 As 原子之间的作用力相当大，这个二元系的合金中组元的活度就比理想溶液的小，γ_{Sn} 和 γ_{As} 都小于 1。再结合式（4），考虑 N_{As} 会降低到 0.01 以下，则 p_{As} 会比 $p_{As}^{\ominus}$ 小 $10^2 \sim 10^3$ 倍。

其次是 Pb-Sn 系，Pb 与 Sn 原子之间的作用力比 Sn-As 系小得多。状况图中没有化合物，中部也没有固溶体。只有两端有一点范围不大的固溶体。这种二元系与理想溶液相比，有不大正偏差。活度系数大于 1，但大得不多。因此合金中铅的实际蒸气压主要受浓度影响。降低幅度为 $10 \sim 10^2$ 倍。

Pb-As 系中不但没有化合物；连端部的固溶体也没有，故其正偏差较大。

炭渣中以锡为主，砷和铅都是少数，主要反映出 As-Sn 和 Pb-Sn 的作用。由上述情况可知在此合金中有

$$\gamma_{As} < \gamma_{Pb}$$

而在一定温度下：$p_{As}^{\ominus} > p_{Pb}^{\ominus}$

当缺少 γ_{As} 和 γ_{Pb} 的数值时，难于比较 $p_{As}^{\ominus}$ 和 $p_{Pb}^{\ominus}$。也就难于决定 As 和 Pb 中哪一个优先挥发了。这一点需要在实验中决定。

以上的分析可以认为：炭渣真空蒸馏分离 As 和 Pb 是可能的；砷和铅哪一个优先挥发有待实验决定。

1.1　砷和铅气体的状态

已经知道铅在气体状态为单原子气体。砷蒸气有三种聚合物：As、As_2、As_4，随着环

境的压力和温度改变，三者数量比也在变化，见表2[3]。

表2　气相中 As、As_2、As_4 的分压与温度和压力的关系(据 G. Preuner)

总压/mmHg	800℃			1000℃			1100℃		
	p_{As_4}	p_{As_2}	p_{As}	p_{As_4}	p_{As_2}	p_{As}	p_{As_4}	p_{As_2}	p_{As}
5	1.7	2	1.3	0.8	2.4	1.8	0.4	2.6	2.0
40	27.6	10.2	2.2	12.2	17.9	9.9	2.4	16.8	20.8
100	62.9	17.2	2.9	50.6	34.8	14.6	20.2	43.6	37.2
300	265.4	30.4	4.2	207.4	73.0	19.6	126.5	112.3	61.2
750	696.2	47.6	5.2	529.4	196.4	22.3	452.6	216.4	81.0

在卡默尔(R. Kammel)等的文中[4]，认为约1300℃时真空蒸馏粗锡，砷以单原子气体蒸发，但文中缺少具体数值。

数据不够充分，不能对真空蒸馏时砷的蒸气密度做出计算，也就不能比较气体中三种元素的含量。当气体中存在 As 和 Pb 的蒸气时不可能有二者的聚合物存在，因为 Pb-As 系在液态时没有聚合物，变为气态后气体分子能量增大，更不可能有聚合物生成。气体必定是砷和铅的气体混合物。

混合气体在冷凝过程中，各种气体按自己的特性凝聚，故存在着分别冷凝的可能性。即分别产出粗砷和粗铅。

1.2　温度的影响

合金中一种金属的理论最大蒸发速率(ω，$g/(cm^2 \cdot s)$)受温度影响很大，由下式可看到：

$$\omega = 0.0583\gamma N p^{\ominus} (M/T)^{\frac{1}{2}} \tag{5}$$

$$\lg \omega = \lg 0.0583\gamma N M^{\frac{1}{2}} + \lg p^{\ominus} - \frac{1}{2}\lg T \tag{6}$$

将式(1)代入式(6)得

$$\lg \omega = \lg 0.0583\gamma N M^{\frac{1}{2}} + 9.82 - \left(\frac{6160}{T} + \frac{1}{2}\lg T\right) \tag{7}$$

式(7)反映砷的蒸发速率与其在合金中的活度(γN)，气相中的分子结构(M 是气体中砷的分子 As_x 的相对分子质量，与 x 有关)和温度的关系。式中($\frac{6160}{T} + \frac{1}{2}\lg T$)项体现温度的影响(因数据不足，先忽略温度对 γ 和 x 的作用)，当温度为900℃、1000℃、1100℃及1200℃时，其值分别为6.78、6.39、6.05及5.74。

可见，当温度由900℃升至1200℃，$\lg \omega$ 增大1，ω 增大约10倍。换言之，每升高100℃，ω 增大约2.5倍。因此，为加快砷的蒸发速度，应当选用较高的温度。

2　小型试验

2.1　实验装置

试验炭渣性质时用坩埚电炉、热电偶。1000℃以上用硅炭棒加热的箱式电炉。

真空蒸馏实验设备：直径约45mm的高温管状电炉一台，内装刚玉管，2x－2型旋片真空泵，麦氏真空计测压。铂-铂铑热偶测温，瓷舟盛料置于炉管内。测定料层厚度的影响时，炉子垂直安放，炉管内放刚玉坩埚(高40mm，直径55mm)。

2.2　炭渣性质试验

测得炭渣的假密度为2.35。

炭渣加热，定时搅拌，至1100℃，绝大部分熔化，只留下约5%的不熔渣子，熔化的金属称为“炭渣锡”，其化学成分为(%)：Sn 70～73、As 8～14.5、Pb 12～15及Fe约0.5。

炭渣锡冷却后表面有粗大结晶。重熔时约于600℃熔化。

鉴于炭渣锡与炭渣的化学成分相近，但形状不同，蒸发表面不一样，故分别真空蒸馏处理这两种物料。

2.2.1　*炭渣真空蒸馏*

每次试验用瓷舟盛约15g炭渣，炉内压力保持0.1～0.3mmHg，蒸馏30min，蒸馏温度变动在700～1200℃。

试料中砷、铅挥发后含量降低，情况示于图2。有少量锡同时挥发，三种元素的挥发率示于图3。砷和铅大量挥发以后，瓷舟中留下的料含锡量大大提高，如图4所示。

为了查定料层厚度的影响，将炉子竖起，用坩埚装料。蒸馏以后取试料上、中、下三层，分别分析含砷量，结果示于图5。全部试料的元素分析和挥发率列于表3。

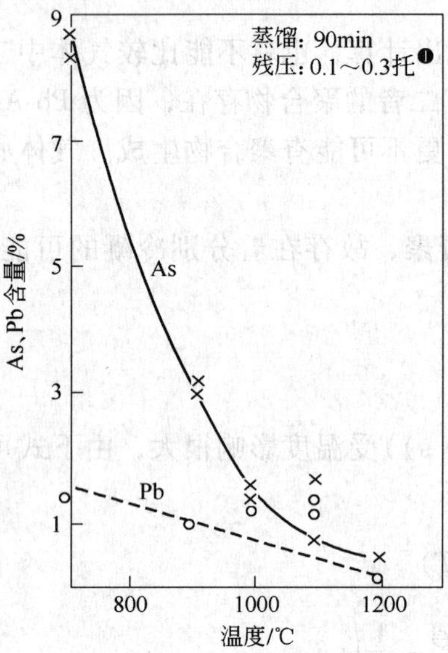

图2　料中As、Pb含量与蒸馏温度的关系

表3　厚层炭渣真空蒸馏效果

蒸馏温度/℃	挥发率/%			料成分/%		
	As	Pb	Sn	As	Pb	Sn
1000	64.9	66.8	－0.25	5.7	4.3	78
1100	84.2	81.3	0.17	2.9	2.8	85.5
1200	91.4	88.7	－1.13	1.7	1.6	90.5

注：实验条件：残压0.3～0.6mmHg；蒸馏时间60min；料层厚度21.5～26.5mm。

❶ 1托＝133.3224Pa。

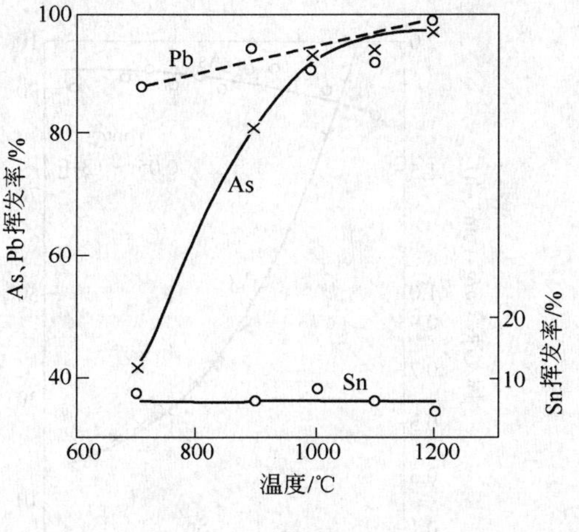

图3 As、Pb、Sn的挥发率和蒸馏温度的关系

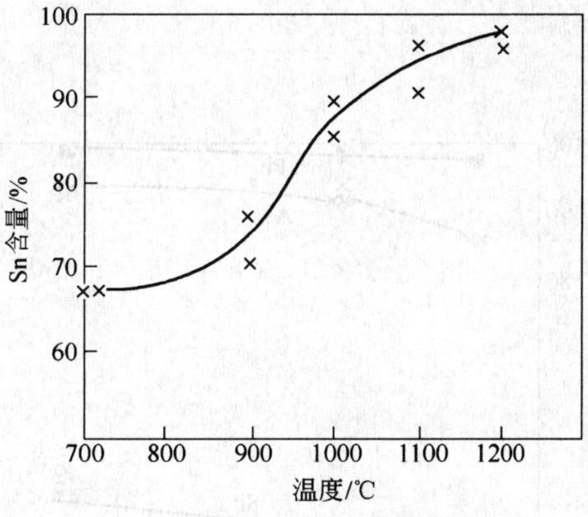

图4 料中Sn含量与蒸馏温度的关系

2.2.2 炭渣锡真空蒸馏

第一步，测定温度的影响，每次用装料20g，炉内压力为0.05~0.3mmHg，在一定温度下加热100min，得到的结果如图6和图7所示。

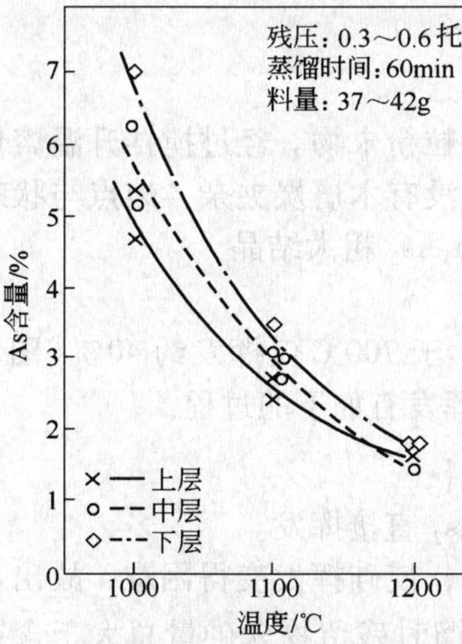

图5 料层厚度和蒸馏温度对料含砷的影响

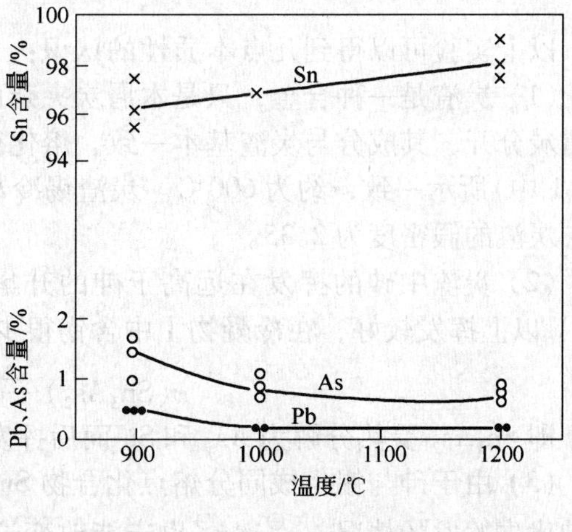

图6 合金中各元素的含量与蒸馏的关系

（试料：炭渣锡20g；残压：0.05~0.3mmHg；蒸馏时间：100min）

第二步，测定蒸馏时间的影响，在1000℃变化蒸馏时间，得到合金中Sn和As挥发率和合金的挥发率（ω，$g/(cm^2 \cdot s)$），结果绘成图8。

实验中收集到一些冷凝物，是多次实验的产物。在离开炉管到玻璃管道中，冷凝物Ⅰ含(%)As 70.58及Sn 0.827。炉管中的冷凝物Ⅱ含(%)As 12.69、Sn 20.77及Pb 28.2。

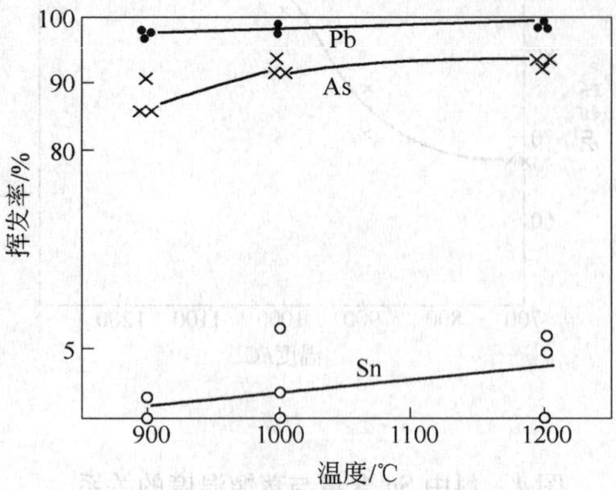

图7　合金中各元素的挥发率与蒸馏速度的关系（实验条件同图6）

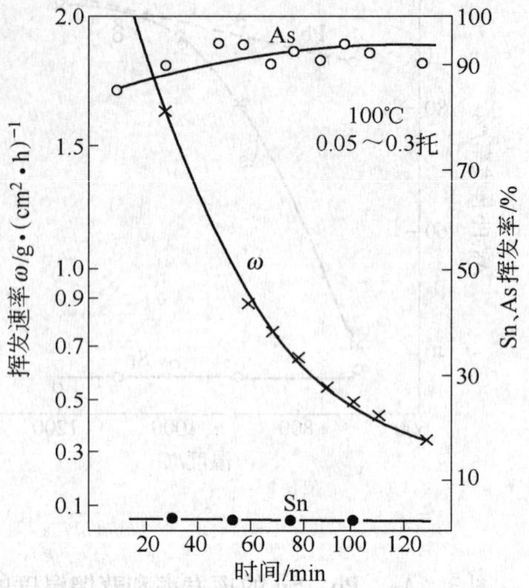

图8　合金的挥发速率（ω）及其中 As、Sn 的挥发率和蒸馏时间的关系

3　实验结果分析

3.1　实质性的结果

以上实验可以得到几点本质性的认识：

（1）炭渣是一种合金，只是木屑炭夹杂而成分散的粗粒粉末物。经过搅拌升温熔化与木屑炭分开，其成分与炭渣基本一致。熔化得的炭渣锡中没有木屑炭夹杂，熔点与状态图（图1中）所示一致，约为600℃。炭渣锡冷却有明显的 Sn_3As_2 粗大结晶。

炭渣的假密度为2.35。

（2）炭渣中砷的挥发在远高于砷的升华点（613℃），于700℃仅挥发约40%（图3）。900℃以上挥发较好，在冷凝物Ⅰ中含锡很少。说明砷的挥发有如下的过程：

$$x(Sn_3As_2) \xrightarrow{\triangle} 3xSn + 2As_x \uparrow$$

即 Sn_3As_2 受热分解为 As_x 和 Sn 而后挥发，没有 Sn_3As_2 直接挥发。

（3）由于砷与锡生成同分熔点化合物 Sn_3As_2（见图1），使砷挥发变得困难，故出现铅比砷优先挥发的情况，$p_{Pb}^{\ominus} \ll p_{As}^{\ominus}$ 也未能改变这种状况。蒸馏时残留物含砷量总大于含铅量（图2），铅的挥发率都高于砷（图3）。

故合金中三种元素的挥发顺序为 Pb→As→Sn 而不是按纯元素蒸气压大小的顺序 As→Pb→Sn。

（4）冷凝物Ⅰ含砷约70%表明合金上面的蒸气，正如前面分析的那样，是砷和铅蒸气的混合物，而没有化合物。能够按各自的性质冷凝，乃出现砷集中的冷凝物。

3.2　冶金工艺方面的效果

由冶金生产的角度来分析，可以看到：

(1)真空蒸馏炭渣或炭渣锡，作业效果基本一致。脱除 As 和 Pb 的效率都比较高，达 95%以上。其中 Pb 的脱除率比 As 大，达约 98%。锡挥发少，仅小于 5%。

(2)蒸馏产物为粗锡，含 Sn98%左右，As<1%，Pb 约 0.5%。同时获得粗砷，含 As 约 70%，Sn0.8%。由于每次试料量少，没有得到较好的粗铅，有待扩大实验中收集。

初步得到蒸馏的三种产品(粗锡、粗砷和粗铅)，证实这个方法的合理性。

(3)作业条件易于达到，温度在 1100～1200℃，蒸馏效果较好，炉内压力约 0.5mmHg，蒸馏时间约 60min。这些条件已满足作业的需要。显然，工业上能够容易地达到这些条件。

料层厚度对作业效果有影响(图 5)，温度达 1200℃时影响减小，扩大实验中应进一步考查这个条件。

(4)设备由于作业条件要求不高，可以预计，设备不会复杂，这个问题要在扩大实验中进一步解决。

4 扩大实验

小型试验取得成效后必须扩大规模，进一步查明若干问题：效果能否重现，分别冷凝产出几种产品的实践性，并探索经济效果和工业用的设备结构等。

试料仍选用炭渣和炭渣锡。因为真空炉的进料状态决定着进料系统的结构。炭渣必定以固体进料，而炭渣有可能实现液体进料。

实验采用已研制[5]的内热式真空炉，针对砷和铅蒸气的冷凝性质变换冷凝器。炉子结构示意图如图 9 所示。炉子为全水套内装水冷式导电棒。2x－4 型旋片式真空泵两台，25kV · A 单相变压器一台，麦氏真空计一个，热偶真空计一个，光学高温计一个。

铅在圆筒形冷凝器上凝结，收集在集铅盘中。砷在炉顶部凝结。

4.1 炭渣真空蒸馏

所用试料成分(%)：Sn 62.1，Pb 7.5，As 13.5，Fe 0.9，Sn 0.09，其他 15.9。炭渣粒度大于 2mm、760 目、大于 80 目及小于 80 目者，分别各为(%)：12.7、31.9、2.95 及 52.5。假密度为 2.35。

试验中测定了料层厚度，蒸馏时间，炉子功率等对挥发的影响。结果列于表 4 和图 10。

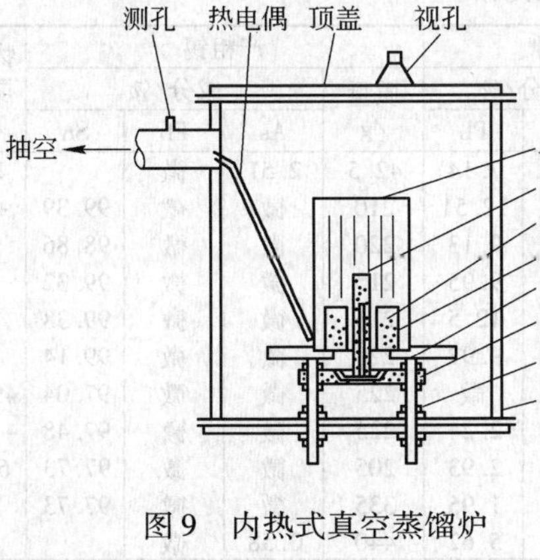

图 9 内热式真空蒸馏炉

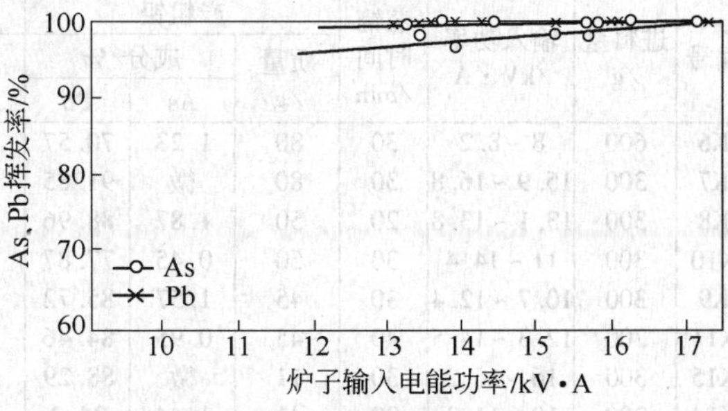

图 10 As、Pb 挥发率与炉内输入电能的关系

表4 真空蒸馏炭渣的效果

编号	进料量/g	输入功率/kV·A	蒸馏时间/min	产粗铅			产粗砷			产粗锡				物料损失/g
				质量/g	成分/%		质量/g	成分/%		质量/g	成分/%			
					As	Pb		As	Pb		As	Pb	Sn	
K21	330	14.7	30	155	6.92	33.8	20	60.2	3.79	130	1.41	2.6	94	25
K22	330	15.7	30	125	3.15	32.7	27.4	65.7	10.69	130	0.52	微	97.4	47.6
K23	440	17.2	20	180	2.7	40.5	31	68.3	10.66	170	0.13	微	98.2	59
K24	440	15.3	30	200	2.28	40.4	38	57.4	9.23	165	0.46	微	97.2	37
K25	440	15.7	40	190	3.52	35.3	29.5	43.3	16.4	220	微	微	96.6	+0.6
K26	660	13.3~14	20	328	7.3	36.5	49	60.4	6.81	210	0.63	微	97.53	73
K27	660	14	30	340	7.02	29.4	69.7	45.7	10.24	180	0.99	微	97.28	65.8
K28	660	14.3~14.7	40	335	4.42	38.6	48.4	57.9	11.65	200	微	微	98.67	72.9
K29	880	13.6~14	20	400	8.22	28.8	57.4	44.2	11.86	265	微	微	97.20	103.6
K30	880	13.3~14.4	30	200	3.83	42.5	58.5	68.2	6.69	520	微	微	90.85	98
K31	880	15.9~16.4	40	190	22.2	37.2	77.6	68.4	8.67	540	微	微	94.78	72.4

实验中观察到炉料加热到赤热时，由于 Sn_3As_2 强烈分解，放出大量砷蒸气同时有铅蒸气逸出，造成散料喷溅、跳跃，细料飞扬。细料有许多飞到集铅盘中，使粗铅质量降低。

4.2 炭渣锡真空蒸馏

由于实验室设备限制，制备试料系分批进行，故成分有所不同，列于表5，实验条件和结果列于表6。

表5 各次试料的成分

编号	化学成分/%		
	Sn	Pb	As
K6、K7	70.76	12.64	13.05
K8、K9	71.1	13.4	12.3
K10、K11	73.6	15.86	11.06
K15	73.8	14.6	8.35
K15	71.11	12.3	10.4
K17、K18	72.2	13.6	10.47

表6 真空蒸馏炭渣锡的效果

编号	进料量/g	输入功率/kV·A	蒸馏时间/min	产粗铅			产粗砷			产粗锡				物料损失/g
				质量/g	成分/%		质量/g	成分/%		质量/g	成分/%			
					As	Pb		As	Pb		As	Pb	Sn	
K6	600	8~8.2	30	80	1.23	70.57	60	90.27	7.14	42.5	2.51	微		35
K7	300	15.9~16.8	30	80	微	91.85	34	75.64	12.51	210	微	微	99.39	+24
K8	300	13.1~13.8	20	50	1.87	88.96	28	82.42	9.13	220	微	微	98.86	2
K10	300	11~14.4	30	50	0.45	77.87	31	76.34	9.95	215	微	微	99.32	4
K9	300	10.7~12.4	30	45	1.57	85.72	32	81.21	12.5	215	微	微	99.38	8
K11	300	12.3~14.5	40	45	0.95	84.46	27	79.02	9.93	220	微	微	99.14	5
K15	300	16~16.2	30	11	微	88.29	18.2	85.35	微	225	微	微	97.04	45.8
K14	300	10~11.3	30	41	1.44	84.3	40.2	85.23	2.24	225	微	微	97.48	+6.2
K16	300	12.1~13.5	30	53.5	1.07	71.65	34.2	84.24	2.93	205	微	微	97.73	6.3
K17	450	12.6~11.76	30	60	0.99	81.1	42.9	86.46	1.95	335	微	微	97.73	12
K18	600	15.3~16.4	30	91.5	1.65	70.62	64.5	82.56	5.62	440	0.58	微		4

实验中看到液体合金沸腾，当砷、铅挥发结束，即恢复平静。没有喷溅、飞散现象。

4.3 实验结果分析

(1) 小型试验中得到的实质性的认识，全部重现，可以肯定下来。

(2) 砷和铅的挥发率比较高，砷达97%～100%，铅约为100%，比小型试验的数据为高。

(3) 得到了三种产品：粗锡、粗铅、粗砷。其中粗锡成分为含锡97%～99%。另外的两个产品的质量与原料的形态有关。处理炭渣时，因细粉飞散到产品中，使产物质量降低。处理炭渣时避免了炉料喷溅，产品质量较好。这两种情况对比于表7中。

表7

产 物	粗砷成分/%		粗铅成分/%	
	As	Pb	As	Pb
处理炭渣	44～68	3～11.8	2.3～8.2	29～42
处理炭渣锡	75.6～90.3	1.95～10	0.45～1.57	70.5～91.8

(4) 作业条件与小型试验基本相同。蒸馏时间由60min减为20～30min，挥发砷和铅的效果仍然比较好。

(5) 炉型结构比较合理。加热方式和炉料位置消除了料层高度的影响。得到较好的脱砷、铅的效率，分别收集到三种产品。

(6) 作业的消耗：电能耗约为3kW·h/kg(料)，不用任何试剂，冷却水可以循环使用。预计总的加工费不会很高。

5 结语

炭渣的真空蒸馏，经过分析，小型试验和扩大试验，证明了它的实践性。蒸馏产出三种产物，基本上分开了这三种元素，为制取它们的纯物质提供原料。从炼锡厂的生产流程来说，可以避免砷和铅在流程中循环。

这个方法设备不复杂，消耗不大。金属回收率较高，对环境保护的条件好。因此，用它处理炭渣不失为一个优良的方法。

由于元素砷在市场上有需要，价格适宜。用此法可为砷的生产奠定基础。例如粗砷再作真空蒸馏提纯，即可达到要求。

使这个方法投入生产，有必要进一步扩大实验的规模，研究生产用真空炉，并得到较为仔细的经济核算数据，充分肯定它的生产实践性和经济合理性。

参 考 文 献

[1] Kubaschewski O, et al. Metallurgical Thermochemistry, Third edition, 1958.

[2] Guthric Andrew. Vacuum Technology, 1963: 532.

[3] Mellor J W. A Comprehensive Treat is on Inorganic and Theoretical Chemistry, 1933, Ⅸ.

[4] Kammel R, et al. Erzmetall, Band 30. Heft 10, 1977.

[5] 戴永年，等. 有色金属，1980，(2).

Thermodynamic Behavior of Lead-Antimony Alloy in Vacuum Distillation❶

Dai Yongnian　Chen Feng　He Zikai　Zhang Xiaojin

Abstract: The distribution of metals in Pb-Sb alloy during vacuum distillation was calculated. It can be applied to the elimination of antimony from crude lead or of lead from crude antimony. The discrepancy of the thermodynamic properties of Pb-Sb alloy suggested by different authors was discussed.

1　Introduction

Jamesonite ($Pb_4FeSb_6S_{14}$) is one of the important antimony-containing minerals, from which antimony and lead can not be separated by ore dressing method. Smelting it to produce Pb-Sb alloy followed by vacuum distillation to separate antimony from lead is perhaps a better approach of treating such kind of ore or concentrate.

There are three questions in vacuum distillation of Pb-Sb alloy:

(1) Is it feasible?

(2) Is it possible to produce antimony and lead?

(3) What kind of furnace and operation is required?

We have engaged in this research work since 1980. This paper expounds briefly the main points of questions 1 and 2.

2　Feasibility and limtation of vacuum distillation of Pb-Sb alloy

The relationship between the vapor pressure of pure antimony and lead ($p^{\ominus}_{Sb}$, $p^{\ominus}_{Pb}$, in mmHg❷) and temperature (T, in K) can be seen from Fig. 1[1].

Fig. 1 indicates that there is a vapor pressure difference between Pb and Sb. Let $p^{\ominus}_{Sb}/p^{\ominus}_{Pb}$ represent this difference, we have

$$\lg(p^{\ominus}_{Sb}/p^{\ominus}_{Pb}) = -190/T + 0.985\lg T - 0.57 \quad (600 \sim 903.5\text{K}) \qquad (1)$$

$$\lg(p^{\ominus}_{Sb}/p^{\ominus}_{Pb}) = 3630/T + 0.985\lg T - 4.79 \quad (930.5 \sim 1860\text{K}) \qquad (2)$$

The $p^{\ominus}_{Sb}/p^{\ominus}_{Pb}$ value versus temperature(℃) diagram is shown in Fig. 2.

Fig. 2 shows the value of $p^{\ominus}_{Sb}/p^{\ominus}_{Pb}$ at 630.5℃ (melting point of antimony) reaches the maximum 138, and then it decreases with the rise of temperature. $p^{\ominus}_{Sb}/p^{\ominus}_{Pb}$ is 37.82 at 800℃, and 8.8 at 1100℃. Many researchers investigated the activities of components in the Pb-Sb system. The rela-

❶ 本文发表于《Proceedings of the First International conference on the Metallurgy and Materials Science of Tungsten, Titanium, Rare Earth and Antimony》,1988,578 ~ 583。

❷ 1mmHg = 133.3224Pa。

tion between activity coefficient(γ_i) and mole fraction(N_i) of Pb-Sb system at 632℃ is shown in Table 1.

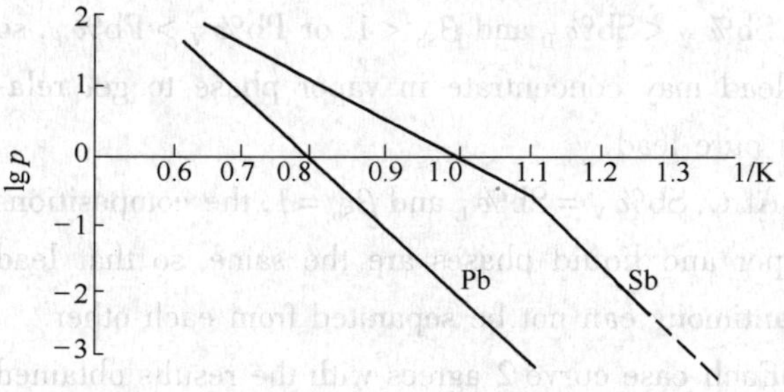

Fig. 1 $\lg p^{\ominus}$-$1/T$ diagram of pure Pb and Sb

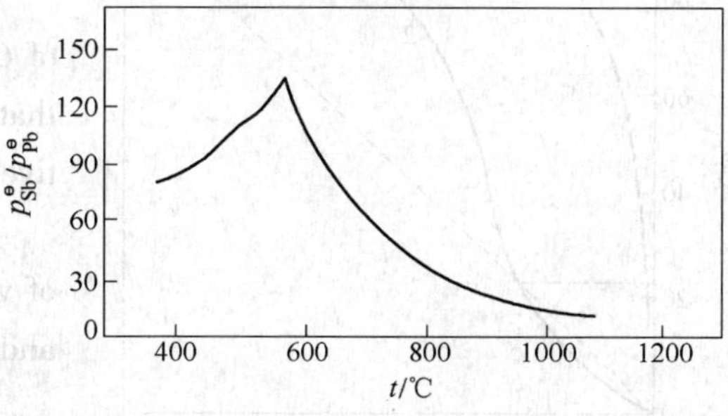

Fig. 2 $p^{\ominus}_{Sb}/p^{\ominus}_{Pb} - t$ diagram of Pb-Sb system

Table 1 Values of γ_{Sb}, γ_{Pb}, γ_{Sb}/γ_{Pb} at 632℃ and separation coefficient β_{Sb} at 800℃ in Pb-Sb system

	Composition of Pb-Sb Alloy, mole fraction(N_{Pb})										
N_{Pb}	1	0.9	0.8	0.7	0.6	0.5	0.4	0.3	0.2	0.1	0.0
γ_{Sb}	0.779	0.817	0.852	0.885	0.914	0.939	0.961	0.978	0.990	0.998	1.000
γ_{Pb}	1.000	0.996	0.990	0.978	0.961	0.939	0.914	0.885	0.852	0.817	0.779
γ_{Sb}/γ_{Pb}	0.779	0.818	0.861	0.905	0.951	1.000	1.051	1.105	1.162	1.222	1.284
β_{Sb}	29.6	31	32.7	34.4	36.1	38	39.9	42	44.2	46.4	48.8

Table 1 indicates that the activity coefficient ratio γ_{Sb}/γ_{Pb} varies with mole fraction and its value is between 0.779 and 1.284. In the range of 700 ~ 900℃, γ_{Sb} and γ_{Pb} vary slightly, so the effect of temperature on γ_i is negligible.

The separation coefficient β_{Sb} in Eq. (3) can be used to determine the possibility of separating Sb from Pb by vacuum distillation. The vapor density ratio ρ_{Sb}/ρ_{Pb} decides the composition of vapor in the distillation product.

$$\beta_{Sb} = (\gamma_{Sb}/\gamma_{Pb}) \cdot (p^{\ominus}_{Sb}/p^{\ominus}_{Pb}) \tag{3}$$

$$\rho_{Sb}/\rho_{Pb} = \beta_{Sb} \cdot a^*/b \tag{4}$$

where a^* and b are the contents of Sb and Pb in condensed phase, and ρ_{Sb} and ρ_{Pb} are the vapor densities of Sb and Pb, respectively.

According to Table 1, it is obvious that β_{Sb} is always greater than 1, so that vacuum distillation of Pb-Sb alloys of any composition may concentrate into vapor phase. The vapor phase composition, can be calculated from Eq. (5), and the results are shown as curve 1 in Fig. 3. Curve 1 indicates that the distillate from Pb-Sb alloy of any composition contains more antimony.

$$\frac{1}{1+\rho_{Sb}/\rho_{Pb}} \times 100 = \text{Sb}\%_V \tag{5}$$

But, not all experiments have the same result. According to our experimental data, we got curve 2 in Fig. 3, which differs greatly from curve 1.

Curve 2 intersects the diagonal($\beta_{Sb} = 1$) at C(Sb%$_L$ = 22), that happen three cases.

At any point on the curve sitnated at the right-side of C, Sb%$_V$ > Sb%$_L$ and $\beta_{Sb} > 1$, conse-

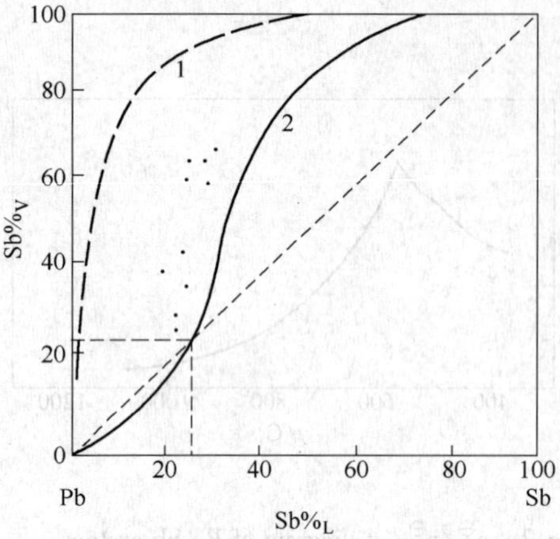

Fig. 3　Vapor-liquid equilibrium composition diagram of Pb-Sb system

quently distillation may concentrate antimony into vapor to get retatively pure antimony.

At any point on the curve situated at the left-side of C, $Sb\%_V < Sb\%_L$ and $\beta_{Sb} < 1$, or $Pb\%_V > Pb\%_L$, so that lead may concentrate in vapor phase to get relatively pure lead.

At C, $Sb\%_V = Sb\%_L$ and $\beta_{Sb} = 1$, the compositions of vapor and liquid phases are the same, so that lead and antimony can not be separated from each other.

Each case curve 2 agrees with the results obtained by other researchers.

W. J. Kroll in his paper, affirmed that the alloy has the composition Pb = 75% and Sb = 25% at C, and that it is impossible to separate two metals beyond C(Pb > 75%).

As to the left-side of C, D. N. Nugaliev, et al. [2] investigated vacuum distillation of Pb-Sb alloy containing antimony 0.1%, 1% and 5% at 1000℃, 1050℃ and 1100℃ respectively. In their experiments, Sb content in the volatilized lead decreased markedly, and Sb content in the remaining alloy increased, as shown in Table 2.

Table 2　Results of vacuum distillation of Pb-Sb alloy

Sb in starting alloy/%	distil. temp. /℃	Sb in distillate/%	Sb in remaining alloy/%
0.1	1000	<0.003	0.109
5.0	1000	0.36	5.363
0.1	1100	0.005	0.111
5.0	1100	0.59	5.405

The investigation of vacuum refining lead also verified this relationship: when crude lead containing 0.22% Sb was distilled at 1080℃ and under 267 ~ 40 Pa pressure, the antimony content in lead vapor was so small that it could not be detected by analysis.

We carried out a lot of experiments on the right-side of C. When starting alloy contained 90% Sb and 10% Pb, residual gas pressure was 40 Pa[3] and distillation time was 20 minutes, we got the result shown in Table 3. The amount of distillate increased with temperature rise, and the vapor differs from the liquid very much in composition, consequently it is feasible to produce relatively pure antimony from Pb-Sb alloy on right-side of C by distillation.

To sum up, the conditions shown by curve 2 in Fig. 3 are correct.

Table 3　Result of vacuum distillation of 90Sb-10Pb alloy

Distillation temperature/℃	700	800
Volatization amount of Sb/%	40	82
Lead in distillate/%	0.4	0.8

On the basis of curve 2 in Fig. 3 and considering that the effect of temperature on activity coefficient of component in Pb-Sb alloy between 700 ~ 900℃ is very slight, through calculation a set of curves from 600℃ to 900℃ were ploted as shown in Fig. 4. We can see that the position of intersectingpoint C of every curve with the diagonal is different, e. g., at 900℃, the composition of C is 34% Sb, but the position of C moves leftwards as temperature is decreased. At 600℃, C almost coincides with the origin of coordinates and Sb content is nearly zero.

Thus, it can be explained that the Sb content of C obtained by different authors is not the same. The position of C is not fixed, and it changes with temperature adopted by the researchers.

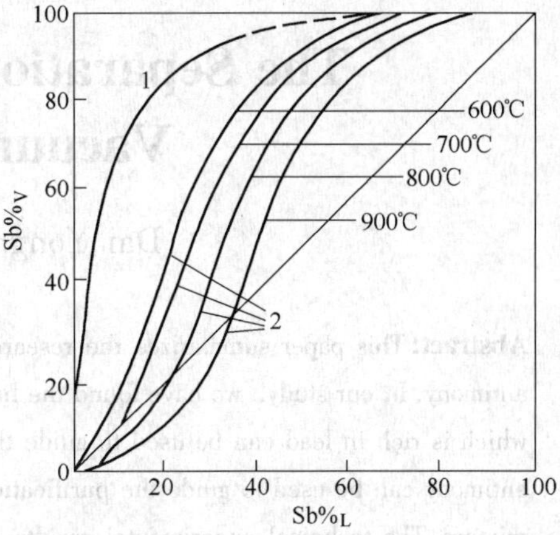

Fig. 4 Vapor-liquid equilibrium composition of Pb-Sb system

3 Conclusions

(1) The vapor pressure difference between Pb and Sb decreases with the increase of temperature. The difference at 600℃ is 14 times greater than at 1100℃.

(2) After Pb and Sb have formed an alloy, the behavior of molten alloy deviates from that of ideal solution. On the basis of our research the composition curves of vapor-liquid equilibrium were calculated. The curves intersect the diagonal($\beta_{Sb} = 1$) at C. Antimony in the alloy at the right-side of C volatilizes prior to lead so that antimony may be purified. Lead in the alloy at the left-side of C volatilizes prior to antimony, so that lead may be purified. C is one of the composition of the final products of distilled alloys at both sides of C.

(3) Calculation showed that the position of C is relevant to temperature, and that C moves rightwards as temperature rises. At 900℃, the composition of C is about 34% Sb. C moves leftwards as temperature drops. At 600℃, C almost coincides with the origin. Choosing different experimental temperature, the composition of C is different.

(4) Curve 1 in Fig. 3 differs from curve 2 very much, which is a problem to be investigated.

(5) The regularity of vacuum distillation of Pb-Sb alloy obtained in this work is helpful in controlling the elimination of lead from crude antimony or of antimony from crude lead by vacuum distillation.

References

[1] Kubaschewski O, Alcock C B. Metallurgical Thermochemistry, 5th Edition, 1979.

[2] Nugaliev D N, Esyudın V S, Terlikbaev M A. Comprehensive, Utilization of Mineral Raw Materials (Russian), 1983, (12): 41 ~ 45.

[3] Chen Feng, He Zikai, Dai Yongnian. J of Kunming Inst. of Tech., 1984, (3): 108 ~ 116.

The Separation of Pb-Sb Alloys by Vacuum Distillation❶

Dai Yongnian Zhang Guojing

Abstract: This paper summarizes the research results of vacuum distillation of Pb-Sb alloy and crude antimony. In our study, we have found the basic law which states that in Pb-Sb phase diagrams, the part which is rich in lead can be used to guide the purification of lead by distillation, while the part rich in antimony can be used to guide the purification of Sb, where the compositional point *C* is the azeotropic mixture. The technical experimental results at temperatures between 700 ~ 850℃ are coincident with those of theorical study. The expanding experiment at the 100kg scale produced satisfactory results.

Key words: Pb-Sb alloy; vacuum distillation; separation coefficient

1 Introduction

Crude antimony always contains a certain amount of lead which comes from the ore. If the ore is Jamesonite($Pb_4FeSb_6S_{14}$, Pb: Sb = 1. 134), only Pb-Sb alloy is available and the lead must be separate from alloy in order to obtain pure antimony. This separation is difficult by fire refinement[1], but feasibility by hydroelectrolysis though high in cost, complicated in technique, long in its flow sheet and low in metal recovery.

The separation of lead by vacuum distillation is non-economical[1], but our previous work[2~5] has shown that the method is good for the separation of fine antimony with a small amount of Pb-Sb (< 50Sb) alloy. This method needs no reagent but electricity only, and is simple, reasonable and economic.

2 Character of distillating Sb-Pb alloy

In distillation, the volatilization of elements in alloys depends on the actual vapor pressure p_i, which relates to the vapor pressure $p_i^{\ominus}$ of the pure element. The separation coefficient (β_i), is used to determine the possibility and extent of separation of these two elements when distillating.

$$\beta_i = \gamma_1 p_1^{\ominus} / \gamma_2 p_2^{\ominus} \tag{1}$$

where γ_1, γ_2 are the activity coefficient of elements 1, 2.

$$\rho_1 / \rho_2 = \beta_1 a_1 / a_2 \tag{2}$$

where ρ_1, ρ_2 are vapor density of elements 1, 2 in gas(g/cm^3) and their contents in liquid are a_1 and a_2(g) respectively.

The relation between vapor pressure and temperature of pure lead and pure antimony is shown in Fig. 1. It demonstrates that there is an obvious change at 630. 5℃ when solid antimony and lead

❶ 本文发表于《Transactions of NFsoc》,1991,1(1):44 ~ 49,60。

turn to liquid and $p_{Sb}^{\ominus}/p_{Pb}^{\ominus}$ varies greatly with the rising of temperature(see Fig. 2). It' s maximum value is about 140 at the melting point of antimony(630.5℃), but it is only about 10 at the corresponding point of lead(1100℃).

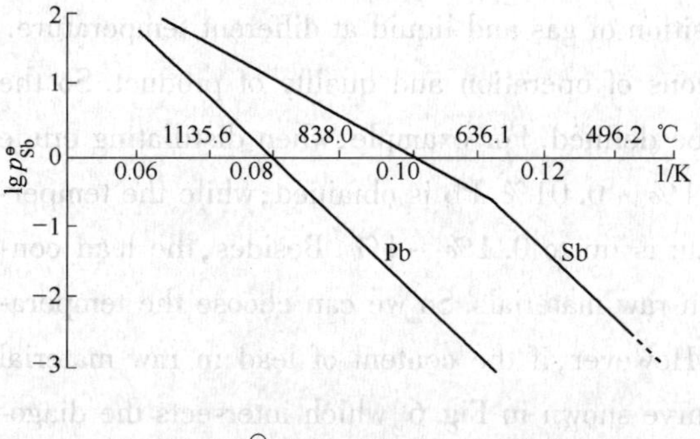

Fig. 1 $\lg p_i^{\ominus}$-$1/T$ of lead and antimony

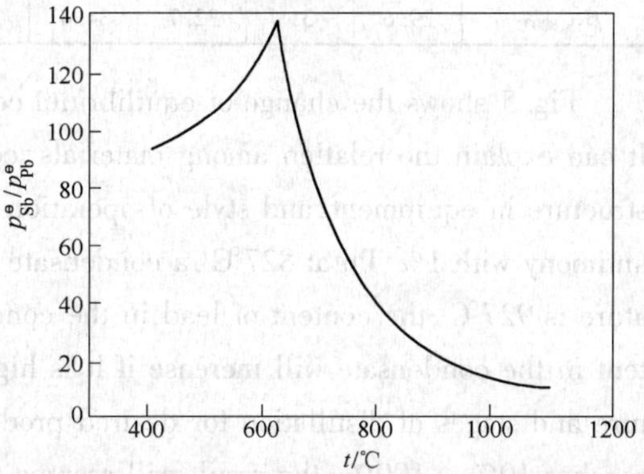

Fig. 2 Relation of $p_{Sb}^{\ominus}/p_{Pb}^{\ominus}$-$t$ in Pb-Sb systems

The thermodynamics property of Pb-Sb is shown in Fig. 3, from which we can find both a_{Pb} and a_{Sb} have a small negative deviation from the diagonal and the values of γ_{Sb}/γ_{Pb} are around 0.779 ~ 1.284 at the temperature of 632℃, $\beta_{Sb,800℃}$ varies with N_{Pb} and is always larger than 1(Table 1).

From Eq. (2), the content of antimony in gas is proven to be higher than that in liquid, namely

$$(\rho_{Sb}\rho_{Pb})/(a_{Sb}a_{Pb}) = \beta_{Sb} > 1$$

The percentage of antimony in gas(Sb_g%) is:

$$[\rho_{Sb}/(\rho_{Sb} + \rho_{Pb})] \times 100 = Sb_g\%$$

or
$$[1/(1 + \rho_{Pb}/\rho_{Sb})] \times 100 = Sb_g\% \quad (3)$$

An equilibrium figure as shown in Fig. 4 can be obtained through calculation. It shows that the vapor containing higher antimony can be obtained by distillating Pb-Sb alloys of any composition.

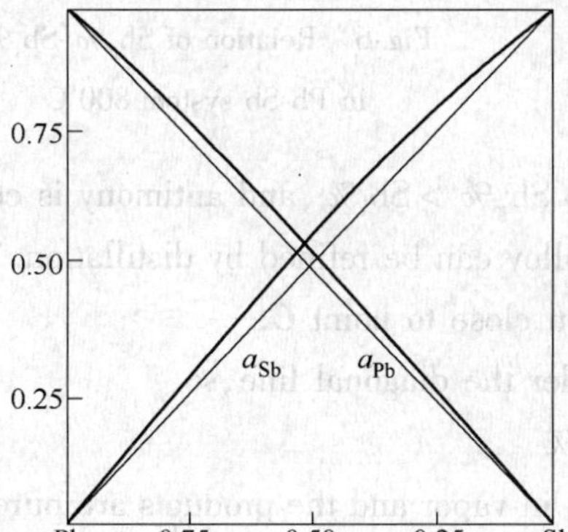

Fig. 3 Relations of a_i-N_i in Sb-Pb system(632℃)[5]

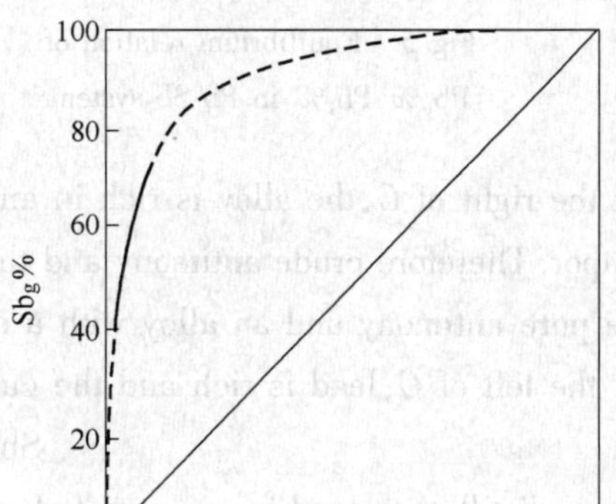

Fig. 4 Relation of Sb_g%-Sb_l% in Pb-Sb systems at 800℃

Table 1 Values of N_{Pb}-γ_{Sb}/γ_{Pb} - $\beta_{Sb,800℃}$ in Pb-Sb system

N_{Sb}	1	0.9	0.8	0.7	0.6	0.5	0.4	0.3	0.2	0.1	0
γ_{Sb}/γ_{Pb}	0.779	0.813	0.861	0.905	0.851	1.000	1.051	1.105	1.162	1.222	1.284
$\beta_{Sb,800℃}$	29.6	31	32.7	34.4	36.1	38	38.9	42	44.2	46.4	48.8

Fig. 5 shows the change of equilibrium composition of gas and liquid at different temperature. It can explain the relation among materials, conditions of operation and quality of product. So the structure in equipment, and style of operation can be defined. For example, when distillating crude antimony with 1% Pb at 827℃, a condensate of 0.1% ~0.01% Pb is obtained; while the temperature is 927℃, the content of lead in the condensate is up to 0.1% ~1%. Besides, the lead content in the condensate will increase if it is higher in raw materials. So we can choose the temperature and stages of distillation for desired products. However, if the content of lead in raw material reaches 10% ~100%, the result will assume the curve shown in Fig. 6, which intersects the diagonal line at *C*. At this point $Sb_g\% = Sb_l\%$, the content of antimony is about 22%, and the resulting compound is an azeotrope. So the alloy at *C* can not separate into two elements by distillation.

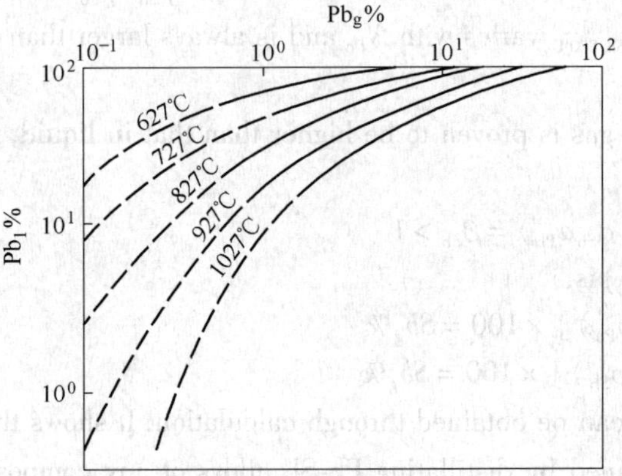

Fig. 5 Equilibrium relation of $Pb_g\%$-$Pb_l\%$ in Pb-Sb system

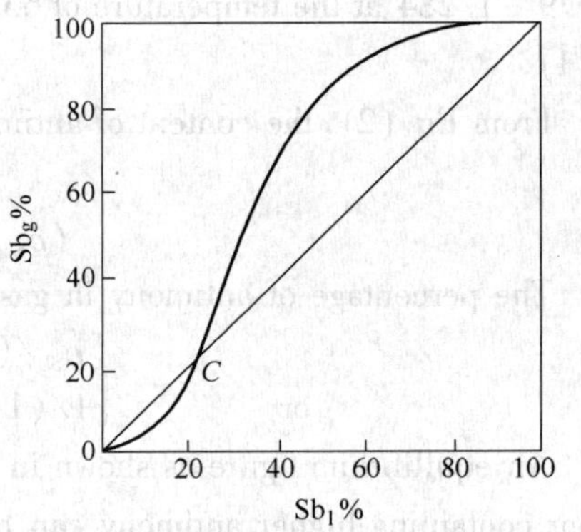

Fig. 6 Relation of $Sb_g\%$-$Sb_l\%$ in Pb-Sb system 800℃

At the right of *C*, the alloy is rich in antimony, so $Sb_g\% > Sb_l\%$, and antimony is concentrated in vapor. Therefore crude antimony and the Pb-Sb alloy can be refined by distillation. The products are pure antimony and an alloy with a composition close to point *C*.

At the left of *C*, lead is rich and the curve is under the diagonal line, so

$$Sb_g\% < Sb_l\%$$

Upon distillation, lead is concentrated and refined in vapor and the products are pure lead and concentrated antimony in residual.

From Fig. 7, it is obvious that the separation coefficient β_{Sb} decreases while temperature increases. The β_{Sb} is at its maximum value when the composition of Sb is about 80% and it will decrease if Sb increases.

Fig. 8 shows the relation of $Sb_g\%$-$Sb_l\%$-t. When β_{Sb} changes and the temperature increases, point C moves towards the direction where Sb% is higher and the separation of the Pb-Sb alloy breaks down. When temperature decreases, point C moves towards the direction where $Sb_l\%$ is lower, the separation of Pb-Sb alloy improves and the content of antimony in azeotrope decreases.

The diversity between the two situations is obvious (See Fig. 8), but more research work should be carried out to reveal the reason of the difference.

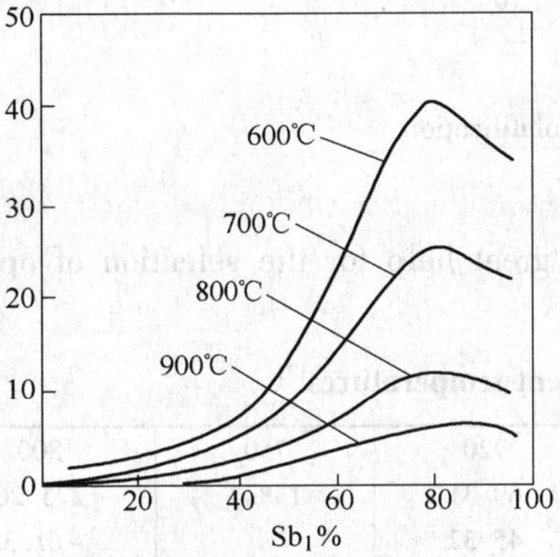

Fig. 7 Relation of β_{Sb}-$Sb_l\%$-t in Pb-Sb systems[5]

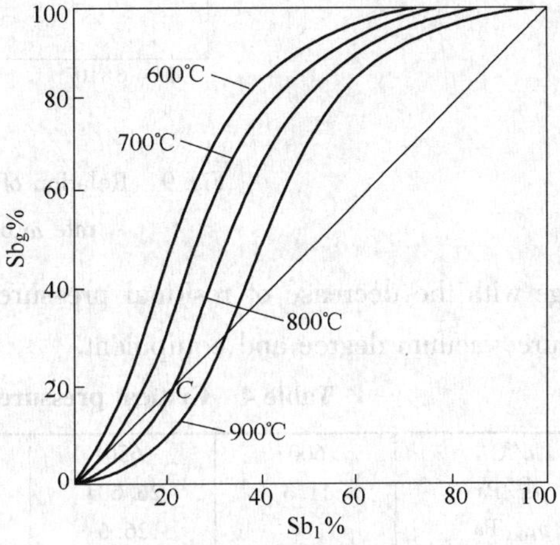

Fig. 8 Relation of $Sb_g\%$-$Sb_l\%$-t in Pb-Sb system[5]

3 Experimental results

We have studied the volatility of pure antimony, technology of continuous and discontinous operation and its equipments.

3.1 Volatilization of pure antimony

The vapor pressure of pure antimony and temperature are measured and listed in Table 2.

At the pressure of 66.7 Pa, the volatilization rates at different temperature are measured and listed in Table 3[7].

Table 2 Vapor pressure of Sb at different temperatures

t/℃	650	700	750	800	850	900	950
$p^{\ominus}_{Sb}$/Pa	28.4	65.2	138.4	273.3	509	890.1	1513.6

Table 3 Volatilization rate (ω) at different temperatures

t/℃	650	713	740	780	814	873	915
ω_{Sb}/g · (cm^2 · min)$^{-1}$	2.12×10^{-3}	4.83×10^{-3}	9.83×10^{-2}	1.25×10^{-2}	1.47×10^{-2}	1.76×10^{-2}	1.88×10^{-2}

Fig. 9 shows that the volatilization rate is influenced by pressure, and the critical pressure at different temperature are listed in Table 4. At the critical pressure, the volatilization rate(ω) will not

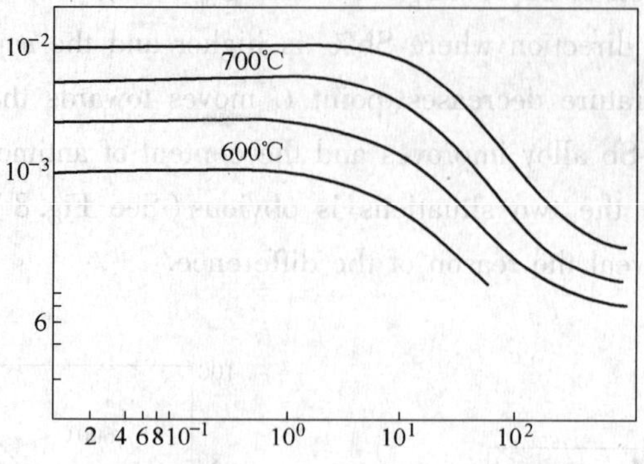

Fig. 9 Relation of pressure and volatilization rate ω of pure antimony

change with the decrease of residual pressure which is of great help for the selection of optimal pressure, vacuum degree and equipment.

Table 4 Critical pressure(p_{crit}) at different temperatures[7]

t/℃	600	650	700	720	750	800
$p_{Sb}^{\ominus}$/Pa	11.3	26.604	65.2	69.31	138.4	275.26
p_{crit}/Pa		26.6		45.32		-61.32

3.2 Discontinuous distillation of crude antimony

Crude antimony with 10% Pb is distillated at the pressure of 40 Pa and at the temperature of 800℃. The content of lead increases from 0.32% to 2.91% in condensed alloys, and from 31.67% to 71.37% in residual alloys.

The change of distillation temperature will influence the rate of volatilization and the content of lead in antimony. If temperature increases from 700℃ to 800℃, the amount of volatilization of antimony will increases about 40%. Meanwhile, the content of lead in antimony increases from 0.3% to 1%. Volatilization of antimony increases from 80% to 92% if temperature ranges about 800℃ to 900℃, but the content of lead increases from 1% to 4%, only if the change coincide with the previous analysis. If distillation temperature is at 800℃, more volatilization of antimony and antimony containing less lead can be obtained.

Crude antimony can be changed into fine antimony through four stages of discontinous vacuum distillation. The composition of crude and refined antimony is listed in Table 5.

Table 5 Composition of crude and refined antimony

Composition	Sb	As	S	Pb	Fe	Cu	Total of impurity
Crude antimony/%	81 ~ 94	0.2 ~ 9.6	0.96 ~ 0.48	0.02 ~ 0.3	3 ~ 7.1		6 ~ 19
Refined antimony/%	>99	0.08 ~ 0.17	0.12 ~ 0.31	0.026 ~ 0.18	0.003	0.003	0.23 ~ 0.67

From Table 5, we can find that separating lead from crude antimony is unreasonable without the use of multiple stages vacuum distillation.

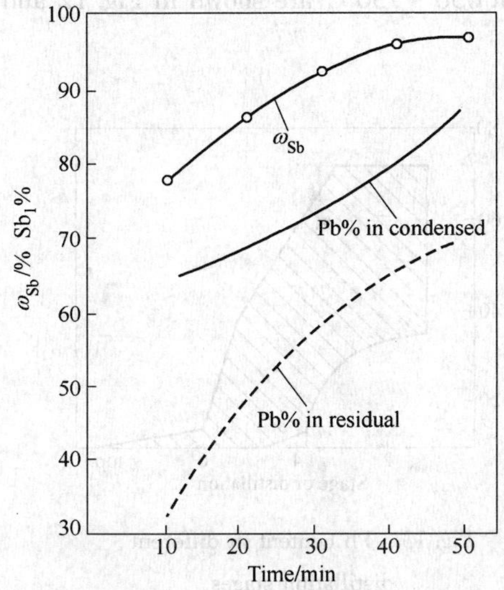

Fig. 10 Distillating time vs. ω_{Sb} and Pb% in residual alloys

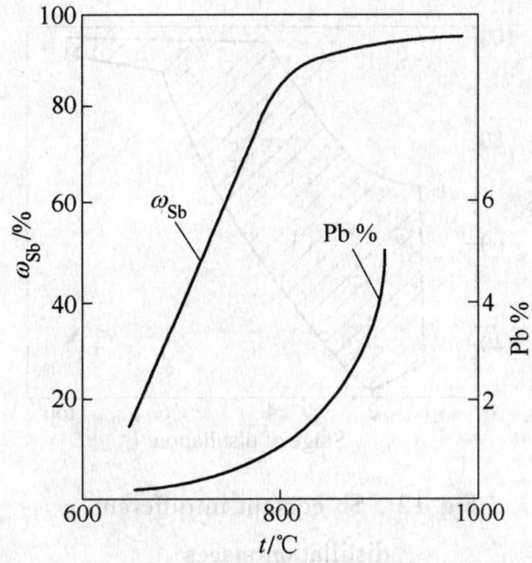

Fig. 11 The effect of temperature on ω_{Sb}% and Pb% in condensed alloys

3.3 Vacuum distillation of Pb-Sb alloys

An alloy of definite composition is made of pure lead and pure antimony. The scale is 70g, volatilization lasts for 1 h at 40Pa and at 800℃. The comparative composition of alloy and condensate is listed in Table 6.

Table 6 Comparison between Pb-Sb alloy and condensate

Sb% in alloy	0	4.91	11.30	19.8	24.66	40.36	53.91	69.98	74.68	76.53	83.73	89.78	100
Sb% in condensate	0	2.44	7.13	19.26	22.09	63.33	83.89	93.53	96.06	97.70	99.44	99.64	100
Volatilization rate of antimony/g · $(cm^2 \cdot mim)^{-1}$	0	0.002679	0.00404	0.0206	0.04491	0.2440	0.5270	0.8535	1.5270	2.3296	4.1960	6.5678	10.11
Volatilization rate of lead/g · $(cm^2 \cdot min)^{-1}$	0.1936	0.1093	0.0859	0.0863	0.1584	0.1378	0.1075	0.0458	0.06144	0.04029	0.02701	0.01582	0

Fig. 6 is based on the data of Table 6. The line at the left of point *C* is refer to antimony separated from crude lead by vacuum refining, while the line at the right of point *C* represents the law governing the refining and separating of lead from crude antimony.

The content of lead in the condensate decreases about ten times of that in raw material by single distillation(as in Table 6), which is reasonable if multiple stage distillation is used. The composition of material used in our multiple stage distillation experiment is shown in Table 7.

Table 7 The composition of experimental material (%)

Sb	Pb	As	Cu	Ag	Bi	Fe	Zn	S
90.84	8.05	0.75	0.034	0.014	0.1	0.011	0.01	<0.03

The contents of Sb, Pb in different distillation stages at 650 ~ 750℃ are shown in Fig. 12 and Fig. 13.

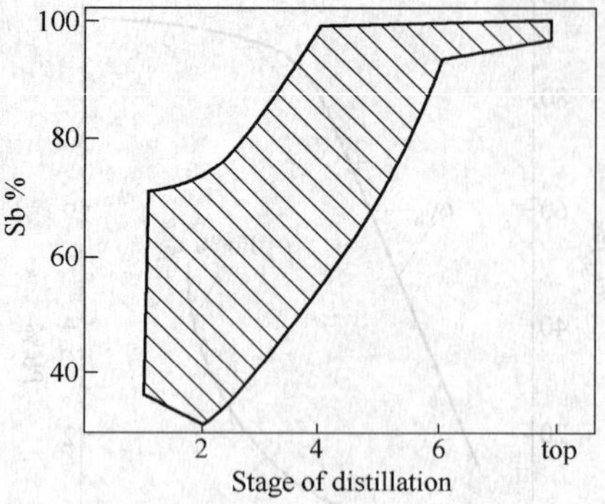

Fig. 12 Sb content in different distillation stages

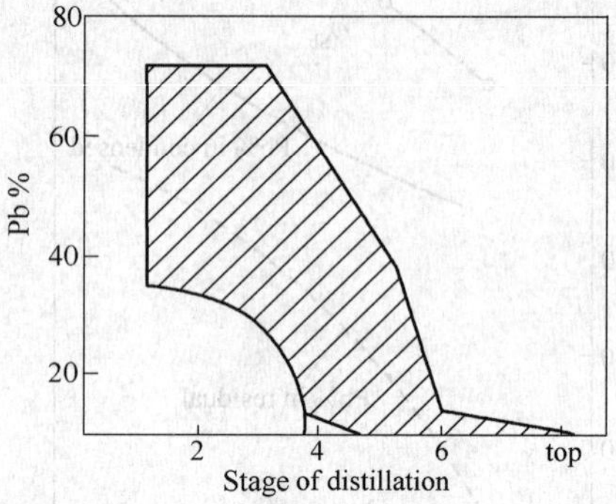

Fig. 13 Pb content in different distillation stages

It shows that antimony is concentrated on the top of column above the sixth vacuum distillating stage at 650 ~ 750℃. The content of antimony produced can reach as high as 99% and the content of lead decreases to less than 1%. But at the bottom of column the content of antimony decreases to about 30% and the content of lead increases to 30% ~ 60%. The results coincide perfectly with the right part of point *C* in Fig. 6.

We completed the experiment of multiple stage continuous vacuum distillation of antimony containing lead at the scale of several hundred kgs a day. The type of furnace, the operating conditions and their effect have been determined. The purity of the Sb product reaches as high as 99% and the impurity of Pb is less than 0.16%. The recovery of antimony is higher than 91.8%, the power consumption is about 2.7kW · h/kg, the operating temperature is below 750℃ and the vacuum is about 99Pa.

4 Conclusions

Through the study, we have now made clear the law of vacuum distillation of Pb-Sb alloys and crude antimony as well as its degree and limit of separation. This law has been proved in small (dozen gram), medium (kilogram) and large scale (hundred kilograms) experiments. The possibility of separating small amounts of lead (less than few percent) from crude antimony by vacuum distillation is thus made certain.

References

[1] Zhao Tianchong. Antimony. Beijing. Metallurgical Industry Press, 1987.

[2] Dai Yongnian, Zhao Zhong. Vacuum Metallurgy. Beijing. Metallurgical Industry Press, 1988.

[3] Li Shylan, Dai Yongnian. Nonferrous Refining. 1988, (10): 25 ~ 30.

[4] Dai Yongnian, Cheng Fong, He Zikai, Zhang Xiaojin. W-Ti-Re-Sb"88"paper collection of international science conference, 1988.

[5] Zhang Xiaojin. Graduation paper. Kunming Institute of Technology, 1983.

[6] Нургалцев Д Н, и др. Комцпексное Исползование Минрального Сырья, 1983, (12): 41 ~ 45.

[7] Qiu Keqang, Dai Yongnian, Wang Chenlan, Hu Husheng. In: Chinese Vacuum Society, Vacuum Metallurgy Board Ⅲ Academic Research Conference' s Paper, 1988.

Treating Zinc Crust by Vacuum Distillation❶

Dai Yongnian

Abstract: The methods of treating zinc crust and its development in the last hundred years are compared and reviewed. There are better effects from normal pressure metallurgy turned into vacuum metallurgy. The traditional methods dezinc only. But we must consider that delead on further step. From lab tests to industrial scale experiment are researched. The first step-dezinc, second-delead, crude metal of zinc, lead and silver are produced. The flowsheet of treating zinc crust are simplified, material consumption reduced, work condition improved, environment protect mended. This method is pointed out that its application can be expanded.

1 Foreword

About 80% crude lead of the world is refined by pyrometallurgy processes. The major step of it is desilverization by adding zinc. The precious metals in the crude lead are extracted into the zinc crust. Then silver and gold are recovered from zinc crust. Since a major part of silver of the world comes from the crude lead, the treatment of zinc crust becomes a principal process in the pyrorefining lead smelters.

In recent years, the productive equipment of pyrorefining lead are built up in our country. So, zinc crust must be treating. From 1986, this project is researched by Research Institute of Vacuum Metallurgy, Kunming Institute of Technology. They suggest a program to dezinc, to delead and to get crude silver. In 1987, the institute undertook the research work. Then crude silver(contains ~70% Ag) [2,8], crude lead and crude zinc are produced. And a new process of crystallization to extract silver was tested. All the experiments were at industrial scale, which were successful. Its flowsheet is short and equipments are few. These achievements of getting three crude metals had not reached in many fireign lead smelters.

Many foreign methods of treating zinc crust are introduced in this paper, and those compared with our process for selecting optimum plan of our smelter. Really, this process may be used to reform the lead smelters abroad.

2 The traditional methods of treating zinc crust

The ancient process in which silver was separated from crude lead is called "cupellation". In the process lead is oxidized and oxide dross is formed, the residue was metal silver. Partial crystallization process was discovered by Pattinson in 1833. After many times of crystallization, lead contains 8.5 ~ 14g/t silver and an alloy contains 1.8% Ag is gotten. Oxidization of large amount of

❶ 本文发表于《Residues and Effluents-Processing and Environmental Considerations》, edited by Ramana G. Reddy, William P. Imrie, Paul B. Queneau. The & Miuerals, Metals Materials Society, 1991:405 ~412。

lead is kept away from the flowsheet. In 1850, the Parkes process was suggested. Acertain amount zinc is added into molten lead, then a Zn-Ag(Au) -Pb alloy is formed and floated on the lead surface. It is called zinc crust. Nearly all silver (gold) in the lead is caught in the zinc crust. This method is used in all pyrometallurgy lead smelter, till now.

The zinc crust compositions of smelters are different as Table 1.

Table 1 Zinc crust compositions of many plants[5,6] (%)

Items	Ag	Zn	Pb	Au	Cu
N plant	10. 69	10. 7	76. 54		3. 3
N plant	3. 4	2. 2	75. 5	0. 015	
Friberge	4. 0	40	54	0. 015	2. 0
Trifolberge	2. 6	20. 0	60		
Presse crust	10	30	60		
Continuous desilver crust	15 ~ 20	60 ~ 65	15 ~ 20	0. 016 ~ 0. 019	0. 4
Liquation under salt layer crust	25	65	8 ~ 10		

The data of Table 1 shows that major components of zinc crust is Ag-Zn-Pb alloy, another little part is many other elements. So the purpose of treating zinc crust is to separate the three metals and to produce single metal for use.

After Liquation of zinc crust, so much lead and a rich silver alloy are produced. Then through dezincification and deleadization processes, crude silver is obtained.

Dezincification in the early time retort distillation was used, it is reported in 1898. The zinc crust is put in the retort, fuel burns outside the retort to 1200℃, in the retort 1000 ~ 1200℃. Zinc evaporated, Zinc vapor diffused through the opening of zinc is 65% ~ 90%. By-products amount: blue powder 1%, dross 5% ~ 10%, and alloy is produced. This alloy contains 4% ~ 10% Ag, 80% ~ 85% Pb, 9. 5% ~ 10% Zn.

In this process, zinc separation from zinc crust is accomplished. In recent years the equipment has some improvement. The retort is enlarged, the fuel from coal has changed to gas or liquid fuel, and the process is mechanized till now this process and its equipment is used widely, German Stoberge lead smelter use it, and according to the scale of our smelter German specialist suggest to use it.

In U. S. S. R, from 1954 distilling the zinc crust in are furnace is used. Zinc vapor is condensed in spray condenser. The furnace power was 400kV · A, area of furnace bottom-2. 9m^2, inside height of the furnace-1. 8m, three graphite electrodes diameter 200mm revolutions of condenser' s graphite rotor 500 ~ 900r/min. Volume of condenser 2. 7m × 1. 0m × 0. 5m. The composition of forming slag: SiC 40% ~ 45%, CaO 20% ~ 30%, Na_2O 25% ~ 35%, 1% ~ 2%. Coke breeze is added into the raw material. Temperature under the furnace roof 1000 ~ 1100℃, phase voltage 100 ~ 120V, electricity 1500 ~ 2000A. Depth of the hearth 450 ~ 500mm, which contains 150 ~ 200mm lead layer Inside furnace, gas pressure 10 ~ 59 Pa, at time of charging 200 ~ 246 Pa larger than atmosphere, the slag is replaced per day furnace capacity 3 ~ 4t/m^2, electric power consumption 600kW · h/t electrode use up 5 kg/t. The compositions of raw materials and products are show in Table 2.

Table 2 Composition of raw materials and products of electric furnace smelting zinc crust

Items	Rate/%	Composition(C) and Recovery(R)							
		Pb		Zn		Au		Ag	
		C/%	R/%	C/%	R/%	C/g·t^{-1}	R/%	C/g·t^{-1}	R/%
Charged	100	65.8	100	22.69	100	457	100	86187	100
Zinc crust	2.2								
Coke breeze									
Obtained									
Pb-Ag alloy	74.4	86.7	98.81	1.53	5.0	604.5	98.83	114505	99.28
Condensed zinc	19.7	1.52	0.46	98.22	85.5	25.8	1.12	2185	0.5
Oxide	1.5	4.46	0.10	7.43	5.0	15.0	0.05	1803	0.01
Dust, loss	6.3		0.63		4.5				0.19

These two normal pressure distillation processes are good for vaporization of zinc. Zinc is obtained and Pb-Ag alloy is obtained as residue.

The first industrial vacuum furnace for distillation of zint crust is called Lefferrer vacuum furnace which is published in 1957. In the furnace, graphite rod resistance are used for heating. The process temperature 750 ~ 800℃, electric power 100kV·A, residue gas pressure 1333Pa, treating charge amount 850 ~ 2000kg/d, duration of batch operation 14h. Condenser's temperature 450℃, power consumption 800 ~ 850kW·h/t. Compositions of charge and products are shown in Table 3. Metal loss: silver 1.3%, zinc 10%.

Table 3 Treating zinc crust in furnace

Items	Amount	Pb		Ag		Zn	
	kg	C/%	R/%	C/%	R/%	C/%	R/%
Charged							
Zinc crust	1000	8	100	25	100	65	100
Lead	300						
Produce							
Pb-Ag alloy	650	57	97.5	38	98.8	1.75	
0.17							
Zinc	630	1.8	2.98	0.15	0.38	98	
94.95							
Blue powder	20						
Dross		3		0.15		94	

After this furnace was used in many smelters, the superiority of vacuum distillation for zinc crust was shown.

The induction vacuum furnace for treating zinc crust is published in 1985[10], named Hoboken vacuum retort, which is a electric induction furnace 450kV·A, lined with graphite brick. Its condenser is lined by fire brick. A rotating Vane pump for drawing gas. Working pressure 1000Pa. charge batch 3.5t high silver content zinc crust(about 28% ~30% Ag), process duration: melting/distillation/discharge 12 ~ 14h. Productions: zinc and silver alloy(contains 65% ~70% Ag). The material in the furnace is agitated by electro-magnetic force, it is useful for distillation.

Table 4 shows; dezinc and producing zinc, Pb-Ag alloy is produced in the four furnace. From normal pressure turned to vacuum process, many results are inproved: working temperature reduced from 1000 ~ 1100℃ to 750 ~ 800℃; silver content in alloys raised, then in the next step lead oxide from cupellation reduced, from 0. 622 t to 0. 1865 t per ton of crust. Data of these all four furnaces compared in Table 4.

Table 4 Data of distilling zinc crust by the four processes

Terms	Normal pressure distillation	Electric thermal	Vacuum electric resistance furnace	Vacuum electric induction furnace
Process style	Batch process	Simocontinuous	Batch process	Batch process
Working pressure/Pa	Normal pressure	Normal pressure	1333	1000
Working temperature/℃	Outside 1200 Inside 1000 ~ 1100	inside 1000 - 1100	Inside 750 ~ 800	
Charged crust/kg	4660	4560	1950 +490Pb	1950 (Contains 25% ~ 30% Ag)
Batch charge/t	0. 5 ~ 0. 7	4t/(m^2 · d)	0. 85 ~ 2	3. 5
Produced Pb-Ag alloy/kg	3230	3040	1120	660
Ag% in Pb-Ag alloy	4 ~ 10	11. 4	38	65 ~ 70
Lead oxide produced by alloy cupellation/kg	2900	2700	900	360
Load oxide per t crust/t	0. 6223	0. 592	0. 3688	0. 186
Energy consumption	heavy oil 180 ~ 270L/t charge	600kW · h/t charge	800 ~ 850kW · h/t charge	

On comparing the four processes we could arrive at the following conclusion: vacuum furnace is better than the normal pressure processes, and vacuum electric induction furnace are good one. But German specialist said that vacuum induction furnace is more expensive and its scale is larger than others.

We think that zinc crust dezinc in vacuum distillation is quick, complete and does not oxidize. So vacuum furnace must be used instead of normal pressure equipments as retort and arc furnace. And now, for treating the zinc crust, vacuum furnace must work out in its full advantages, after dezinc to delead as metal vapor. There is no need to oxidize lead forming lead oxide, reducing reduction lead oxide process to get lead metal. so, the flowsheet of treating zinc crust is shortened, metal loss is reduced, production price is decreased.

From our experience of research work and production in many years. We could separate lead from silver in vacuum furnace, and it is economical.

3 The experiments in our institute

At first, a series of laboratory tests were carried out, then expanding it to industrial scale. Because of the lack of pyro-refining crude lead plant in our country, the test raw material is artificial. The zinc crust is put back into crude lead many times. So it is oxidized deeply. The crust contains a great many oxide, large amount dross in the metal ingot. So before the crust put into research, it must be melted under salt layer. Got alloy 71% by weight, oxide dross 29%. The compositions of alloy are(%):

Ag	Pb	Zn
1. 69	93. 34	3. 99
1. 08	91. 74	2. 82

its amount 3650kg.

3. 1　Vacuum distillation dezinc

Many types of vacuum furnaces are worked with, then a furnace with good effect was selected for smelting the alloy.

The vacuum furnace worked continuously. Test temperature, 700 ~ 950℃. Residue pressure in the furnace 666 ~ 1333 Pa. The raw material in the charging furnace is converted with salt layer.

Working time 13 h, 1781 kg alloy is treated, it corresponds to 3288kg/d. Energy consumption-1470kW · h/t alloy. Salt used up 5kg/t.

Metal recovery: silver >99%, zinc >98. 8%

Composition of produced crude zinc: Zn 98. 5%, Pb 1. 48%

Composition of produced Pb-Ag Alloy; Ag 1. 7%, Pb 96%, Zn trace to 0. 25%

Dezinc rate: 99%

So, dezinc process is successful product Ag-Pb alloy for next step of treatment.

3. 2　Vacuum distillation delead

A type of vacuum furnace is tested for separating Pb-Ag alloy 4 t lead/day evaporated. It is built up in July 1988.

Continuous operation. The composition of the charge(%):

Pb	Zn	Ag
97. 2	0. 05	1. 65

process temperature 1020℃. Residue pressure in the furnace 27 ~ 53Pa. Charge rate 110 ~ 150kg/h. Products amount shown in Table 5.

Table 5　The Amount of products

Charge/kg	Products/kg		
	Condensed lead	Residue alloy	Dross
3054	2948	43. 31	30. 90

Composition of products:

	Pb/%	Ag/%	Au/g · t^{-1}
Condensed lead	99. 16	0. 19	4. 5
Residue alloy	16. 40	68. 97	1860
Dross	60. 22	2. 12	48

Real capacity of the furnace:　3. 3t/d

Energy consumption:　725kW · h/t

Recovery of metals(%):　Pb 99. 45; Ag 99. 1; Au 96. 7

Condensed lead can be redistilled, or back to add zinc desilver process, the silver and gold in it can be recovered.

The dross is metal covered with a layer of oxide. After reduction smelting the product lead back to the adding zinc desilver process.

As seen in this process, the lead can be separated as metal not oxide from silver. It is distilled two times, the contents of Ag, Au and Fe in the lead could reach the level of refined lead.

4 Conclusions

Zinc crust treatment, after Parkes process is discovered, becomes an important part of crude lead refinement. In last hundred years, the method have some improvement, the major one is vacuum distillation dezinc instead of normal pressure distillation, which lowers the process temperature from 1000 ~ 1100℃ to 750 ~ 800℃, reduced the production of lead oxide from 0. 592 ~ 0. 6223t to 0. 186 ~ 0. 3688t/t crust, and improved some data of process. So it instead of normal pressure distillation step by step. But these improvement not concerned the vaporization separating lead of the crust, conserved lead oxidizing process(cupellation) also.

Because the matter evaporates in vacuum more easily than in air. Kunming Inst. of Tech. had been investigating zinc crust distillation. The first step distilled zinc, second process evaporated lead. Crude silver, lead and zinc are obtained. The experiments from the laboratory test to industrial scale all are successful. Crude lead and zinc can be returned to add silver and gold are produced.

The industrial test equipments and results are more better than the traditional process. It can be used in production. The advantages of it : the productive flowsheet is simple, consumption of matters is little, the data of technique and economy is better than the traditional process, working condition is good, and it can be protecting environment good.

It could be predicting that if this method is used in the smelter, the investment of equipment and technique will be lower than importing them from abroad very much. And production cost will be economy also. By using technique, the electrode lead of battery and cable lead are produced by crude lead vacuum distillation in some plant. The economical profit is good. So, for the height valuable zinc crust using these processes will have better profit than traditional methods.

If the continuous process vacuum furnace will be changed to batch process for the high melting point materials, some work of the furnace construction will be done. But on the experiences of ours, it will not be difficult to carry it out.

References

[1] Dai yongnian. Discussion of treating methods for zinc crust. June 1989.

[2] Huang Zhikai, et al. Zinc crust vacuum distillation to delead, Industrial experiment Report, June 1989.

[3] He Zikai, et al. Zinc crust vacuum distillation to delead, Industrial experiment Report, June 1989.

[4] Li Manlin, et al. The primary research of Liquation separating Pb-Ag alloys, June 1989.

[5] Chikhnov D M. Metallurgy of Zinc. 1944.

[6] Teach and Reasearch Division of Base Metal Metallurgy, North-Bast Tech. Inst, Metallurgy of Lead, 1960.

[7] H. O. H Metallurgy of lead, 1898.

[8] Smirnov M P. Refinement of Lead and Treatment of byproducts, 1977, 164 ~ 169.

[9] Leferrer V F. Vacuum Dezincing of Parkes process zinc crust. Trans. AIMEV Nov. 1957, 1450 ~ 1460.

[10] Barrett K R, Knight R P. Lead Bullion Reining and Precious Metal Recovery, in"Extraction Metallurgy 85": 683 ~ 708.

[11] He Zikai, et al. Research of vacuum Distillation of Pb-Ag alloy. "Non-ferrous Metallurgy", 1984, (4): 16 ~ 20.

[12] Luo Yixiang, et al. Science and Technology of Kunming Inst. of Tech. 1982, (2): 1 ~ 8.

[13] Nonferrous Metal(U. S. S. R.), 1983, (7): 17 ~ 18.

Zinc Vacuum Distilling Recovery from Dipping Galvanizing Residue❶

Y. N. Dai[1] G. J. Zhang[1] B. Yang[1] D. K. Xia[2]

(1 Research Institute of Vacuum Metallurgy, Kunming Institute of Technology, Kunming 650093, People' s Republic of China;

2 Department of Materials and Metallurgical Engineering, Queen' s University, Kingston, Ontario, Canada, K7L 3N6)

Abstract: Zinc recovery from dipping galvanizing residue by distillation in vacuum has been used in China' s smelters.

The operation is easy and uncontinuous with comparatively lower consumption. Its main technological indexes are as following:

(1) Capability of electricity: 150kV · A; (2) Capability of production: 450kg material charge per batch; (3) Consumption of electricity: about 2000kW · h per ton of zinc; (4) Direct recovery ratio of zinc: >75%; (5) Time of operation: 12 hours per batch; (6) Temperature range: 0 ~ 1373K; (7) Operation pressure: about 10^2 Pa; (8) Composition of the residue(%): Zn 91 ~ 93, Fe < 5, the others are minors of Pb, Al, Cu and Sn etc.; (9) Quality of production(%): Zn > 99.5, Fe < 0.03, Pb 0.15 ~ 0.25, Al 0.01, Cu < 0.01, Sn < 0.01.

The method can also be used to treat other similar alloys. Although using the method can obtain obvious economic benefit, it still needs improvement especially in lowering the consumption of electricity and prolonging the period time of replacement of graphite electrode.

1 Introduction

Dipping galvanizing residue comes from the zinc galvanizing process of iron and steel workpieces. Its amount is approximately 10% of zinc consumption in galvanizing. The ratio of the zinc used in galvanization to general zinc consumption is different countries, which is usually between 20% and 50%. So far, no ideal methods can be used to treat the residue effectively. To recover zinc from the residue, which is produced in Wuhan Iron and Steel Company in China, a contract was signed by both the company and the Research Inst. of Vacuum Metallurgy, Kunming Inst. of Tech..

2 The foundation of zinc vacuum distillation

2.1 The equilibrium between gaseous and liquidus phases for zinc binary alloys

After simple inference, the calculation formula for A – B binary alloy can be obtained.

❶ 本文发表于《Proceedings of the Inierational Symposium on Resource Conservation and Environmental Technologies in Metallurgical Industries》, Toronio, Ontario, August 20 ~ 25, 1994, Canada。

$$(A\%)_g = 1/(1 + \rho_A/\rho_B)100$$

where $(A\%)_g$ is weight percentage of component A in gaseous state; ρ_A and ρ_B are respectively the density of A and B in gaseous phase. $\rho_A/\rho_B = \beta(a/b)$, and $\beta = \gamma_A/\gamma_B(p_A^\ominus/p_B^\ominus)$, which is called separate coefficient; γ_A and γ_B are separately the activity coefficient of A and B; $p_A^\ominus$ and $p_B^\ominus$ are respectively the pure vapour pressure of A and B, and a and b are the weight percentage of A and B in liquid. Through calculation, Zn-Pb and Zn-Fe gas-liquid equilibrium diagrams are obtained as Fig. 1 and Fig. 2 show(the calculation data are quoted from literatures[1], [2] and[3]).

Fig. 2 shows that it is difficult to separate lead from zinc in Zn-Pb alloy; thus, one stage distillation can not be expected to acquire a highly pure evaporated zinc. For instance, at 117.1K the evaporated zinc will contain 0.01% Pb theoretically, if liquid zinc contains 1% Pb. In practice lead percentage in distilled zinc would be much higher than that theoretically got. Highly pure zinc can be obtained through multy-stage distillation, but its technological feasibility and economic rationality should be paid much consideration before the practical use of the distillation. Above diagram also show that to obtain a good separate effect for Zn-Fe and Zn-Pb alloys, distilling temperature should not be too high, but the determination of the temperature is more dependent on the consideration of the dynamics factor. Therefore, a higher temperature is usually used in practical process.

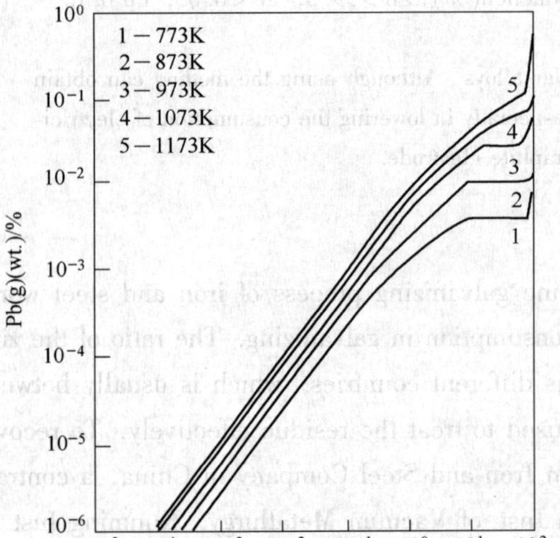

Fig. 1　Gas-liquid equilibrium of Pb-Zn system

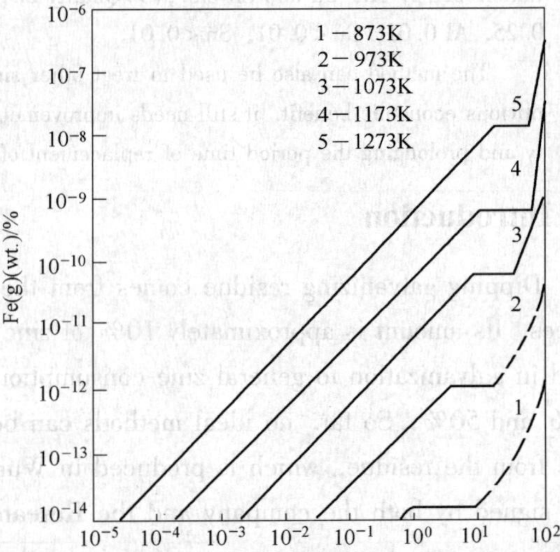

Fig. 2　Gas-liquid equilibrium of Fe-Zn system

2.2　The tendency of zinc evaporation in vacuum

The Fig. 3 is experimentally obtained, which shows the relationship between ω(evaporation rate, $g/(cm^2 \cdot s)$) and p(vapour pressure of the surrounding, Pa) for pure zinc in different temperatures.

It shows that ω decreases with the increase of p in higher p area. When p drops to a value or the below, the ω does not increase any more or just increase a ignorable amount, this specific p what is called critical vapour pressure, p_{crit}.

Above, theoretical and experimental diagrams very helpful to the determination of operation condition of the vacuum distillation.

2.2.1 Temperature

The relatively high temperature is required to get a high evaporation rate. For example, if that $\omega = 10^{-2}$ g/(cm^2 · s) (0.36t/(m^2 · h)) is needed, the temperature, 913K or the higher is correspondingly required.

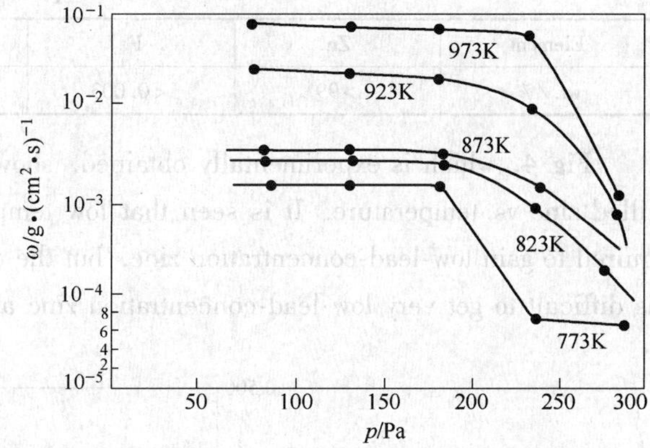

Fig. 3 The p-ω relationship of pure zinc

2.2.2 Vapour pressure

As showed in Fig. 3, since the biggest evaporation rate can be reached at p_{crip}, so p_{crip} should be selected as operation vapour pressure, if it is not so low that it will result in technological difficulty and a lot of capital investment increase in equipment. Operation at lower p' s than p_{crip} is not expected, because it will increase the capital investment and maintenance cost and will not increase the metal evaporation rate at the same time.

2.2.3 Time

After temperature and vapour pressure are selected, operation time can be approximately determined according to the depth of bulk metals in distilling chamber. However, the operation conditions should be determined by experimental or producing process.

3 The distillation of dipping galvanizing residue

3.1 Pilot experiment

The starting material is provided by Wuhan Iron and Steel Company, its chemical composition is listed in Table 1.

Table 1 The composition of starting material

Element	Zn	Fe	Al	Pb	Si	Hg	Sn	Ca	Cu
wt./%	93.1	3.02	1.24	0.51	0.045	0.011	0.020	0.09	0.01

The experimental furnace is made in cylinder of carbon steel, which is electrically heated with hollow graphite resistance, inside of which a crucible is placed. Electrodes, furnace walls and condensed plate are all cooled by water. The starting material is 40 gram per run and its thickness in crucible is about 18.5 mm. The effect of temperature, vacuum and time on the evaporation of metals is investigated. The data in Table 2 are got at 973 ~ 1073 K, $p < 133.3$ Pa and 30 minute operation time. The direct recovery ratio for zinc is not less than 75%.

Table 2 The composition of distilled zinc

Element	Zn	Fe	Al	Pb	Cu
wt. /%	>99	<0. 003	<0. 0071	<0. 108	<0. 0003

Fig. 4, which is experimentally obtained, shows the relationship of lead concentration in distilled zinc vs. temperature. It is seen that low temperature, for instance, less than 873K, is required to gain low-lead-concentration zinc, but the operation time will then prolonged. Therefore it is difficult to get very low lead-concentration zinc at high temperature.

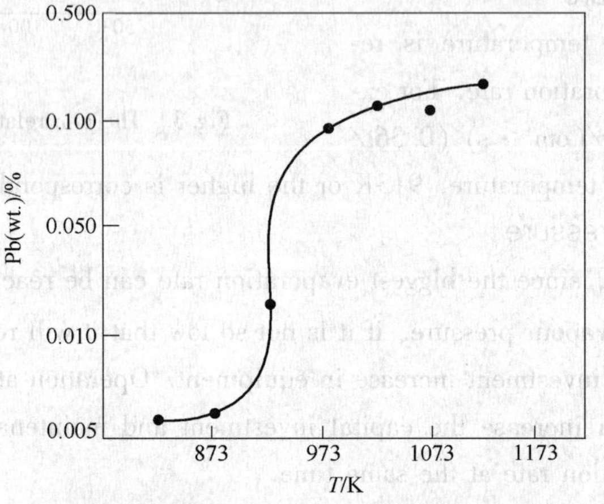

Fig. 4 The relationship of lead concentration is temperature for distilled zinc (30 min 30 Pa)

3. 2 Industrial experiment

The starting material weigh 13. 5kg ingot, its chemical composition is the same as that of pilot experiments. Fig. 5 is a life photo experimental equipment, the main part of which is a horizontal vacuum furnace, which operates uncontinuously and is pumped by one of the 2x-30 type pump.

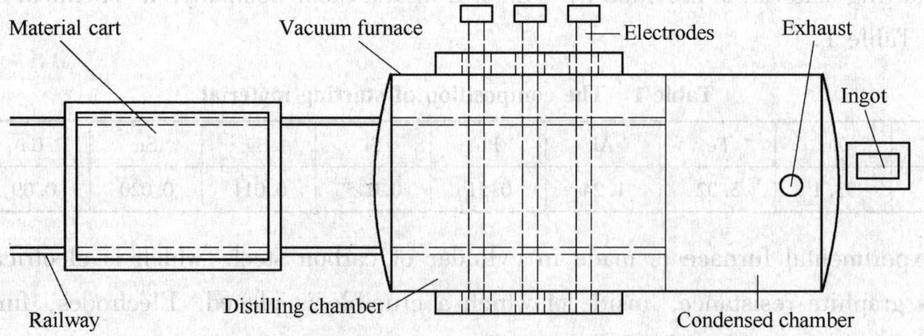

Fig. 5 The schematic diagram of the equipment

The capacity of electric transform is 150kW. The furnace is electrically heated with three-phase graphite electrodes, which are connected in γ shape. The compressed vacuum gauge and Ushape mercury vacuum gauge are respectively used to measure the vacuum of the distilling chamber and the condensed chamber in furnace. Temperatures are measured by thermocouples at the chambers and separate wall. The furnace is made of low carbon steel, inside which is lined with heat-preserved bricks and fire bricks. The material-charged-and-exchanged cart is lined with 10mm aluminium silicate plate in the bottom and fire bricks on the top. The furnace back door, condenser and the three phase electrodes are also cooled with water.

The operation processes are as follows.

(1) Put material-loaded cart into furnace chamber;

(2) Seal the furnace and then pump it;

(3) Turn on the taps of water lines and the electricity button;

(4) Keep the temperature constant when it reaches the operation temperature;

(5) Cut off electricity and introduce inert gas into furnace to room vapor p;

(6) Discharge treated materials and weigh them.

The part results of the experiments are listed in Table 3 and Table 4.

Table 3 Part of industrial data

Run	Material charge/kg	Zinc product/kg	Recovery ratio/%	Time/h	Electricity consumption /kW · h · t^{-1}
1	430	246	57.2	11.5	
2	428	301	70.3	10.5	2093
3	435	308	70.6	9.5	1948
4	427	276	64.6	11.0	2391
5	437	332	75.9	10.5	1988
6	443	343	77.4	11.5	2099
7	463	242	51.7	10.0	2479
8	445	317	71.2	10.5	1987
9	432	327	75.7	11.0	2018
10	427	323	75.6	10.5	1857
11	439	347	79.0	11.0	1850
12	481	426	88.5	8.5	1971
13	502	448	89.0	14	1700
14	496	355	71.2	7	1784
15	509	452	88.8	11.1	1752
16	517	434	83.95	11.5	1658
2-16	459	348.6	75.94	10.5	1970

Table 4 The composition of product

Element(wt.)/%	Pb	Cd	Cu	Fe	Al	Sn	Zn
Zinc ingot							
5	0.102	<0.002	<0.002	<0.006	<0.005	<0.001	99.96
6	0.137	<0.002	<0.002	<0.012	<0.005	<0.001	99.84
7	0.149	<0.002	<0.002	<0.007	<0.005	<0.001	99.63

4 Conclutions and problems

This technology has been used in China's smelters and has passed, the technological appraisal, which was organized by the General Company of the National non-ferrous Metals of China. Apart from treating dipping galvanizing residue, it also can treat other alloys such as hard zinc and zinc. Crust as well as some similar materials.

It has been proven that it has some advantages as follow:

(1) Advanced process and simple operation;

(2) It is feasible, easy to manufacture and less of capital investment required;

(3) Relatively high direct recovery ratio, not less than 75%;

(4) No environmental pollution.

Although it has above merits, there still exist some disadvantages:

(1) Since it operates uncontinuously, the furnace productivity and the heat recovery ratio are then not as high as expected;

(2) The service time of graphite electrode is not rationally long.

With the accumulation of production experience and continuous improvement of the furnace, it is expected that this technology will got more and more attention and practical use.

References

[1] Zensoku Kozuka, et al. Journal of Japan Mining. 1964, (8): 887 ~ 892, 916.

[2] Nesmeyanov A N. Vapour Pressure of the Chemical Elements. Elsevier Publishing Company, 1963.

[3] Dai Yongnian, et al. Vacuum Metallurgy. Beijing: Metallurgical Industrial Press, 1988: 615 ~ 639.

真空中锌合金分离及锌的提纯[●]

戴永年 杨 斌 杨部正 马文会

摘　要：应用分离系数(β)和气液相平衡成分图计算，在真空中处理锌合金及提纯锌，得到合于实际的结果，随之在实际和工厂生产中成功实施，在十余家工厂中生产，获得良好的经济效益和社会效益。

关键词：真空蒸馏；分离系数；气液相平衡图；锌合金分离；锌提纯

1 引言

在常压化学冶金中，合金分离和金属提纯有着大量的物料为对象，其过程有一系列传统的火法和湿法作业。但是实践证明，对若干物料，用传统的常压化学冶金的火法和湿法，有明显的不足，即流程长、消耗多、成本高、污染环境。

20世纪上半叶，真空冶金出现以后[1]，在真空中分离合金，提纯金属成为有效的作业。较之传统方法，其流程大大缩短，消耗显著减少，成本大幅下降，环境友好，而且使某些在传统化学冶金中难于解决的问题能在真空冶金中很好解决。

锌合金在现实中遇到的有热镀锌渣(钢件热镀锌时产生的浮渣)，硬锌(粗锌火法精炼产生的合金)，等级锌中含铁(约0.01%)等。硬锌产地不同而含锗多或含铟较富。在二次金属回收原料中有锌-镍合金，银-锌渣(由粗铅中提银的渣)。由这些物料中提锌，回收锗、铟、银、镍都十分必要。若用传统的常压下的火法，湿法处理，无疑是困难的，其流程长、加工费贵、对环境有污染。

自20世纪50年代以来，我们研究了锌合金和等级锌的真空分离提纯，较好地处理了这些物料。在一些工厂中建立了我们研制的真空炉，生产出锌和富集了稀有金属。还应用综合生产流程生产稀有金属，使生产成本大幅度下降，取得明显的经济效益，而且环境友好。

研究中对判断一种物料真空蒸馏的可能性和分离程度提出了分离系数和气液相平衡成分图[2]，计算的结果与实践相符，已使用于各种合金分离和粗金属精炼中。

2 真空蒸馏分离合金元素的可能性判断和分离程度的估算——分离系数β和气液相平衡成分图[3]

2.1 分离系数β

预计一种合金(A-B)能否蒸馏分离，有人比较元素A和B的沸点和相同温度时的纯物质饱和蒸气压(p_A^*和p_B^*)大小，从而得出沸点低的元素即p_i^*高的优先挥发，以达到分离

● 本文发表于2005年12月中国工程院博鳌年会。

A 和 B。

由于元素间的相互作用力的大小不同，使合金挥发的元素实际蒸气压 p_A 和 p_B 不同于 p_A^* 和 p_B^*，对 A-B 合金蒸馏分离产生影响。

用蒸发的气体单位容积中某元素的分子数——蒸气密度 ρ_A 和 ρ_B，合金中元素的活度系数 γ_A 和 γ_B 以及 p_A^* 和 p_B^* 的关系得出蒸馏二元合金 A-B，有以下关系[2]：

$$\frac{\rho_A}{\rho_B} = \frac{A_l}{B_l} \cdot \frac{\gamma_A}{\gamma_B} \cdot \frac{p_A^*}{p_B^*} \tag{1}$$

式中　A_l 和 B_l——液体合金中 A 和 B 元素的含量。

将式中后两项用系数 β 代替

$$\beta = \frac{\gamma_A}{\gamma_B} \cdot \frac{p_A^*}{p_B^*} \tag{2}$$

则得

$$\frac{\rho_A}{\rho_B} = \beta \cdot \frac{A_l}{B_l} \tag{3}$$

可见式(3)中左边为气相中 A 和 B 的含量比，式右边的 A_l/B_l 为液相中两元素的含量比，式(3)表明气相成分和液相成分间的关系。β 系数就显得尤为重要，它的大小就决定两相成分的变化关系。

当 $\beta > 1$ 或 $\beta < 1$，气相和液相的成分都不一样。故可以用蒸馏法使 A 集中在一相，而另一相中 A 减少，能达到 A-B 分离；而当 $\beta = 1$，则两相成分相等，不能用蒸馏法分开 A-B 合金。因此把 β 称为**分离系数**，用它可以判断合金能否分离。例如：在 1000℃ 时 Bi-Sn 合金的 $\beta_{Bi} = 1.34 \times 10^5$，$\beta_{Bi} \gg 1$ 表明用蒸馏法可以使 Bi-Sn 合金分离较完全。

式(2)表明 β 由 γ_A/γ_B 及 p_A^*/p_B^* 两部分组成，前者反映两元素的相互作用力的影响，后者是两个元素的饱和蒸气压的差的作用。用 β 判断合金能否分离时，就比只用 p_A^*/p_B^* 更完全。

2.2　气液相平衡成分图

用 β 判断合金蒸馏分离的可能性，同时 β 的大小也示出分离的难易，即 β 在 1 附近则 A-B难于分离，若 β 远离 1，则分离较易。

进一步探求分离的程度。

取 A-B 二元合金的气相元素成分 A_g 和 B_g，液相成分为 A_l 和 B_l，以质量分数表示，有

$$A_g + B_g = 1$$
$$A_l + B_l = 1$$

气相中 A 的成分则有

$$A_g = \frac{\rho_A}{\rho_A + \rho_B} = \frac{1}{1 + \rho_B/\rho_A} \tag{4}$$

将式(3)代入式(4)得到

$$A_g = \left(1 + \frac{B_l}{\beta A_l}\right)^{-1}$$

再代入式(2)得

$$B_g = \left(1 + \frac{A_1}{B_1}\frac{\gamma_A}{\gamma_B}\frac{p_A^*}{p_B^*}\right)^{-1} \tag{5-1}$$

及

$$A_g = \left(1 + \frac{B_1}{A_1}\frac{\gamma_B}{\gamma_A}\frac{p_B^*}{p_A^*}\right)^{-1} \tag{5-2}$$

由式(5-1)和式(5-2)即可计算得A或B在气相中的含量，取一系列A_1值，可计算出A_g-A_1相关值，绘成在一定温度下的A_g-A_1曲线，即称为**气液相平衡成分图**。

这些数据表明液相中组分A_1(或B_1)的变化和与之平衡的气相中A_g(或B_g)含量的关系，这就确定合金或含杂质金属在部分气化时A(或B)在液相和气相中的含量，其差别显示A和B分离的程度。

对任一二元合金，计算制定其A(或B)组分的气液相平衡成分图，就可以明确知道它在真空蒸馏的效果。

式(2)、式(5-1)和式(5-2)p_i^*的值对各元素都已测出，载于热力学数据手册中。而γ_i^*的值只有二元系有一些，但不完全[3]。多元系则很少，是我们现在计算时的困难。

自1982年作者开始使用分离系数和气-液相平衡成分图，1988年[2]出版刊载之后，至今计算值与试验和生产的数值极为相近。

3　锌-铁在真空中的分离

热镀锌渣含铁0.03~0.05(质量分数)。硬锌也含铁约0.05，等级锌含铁10^{-4}。这些物料处理都首先要得到锌，第一种、第三种料还要求得到含铁更低，达到较高品级的锌，所以无论哪一种物料首先是使锌和铁分离。

3.1　热镀锌渣真空蒸馏

我国钢铁产品经过热镀锌的量很大，几大钢厂镀锌板每年数十万吨，各种电线铁塔元件、管子镀锌都是热镀锌产品，在做热镀锌时产生用锌量约十分之一的浮渣，就是热镀锌渣。其化学成分范围见表1。

表1　热镀锌渣的一般成分

元　素	Zn	Fe	Pb	Al	其他有Sn、Cu、Si、Mg，每个元素含量
质量分数	0.93	3×10^{-2}	5×10^{-3}	10^{-2}	$(1\sim4)\times10^{-4}$

处理它回收锌是很重要的。在20世纪末，由于国内没有适当的处理热镀锌渣的方法，一方面造成积压，同时降低其价值用以生产低质镀锌件、农药等方面。

处理此物料要求产锌含铁量3×10^{-5}，曾有几个单位研究，用加剂法、蒸馏法等均未得到需要纯度的锌，如何处理热镀锌渣以产生合格锌成为一个难题。

用真空蒸馏法处理的判断，用式(2)计算β_{Zn}对Zn-Fe系，在1000℃时，

$$\beta_{Zn} = \frac{\gamma_{Zn}}{\gamma_{Fe}} \cdot \frac{p_{Zn}^*}{p_{Fe}^*} = 3.6\times10^9$$

即 $\beta_{Zn} \gg 1$

判定 Fe-Zn 可以分离。

分离的程度：计算气相和液相中平衡的铁含量，用式(5-1)和式(5-2)：

$$Fe_g = \left(1 + \frac{Zn_l}{Fe_l} \cdot \frac{\gamma_{Zn}}{\gamma_{Fe}} \cdot \frac{p^*_{Zn}}{p^*_{Fe}}\right)^{-1} \quad (6)$$

式中各项有 p^*_{Zn}/p^*_{Fe} 与温度的关系，见表 2。

表 2　p^*_{Zn}/p^*_{Fe}-t

t/℃	700	800	900	1000	1100
p^*_{Zn}/p^*_{Fe}	9.03×10^{12}	4.06×10^{11}	3.12×10^{10}	3.6×10^{9}	5.73×10^{8}

γ_{Zn}/γ_{Fe} 在 793℃时的值[2] 与 Zn_l/Fe_l 的关系见表 3。

表 3　Zn_l-γ_{Zn}/γ_{Fe}

Zn_l	0	0.114	0.226	0.334	0.438	0.459
Zn_l/Fe_l		0.13	0.292	0.501	0.779	0.848
γ_{Zn}/γ_{Fe}	6.185	3.45	2.186	1.486	1.096	1.042
γ_{Zn}/γ_{Fe} 回归值	6.3	3.98	2.51	1.58	1.06	1.00

得到

$$\gamma_{Zn}/\gamma_{Fe} = 0.1 \times 63^{Fe_l}$$

或为

$$\lg(\gamma_{Zn}/\gamma_{Fe}) = 1.799 \times Fe_l - 1$$

这些数据代入式(6)可计算得 Fe_l-Fe_g 的关系，见表 4。

表 4　Zn-Fe 系的 Fe_l-Fe_g 的关系(质量分数)

t/℃	Fe_l	0.885	0.774	0.666	0.562	0.541
900		6.3×10^{-11}	4.44×10^{-11}	4.05×10^{-11}	4×10^{-11}	4.01×10^{-11}
1000	Fe_g	5.46×10^{-10}	3.85×10^{-10}	3.5×10^{-10}	3.47×10^{-10}	3.48×10^{-10}
1100		3.43×10^{-9}	2.42×10^{-9}	2.2×10^{-9}	2.18×10^{-9}	2.1×10^{-9}

表中数据说明：若在 900 ~ 1100℃条件下蒸馏，气相主要是 Zn 气。当液相含铁量高达 0.541 ~ 0.885(即 54.1% ~ 88.5% Fe)时，气相物质含铁为 10^{-11} ~ 10^{-9}(即 10^{-5} ~ 10^{-3} ppm)，此数远低于要求的 3×10^{-5}(0.003% Fe)。

因此可以判定，热镀锌渣真空蒸馏，可以达到锌含铁小于 0.003%。

工业试生产得到锌含铁 10^{-7}。

用昆明理工大学研究成功的卧式真空炉[3] 达到了工业处理热镀锌渣的目的，这种方法及设备 2004 年又用于我国的另一个大钢厂中。

3.2　真空蒸馏品牌锌生产低铁锌

品牌锌随品级不同，其含铁量在 3×10^{-5} ~ 7×10^{-4}，见表 5。

表5 锌品号的含铁量(质量分数)

品 号	特1号	一号	二号	三号	四号	五号
含 Fe	10^{-5}	3×10^{-5}	10^{-4}	2×10^{-4}	3×10^{-4}	7×10^{-4}

社会生产需要$(2\sim3)\times10^{-6}$含铁量的锌称低铁锌。这样，若用化学法，则要求设备和试剂都要提高品级，生产成本将相应大幅升高。

根据 Fe-Zn 系的气液相平衡值计算(见表4)，在900～1000℃时锌蒸气中含 Fe 在$10^{-10}\sim10^{-11}$，纯度超过要求3～5个数量级。

因此可以认为真空蒸馏法有可能得到含 Fe$(2\sim3)\times10^{-6}$的“低铁锌”。需要注意的是不能因使用设备有钢铁构件，以及作业工具为钢铁件，而使蒸出的锌受到污染，致使产品含铁而不合格。

经过试生产，产品锌达到$(2\sim3)\times10^{-6}$，满足了社会的需求。

表明用真空蒸馏法完全可以代替传统的化学法，产出含铁$(2\sim3)\times10^{-6}$的合格产品，其生产成本低，对环境友好，生产设备及环境都大大简化。

此项技术已在工厂应用几年，经济效益好。

4 铟-锌分离、硬锌真空蒸馏富集铟、提取锌

铟是当前 IT 产业重要金属，ITO 材料成为当前计算机、电视机等的显示器的重要成分。铟的现代用途决定了它的价值不断攀升。2003 年到现在涨价 8～9 倍，但铟是稀散金属，无单独的矿床。它与有色金属锌、铅等伴生，矿物中铟的含量仅为$10^{-4}\sim10^{-5}$。有色金属矿中重金属含量为10^{-2}左右，因此铟的原料有限，现在全球产量也只有约300t/a。

锌矿中含铟较其他重金属矿中多一点，火法炼锌过程中大部分铟集中到粗锌中，粗锌精馏提纯时，铟又富集在“硬锌”中，含量可能达到约10^{-3}，依产地不同而有高低，最高的可达约10^{-2}。硬锌的主要成分是 Zn，其含量可达约80%，即锌是铟的$10^2\sim10^3$倍。现在铟的重要来源之一是硬锌。

处理硬锌回收铟，有许多方法。昆明理工大学研究成功真空蒸馏法富集铟，提取锌，锌的直接回收率约为80%。铟可富集约10倍，使提铟的后续过程处理物料大大减少(约90%)[3]，进而明显地降低铟的加工成本，产生很大的经济效益，有效地为信息工业发展提供原料。

4.1 真空蒸馏法处理硬锌富集铟的计算

我国西南地区的一个工厂，它的硬锌成分为：

元素	In	Zn	Fe
含量(质量分数)	约10^{-2}	约10^{-1}	约10^{-2}

这几种金属有着不同的熔点和沸点：

元素	Zn	In	Fe
熔点/℃	419.58	156.634	1538
沸点/℃	907	2073	2862

可见锌的沸点最低，物料在升温过程中优先挥发。铁的沸点最高，而留在残留物中，铟的沸点居中，可能有少量挥发，在 In-Zn 系中的气液相平衡中可预测其分离的程度。

由 In-Zn 的 p_i^*-T，In_l，N_{In}，γ_{In}，γ_{Zn}的数据，并把 γ_{Zn}/γ_{In}的数据回归处理，得出

$$\gamma_{Zn}/\gamma_{In} = 0.138 \times 29.328^{In_l}$$

用 $x = In_l$，由式(5-1)和式(5-2)对 In-Zn 系得气相中铟的含量为

$$In_g = [1 + (Zn_l/In_l)(\gamma_{Zn}/\gamma_{In})(p_{Zn}^*/p_{In}^*)]^{-1}$$

则得

$$In_g = [1 + (x^{-1} - 1) \times 0.138 \times 29.325^x \times (p_{Zn}^*/p_{In}^*)]^{-1}$$

将系列 In_l，Zn_l 浓度值代入其中可计算得到 In-Zn 系的气液相平衡成分如图 1 所示。

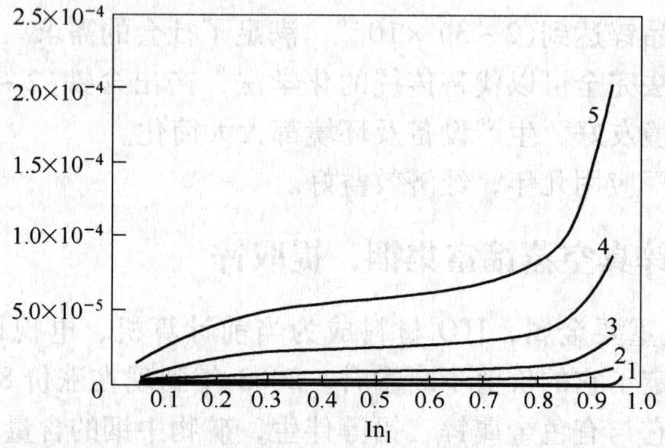

图 1　In-Zn 系气液相平衡成分(质量分数)图

1—700℃；2—800℃；3—900℃；4—1000℃；5—1100℃

图 1 所示，在 1000℃以下，In_g 和 In_l 相差 $10^4 \sim 10^5$ 倍，蒸发出的锌含铟仅 10^{-5}，铟集中在蒸馏残余物中，计算得出铟、锌分离的程度较好。

4.2　实践的结果

含铟硬锌用真空蒸馏法投入生产后，得到粗锌和蒸馏渣。粗锌含铟约 10^{-5}，蒸馏渣中含铟比硬锌大约 10 倍，达到 10^{-2}。

生产实践得出的数值与上述计算相符。

生产实践表明，真空蒸馏法处理硬锌提出锌为粗锌，蒸馏渣中富集了铟，从而使铟的生产流程缩短。真空蒸馏以后的提铟过程需要处理的物料减少了 90%，金属的回收率达到约 97%，大大高于其他方法，进而大幅降低加工费用，经济效益明显提高。一个工厂应用此法在一年内产出铟十余吨。

5　锗-锌分离

锗是半导体产业中重要的材料，如锗片制成夜视仪的核心部件。在红外光学、辐射探测器、催化剂、光导纤维、荧光粉、超导体等技术领域内的用途和用量很大。

锗和铟同属于稀散元素，其存在分散于重有色金属矿中，在锌矿中较多。锌矿的产地

不同，则所含锗和铟的数量不同。有的地方的锌矿含铟较多，而含锗较微，有的地方含锗较多而含铟少，如我国中南地区的锌矿就含锗较高。

锗也和铟类似，在炼锌矿提锌时，特别是火法炼锌，锗富集在硬锌中，使硬锌含锗达到$(2\sim3)\times10^{-3}$。

我国一个工厂在1997年以前用隔焰炉—感应电炉流程处理，但处理量低，形成物料积压近万吨，处理的锗回收率低(约76%)，其他稀贵金属不能回收，设备还存在安全隐患(电炉冲顶)。

1991年起昆明理工大学研究真空蒸馏法处理硬锌回收锌，富集锗，1997年7月在工厂投产。

5.1 蒸馏分离 Ge-Zn 的计算

锗和锌的熔点和沸点

	Ge	Zn
熔点/℃	938.3	419.58
沸点/℃	2834	907

它们在不同的温度下的蒸气压之比为：

t/℃	800	900	1000	1100
p^*_{Zn}/p^*_{In}	2.76×10^{10}	3.01×10^{9}	4.61×10^{8}	9.34×10^{7}

表明气相中锌的蒸气压比锗高$10^7\sim10^{10}$，相差悬殊。

用式(5-1)和式(5-2)计算气-液相平衡成分

$$Ge_g = \left(1 + \frac{Zn_l}{Ge_l}\cdot\frac{\gamma_{Zn}}{\gamma_{Ge}}\cdot\frac{p^*_{Zn}}{p^*_{Ge}}\right)^{-1}$$

式中，Ge-Zn 系的γ_{Zn}和γ_{Ge}缺少测定数据，根据状态图，Ge-Zn 系为简单共晶[5]，应为正偏差体系，故近似地取γ_{Zn}/γ_{Ge}为1，则可计算得到Ge_l-Ge_g-t的关系，见表6。

表6 Ge-Zn 系 Zn 端气液相平衡成分(质量分数)

Ge_l		10^{-3}	$10^{-2.5}$	10^{-2}	10^{-1}
Zn_l		0.999	0.9968	0.99	0.9
Zn_l/Ge_l		999	315.2	99	9
Ge_g	900℃	3.32×10^{-12}	1.05×10^{-11}	3.35×10^{-11}	3.69×10^{-10}
	1000℃	2.17×10^{-11}	6.88×10^{-11}	2.19×10^{-10}	2.41×10^{-9}
	1100℃	1.07×10^{-10}	3.39×10^{-10}	1.08×10^{-9}	1.18×10^{-8}
	1200℃	4.25×10^{-10}	1.34×10^{-9}	4.29×10^{-9}	4.73×10^{-8}

表中数据表明原料含锗(Ge_l)与气相物质含锗(Ge_g)相差约10^7，故蒸馏可使 Zn 和 Ge 分离较完全。即若原料含10^{-3}的锗时，蒸馏出的锌含锗只有$10^{-8}\sim10^{-10}$，使锗几乎完全富集在蒸馏渣中。

计算的结果表明锌和锗能够分离得较完全。

5.2 工厂生产 7 年结果与预计一致

工厂 1997 年投产至今日，历经 7 年，生产的效果皆与计算的一致。例如在一批料处理中有如下的数值，投入的硬锌成分(%)：Zn 80.8；Pb 7.98；Ge 0.277；In 0.358。产品的金属量平衡列于表 7，产品成分和经济指标列于表 8 和表 9[4]。

表 7　2.5t 卧式真空炉处理硬锌试车期间的金属平衡

项　目		质量/kg	产出率/%	铅/kg	锌/kg	锗/kg	铟/kg
投入	硬锌	636360	100	50782	514560	1763	2278
产出	粗锌	460546	72.37	4467	455940	10	18
	锗渣	112778	17.72	30326	22781	1725	2007
	粗铅	10038	18.58	8743	633	2	190
	锌渣	52998	8.33	7246	35206	26	63

表 8　2.5t 卧式真空炉处理硬锌产出各产物成分　(%)

产　物	Pb	Zn	Ge	In
粗　锌	0.97	99.00	0.0022	0.0038
锗　渣	26.89	20.20	1.53	1.78
锌　渣	0.86	98.00	0.019	0.0026
粗　铅	87.10	6.31	0.024	1.89

表 9　2.5t 卧式真空炉处理硬锌试车期间技术经济指标

项　目	数　额
电耗/kW·h·t^{-1}(硬锌)	1374
电极消耗/kg·t^{-1}(硬锌)	2
氮气消耗/瓶·t^{-1}(硬锌)	3
直收率/%	Zn88.61　Ge97.84　In96.44
富集倍数	Ge 在渣中约 10 倍；In 在渣中约 5 倍；In 在粗铅中约 6 倍

表中数据表明，蒸馏产的粗锌仅含 Ge 0.0022%，与原料相差 103 倍，所以锗的直接回收率达到 97.84%。锌在粗锌中的直收率也达到 88.61%，较好地回收了锌又完全地分离了锌和锗。由于原料中也有铟，也达到同样的富集铟的效果。在蒸馏残余物(锗渣、锌渣、粗铅)中 Ge 富集了约 10 倍，In 的结果也大致相同。

解决了 Zn-Ge 分离，工业化以后该工厂每年新增产值 3500 万元，利税 2000 万元，投产后很快就处理了该厂长期积累的近万吨硬锌，顺利地处理了每年新产出的硬锌。7 年新增产值 2.45 亿元，利税 1.4 亿元。

6　结语

在冶金过程中，中间产品以锌为基的合金有许多种，在不同工厂的热镀锌渣，含铟硬锌(Zn-In)，含锗硬锌(Zn-Ge)，以及品牌锌除 Fe；用真空蒸馏法使 Zn、Fe 分离，提出锌，使稀有金属铟、锗及贵金属银富集在蒸馏残渣中，则后续提取同样数量稀有金属的物料量减少约90%，并使稀有金属的回收率由以前传统方法的76%提高到97%，原来不能提出的金属(如银)也能回收97%，从而顺利地处理了这些物料，较完全地回收了锌和稀有金属。

为了预测一般合金在真空蒸馏分离的可能性和分离的程度，作者在1982年提出[2]分离系数β和气-液相平衡成分图的计算。对A-B二元系

$$\beta = \frac{\gamma_A}{\gamma_B} \cdot \frac{p_A^*}{p_B^*}$$

$$A_g = \left(1 + \frac{B_l}{A_l} \cdot \frac{\gamma_B}{\gamma_A} \cdot \frac{p_B^*}{p_A^*}\right)^{-1}$$

这种方法在研究和工业化过程中，实践数据和理论估算相符，说明用气-液相平衡成分计算来预测真空蒸馏法处理此类合金物料是很有意义的。

这类物料真空蒸馏工业化后的结果表明，真空蒸馏对此类物料处理作出了贡献。

这种方法在类似的物料处理中正在继续扩展其应用范围，如果考虑到工厂中存在许多的合金，如Pb-Sn，Pb-Ag，Bi-Ag，Zn-Ni，…，真空蒸馏法有着广泛的应用前景。

参考文献

[1] Winkler O，Bakish R. Vacuum Metallurgy. Amsterdan，Elsevier，1971. 1.
[2] 戴永年，赵忠. 真空冶金. 北京：冶金工业出版社，1988：112~117，附录.
[3] 戴永年，杨斌. 有色金属材料的真空冶金. 北京：冶金工业出版社，2000：52~58，附录.
[4] 硬锌蒸馏提锌和富集锗铟技术. 北京：科技日报，2004年6月3日，11版.
[5] 虞觉奇，等. 二元合金状态图集. 上海：科学技术出版社，1987：403.

粗镉真空蒸馏精炼除铊估算

戴永年　杨　斌　陈为亮　刘永成

摘　要：某地产生含铊的粗镉，用其他方法除铊较为困难，选用真空蒸馏法较有效，其设备为一级蒸馏。本文应用已有的热力学数据及气-液相平衡计算，对Tl-Cd二元系合金的真空蒸馏进行计算，以提供工厂实践参考。计算结果说明蒸馏温度选择和液相物质（蒸发料）成分的同时控制有调节的余地，可以改善质量和产量。定性地看，本计算结果与实践数据有些差距，可根据实践和试验的结果在今后做些校正。

1　各种物质的性质及计算

1.1　几种元素的熔点和沸点（表1和图1）

表1　粗镉中几种元素的熔点和沸点

元　　素	熔点/℃	沸点/℃
Cd	321.108	767
Tl	304	1473
Pb	327.502	1750
Zn	419.58	907

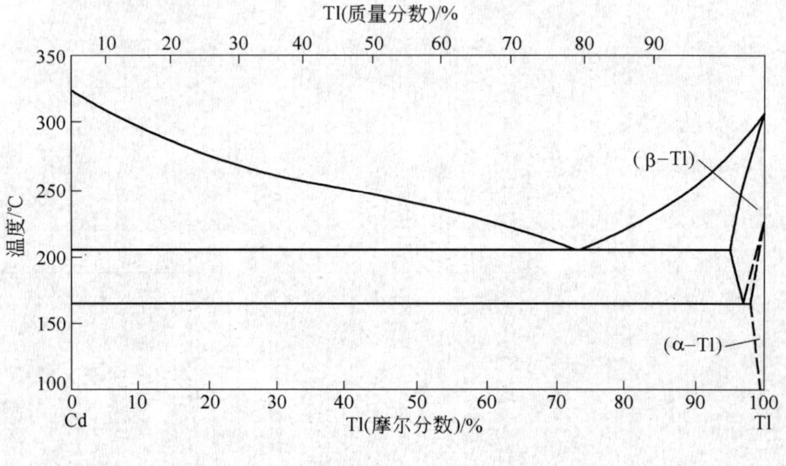

图1　Cd-Tl二元系状态图

Cd-Tl系的熔点低于321.108℃，共晶点含Tl83%，熔点203.5℃。图1中部无固溶体及化合物，两元素原子间作用力不大。这样的熔化温度便于真空蒸馏的连续进出料。

1.2 镉与铊的纯物质饱和蒸气压(p_{Cd}^*，p_{Tl}^*)与温度的关系

由文献[1]的关系式和数据，可计算出镉与铊的纯物质饱和蒸气压(p_{Cd}^*，p_{Tl}^*)与温度的关系(见表2)。

表2 镉与铊的纯物质饱和蒸气压与温度的关系

t/℃	370	380	400	420	450	490	500	600	700
T/K	643	653	673	693	723	763	773	873	973
p_{Cd}^*/Pa	67.97	91.7	162.49	278.21	588.37	1.452×10^3	1.793×10^3	1.121×10^4	4.737×10^4
p_{Tl}^*/Pa	1.80×10^{-4}	2.97×10^{-4}	7.65×10^{-4}	1.86×10^{-3}	6.48×10^{-3}	2.91×10^{-2}	4.15×10^{-2}	8.88×10^{-1}	10.04
p_{Cd}^*/p_{Tl}^*	3.78×10^5	3.09×10^5	2.124×10^5	1.49×10^5	9.07×10^4	4.99×10^4	4.32×10^4	1.26×10^4	4.718×10^3

表明两元素在相同的温度下蒸气压相差$10^5\sim10^3$倍,温度低时倍数大,这就利于蒸馏分离两元素。

镉的蒸气压值表明,在约400℃已达162.49Pa,在真空中已有一定的蒸发速度,增加温度p_{Cd}^*明显提高,将使镉蒸发速度加快。

1.3 气-液相平衡成分计算

在不同温度下,Cd与Tl的分离程度通过气-液相平衡成分计算进行定量估算[3],计算公式如式(1)所示:

$$Tl_g = \left(1 + \frac{Cd_l}{Tl_l} \cdot \frac{\gamma_{Cd}}{\gamma_{Tl}} \cdot \frac{p_{Cd}^*}{p_{Tl}^*}\right)^{-1} \tag{1}$$

式中 Cd_l,Tl_l——液相中Cd和Tl的含量;

Cd_g,Tl_g——气相中的含量;

γ_{Cd},γ_{Tl}——两元素在液相中的活度系数。

由文献[2]查得750K时式中γ_{Cd}、γ_{Tl}和γ_{Cd}/γ_{Tl}的值并列于表3。

表3 Tl-Cd系的N_{cd}-γ_{Cd}-γ_{Tl}关系[2]

N_{Cd}	1.0	0.9	0.8	0.7	0.6	0.5	0.4	0.3	0.2	0.1	0.0
γ_{Cd}	1.000	1.021	1.086	1.162	1.259	1.377	1.513	1.664	1.813	1.995	1.982
γ_{Tl}	3.826	2.516	1.971	1.538	1.323	1.186	1.097	1.042	1.012	1.001	1.000
γ_{Cd}/γ_{Tl}	0.261	0.406	0.542	0.756	0.952	1.16	1.379	1.597	1.79	1.988	1.932

取一系列的Tl_l值及表2、表3的数据，根据式(1)计算Cd-Tl系Tl在气-液相中的平衡成分，计算出气相中Tl_g的含量，计算结果列于表4。为了方便而用质量系数表示其浓度即有$Cd_g+Tl_g=1$，$Cd_l+Tl_l=1$，100%表示为1。

气相冷凝成为蒸馏提纯的镉。Tl_g表示在镉中的含铊量(质量分数)。表4之值说明Cd-Tl系气-液相达到平衡时含Tl量，气相中的Tl_g比液相中的Tl_l小4~5个数量级。例如：$Tl_l=0.005$和蒸馏温度分别为400℃、500℃时，Tl_g分别为7.1×10^{-8}(400℃)和4.45×10^{-7}(500℃时)，气液两相的含量分别相差10^{-5}和10^{-4}倍。这就表明真空蒸馏分离Tl有很好的基础。

若以气相 $Tl_g=0.00001$(即0.001%)为合格，在表4中梯级线以上者合格，即可读出 Tl_l 和相应的温度数。

可见，在 Tl_l 由0.005～0.8，蒸馏温度为相应的400～600℃都可得到合格产品。

表4　Tl在气-液相中的平衡成分与温度的关系

t/℃	400	450	500	600
Tl_l		Tl_g		
0.005	7.10×10^{-8}	2.12×10^{-7}	4.45×10^{-7}	1.52×10^{-6}
0.01	1.42×10^{-7}	4.27×10^{-7}	8.86×10^{-7}	3.07×10^{-6}
0.02	2.87×10^{-7}	8.62×10^{-7}	1.81×10^{-6}	6.21×10^{-6}
0.03	4.35×10^{-7}	1.30×10^{-6}	2.74×10^{-6}	9.40×10^{-6}
0.04	5.86×10^{-7}	1.76×10^{-6}	3.69×10^{-6}	1.27×10^{-5}
0.05	7.40×10^{-7}	2.22×10^{-6}	4.66×10^{-6}	1.60×10^{-5}
0.06	8.96×10^{-7}	2.69×10^{-6}	5.60×10^{-6}	1.93×10^{-5}
0.07	1.10×10^{-6}	3.18×10^{-6}	6.68×10^{-6}	2.28×10^{-5}
0.08	1.22×10^{-6}	3.67×10^{-6}	7.71×10^{-6}	2.64×10^{-5}
0.09	1.39×10^{-6}	4.18×10^{-6}	8.78×10^{-6}	3.01×10^{-5}
0.1	1.56×10^{-6}	4.69×10^{-6}	9.85×10^{-6}	3.37×10^{-5}
0.2	1.69×10^{-6}	5.10×10^{-6}	1.00×10^{-5}	3.60×10^{-5}
0.3	2.11×10^{-6}	6.34×10^{-6}	1.30×10^{-5}	4.56×10^{-5}
0.4	2.57×10^{-6}	7.72×10^{-6}	1.62×10^{-5}	5.55×10^{-5}
0.5	3.16×10^{-6}	9.50×10^{-6}	1.99×10^{-5}	6.84×10^{-5}
0.6	3.97×10^{-6}	1.20×10^{-5}	2.50×10^{-5}	8.60×10^{-5}
0.7	5.34×10^{-6}	1.60×10^{-5}	3.37×10^{-5}	1.20×10^{-4}
0.8	8.20×10^{-6}	2.46×10^{-5}	5.17×10^{-5}	1.77×10^{-4}
0.9	1.68×10^{-5}	5.04×10^{-5}	1.06×10^{-4}	3.60×10^{-4}

1.4　温度改变对蒸发速度的影响

在真空中物质的蒸发速率 ω(单位时间内在单位面积上蒸发的数量)为：

$$\omega = 0.0583\alpha p\sqrt{\frac{M}{T}} \tag{2}$$

式中　α——系数；

p——物质的蒸气压(真空中为 p_i^*，i 代表凝聚物质，如镉、铊等)，mmHg❶；

M——物质的摩尔质量；

T——系统的绝对温度，K。

对于镉，在不同的温度(T_1，T_2)下，由于蒸气压不同(p_{Cd1}^*，p_{Cd2}^*)，则其蒸发速率 ω_{Cd} 为：

$$\omega_{Cd1} = 0.0583\alpha p_{Cd1}^*\sqrt{\frac{M}{T_1}} \tag{3-1}$$

$$\omega_{Cd2} = 0.0583\alpha p_{Cd2}^*\sqrt{\frac{M}{T_2}} \tag{3-2}$$

❶ 1mmHg = 133.3224Pa。

二者之比，得

$$\omega_{Cd1} = \left(\frac{p_{Cd1}^*}{p_{Cd2}^*} \cdot \sqrt{\frac{T_2}{T_1}}\right)\omega_{Cd2} \tag{4}$$

若改变温度后其蒸发速率与400℃时的 ω_1 相比，式(4)成为：

$$\omega_{Cd2} = \left(\frac{p_2^*}{p_{400}^*} \cdot \sqrt{\frac{673}{T_2}}\right)\omega_{Cd1} \tag{5}$$

用 A 代表式(5)括号中部分，即 $A = \frac{p_2^*}{p_{400}^*} \cdot \sqrt{\frac{673}{T_2}}$

则式(5)可改写为：

$$\omega_2 = A\omega_1 \tag{6}$$

式中　ω_1——400℃真空中镉的蒸发速率。

应用式(5)，根据表2可计算得表5。

表5　A值与温度的关系

T/K	643	658	673	693	723	773
t/℃	370	380	400	420	450	500
p_{Cd}^*/Pa	67.91	91.7	162.49	278.2	588.37	1793
A	0.43	0.57	1	1.68	3.49	10.3

2　讨论

(1) 镉和铊的蒸气压在相同温度下相差较大，镉的蒸气压比铊高 $10^3 \sim 10^5$ 倍，低温时差别更大。

(2) 镉-铊系为不大的正偏差体系，在镉很少时(小于10%)，其活度系数 γ_{Tl} 为常数。已查得 $\gamma_{Tl}^0 = 3.826$，此时 $\gamma_{Cd} \approx 1$。

(3) 表3表明，液相含Tl由0.005，提高到0.05(即5%)时，在400℃ Tl_g 由 7.1×10^{-8} 提高到 7.4×10^{-7}，仍能达到0.001%(即 10^{-5})的要求。若无喷溅物料等问题影响，一次蒸馏蒸发90%，残料中含Tl达5%(即 5×10^{-2})，产品蒸发物含Tl仍能合格。

(4) 蒸馏温度若定为400℃，表2可见在此温度下 $p_{Cd}^* = 162.49$Pa 是不大的，蒸发速率不大，现场的炉子需要17h蒸出约85%。其量约 $800 \times 0.85 \approx 600$kg。

若温度低于400℃，则 p_{Cd}^* 减少，其 A 值减少(即相当于400℃蒸发量的倍数)。在380℃时为0.57倍，在370℃时为0.43倍。可见，镉在400℃时的蒸发速度已经较慢，再降低温度就更慢了。

温度/℃	400	380	370
p_{Cd}^*/Pa	162.49	91.1	67.97
A	1	0.57	0.43

相反，若升高一点温度，则如表5所示，蒸发温度由400℃升高20℃至420℃，则 A 值为1.68，镉蒸发量增加0.68倍。再提高蒸馏温度30℃至450℃，则蒸发量增加约2.5

倍，为400℃时的3.49倍。若再提高至500℃，则蒸发量增大到400℃时的10.3倍。

(5) 影响产品质量的两个因素为液相含铊量和蒸馏温度。以馏出镉含Tl 10^{-5}为准，为表3中梯级线，梯级线以上的合格，梯级线以下的不合格。若控制条件在梯级线以上，就能够得到合格产品。

可见，现场设备操作温度可以适当提高(10～50℃)，能在保证质量下提高产量，效果比较明显。

参考文献

[1] Kubaschewsxi O, Alcock C B. Metallurgical Thermochemistry(5th ed). Oxford: Pergamon Press, 1979.

[2] Ralph Hultgren, et al. Selected Values of Thermodynamic Properties of Binary Alloys, 1973.

[3] 戴永年，杨斌. 有色金属材料的真空冶金. 北京：冶金工业出版社，2000.

有色金属的真空冶金❶

戴永年 杨 斌

摘 要：回顾了近三十年来我国有色金属真空冶炼的一些进步，扼要说明其重要性和应当注意发展的若干方面。

1 前言

自古以来，人类冶炼金属都是在大气中进行，几千年的常压冶金对人类作出极为重大的贡献，生产了许多金属和金属材料，数量巨大。

直到19世纪末，一些冶金专家开始设想真空冶金，如发明转炉炼钢的Bessemer在1865年就想将炼好的钢做真空浇铸，至20世纪才实现了他的设想，真空冶金才走上日益发展的道路，许多金属的各种冶炼设备相继出现。

有色金属的真空冶金的发展还要晚一些，如1935年Kroll提出铅中除锌用真空法，1947年得到实现。有些金属的提纯，如锑、锌、镉、铋等都在实验研究后小规模进行，在工业规模的生产中极为少见[1]。

直至50年代，我国有色冶金工厂中都没有真空冶金及设备，厂里找不到真空泵，没有什么金属用真空冶金的方法提炼，仅在某些实验室中少量地处理几种金属元素。

真空技术发展深入、完善，真空设备的生产普及，成为真空冶金前进的基础。本世纪70年代以后，有色金属冶金中出现了一些真空过程，炼锡厂中副产的Pb-Sn合金真空蒸馏技术及设备出现[2]。有效地分离了铅和锡，并创造了较好的经济效益，迅速推广到各个炼锡厂，至今全国二十余个工厂使用了它。90年代研究出卧式真空炉处理热镀锌渣和硬锌，它有效地分离锌和铁，也已经应用于一些工厂。随之在真空中铅-银分离，粗硒蒸馏，粗镉蒸馏等在工厂中实施。

许多有色冶金工厂考虑到这项技术的特点，想到使用它来解决存在的问题，近来更出现了在真空中制造超细的金属和化合物粉末，改进物件的表面特性，制造新合金材料等研究工作，已获得了很好的结果。

可见，真空技术已在有色冶金领域开始显露其作用，应用范围在扩大，将来会产生越来越大的作用。

2 一些工作

2.1 Pb-Sn合金真空蒸馏分离

1977年研制成功内热式多级连续蒸馏真空炉处理焊锡[1~3]，它依据铅和锡两种元素的

---

❶ 本文发表于中国真空学会真空科学技术研讨会《真空高新技术学术报告会议论文集》，1996年6月，合肥，43~55页。

蒸气压在相同的温度下有较大的差别

$$\lg(p_{Pb}^{\ominus}/p_{Sn}^{\ominus}) = 5370T^{-1} - 0.985T\lg T + 3.37 \tag{1}$$

$p_{Pb}^{\ominus}/p_{Sn}^{\ominus}$在1000℃时约为$10^4$，1300℃时约为$10^3$，铅-锡系状态图示，不存在化合物，活度系数$\gamma_{Pb}>1$，再则虽然铅的沸点为1740℃，在1000℃时铅的饱和蒸气压$p_{Pb}^{\ominus}$已达到224Pa，在真空中铅已可挥发。在研制成功的真空炉中以不太高的温度使铅蒸发与锡分开，分别产出铅和锡，过程仅消耗电(约500kW · h/t(料))，故作业成本低，仅为工厂用的氯化物电解法的15% ~20%，真空冶金过程中对环境无污染(电解法有污染)；占地面积，占用人员都较少，金属回收率高(>99%)，因而得到迅速推广，几年内就广泛地用于各炼锡厂，全国的炼锡厂由过去(70年代以前)没有真空炉，变成今天都已建真空炉的局面，进一步完善了炼锡的流程。

真空蒸馏Pb-Sn合金，仅为一物理过程，铅蒸发，锡留下，铅蒸气冷却成金属铅，产出金属锡和金属铅。与化学过程不同，不要化学试剂，不生成化合物，免去化合物再处理的复杂过程。真空冶金具有这些特点，有着较强竞争力。

Pb-Sn合金真空蒸馏的成功，翻开了有色冶金中应用真空技术的新的一页，人们看到重金属，被称为“贱金属”，价值不高，也可以应用真空冶金技术，还取得较好的经济效益，而且对环境无污染。在有色冶金已有的作业中对环境无污染的过程还很少，真空冶金无污染或污染极少，可谓难得。

此时，人们也应提出另一个问题，还有什么粗金属和合金可以用真空冶金处理?

2.2　合金分离的可能性判断

经过热力学分析，提出用分离系数β来判断两种合金或粗金属组分用蒸馏法分离的可能性[1,9]。对两个组分的体系有：

$$\beta = \frac{\gamma_1}{\gamma_2} \cdot \frac{p_1^{\ominus}}{p_2^{\ominus}} \tag{2}$$

当$\beta<1$或$\beta>1$都可以分离1，2两种元素，$\beta>1$时元素1在气相富集，$\beta<1$时元素1在液相富集，蒸馏都可以分开两元素，只有当$\beta=1$时，蒸馏出的气相和凝聚相成分相同，而不能分离两元素。

对于Pb-Sn合金$\beta \gg 1$蒸馏法能很好地分开Pb和Sn。

式(2)可见，β与活度系数γ有关，γ_i和组分i的浓度有关，同时又受温度影响，纯组分物质i的饱和蒸气压$p_i^{\ominus}$决定于温度，因此组分的浓度和温度是β的影响因素。

2.3　气-液相平衡成分图[1]

定量地估计真空蒸馏时合金组分分离的程度，产品的成分，是重要的，采用气-液相平衡成分图，可达此目的，对A-B二元系作图，气相成分A_g和B_g，液相成分A_l，B_l用质量分数表示：

气相中　　$A_g + B_g = 1$

液相中　　$A_l + B_l = 1$

对气相　　$A_g = \frac{\rho_A}{\rho_A + \rho_B} = \frac{1}{1 + \rho_B/\rho_A}$

式中　ρ_A，ρ_B——气相中组分的蒸气密度。

有

$$\frac{\rho_A}{\rho_B}=\beta\cdot\frac{A_1}{B_1}$$

则得气相物质中组分 A 的质量分数

$$A_g=[1+B_1/(\beta A_1)]^{-1}=[1+(B_1/A_1)\cdot(\gamma_B/\gamma_A)\cdot(p_B^{\ominus}/p_A^{\ominus})]^{-1}$$

求在某一作业温度 t 时的值，用 γ，$p^{\ominus}$ 及一系列 B_1/A_1，则可作出 A_g-A_1 关系图，即气-液平衡成分图。

例如，对 Pb-Sn 系有图 1[3]。

图示，当蒸馏温度为 1000℃ 和 1100℃ 时，气相物质含锡量很少，甚至当液相含锡已近 0.99(即 99%)，气相物质含锡仍小于 10^{-2}(即少于百分之几)，与工厂生产得到小于 0.05% Sn 相符。

气-液相成分图可指导合金真空蒸馏时选择技术条件和原料成分，以达到所需的产品。

至今，我们研究的许多合金体系，已计算气-液相平衡成分图，有益于实践，这种图在真空冶金中有重要作用。

2.4　金属在真空中的挥发性

金属-合金蒸馏，在大气中进行，有两个困难。一是要在高于物料沸点的温度下进行，一般金属沸点较高，就需要高的温度；二是大气中的氧气会在蒸馏温度下使金属氧化，故传统冶金中除少数金属沸点较低者，如 Zn、Cd、Hg 等，其他金属很少使用蒸发法。

真空中空气已很稀薄，氧气极少，所以氧化作用基本上不存在。而且气体压力很低，金属的蒸发温度就相应降低了。金属的蒸发、蒸馏就能够实现。例如，铅的沸点是 1740℃，在真空中蒸发铅，1000℃左右就可以了，也不会产生氧化作用，蒸发的铅蒸气在较低温处又冷凝成为液体铅。

真空对金属蒸发有促进作用，研究表明，并不是真空度越高越好[13,14]，得到图 2 的曲线，许多金属的 ω-p 曲线都有此形状，故图有典型性。

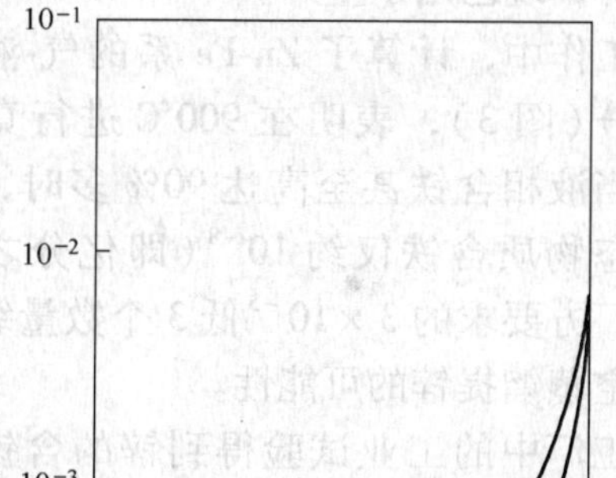

图 1　Pb-Sn 系气-液相平衡成分图

($Sn_l+Pb_l=1$，$Sn_g+Pb_g=1$)

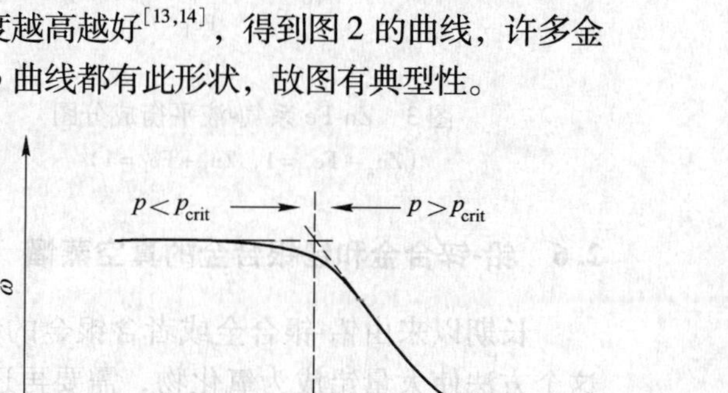

图 2　金属蒸发的 p-ω 曲线

p 为系统中的气体压力，ω 是金属蒸发速率($g/(cm^2 \cdot s)$)，曲线右边，随压力增大，ω 减小，压力愈大，ω 趋于水平的较低值。

p 减少，在曲线左边一段，到 p 小于临界压 p_{crit}，ω 成为常数，ω 不再因 p 减小而增大。

研究得到曲线右段受压力的影响，可表示为

$$\lg\omega = a - bp$$

各种金属有自己的 a、b 常数值。

可见，金属或合金的真空蒸馏，系统内气体压力降低就增大了金属的蒸发速率，压力降到 p_{crit} 以下，ω 不再增大。

曾测定了 Pb、Sb、Zn、Cd 等金属在真空中的挥发曲线[12]。许多金属在 p_{crit} 时的 ω 比常压下大 10^2 倍。

从此也可确定真空蒸馏的适宜真空度，即系统内的气体压力略小于 p_{crit}。

2.5 锌-铁合金(热镀锌渣或硬锌)真空蒸馏提锌[4]

钢铁件热镀锌时产生的浮渣即热镀锌渣，还有锌精炼时产生的硬锌，实质上是锌-铁合金，此料一直缺乏适当的处理方法，80 年代曾有人研究过，用加剂法和真空蒸馏法，均未得到含小于 0.003% Fe 的锌。

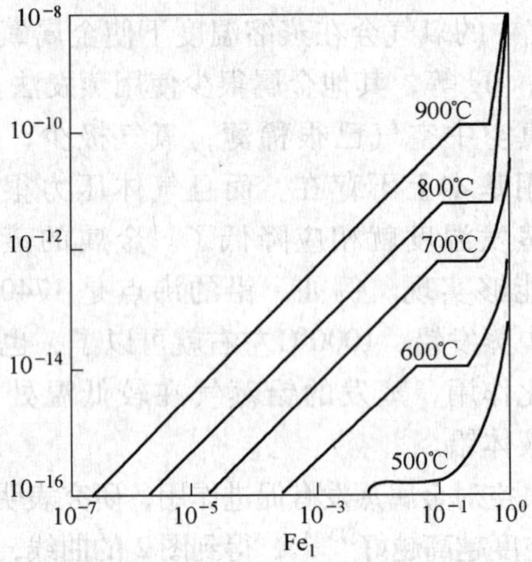

图 3　Zn-Fe 系气-液平衡成分图
($Zn_g + Fe_g = 1$，$Zn_l + Fe_l = 1$)

1990 年又开始研究，做了不同规模的试验，最后完成了工业试验，研制了卧式真空炉，现已用于生产。

工作中，计算了 Zn-Fe 系的气-液相平衡成分(图 3)，表明在 900℃ 进行真空蒸馏，当液相含铁甚至高达 90% 多时，蒸发的气态物质含铁仅约 10^{-8}(即亿分之一)，比起厂方要求的 3×10^{-5} 低 3 个数量级，表明真空蒸馏提锌的可能性。

工厂中的工业试验得到锌的含铁量为 0.00004%(即 4×10^{-7})[5]。

随之，研究了硬锌的处理，也研究了硬锌蒸馏时 Ge、In、Ag 的富集，得到半工业试验的肯定成果。

2.6 铅-锌合金和铋银合金的真空蒸馏

长期以来由铅-银合金或者含银金的粗铅提银多用灰吹法，将铅氧化，残留下金属银，这个方法使大量铅成为氧化物，需要再还原熔炼成铅，耗费增多。

在真空中蒸馏铅-银合金能顺利地分开铅和银，并得到金属铅和粗银[26]。

计算得到的 Pb-Ag 系气-液相平衡成分图(图 4)给出了液态在不同成分范围的情况，表明在 1200℃时有

Ag_l	10^{-3}	10^{-4}	10^{-5}	10^{-6}
Ag_g	10^{-5}	约 10^{-6}	约 10^{-6}	约 10^{-7}

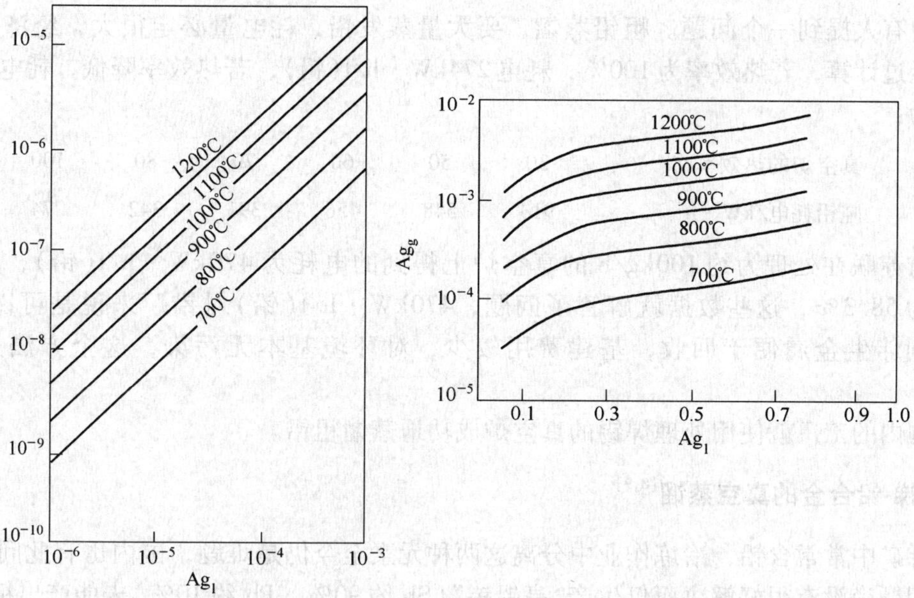

图4 Pb-Ag 系气-液相平衡成分图

（$Pb_l + Ag_l = 1$，$Pb_g + Ag_g = 1$）

得到产物之一为铅，含银可达 $10^{-6} \sim 10^{-7}$，银富集在残留合金中。

当原料 Ag_l 为 0.1～0.8 时（图4右图），气相物质含 Ag $10^{-2} \sim 10^{-3}$，可能把铅和银分开，得到金属铅和粗银。

应用我们已有的工业型真空炉实现了这一作业。

铋-银合金中铋的性质与铅相近，用真空蒸馏法分开铋和银的工作已经做了许多[6,7]，得到了含 Ag 小于 5×10^{-6} 的铋和富银合金。富银合金再蒸馏，得到粗银。

这项目已可做工业试验，有可能超过工厂现行的加锌除银法。

2.7 粗铅的真空蒸馏

云南一个厂生产的粗铅含锡甚高（$10^{-2} \sim 10^{-1}$），传统方法除锡是氧化法（直接氧化或碱性氧化），氧化渣处理方法比较冗长，故使用真空蒸馏法处理。

Pb-Sn 系气-液相平衡成分图（图5），表明在约 1000℃ 对此种粗铅真空蒸馏，当原料

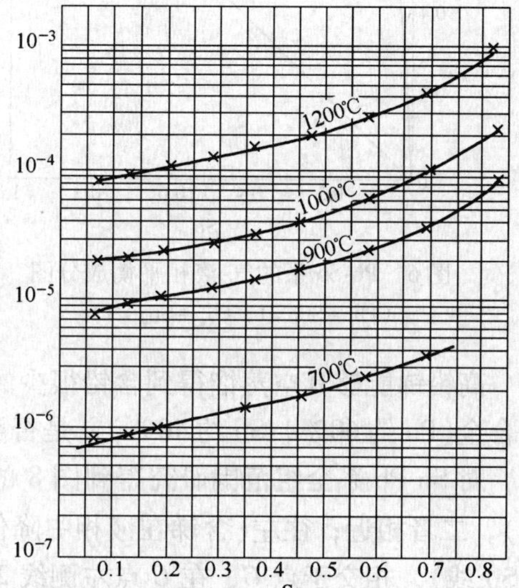

图5 Pb-Sn 系

（$Pb_l + Sn_l = 1$，$Pb_g + Sn_g = 1$）

含 Sn 小于 10^{-1}时，得到的气态物质含锡约 10^{-5}，锡被残留在合金中，成金属状态便于回收。

粗铅蒸馏时，其中的银、砷、铜、铁、锑等元素都残留在合金中。

曾有人提到一个问题。粗铅蒸馏，要大量蒸发铅，耗电量必定很大，经济上是否合理？经过计算，若热效率为100%，耗电 274kW · h/t(铅)，若热效率降低，耗电量相应增加，为：

真空炉的热效率/%	30	50	60	70	80	100
吨铅耗电/kW · h	913	548	456	391	342	274

前苏联在处理为约 100kg/h 的真空炉上得到的电耗为 470kW · h/t(铅)，则其热效率应为 58.3%，这些数据就解答了问题，470kW · h/t(铅)对铅厂来说是可以承受的，考虑到伴生金属便于回收，基建费用较少，对环境基本无污染，这个方法是有其特点的。

国内的工厂就使用处理焊锡的真空炉成功地蒸馏粗铅。

2.8　锑-铅合金的真空蒸馏[8,9]

锑矿中常常含铅，冶炼作业中分离这两种元素至今仍是难题，国内也有此问题，国内对此问题尚没有很好解决而仅生产“高铅锑”(Sb 约 90%，Pb 约 10%)未能产出精锑。

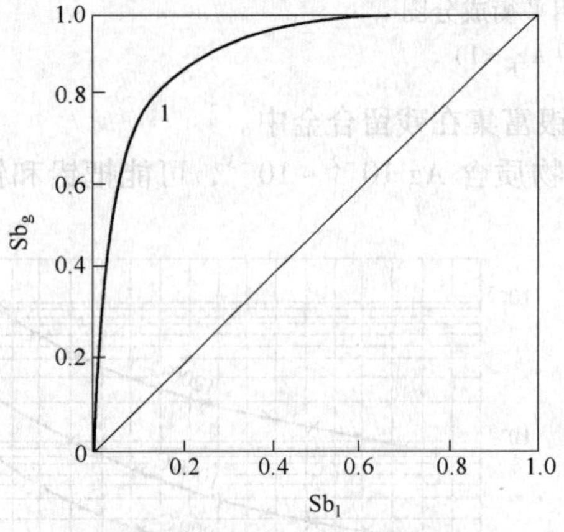

图 6　Pb-Sb 系的气-液相平衡成分图
($Pb_l + Sb_l = 1$，$Pb_g + Sb_g = 1$)

我们自 1982 年起研究此课题，对 Pb-Sb 合金来说，实际中有两种情况，一为含铅粗锑，含铅在 0.5% ~ 10%，包括“高铅锑”；二是含铅高，为百分之几十的铅锑合金。

对“高铅锑”的真空蒸馏获得较好的结果，用文献[10]的活度系数 γ 与摩尔分数 N 关系数据计算得图 6(对角线为 $Sb_l = Sb_g$)，图示，富锑端蒸馏时 $Sb_g > Sb_l$，锑和铅分别富集在气相和液相中。

较细的情况如图 7 可见，其结果受温度和原料成分的影响。

若原料含 Pb 较少，如若小于 10^{-1}，则得到的气相成分 Sb_g更高一些。

高铅锑能够真空蒸馏得到含铅很少的锑。于是，人们就提出问题，炼脆硫铅锑矿得的粗合金(Pb 约 60%，Sb 约 40%)，是否可以用真空蒸馏来分离铅锑呢？

对 Sb-Pb 系全组范围研究得到图 8 的曲线 2[11]，表明曲线 1 和曲线 2 在图右侧(富锑区)，二者相近；往左(含锑在液相中降低时)，两线间距离逐渐加大；线 2 与对角线($Sb_l = Sb_g$线)，相交于点 C，在 C 点左侧线 2 位于对角线之下($Sb_g < Sb_l$)。

C 点左边部分的合金，蒸馏时气体中铅得到富集。

线 2 与线 1，存在着显著的不同，大量实践数据与线 2 相符[1]。

线 2 表明真空蒸馏法只能在 C 点右侧(富锑的部分)，起到提纯锑的作用，C 点左侧

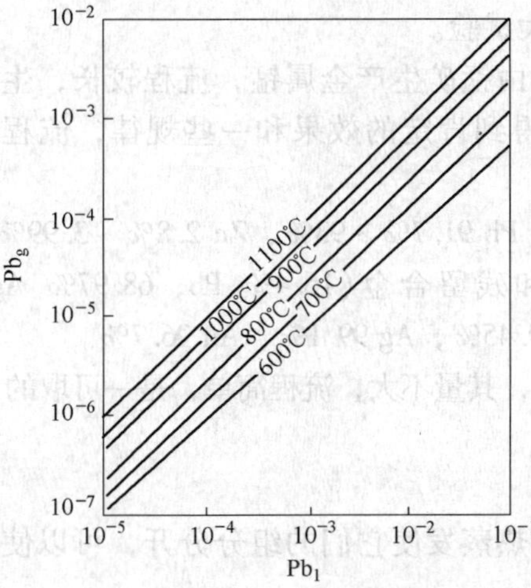

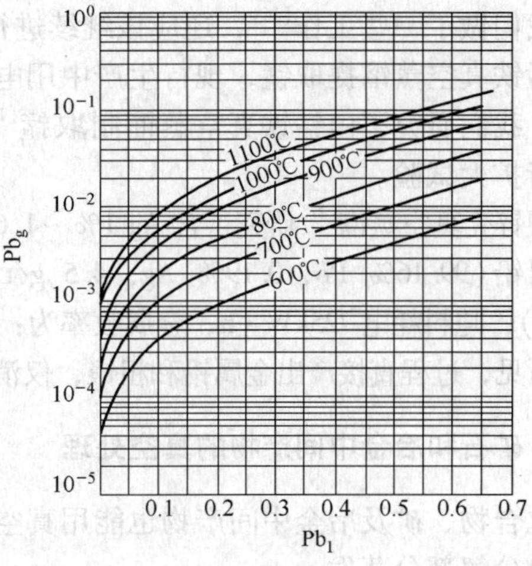

图 7　Pb-Sb 系气-液相平衡成分图

（$Pb_g + Sb_g = 1$，$Pb_l + Sb_l = 1$）

（富铅区）则不能蒸馏出锑，气相中是铅得到富集。

C 点的成分是共沸物，$Sb_g = Sb_l$。

线 1 和线 2 差别的原因值得探讨。

在我们研制的半工业真空炉进行了实验，得到了上述规律的肯定结果。

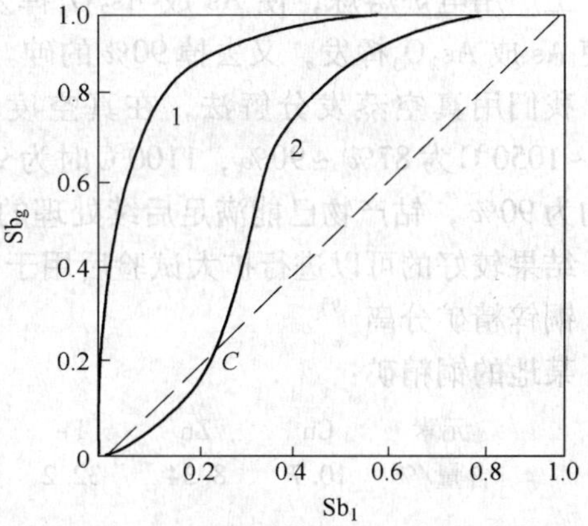

图 8　Pb-Sb 系气液相平衡成分图

2.9　其他粗金属精炼与合金分离

粗镉真空精炼，在国外许多人研究过[1,15]，并已用于生产，产出 99.995% Cd 的产品，很有成效。

粗镉中含有的杂质元素的沸点和蒸气压力差别较大：

元素 i	Cd	Zn	Ti	Pb	Cu	Ni
沸点/℃	707	907	1473	1740	2567	2732
$p_i^{\ominus}$(450℃)/Pa	587	48	6.53×10^{-3}	2.9×10^{-4}	1.7×10^{-13}	7.3×10^{-19}

蒸馏时能很好地与镉分离。

前苏联、日本、德国及一些其他国家已有一些工厂的工艺、设备。我国有些单位做了一些工作，需要再进一步以用于生产，例如铜镉渣处理及粗镉的真空精炼等。

粗锌真空精炼，曾有人做过一些研究[1]，得到肯定的结果，但迄今未看到生产的报道，由于锌的熔点较低（420℃），沸点也较低（907℃），在真空中精炼的温度将有所降低，锌的蒸发速度加快，比常压精炼为优。

但因常压下粗锌精馏精炼的方法和设备都比较成熟，大量用于生产，人们就对真空精炼锌缺少重视，故进展很慢。

我们做了一些工作[16]，还应该继续进行扩大试验。

锰铁真空蒸馏提取锰，现行生产中用电解法由锰矿生产金属锰，流程较长，生产费用较高，我们研究了由锰铁真空蒸馏制取锰[17]，得到肯定的效果和一些规律，流程短，值得进行扩大试验。

银锌壳真空蒸馏[27]研究了含 Ag 1% ~1.67%，Pb 91.7% ~93%，Zn 2.8% ~3.99%的银锌壳得到铅(99.16% Pb，0.19% Ag，4.5 g/tAu)和残留合金(16.4% Pb，68.97% Ag，1860 g/t Au)，吨料耗电 725kW · h，金属收率为：Pb 99.45%，Ag 99.1%，Au 96.7%。

可见，过程直接产出金属铅和粗银，仅消耗电，其量不大，流程简单，是一可取的方法。

2.10 矿石和冶金中间产物的真空处理

化合物、矿及冶金中间产物也能用真空中加热蒸发使它们的组分分开，可以使某些化合物热分解部分蒸发。

砷钴矿分离砷[18]，有一种含砷很高的钴矿，成分为：

元素	Co	As	Fe	Ni	Au	Ag
含量/%	10	57	7.2	2.1	13g/t	88g/t

工厂用电炉熔炼，使 As 成 As_2O_3 挥发，脱砷率达到 60%，产物经破碎，沸腾焙烧，再使 As 成 As_2O_3 挥发，又去掉 90% 的砷。

我们用真空蒸发分解法，在真空度约为 27Pa，不同的温度下，一次作业去除砷，950 ~1050℃为 87% ~90%，1100℃时为 92% ~98%，砷挥发出来后冷凝为粗元素砷，纯度约为 90%，钴产物已能满足后续处理的要求。

结果较好的可以进行扩大试验后用于工业生产。

铜锌精矿分离[19]。

某地的铜精矿：

元素	Cu	Zn	Fe	S	Bi	Cd	In	Pb
含量/%	10.7	8.34	32.2	32.2	0.18	0.1	0.02	0.14

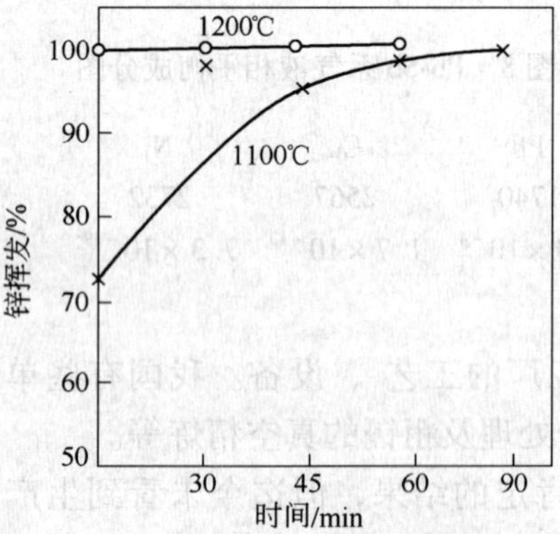

图 9 时间对锌挥发的影响
(残压：187 ~800℃)

含锌达约 8%，直接熔炼冰铜，锌分散于渣、冰铜中，回收锌困难。我们研究在真空中加热处理，得到图 9 的结果，处理后铜精矿已熔化成冰铜，成分是：Cu 约 14%，Fe 约 50%，Zn 约 0.09%，锌挥发了约 98%。

挥发物冷凝后含有：33.2% Zn，2.29% Bi，0.59% Cd，0.036% In。

可见，锌分离较完全，并集中在冷凝物中，同时 Bi、Cd、Pb、In 等也同时挥发，富集到冷凝物中，便于综合回收。蒸馏残余物成为很纯的冰铜。

锡-砷-铅合金(炭渣)真空蒸馏[20]，凝析法精炼粗锡得到浮渣称为“炭渣”，实际上是一种 Sn-

As-Pb 合金含有些铁，其成分为：As 12% ~14%，Pb 约 11.1%，Sn 66.5%，Fe 0.7%。这种料曾用焙烧脱砷，因料易熔而脱砷不完全，送去熔炼，形成大量砷在锡生产过程中循环。

我们用真空挥发砷，当残余气体压力约为 40Pa 时，1000℃以上，砷可由料中挥发 90%以上，同时铅挥发 95%以上，产物为：粗锡，含砷微量；粗砷，含砷 80% ~90%；粗铅，含铅 80% ~90%。

砷即可以和锡较完全的分离，得到粗砷，由锡生产系统中排出，经重蒸馏后成为元素砷产品，实验规律已做到约 3kg/次，下一步可进行半工业试验。

铜炉渣真空处理[21]，当前炼铜厂抛弃的铜炉渣含铜变动在 0.3% ~2%，已不能再回收，由于每年的抛渣量达数万吨到数十万吨，这一部分铜就不能回收，其总数达到每年数百至数千吨。

经过真空中沉降，液态渣中悬浮的冰铜粒表面的气体被排除，冰铜的密度比渣高，乃沉下去，在底部聚集，回收。表层渣含铜减少一半至三分之二，再作为抛弃的炉渣，可使随渣丢弃的铜减少一半至三分之二。

实验效果明显，需进行大型实验工作。

2.11 真空中制备金属粉末

超细粉末材料被称为 21 世纪材料，它的性能优越，成为许多新技术产品的原材料，近年来研究制备粉末成为一个热点。

金属气体的分子很小，其分子直径以 Å 计，为 10^{-10}m，相当于 0.1nm 数量级，气体在冷却过程中，这些气体分子不断在聚集、长大，如果设法控制其聚集的程度，就可以得到人们需要的粒度，如 100nm ~1μm 称为超微粉末，它已比气体分子直径大 10^3 ~10^4倍。

因此，在真空中使金属气化，冷凝制粉是一种重要的制粉途径。

真空中用金属锰制锰粉[22]。

曾经研究在真空中蒸发锰，冷却锰蒸气成金属锰粉，在 1100 ~1300℃和残压为 1.3×10^{-2} ~667Pa 时，得到 105 ~44μm 的粉末。

这样的粉末不像磨细锰块制的粉，磨介质材料会混入锰粉而降低纯度，也还具有真空中冷却气体成粉的特点，如粉料不含其他气体，粒度较细等。

锌在真空中蒸发，冷凝成超细粉末[23]。

改变真空度，温度和气体的冷却速度，得到了粒径为 250 ~500nm 的超微锌粉。

用稻壳制备氮化硅超微粉[24]，用廉价的稻壳制成无定形的 SiO_2 细粉，在真空中还原氮化，制成超微粉 Si_3N_4，平均粒度为 0.5 ~1.3μm。

可以看到，在真空中气化金属，控制冷凝的条件，或在真空中进行化学反应，以产生超微粉末，是一种有前途的方法，将在超微粉末材料工业应用中起作用。

2.12 金属氧化物在真空中还原

一些金属氧化物还原后产物有一些或全部在反应温度下成为气体，这样的反应在真空中能够更顺利地进行[1]，反应时的还原剂可以是碳，也可能是某种金属元素，而分别称为碳还原或金属热还原，这样的金属有硅、铝等。

反应 $$MO + X = M + XO_{气}$$

在真空中进行，系统内的残压 $p = 10^{-m}$ 大气压，则反应的自由能变化与标准值之差，可得到：
$$\Delta G - \Delta G^{\ominus} = -4.576mT$$

表明系统内真空度愈高（m 值大），反应自由能位降低，使反应易于进行[2]。

氧化镁还原[25]现在广为流行的皮江法（1994 年始）就是此类还原，用 Si-Fe 作还原剂在真空中作用，使过程在 1150℃时产生，这个方法可以用还原剂还原白云石（焙解后），代替电解法，免于消耗大量电能，但此法用的硅，高 Ni-Cr 合金罐都较贵，罐子容量和寿命有限，致使此种还原的特点和经济效益减弱。

国外研究了镁热法（Magnetherm Process）法国于 60 年代成功，这种方法将炉渣熔化，间断地流出，金属镁液也间断放出，加料可以不断地加入，这个方法使能耗大为降低，也不用合金罐，使生产率增大，成本降低。

Knapsack-Griesheim 硅热法，炉渣成固体排出，作业连续[14]。

碳热法（1941，美国），规模达到万吨一年，此方法用碳还原出镁，迅速冷却成镁粉，镁粉再蒸馏成镁锭，这个方法用碳作还原剂，价廉，在电弧炉中还原，急冷法是防止还原的逆向反应。但产出镁粉，过程中要求很好的技术条件，防止镁粉剧烈氧化，甚至爆炸。

针对我国热还原法的状况，值得改变皮江法，试用其他方法，甚至对国外的这些方法加以改造，创造出好的方法，使镁的生产费用降低，效益提高。

2.13 金属件在真空中镀膜和表面强化

物件在真空中镀膜，使其表面具有各种特殊的性质，完成此作业有几种镀的方法：蒸镀、溅射镀、离子镀等。

接着出现了辉光离子渗碳、渗氮，离子注入技术，化学气相沉积，真空渗氮，渗其他元素，涂层真空熔烧强化等方法。

这些方法都是在真空中进行，使物件的表面镀上一层其他物质，以使物体表面改性，以适合一定的用途，这是值得重视的。

3 结语

冶金中应用真空技术，将冶金过程由常压下作业改变为真空中进行，是近半个世纪以来发生的新事物，是使冶金作业的环境以至于作业条件发生大的变化，以前不能进行的作业，在真空中可以实现，如金属蒸馏。以前能做的有些事，在真空中可以进行得更好，如对环境没有污染或有也极少。

但是，毕竟真空冶金的应用时间还太短，在深度和广度方面都还成长不足。研究得少，设备种类和完善程度都有待增强。

同时，冶金产品，在社会上的要求数量不断增加，品种日益繁多，甚至许多特殊要求的产品也在增加。

已有的冶金过程要求现代化，无污染，高效益。

在这样的形势下，真空冶金将会日益发展[28]，在冶金工程的发展中，它会日益扩展其作用。可以预计，新的真空冶金过程和设备将会涌现。

参 考 文 献

[1] 戴永年，赵忠．真空冶金．北京：冶金工业出版社，1988.

[2] 戴永年，等．焊锡真空脱铅扩大试验．云南冶金，1978，(2).

[3] 戴永年，等．铅-锡合金真空蒸馏．昆明工学院学报，1989，(3)：16~27.

[4] Dai Y N, et al. Zinc vacuum distilling recovery from dipping galvanizing residue. 33rd Annual Conference of Metallurgists of CIM. 1994. August 20~25, Toronto, Ontario.

[5] 武钢实业公司，昆明工学院真空冶金研究所．武钢实业公司冶炼厂锌渣提纯产品评定会纪要．1992年12月.

[6] Ding W, et al. Vacuum distillation of crude bismuth to remove sliver deeply. 2nd International Symposium on Met. Processes for 2000 and Beyond.

[7] 邓智明．粗铋真空蒸馏脱银新工艺研究：[博士学位论文]．昆明：昆明工学院，1994.

[8] Dai Yongnian, et al. Thermodynamic behavior of lead-antimony alloy in vacuum distillation. W-Ti-Re-Sb1988, International Conference: 578~583.

[9] 戴永年，等．铅锑合金的真空蒸馏分离．中国有色金属学报，1991，1(1)：10.

[10] Ralph Hultgren, et al. Selected vacuum of the Thermodynamic properties of binary alloys, 1973.

[11] 张小金．昆明工学院毕业论文，1983.

[12] a. 杨斌．金属铅真空蒸馏基本规律的研究：[硕士学位论文]．昆明：昆明工学院，1990.
b. 夏丹葵，等．纯锌蒸发规律研究．有色金属，1992，4(4)：11.
c. 陈燕．金属镉真空蒸馏基本规律的研究：[硕士学位论文]．昆明：昆明工学院，1989.
d. 蔡晓兰，等．金属锑真空蒸馏基本规律的研究．全国锑业发展专题讨论会论文集，1991.

[13] 戴永年，等．金属在真空中的挥发性．昆明工学院学报，1994，19(6)：12.

[14] Winkler O, Bakish R. 真空冶金学．上海：上海科学技术出版社，1980(英文版1971).

[15] Rainer Menge, Gernat Schenker. 西德诺尔登电锌厂的镉真空蒸馏精炼．有色冶炼，1987，(6)：19~25.

[16] 刘日新．粗锌真空精炼研究：[博士学位论文]．昆明：昆明工学院，1993.

[17] Deng Z, et al. Extracting manganese from ferromanganese by vacuum distillation. 2nd International Symposium on Met. Processes for 2000 and Beyond, 1994.9, U.S.A.

[18] Cao Mingyan, et al. Dearsenication from cobalt-arsenic concentrate by vacuum distillation. Transaction of Nonferrous Metals Society of China, 1994, 4(2).

[19] 陈枫，等．铜锌精矿的真空挥发分离．有色金属(双月刊)，1984，(1)：38~42.

[20] 戴永年，等．锡-砷-铅合金(炭渣)真空蒸馏．昆明工学院学报，1979，(3)：47~65.

[21] 王学文．铜炉渣真空热处理的研究：[硕士学位论文]．昆明：昆明工学院，1990.

[22] 李金华．真空蒸馏电解锰制取金属锰粉的工艺研究：[硕士学位论文]．昆明：昆明工学院，1991.

[23] 钟胜．超微粒子制备研究：[硕士学位论文]．昆明：昆明工学院，1994.

[24] 王华．用稻壳制备氮化硅超微粉的研究：[博士学位论文]．昆明：昆明理工大学，1996.

[25] Winkler O, Bakish R. Vacuum Metallurgy, 1971.

[26] 贺子凯，等．铅银合金真空蒸馏提银．有色金属，1990，42(1).

[27] Dai Yongnian. Treating zinc Crust by vacuum distillation. 1992 TMS Annual Meeting, San Diega. Califor-

nia. U. S. A. March 1 ~ 5, 1992.

[28] Dai Yongnian. Vacuum metallurgy-an important direction in reforming conventional nonferrous metallurgy. Proceedings of the Second Intern. Sym. on Met. Proc. for the Year 2000 and Beyond. san Diego CA, September 20 ~ 23, 1994.

[29] Dai Yongnian. Separation of various Elements in crude metal or alloy during vacuum distillation. Proc. of the Intern, Symp. on Met. Proc. for the Year 2000 and Beyond. Lasvegas, Nevada, Feb. 27 ~ Mar. 3, 1989.

重有色金属的真空冶金❶

戴永年

摘　要：本文综合了大量国内外资料，概述了真空技术在重金属冶炼过程中的发展历程，从粗金属精炼、合金分离、化合物分离，以及氧化物还原等几方面，详细阐述了重金属真空冶金的基本过程、有关试验及实践；并指出我国同国外的差距及今后有待加强的几个问题。

近几十年，有色重金属方面应用真空技术分离合金、粗金属精炼、多金属矿物分离、冰铜中挥发金属，工业化后得到好的技术指标和经济效益。真空冶金的应用范围在迅速扩大，研究工作日益加强。

然而，理论研究不够完善。真空冶金设备还是薄弱环节，在深度和广度方面都需要做大量工作。

在我国，稀有金属和金属材料生产中应用真空技术较早，始于50年代。重有色金属则是镉首先用真空精炼，接着在铟、砷等金属生产中应用。50年代开始研究锡-铅合金(焊锡)真空分离。

近来许多单位开展了真空中挥发砷，砷金矿分离砷，烟尘中分离白砷，多金属硫化矿分离砷、锑、锡、锌，铅-锑合金真空分离，铅锌矿真空还原，低品位锡矿真空提锡，粗铅中分离银、锡，银锌壳真空蒸馏等研究项目。可以预计，真空冶金会获得较大的发展。

本文拟从粗金属精炼，合金分离，化合物(硫化物、氧化物等)分离，氧化物还原等几方面阐述真空冶金的基本过程和实践。

1　粗金属精炼和合金分离

重有色金属冶炼中较早用真空分离的物料是粗铅精炼时加锌提银的两种产物，含锌的铅和银锌壳。前一种过去用氧化法、氯化法或碱法除锌，锌生成氧化物、氯化物或锌酸钠，处理这些化合物又要进行几步加工，费劲而效果不够好。1935年克罗尔提出用真空脱锌，到1947年依士贝尔设计了放到精炼锅中间歇作业的真空设备。在550～650℃时以简单的抽空系统处理1.5～2h，真空度由0.5托❷上升到0.05托，铅液中含锌由约0.5%降至0.01%～0.05%，锌以金属状态回收了80%～90%，可用于下一批粗铅提银。锌的利用率提高了，又避免生成化合物需要再处理的麻烦，这个方法立即在各国火法精炼粗铅厂中广泛使用。

鼓风炉炼锌成功后用大量铅液来冷凝锌蒸气，得到的铅锌合金都要分离铅锌，上述设备满足不了需要。60年代初，创造了连续作业的真空脱锌炉(图1)。

❶ 本文发表于《有色金属(冶炼部分)》，1986，(3)：30～38。

❷ 1托＝133.3224Pa。

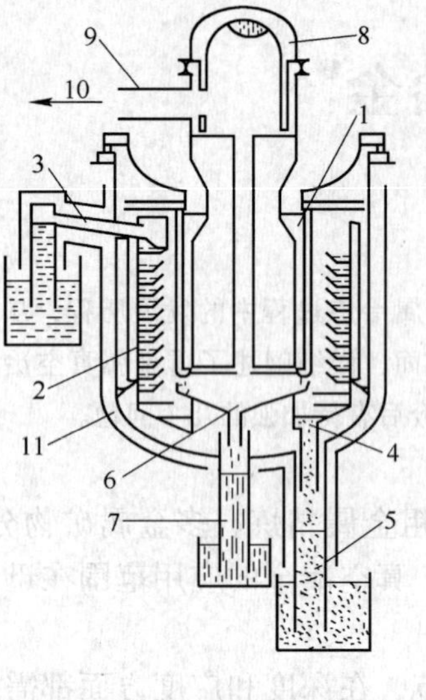

图 1　连续真空脱锌炉[1]

1—水冷凝结器；2—螺旋形蒸发槽；3—进料口；4—出铅管；5—排铅管；6—出锌器；7—排锌管；8—冷却罩；9—抽气管；10—接抽空系统；11—加热器

这个设备连续地处理了上千吨合金。

真空分离铅-锌合金的发展充分显示了真空冶金在技术上的先进性，经济上的合理性，因此它很快地得到推广，并立即扩大到 Pb-Zn-Ag 的分离。同时创造出过去没有的设备和工艺。

金属真空蒸馏使用范围不断扩大，是不是所有的粗金属和合金都可以分离，什么样的合金不能用真空蒸馏分开？怎样判断？

以前，习惯比较合金 A-B 中组分的纯物质蒸气压（$p_A^\ominus$ 和 $p_B^\ominus$）是否存在 $p_A^\ominus$ 大于或小于 $p_B^\ominus$ 的关系。若有，则 $p_i^\ominus$ 大者先挥发。例如 500℃时，Pb-Zn 合金有：

$$p_{Zn}^\ominus/p_{Pb}^\ominus = 1.35/(2\times10^{-5}) = 6.75\times10^4$$

二者相差 67500 倍，锌在蒸馏时优先挥发，铅锌就得到分离。

这种判断方法没有说明合金中组分的实际蒸气压，也未表达蒸气的质量，故不够严格，有时甚至得到不正确的结果。例如砷在锌中按纯物质的蒸气压 $p_{As}^\ominus > p_{Zn}^\ominus$，而蒸馏时砷并不优先挥发。

较确切的是比较合金与蒸气平衡时各个组分的蒸气密度 ρ_i[2]。由较适于真空的方程式

$$pV = \frac{W}{M}RT$$

得

$$\frac{pM}{RT} = \frac{W}{V} = \rho$$

即单位体积的气体质量。再考虑到实际溶液中组分 i 的摩尔分数 N_i 和活度系数 γ_i，则得

$$\rho_i = \frac{\gamma_i N_i p_i^\ominus M_i}{RT}$$

判断一种二元合金能否蒸馏分离就要比较在同一温度时合金蒸发的蒸气中两组分的蒸气密度之比值。

$$\frac{\rho_A}{\rho_B} = \frac{\gamma_A N_A p_A^\ominus M_A}{\gamma_B N_B p_B^\ominus M_B}$$

式中，N_A/N_B 在工业中不便应用，常以合金中含量百分数 a，b 计算，得

$$\frac{N_A}{N_B} = \frac{aM_B}{bM_A}$$

代入上式得

$$\frac{\rho_A}{\rho_B} = \frac{\gamma_A}{\gamma_B}\cdot\frac{p_A^\ominus}{p_B^\ominus}\cdot\frac{a}{b}$$

令
$$\frac{\gamma_A}{\gamma_B}\cdot\frac{p_A^{\ominus}}{p_B^{\ominus}}=\beta$$
并称β为分离系数，则得
$$\frac{\rho_A}{\rho_B}=\beta\cdot\frac{a}{b}$$
公式左边为气相中两组分的含量比，右边a/b是合金中的含量比，可见两相中组分含量是否相同取决于β，而可能有三种情况：

（1）$\beta>1$，则$\rho_A/\rho_B>a/b$，组分A较多地集中于气相，可使A与B分开。

（2）$\beta<1$，有$\rho_A/\rho_B<a/b$，组分B较多地集中于气相，可使B挥发，A留下，乃得分离。

（3）$\beta=1$，则$\rho_A/\rho_B=a/b$，气相与液相有相同的成分，蒸馏分不开A、B。

因此β是合金能否蒸馏分离的判断标准，它又是两相成分比相差的倍数。例如Pb-Sn合金1200℃时得$\beta=3.419\times10^3$。即可知$\beta>1$，可以使Pb蒸发达到Pb、Sn分离，同时两相成分比相差3419倍，分离效果甚佳。

用β和用$p_A^{\ominus}/p_B^{\ominus}$作判断，相差一个因子$\gamma_A/\gamma_B$，有时$\gamma_A/\gamma_B$接近1，则两种判断结果相近。不少情况下$\gamma_A/\gamma_B$与1相距甚远，两种判断就有较大差别。例如Pb-Zn合金在650℃时有

	富锌端	富铅端
γ_{Zn}/γ_{Pb}	1/34.6 = 0.0289	7.94/1 = 7.94

可见，要把0.0289和7.94都当作约1是不妥当的。因此，要判断一种合金或粗金属的某种杂质能否用真空蒸馏的方法分离，除非无法找到活度系数值，否则就不宜只用$p_A^{\ominus}/p_B^{\ominus}$作判断。

进而由ρ_A/ρ_B可计算气相的组成：
$$(A\%)_{气}=\frac{\rho_A}{\rho_A+\rho_B}\times100$$
$$=\frac{1}{1+\rho_B/\rho_A}\times100$$
随之可得$(A\%)_{气}$-a的关系，即气-液相平衡时两相含A%量的关系。将一系列计算值作图，即可得到一个直观的有用的图。

我们应用上述各点处理一般的粗金属和合金都得到良好的效果。但也遇到活度系数不准确时判断的结果不正确。例如在研究Pb-Sb合金蒸馏时计算值与实验不完全相符。

由现有的γ_{Sb}/γ_{Pb}计算[3]，得图2曲线1，表明Pb-Sb系全部组成的合金都可以蒸馏分离，$(Sb\%)_{气}$与$[Sb\%]_{液}$相差很大。但我们的实验得到曲线2，它与对角线相交于$[20\%\,Sb]_{液}$处，交点右边有$(Sb\%)_{气}>[Sb\%]_{液}$，蒸发出较纯的锑。交点左边$(Sb\%)_{气}<[Sb\%]_{液}$，挥发出较纯的铅。交点处是共沸混合物，两相的成分相同。故线2与1有较大的区别。现有的Pb-Sb系状态图（图3）上也不能看出共沸混合物存在。这个不一致的问题看来是现有热力学数据不够完善所引起。我们的曲线2与大量实验数据相符。由此可以指出应当再仔细研究Pb-Sb系的热力学性质。

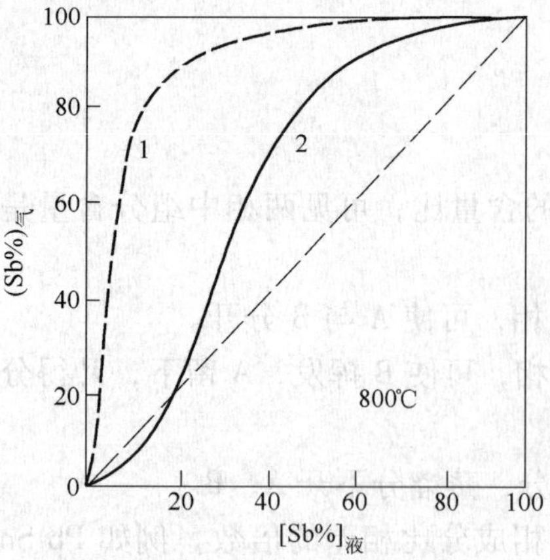

图 2　Pb-Sb 系气-液相平衡成分

1—据 Hultgren 的数据计算；
2—张小金等的实验值

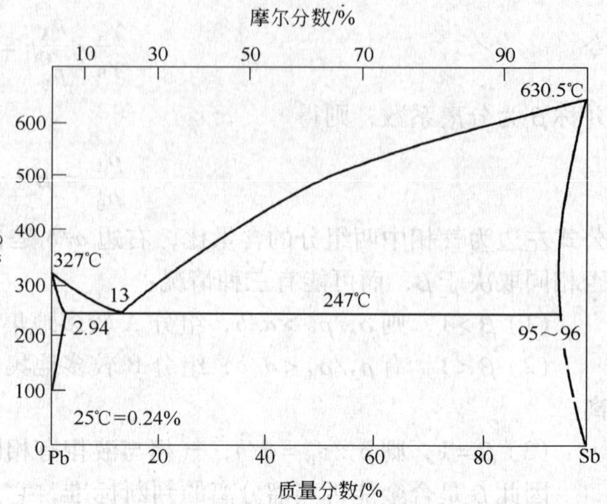

图 3　Pb-Sb 系状态图

总之，判断一种合金或粗金属能否用真空蒸馏法分离、提纯时，用 β 值较为确切。再进一步作出(A%)$_{气}$-[A%]$_{液}$图，便能指导制定蒸馏温度、原料成分、蒸馏量和蒸馏级数等作业条件。

1973 年出版的二元系的活度系数[3]已列出 1971 年以前发表的大量数据可供选用。但是，生产和研究的内容更丰富，仍有许多需要的数据和更宽的温度范围需要今后研究，以获得更准确的结果。

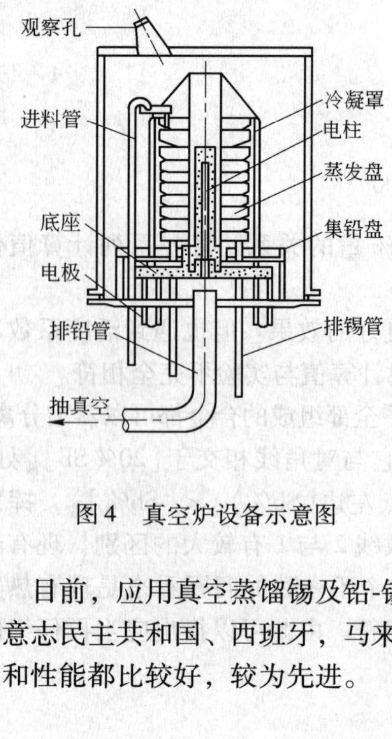

图 4　真空炉设备示意图

粗锡和锡-铅合金的真空蒸馏是近几年的一个重要进步，它引起锡提取冶金流程的变革，许多国家的炼锡厂都应用了这一项技术。我国实现了粗锡除铅、铋，以及处理含 15% ~65% Sn 的铅-锡合金。大部分工厂都用了这项技术，得到很好的效果和经济效益。金属回收率也由约 96%(电解法的指标)提高到 99% 以上。

国内处理锡-铅合金的真空炉有昆明工学院和云锡公司共同研制的内热式多级连续蒸馏真空炉(图 4)，柳州冶炼厂研制的自导式真空炉和个旧市冶金研究所研制的塔式炉。其中第一种现在有三个工厂和一个研究所用于生产。

国外有苏联新西伯利亚炼锡厂的真空炉(图 5)和英国-丹麦的炉子(图 6)。

目前，应用真空蒸馏锡及铅-锡合金的有我国、苏联、墨西哥、澳大利亚、玻利维亚、德意志民主共和国、西班牙，马来西亚和尼日利亚等 9 个国家。我国自己研制的炉子的结构和性能都比较好，较为先进。

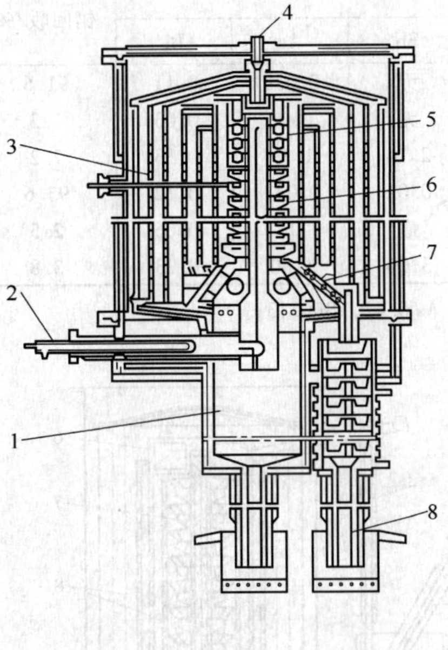

图5　新西伯利亚炼锡厂的真空炉

1—出铅管；2—供电系统；3—冷凝罩；4—进料口；5—预热金属盘；6—蒸发盘；7—出锡溜槽；8—出锡管

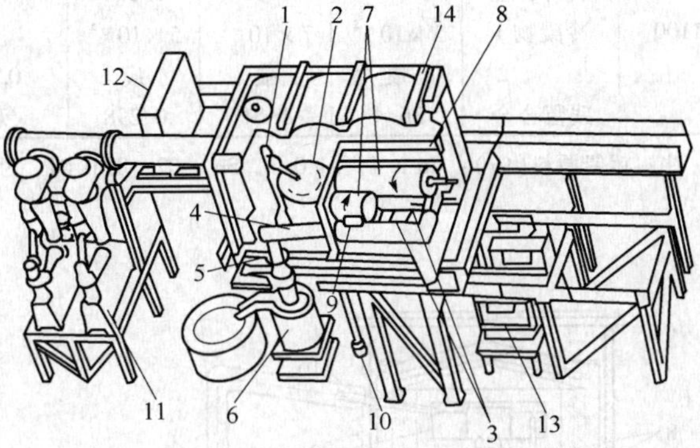

图6　贝格索-雪德拉斯工程的真空炉

1—进料管；2—加热锅；3—蒸发槽；4—出料槽；5—出料管；6—容料锅；7—冷凝筒；8—刮刀；9—冷凝物收集槽；10—冷凝物排出管；11—泵组；12—表盘；13—变压器；14—水冷真空室

镉的真空提纯已经广泛应用于各工厂。由于镉的蒸气压较高，在熔点温度321℃时已达到约0.1托，真空蒸馏温度只需400～500℃。伏尔科维奇研究成的钢制设备(图7)，在430～460℃，0.5～1托产出金属达到苏联的КД-0号镉。叶旭金等研究的半连续作业的真空炉(图8)，作业温度415～450℃，残压0.3～0.5托，产出КД-0号镉。他们认为这个方法简单、效率高、流程简化，不用昂贵药剂，产品质量好，金属回收率较高。

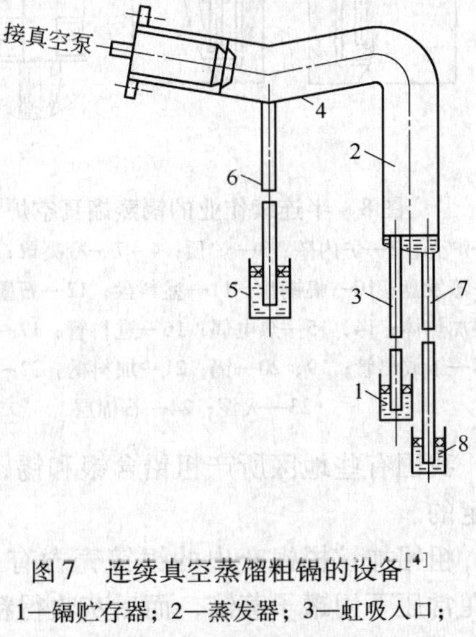

图7　连续真空蒸馏粗镉的设备[4]

1—镉贮存器；2—蒸发器；3—虹吸入口；4—冷凝器；5—镉收集器；6—镉虹吸排放口；7—残留物虹吸道；8—残留物收集器

在我国的一些工厂也使用了真空法精炼镉。

近年来苏联研究了铅的真空精炼，并已进行扩大试验。可以产高纯铅，或精铅。粗铅真空精炼的设备如图9所示。在1080～1100℃和0.2～0.3托时连续蒸馏粗铅，得到表1的结果。表明粗铅中各种杂质除铋之外都可以达到精铅的水平。作业耗电约470kW·h/t纯铅，设备生产率约为14.6t/(m^2·d)，铅的直接回收率达91%～93%。这些指标表明此法有可能与电解精炼法竞争。

表1　连续精炼粗铅扩大试验

温度/℃	产　品	产品成分/%							铅回收/%
		Cu	Ag	Sn	Tl	Sb	As	Bi	
1080	冷凝物1	4×10^{-4}	4.4×10^{-4}	3×10^{-4}	无	无	0.038	0.11	91.6
	2	微	$<10^{-4}$	痕	>0.1	无	≫1	0.03	1.3
	残留合金	24.4	1.01	0.204	无	2.14	1.39	0.33	7.2
1100	冷凝物1	5×10^{-4}	7×10^{-4}	5×10^{-4}		0.02	0.033	0.12	93.6
	2	痕	痕	痕	0.1	痕	1	0.06	2.5
	残留合金	36.4	1.51	0.298	无	3.06	1.60	0.23	3.8

注：粗铅原料(%)：Cu 2.4，Ag 0.1，Sn 0.02，Tl 0.01，Sb 0.22，As 0.42，Bi 0.13。

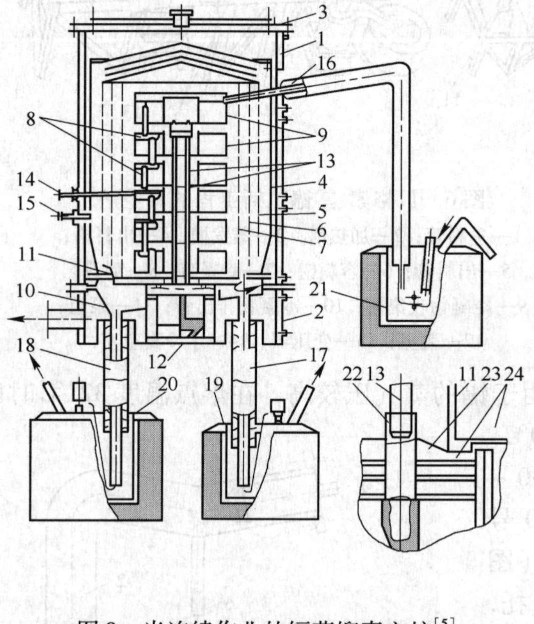

图8　半连续作业的镉蒸馏真空炉[5]

1—炉壳；2—炉内壁；3—炉顶；4～7—冷凝罩；8—溢流管；9—蒸发盘；10—集镉盘；11—盛料盘；12—石墨棒；13—石墨加热体；14，15—热电偶；16—进料管；17—镉排放管；18—镉放出管；19，20—镉；21—加料槽；22—石墨接头；23—火泥；24—石棉层

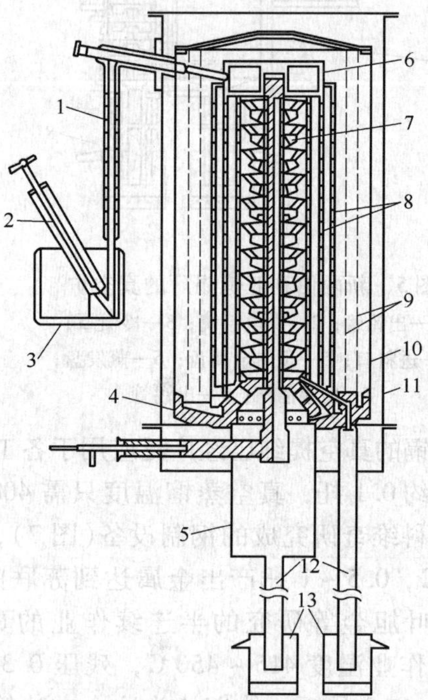

图9　粗铅连续精炼真空炉

1—进料管；2—针阀；3—进料锅；4—蒸馏铅收集盘；5—出铅管；6—容料盘；7—蒸发盘；8，9，10—冷凝罩；11—炉壳；12—出料管；13—锅

我国有些地区所产粗铅含银和锡，用真空法分离甚为有效。我们做了些工作，效果是肯定的。

粗铅加锌提银产出的银锌壳含有10%～30% Ag，5%～60% Pb和26%～68% Zn。过去在常压下用罐子蒸馏，而后灰吹得粗银，可回收80%～90%的锌，铅成氧化渣。此法中金属分散，回收率不高。50年代研究成功真空蒸馏法[6]，得到较好的效果。这个方法得到了推广和发展，使用了感应电炉，弄清了作业温度与产品成分的关系。在750～800℃，0.5～10托的条件下，蒸馏得粗锌含少量铅和银(约0.15% Ag，约1.8% Pb，约98% Zn)；残留合金中含12%～38% Ag，57%～87% Pb，1%～1.8% Zn。作业温度升高到950～

1000℃，合金中锌挥发将尽，铅绝大部分挥发，残留合金含银上升至约95%。挥发的金属可分别冷凝成粗锌和粗铅，或结成一种铅锌合金返回下一批粗铅中。

国外有许多火法精炼粗铅的工厂都采用了这种方法处理银锌壳。

我们研究过含约3% Ag的铅银合金，在900～1000℃，0.1～0.05托的条件下，可蒸馏得约95% Ag的粗银。1983年发表了苏联做工业试验的情况[7]，处理含7.8% Ag + Au、92% Pb的合金10t，得到含97.7% Ag + Au、1.2% Pb的合金和分别含铅99.63%和95.51%的两种铅。

这种方法金属回收率高，大于99%，产品都是金属有利于下一步加工。

关于粗锌的精炼，在第一次世界大战期间发展了精馏塔，使锌品位提高到99.99%以上。但因作业在常压下进行，燃烧室温度高，对材料要求较高(例如需用碳化硅塔盘)。锌的直收率为96%。

1948年契日科夫首次报道了真空电阻炉精炼锌。在800℃工作，得到99.9%纯度的锌。产率为：锌93%，蓝粉4.5%，残留合金2.5%。锌损失小于1%，电耗不超过1kW·h/kg。

50年代初有了进一步发展，卡托夫用525℃、1托的条件由99.9% Zn的原料得到99.999%的产品。

60年代初研究了多级蒸馏，弄清了一些杂质的分布，As、Cu、Pb于残留合金，Cd到冷凝物中。锌达到较高的纯度，但未见大规模生产的报道。

我国是用精馏塔(常压)精炼锌，因此真空精炼锌的可能性和经济效益是值得研究的。

除了以上几种粗金属和合金已用真空处理外，还有许多种已经生产或研究过的金属。例如：由黄铜废料中挥发锌，砷、硒的蒸馏，砷铅锡合金的蒸馏分离[8]，锑和锑合金的蒸馏；锂、铟、镓的蒸馏；铝镁合金的蒸馏；铝硅铁合金的蒸馏等。

长期以来若钢铁中含有Cu、Sn、Pb、Zn等杂质就没有办法除去，而不少炼铁原料中含有这些杂质，从而限制了原料的开发和利用。这几年来开始研究由铁中挥发除去这些杂质[9,10]。在1600～1800℃、0.1托的条件下可以使杂质除到Cu < 0.05%、Sn < 0.05%、Pb < 0.01%。进一步研究，有可能利用含杂质多的炼铁原料。

近年来还研究了镍铬合金在真空中除去Cu、Se、Bi、Te、Pb等杂质的规律。

总之，真空技术在粗金属精炼和合金分离方面已经应用很广，见效大，同时还在不断发展、扩大使用范围。因此，我国应进一步重视对真空冶金技术的开发。

2 化合物的真空挥发

已经研究用真空技术处理硫化锑汞矿[11]。在320～350℃、0.1～0.3托的条件下处理3～5min，汞挥发99%，锑只挥发约1%，气体经过保温收尘后冷凝得到的产物含80%～86% Hg、<1% Sb。该作业温度低、耗电少，仅约100kW·h/t(料)。

升高温度又可把锑挥发出来，在900℃、0.1托条件下，硫化锑可挥发99%，这样就可以由矿石中先后得到汞和锑的富集料。

用这种方法处理低品位锑精矿能起到富集作用。例如处理的精矿含28.4% Sb，18.5% S，在800～900℃、0.1托，经过60min，锑挥发95%～99.8%，挥发物几乎全为纯硫化锑，含68%～70% Sb。

曾研究过含砷的金矿在真空中脱砷[12]。脱砷作业温度较低，砷呈 As_2S_3 挥发。扩大试验用料含 2% ~23% As、6% ~33% S、9% ~36% Fe、20 ~280g/t(Au)，在 650 ~700℃、5 ~10托，砷挥发率大于 95%，残渣含砷 0.2% ~0.5%、挥发物含砷 64% ~99%、硫 32% ~1%，脱砷效果好。

我们做过两种多金属硫化矿的真空处理。一种是含锌 8% ~9% 的硫化铜精矿[13]。处理条件为：1100 ~1200℃、1.5 ~6 托、30 ~60min，可挥发锌约 98%，其他元素也挥发 90% 以上，残渣熔化成一种较纯的冰铜。

另一种矿是含有 As、Sn、Zn 的硫化铜精矿，成分为：

组分	As	Cu	Sn	Zn	S	Fe	Sb	Pb	Ag	SiO_2
含量/%	13.4	9.78	4.59	4.2	29.1	28.4	0.8	<0.35	662g/t	3.75

真空处理的条件：0.1 ~0.8 托，20min，当温度为 510 ~680℃时，砷挥发由约 40% 提高到 95.55%、锡仅挥发约 88%，锌仍不挥发；温度升高到 1070℃，锌挥发 97% ~98%，同时有约 44% 的银挥发。

可见，改变真空度和温度可以使砷、锡、锌分别挥发。

上述几种硫化矿用真空处理都得到较为满意的结果，下一步工作是使之走向工业化。

冰铜中含有多种金属，工厂中往往用吹炼法处理；近年来研究真空分离法，70 年代进入工业试验[14]。

真空法处理一种含铅较多的冰铜，在 1200 ~1250℃，1 托的条件下，铅挥发 87% ~95%，原料和产品如下(%)：

	Cu	Pb	Zn	Fe	S	As	In
冰　铜	55.35	21	1.64	1.44	18	1	0.0086
挥发物		80 ~85.4				0.3	0.013

可见挥发物与 PbS 的成分相近。在残留物中含铜量提高了，达到 73% ~76%，为较纯的冰铜，经过吹炼成粗铜。苏联一家工厂的初步经济核算表明，为与原流程相比每年节约 20 余万卢布。

处理含铅和锌的冰铜时，在 1200℃，0.5 托，45min，可挥发铅 99%，锌 90% 以上，耗电约 600kW · h/t(冰铜)。

国外也研究过加黄铁矿到锡矿和锡炉渣中，在真空中加热到 900 ~1000℃，使锡转化成硫化物挥发，锡的挥发率达约 95%。我们做的小型试验也获得了类似的结果。由于我国有不少低品位锡矿，值得注意此种方法的进一步研究。

我国曾研究有色金属烟尘(氧化物混合物)的真空分离[15]。约 500℃，约 0.2 托，30min，可使烟尘中的砷较完全地挥发，锑挥发 65% ~70%，铅和锡有 95% 以上留在残渣中。

还研究过一种磁铁矿，含铅 0.4% ~0.75%，以氧化物存在，在真空中分离铅[1]，铅挥发 90% ~98%，矿石最后含铅 0.02%，达到了脱铅的目的。

综上所述，各种多金属矿或半产品，用真空法分离出一种或几种金属化合物，无疑是一种优良的方法。

3　氧化物的真空还原

有色重金属的氧化矿自古以来都在常压下还原熔炼，锡精矿、铅烧结块、锌焙烧矿、

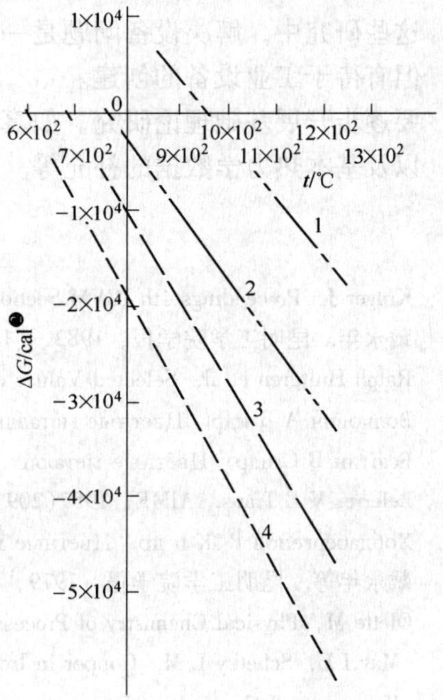

图 10 碳还原氧化锌的 ΔG-t 图

1—p_{Zn}1atm；2—p_{Zn}0.05atm；

3—p_{Zn}0.005atm；4—p_{Zn}0.0005atm

氧化铜矿等均如此。由于真空冶金具有促进增容反应、加强物质挥发和基本上避免环境中氧的作用等特点，对氧化物还原有利。近年来国外开始研究锌氧化物在真空中还原，我们也开展了这方面的研究。

氧化物生成是一个减溶反应，因此，在真空中氧化物的稳定性会降低，易于被碳还原。如还原氧化锌：

$$ZnO + C = Zn_{(g)} + CO_{(g)}$$

计算得图 10。$p_{Zn} < 1atm$❶时，若接近真空室的真空度，则真空度愈高，反应的 ΔG-t 线愈低，反应愈容易进行。

研究了高炉烟尘中氧化锌、铅在真空中的还原[17]。

高炉烟尘含(%)：Zn24.8、Pb9.82、C26.3，在 850℃下得到：

压强/atm	2.6×10^{-2}	1.32×10^{-1}	5.26×10^{-1}
提取锌/%	88	72	24
提取铅/%	98.8	29.3	11

以上数据表明，真空度愈高，锌铅的还原挥发率愈高；反应温度仅 850℃，比现行火法炼锌温度(1200℃以上)低得多；反应速度在实验的残压范围内，真空度愈高反应愈快。

1983 年我们开始这方面的研究，也得到类似结果。当还原温度为 950℃时，还原后的渣含锌达到千分之几，是当前火法炼锌和湿法炼锌所不及的。

有人曾研究在真空中使炉渣里的 Zn、Pb 还原挥发[18]，还原剂是有色冶金炉渣中大量存在的 FeO，反应为：

$$ZnO_{渣} + 3FeO_{渣} = Fe_3O_4 + Zn\uparrow$$

当温度 1200℃，残压 0.1~0.5 托，经过 1h，可挥发渣中的锌 90% 以上。

真空中还原氧化物，就氧化锌而言，还原温度约降低 300℃，能减少能耗和耐火材料费用，缩短冶炼流程，渣含锌较低，能得到较高的金属回收率和较好的经济效益，值得进一步研究。

综上所述，在粗金属精炼，合金分离方面，真空冶金是卓有成效的。我国的冶金厂采用真空技术尚处于开始阶段，研究工作与应用开发均不及国外。

当前，我们一方面要推广使用已经成熟的，在工业上见效的真空精炼，合金的真空分离等。同时开展其他方面的研究，如多金属矿物的分离，低品位金属矿的富集，金属氧化

❶ 1atm = 101325Pa。

❷ 1cal = 4.184J。

物的还原等，以解决我国的矿石利用中的问题。

这些研究中，解决设备问题是一重要方面，目前对一些矿的小型研究已得到较好效果，但有待于工业设备的创建。

要逐步开展基础理论研究。如真空炉中传质传热的规律，各种反应的热力学和动力学，以及基本热力学数据的补充等。

参 考 文 献

[1] Krüger J. Proceedings 4th ICVM Section 3：159～164.

[2] 戴永年. 昆明工学院学报，1982，(1)：138～147.

[3] Ralph Hultgren et al. Selected Values of the Thermodynamic Properties of Binary Alloys，1973.

[4] Волкович А В идр. Цветные металлы，1964，5，86～88.

[5] Есютин В С идр. Цветные металлы，1978，10，53～56.

[6] Leferrer V F Trans. AIME，1957(209)：1459.

[7] Хобдабергенов Р Ж и др. Цветные металлы，1983，7，17～18.

[8] 戴永年等. 昆明工学院学报，1979，(3).

[9] Olette M，Physical Chemistry of Processes Metallurgy (Part 2)，1961，1065～1087.

[10] May I L，Schetky L M. Copper in Iron and Steel，1982，189.

[11] Челохсаев Л С，и др. Цветные металлы，1974，(4)：20～22.

[12] Челохсаев Л С，и др. Цветные металлы，1980(9)：25～27.

[13] 陈枫，等. 有色金属，1984，(1)：38.

[14] Нестеров В Н и др. Процессы цветной металлургии при низиих дазлениях，1983：36～38.

[15] 胡林轩，等. 矿冶通讯，1981，(2)：25～33.

[16] Иванченко Л М，и др. Процессы цветной металлургии при низиих дазлениях，1983：13～16.

[17] Cowache P，et al. Inst. Min. Met. Trans.，1979，88.

[18] Нестеров В Н，и др. Цветные металлы 1965，(8)：26～30.

真空冶金技术在铜铅锌冶金中综合利用方面的应用❶

戴永年 杨 斌 马文会 张 彬
杨部正 刘永成 吴昆华 旦义民

摘 要：在铜铅锌冶金中有许多中间产品，如银锌渣、硬锌、阳极泥、铜镉渣等。传统冶金方法处理这些物料颇为繁琐、流程长、消耗多、金属回收率低，对环境有污染，加工费用高。本文对几种较常有的物料阐述真空冶金的处理，并提出一些值得研究的物料进行讨论。

关键词：真空冶金技术；铜铅锌冶金；硬锌；镍钴渣；银锌壳

1 概述

铜铅锌生产中常常产出许多中间产品，其中包含着为数不少的主体金属和多种有价伴生金属，特别是稀有金属和贵金属。表1列出了一部分中间产品的成分，这些成分中主体金属Cu、Pb、Zn应尽可能多回收，伴生金属中Au、Ag、Ge、In、Se、Te，有明显的价值，其余Bi、Cd、Sb、Ni等也应当回收。

表1 冶金中间产品及其成分

中间产品	化学成分/%										
	Ag	Zn	Pb	Au	Cu	Ge	In	Fe	As	Cd	Bi
银锌壳	3~10	2~30	15~60	约0.01	0.4~2						
硬 锌	约0.04	75~80	10~20			0.2~0.5	0.1~0.4	1~3	0.5~3		
锌镉合金		约50								约49	
铜电解阳极泥	8~53		2~11	0.05~4	9~29			0.3~0.5	0.1~5		0.1~1
铅电解阳极泥	2~13		13~19	0.027~0.1	0.4~2.6					0.5~15	1~14

中间产品	化学成分/%					
	Sb	Se	Te	Ni	SiO_2	CaO
铜电解阳极泥	0.2~3	4~24	0.3~3	0.04~1.5	2~18	0.05
铅电解阳极泥	24~41					

20世纪50年代，真空冶金技术进入重有色冶金以来，由于在真空中物质挥发和增容反应得到促进，使处理这些物料的流程大为缩短，从而降低加工费用，提高了金属回收，大大降低了环境污染程度。

---

❶ 本文完成于2001年。

因此推广真空冶金已取得的成果，加大研究的力度，使真空冶金技术能够在有色金属综合回收方面起到更大作用是当前值得重视的方面。

2　物料在真空中挥发的规律

2.1　金属在真空中不被氧化

使金属蒸发，往往需要几百上千摄氏度高温，在空气中，金属易被氧化，而在真空炉中可以避免。真空炉为密闭的容器，用真空泵抽出其中的气体，若由 1 个大气压(1.01×10^5Pa)降到 0.1mmHg(13.3Pa)，即原来的 1/7600 的压力(即万分之 1.3)，炉内空间的气体中单位体积中的气体分子数减少到万分之 1.3，原来炉内空气中的氧气分子也就减少到万分之 1.3。

氧气量成万倍地减少，真空炉的气体的氧化作用就相应地减少，对一般的有色重金属而言，可以说它在真空中不会氧化了。

比如铜水、熔融铅或锌，在大气中它们就会由表面不断地氧化，生成浮渣，时间越长，氧化越多，若在 1 千多摄氏度的温度下氧化，冒烟就很厉害，大量金属成为氧化物，但若在真空中如 13.3Pa 时，这些金属就基本上不被氧化。

因此，在真空中就可以应用金属蒸发过程完成一些提取冶金的作业。

2.2　金属在真空中加速挥发

升高金属的温度(T, K)，金属的挥发加快，是由于增大了金属的蒸气压(p^*)，其关系为：

$$\lg p^* = AT^{-1} + B\lg T + CT + D$$

锌加热到 907℃(1180K)，锌蒸气压 $p^*_{Zn} = 1.01\times10^5$Pa，等于大气压，即达到锌的沸点，锌就大量挥发。

在大气中，此时锌挥发，锌蒸气氧化，燃烧呈微绿的火焰，生成白色的氧化锌，而在真空中，就没有氧化发生，只是锌蒸发成气体。

而且，在真空中很少有气体分子阻碍金属气体分子运动，金属挥发的速度(ω)加快了。

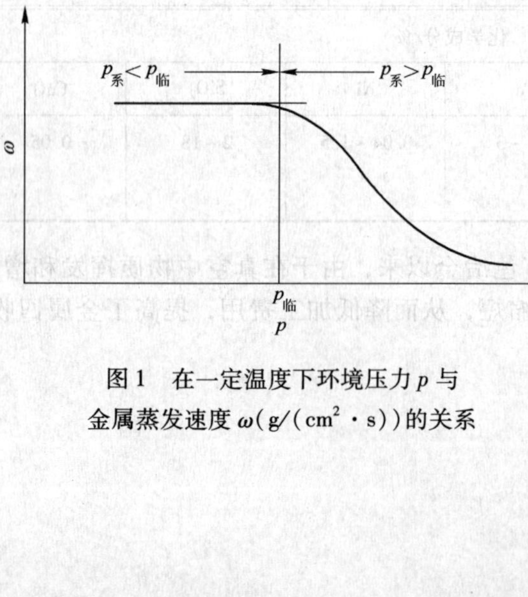

图 1　在一定温度下环境压力 p 与金属蒸发速度 ω(g/(cm² · s))的关系

对金属蒸发与炉内压力($p_{系}$)的关系的研究得到如图 1 的关系[1]，图示在 C 点右侧，随炉内压力下降，金属的蒸发速度(ω)提高。达到最高点 C 时的压力成为临界压力 $p_{临}$，ω 达到高值。对 Pb、Zn、Sb、Cd 等金属的研究得到 ω 与 p 的规律为 ω 由常压下很小的值到 $p_{临}$ 时，增大约 10^2 倍，压力低于 $p_{临}$，蒸发速率不再加大，成为常数。

可见，在真空中金属的蒸发速率增大了，系统中 $p_{系}$ 越小，ω 越大，

"真空"大大促进了金属蒸发，ω 可增大 10^1 到 10^2 倍。

图 1 的规律也告诉人们，过高的真空度(小于 $p_{临}$ 的压力)，不再增加金属挥发，曲线呈水平，ω 为常数，不再受降低压力 p 的影响。

2.3 金属蒸发分离出来仍保持金属状态

如上所述，金属在真空中加快了蒸发速度就能增大设备的产率，蒸发出来的金属蒸气不会氧化，能保持金属的状态，在炉子的较冷部分(冷凝器)，气态金属冷凝成凝聚态，保持了金属状态。

不蒸发的金属也以金属状态保留下来。

因此真空蒸馏将合金(为银-铅合金、银锌渣、硬锌等)分离成残留金属和冷凝金属，使不同的元素分离。

而在传统的常压冶金中无论用湿法或火法处理这些中间产物，多数得到金属和化合物，必须再将化合物做冶金处理成金属，这就使生产流程冗长，金属回收率降低，作业费用增高。

2.4 各纯金属的蒸气压有差别(沸点有别)，是用以分离合金的基础

总之，在真空中处理这些中间产品，可以不氧化，蒸发快(若用相同的蒸发速度则可降低蒸发温度)，蒸发出来的和未蒸发而残留的都是金属状态，这些条件就可以用来分离沸点不同的金属，表 2 列出一些金属的蒸气在达到 1.01×10^5Pa 的温度，即沸点。

表 2 一些金属的沸点和熔点

金属元素	Fe	Cu	Pb	Zn	Sb	Au	Ag	Ge	In
沸点/℃	2862	2563	1750	907	1587	2857	2163	2834	2073
熔点/℃	1538	1084.87	327.502	419.58	630.755	1064.43	961.93	938.3	156.634
金属元素	**Se**	**Te**	**Sn**	**Al**	**As**	**Bi**	**Cd**	**Hg**	**Mg**
沸点/℃	695	988	2603	2520	603(升华)	1564	767	357	1090
熔点/℃	221	448.57	231.968	660.452	603	271.442		-38.836	650

表 2 所示之值，各金属都不同，则在相同的温度时各金属的蒸气压不同，蒸发量也就不一样，利用此性质，则可将各种元素的物料分开，沸点低的先挥发，沸点高的后挥发。例如，硬锌中的 Fe 和 Zn，其沸点相差 2862 - 907 = 1955℃，很大，显然锌蒸发时铁残留下来，在真空中就能顺利地达到锌铁分离。

3 几种冶金中间产品的真空分离

3.1 硬锌真空分离[1]

表 1 中硬锌的成分以锌为主占 75% ~80%，其他有 Pb 10% ~20%，Fe 1% ~3%，As 0.5% ~3%，稀贵金属含量依其产地不同而有所不同，有的厂硬锌含 Ge 约 0.2%，而有的厂含 In 0.1% ~0.4%，含 Ag 有几十到几百克一吨，Au 少一些。故其价值首先是锌，也有的工厂的硬锌含的稀贵金属价值超过锌。

分离出其中的锌就是 Zn、Fe 分离的问题，硬锌是金属状态的，是一种合金，在真空中蒸馏，锌不会氧化，锌和铁的真空蒸馏分离基于在相同温度下锌和铁的纯物质蒸气压 p^*_{Zn}(Pa)和 p^*_{Fe}(Pa)的差别，可用下式[3]计算

$$\lg p^*_{Zn} = -6620T^{-1} - 1.255\lg T + 14.465$$

$$\lg p^*_{Fe} = -19710T^{-1} - 1.27\lg T + 15.395$$

$$\lg(p^*_{Zn}/p^*_{Fe}) = -13090T^{-1} + 0.015\lg T - 0.979$$

T/℃	700	800	900	1000	1100
p^*_{Zn}/p^*_{Fe}	3.3×10^{12}	1.84×10^{11}	1.68×10^{10}	2.24×10^{9}	3.99×10^{8}

可见 p^*_{Zn}和 p^*_{Fe}大 10^8(1100℃)到 10^{12}(700℃)倍(亿倍到万亿倍)，蒸出的锌含铁很低，硬锌真空蒸馏工业试验中得到锌锭含 Fe0.06%，在热镀锌渣(含 Fe 约 3%)真空蒸馏时得到含 Fe0.003% 的锌锭。

锌中富集回收锗是很有价值的，锗的蒸气压和其与锌的差别为：

$$\lg p^*_{Ge} = -18700/T - 1.16\lg T + 14.995$$

$$\lg(p^*_{Zn}/p^*_{Ge}) = 12080/T - 0.095\lg T - 0.53$$

T/℃	700	800	900	1000	1100
p^*_{Zn}/p^*_{Ge}	3.99×10^{11}	2.7×10^{10}	2.99×10^{9}	4.16×10^{8}	9.33×10^{7}

这些数据表明锌的蒸气压比锗高 10^{11}倍(700℃)，到 9.33×10^7倍(1100℃时)，因此硬锌蒸馏时得到的锌锭含锗极低，工业试验得到锌锭含 Ge0.0069%，锗在蒸馏残渣中被富集到 1.19% ~1.5%。

铟也是硬锌中值得回收的重要伴生金属，铟的饱和蒸气压和与锌的差别为

$$\lg p^*_{In} = -12580T^{-1} - 0.45\lg T + 11.915$$

$$\lg(p^*_{Zn}/p^*_{In}) = 5960T^{-1} - 0.805\lg T + 2.55$$

T/℃	700	800	900	1000	1100
p^*_{Zn}/p^*_{In}	1.86×10^{6}	4.62×10^{5}	1.45×10^{5}	5.4×10^{4}	2.3×10^{4}

锌的蒸气压比铟的大万倍到 10 万倍，锌蒸发时得到锌锭含铟少，实践中得到锌锭含铟 0.007%。因此铟富集在蒸馏残渣中，在硬锌中含 In0.2% ~0.4% 时得到的蒸馏残渣含 In0.86% ~1%。

金、银在硬锌中也有所富集。它们的纯物质饱和蒸气压也较锌为低

$$\lg p^*_{Au} = -19280T^{-1} - 1.01\lg T + 14.505$$

$$\lg p^*_{Ag} = -14400T^{-1} - 0.85\lg T + 13.825$$

在硬锌的真空蒸馏工业实践中 Au、Ag 都富集在蒸馏残渣中，进入锌锭的数量极少，仅含微量。

在硬锌真空蒸馏时，几种金属的直收率都较高，昆明理工大学真空冶金及材料研究所研制了一种卧式真空炉，如图 2 所示。处理硬锌，与韶关冶炼厂共同使之产业化，在该厂应用。1997 年投资 800 万元建成 2.5t/台的工业用卧式真空炉 5 台，用于处理该厂每年产约 3000t 硬锌和几年前积存的近万吨硬锌，得到的指标为：

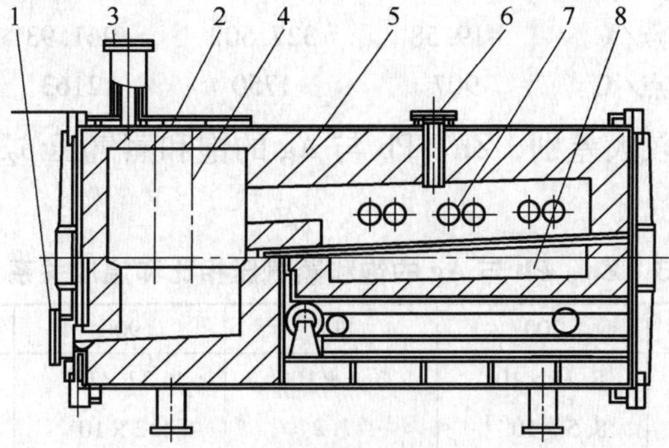

图2 卧式真空炉设备示意图[1]

1—放锌口；2—炉壳水套；3—抽气管；4—冷凝器；5—砌体；
6—测温孔；7—电热体；8—加料车

金属	Zn	Ge	In	Ag
直收率/%	90	96.14	98.38	约97

电耗 <1800kW·h/t(硬锌)

冶炼能力 3t(硬锌)/(炉·日)

石墨发热体耗 3kg/t(硬锌)

单位加工费 1176.3元/t(硬锌)

作业条件为：蒸馏温度1000℃，炉内残压1500Pa。

其特点为：流程短，占地面积小，生产安全可靠，无三废污染，金属回收彻底，直收率高。

车间环境：

	粉尘浓度/$mg \cdot m^{-3}$	含铅浓度/$mg \cdot m^{-3}$
炉头气体	2.9	0.076
炉尾气体	2.1	0.063
国家岗位卫生标准	<5	<0.5

因此，真空炉流程代替了工厂原来的“隔焰炉—电炉流程”，取得较好的经济效益(年新增利税4515.82万元)。

该厂进行真空冶金处理硬锌的同时也做了湿法处理的研究，两者的研究报告经过分析对比，厂方选择了真空冶金法投入生产。

此前曾研究过热镀锌渣(Zn 93.1%，Fe 3.02%，Al 1.24%，Pb 0.51%)的真空处理[1]，产出锌含0.003% Fe，约0.001% Al，0.001% Pb，这三个数达到01号锌的水平。锌直接回收大于85%，电耗$(1.5 \sim 2.3) \times 10^3$kW·h/t锌，作业温度约900℃，残压$10 \sim 10^2$Pa。流程简短、有效。

3.2 银锌壳真空蒸馏

粗铅和粗铋用火法精炼都产出银锌壳，表1列出了铅银锌壳的成分，由于它是粗铅加锌除银的产物，其主要成分为Zn、Pb、Ag(Au)。这三种元素的基本性质为：

元 素	Zn	Pb	Ag
熔点/℃	419.58	327.502	961.93
沸点/℃	907	1750	2163

可见三种元素的沸点都有较大差别，Zn、Pb 与 Ag 的饱和蒸气压 p_{Zn}^*、p_{Pb}^*与 p_{Ag}^*相比和温度的关系见表 3。

表 3 Zn、Pb 与 Ag 的饱和蒸气压相比和温度关系

温度/℃	600	700	800	900	1000	1100
p_{Zn}^*/Pa	1.55×10^{3}	8.15×10^{3}	3.1×10^{4}	9.32×10^{4}	2.33×10^{5}	5.08×10^{5}
p_{Pb}^*/Pa	6×10^{-2}	8.5×10^{-1}	7.2	4.2×10^{1}	1.88×10^{2}	6.63×10^{2}
p_{Pb}^*/Pa	6.76×10^{-6}	3.05×10^{-4}	6.74×10^{-3}	8.7×10^{-2}	7.8×10^{-1}	4.68
p_{Zn}^*/p_{Ag}^*	2.29×10^{8}	2.67×10^{7}	4.59×10^{6}	1.07×10^{6}	2.98×10^{5}	1.08×10^{5}
p_{Pb}^*/p_{Ag}^*	8.87×10^{3}	2.78×10^{3}	1.06×10^{3}	4.83×10^{2}	2.41×10^{2}	1.42×10^{2}

可见，p_{Zn}^*最大，锌能最先蒸发，p_{Pb}^*次之，仍比 p_{Ag}^*大得多，都能蒸发与银分离，用真空蒸馏的方法处理银锌壳，能够使 Zn、Pb 和 Ag 分开。

由于用真空蒸馏法处理银锌壳可以直接得到粗金属，流程简单，不消耗药剂，处理量大，比较经济，故在 20 世纪 50 年代就有工业实践，文献[1]简介了工业实践情况，所用设备和工业指标的比较列于表 4，表中可见都得到铅银合金，含银为 4% ~70%，其余主要是铅。因此都采用灰吹法使合金中铅氧化，得到粗银。

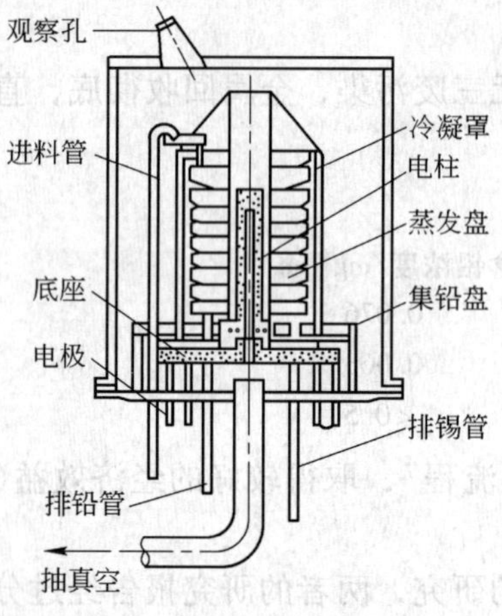

图 3 处理液态金属物料的真空炉

上述情况可以得到结论，用真空蒸馏法处理银锌壳是较好的方法，它能在一次作业中得到粗锌和银铅合金，粗锌即可返回加锌除银的作业，铅银合金即可进一步处理(灰吹法)以得到粗银(金)，进一步得到纯银和金。

值得注意的是要以银锌壳的成分为基础考虑使用真空炉的种类和作业条件。

第一种银锌壳含银小于 5%，则其中含铅多，壳量较大，宜考虑连续作业，得到约 70% Ag 的粗银作灰吹处理，得到的铅-锌合金返回加锌除银作业，如使用图 3 的炉型作业。

第二种原料含银大于 5%，甚至达到几十，则含锌较多，熔点较高，宜用间断作业的炉型(见图 2)，以产出约 70% Ag 的粗银，下一步灰吹处理，电解分金。

现在，无论连续作业或间断作业的炉型都已在国内使用[1]，可以选用，铋银锌壳可同样处理。

表 4 银锌壳处理的几种方法比较

方 法	非白费尔炉	电热法	勒非尔炉	霍博肯炉
工作压力	常压	常压	真空	真空
作业方式	间断	半连续	间断	间断

续表4

方 法	非白费尔炉	电热法	勒菲尔炉	霍博肯炉
工作温度/℃	1200		750 ~ 800	
处理料量/kg	4600	4560	1950 + 490Pb	1950
产合金量/kg	3230	3040	1120	660
合金含银/kg	4 ~ 10		38	65 ~ 70
合金处理方法	灰吹		灰吹	灰吹
吨料产氧化铅①/kg	622.3	592	461	186

① 由合金含铅氧化成氧化铅计算。

4 可供思考的几种物料

真空冶金技术用于有色重金属冶金及综合回收有价金属的时间不长，仅约半个世界，使用面还很小，原来用传统的常压冶金处理的物料，不容易为人们考虑再研究使用真空技术，无论这种物料本身的性质是否用真空技术更好，也少有人去考虑，因为现有技术已经用于生产，若研究新法，还需冒一定风险。但由已研究成功投入使用的，都显示了真空技术的优越性，研究和发展中，需要投入经费和时间也是值得的。

由积极研究应用新技术，改革传统、陈旧的技术出发，许多问题值得思考，在冶金专业方面的人员可主动思考提出问题进行研究，以推广真空技术的应用。

下面提出一些粗略的分析让大家思考。

4.1 铅-银分离

粗铅中常含银，由几百到几千克一吨。早期用结晶法(巴丁生法)分离银，后发展成加锌除银法，国内外粗铅火法精炼时都用加锌除银法，将铅中的银除到几克一吨，达到要求，但它要耗锌，产出银锌壳要处理，随后的铅中含0.5% Zn，要除去。

若用真空蒸馏法分离铅-银，能够得到含 Ag 合格的粗铅，它勿需用锌，也不产银锌壳，当然就用不着处理银锌壳，而直接产富银的 Pb-Ag 合金，甚至粗银。

真空蒸馏法分离 Pb-Ag 已经做了一些工作[1]，能达到上述目的，电耗也不高，理论上每吨铅需要 274kW·h 电，工业实践达到约 500kW·h，不会造成大的负担，故可考虑用真空法代替电解铅的作业，只是真空法不能分离粗铅中的铋，因其蒸气压与铅相近。表1已列出这两种金属的沸点相近(Pb 为 1750℃，Bi 为 1564℃)，故真空蒸馏分离 Pb-Ag 时，Bi 相当部分随 Pb 挥发，但就 Pb-Ag 分离来说可以达到目的，而且若有必要可以使铅中含银降到电解法难达到的程度，且流程简单，消耗少，无污染。

Bi-Ag 合金分离时性质与 Pb-Ag 类似。

4.2 锌镉合金的真空处理

粗锌精炼的副产物，含镉变动大，可以由小于10% Cd，变化到几十。

由表2可知，两种元素的熔点和沸点差别不大。

元　素	Zn	Cd
熔点/℃	419.58	321.108
沸点/℃	907	767

它们的纯物质饱和蒸气压及比值为

温度/℃	450	500	600	700
p_{Cd}^*/p_{Zn}^*	12.36	10.16	7.42	5.81
p_{Cd}^*/Pa	6.06×10^2	1.8×10^3	1.12×10^4	4.97×10^4
p_{Zn}^*/Pa	5.25×10^1	1.89×10^2	1.55×10^3	8.15×10^3

可见 Zn-Cd 合金的熔点低于 419.58℃，便于使用液料操作，共晶点只有 266℃；它们单个的蒸气压在 500℃已经达到 $p_{Zn}^* = 189$Pa，$p_{Cd}^* = 1800$Pa，蒸发速率足以在工业上使用；由于 p_{Cd}^*/p_{Zn}^* 较小，500℃时为 10.16，700℃时为 5.81，故需要用多级蒸馏。

曾作研究[1]，在理论分析和小型试验都得到一定规律，在扩大试验中设备结构上没有前人的参考，自行设计了一种真空炉，多级闭式，规模为百千克级，得到表 5 的结果。

表 5　百千克级扩大试验

序　号	1	2	3
加料成分/%	Cd 11.5；Zn 87.3	Cd 11.5　Zn 87.3	Cd 29.1　Zn 68.7
加料速度/kg · h⁻¹	9.37	6.21	10.87
总加料量/kg	211	155.45	843.02
炉子功率/kV · A	5.5	7.57	7.08
炉内残压/Pa	1333 ~ 1866	666.5 ~ 1066.4	3065.9 ~ 3732.4
炉内温度/℃	700	670 ~ 700	690 ~ 700
蒸馏盘级数	15 1 级出锌，7 级进料，15 级出镉	20 1 级出锌，8 级进料，19 级出镉，始末氩气保护	20 1 级出锌，8 级进料，19 级出镉，始末氩气保护
连续出料时间/h	22.5	25	77.5
产粗锌/kg	141	100.79	681.56
成分/%	Zn 95.4；Cd 5.5	Zn 98.09；Cd 0.26	Zn 96.13；Cd 3.8
产粗镉/kg	6.3	3.93	55
成分/%	Zn 18.35；Cd 81.65	Zn 6.32；Cd 92.91	Zn 0.23；Cd 99.74
炉内存料/kg	47.28	47.37	78.04
产物总量/kg	194.58	152.09	814.6
1t 合金电耗/kW · h	1704	2000	2280
故障及原因	出锌管阻塞，较活性的金属 Zn、Cd 部分氧化成渣造成阻塞	锌锅穿孔漏锌（锌锅用厚壁无缝管制成）	锅漏金属

百千克级的扩试表明，炉型基本合理，这是此次实验的重要目标；产品若先得到精锌或精镉，第二步再得到另一个，即可以达到目的，电耗得到参考性指标，在生产性实验中再进一步精确化，作业技术条件已初步得到。总之，若再经过半工业试验，即可以工业化。

4.3 铜镉镍钴渣处理

在湿法炼锌过程中得到一种镍钴渣，可称为铜镉镍钴渣，其成分为：

成分	Zn	Cu	Co	Ni	Fe	Cd	Pb
含量/%	59.1	0.17	0.16	0.095	0.31	1.33	0.87

由于含约60% Zn，每年这种渣中含有千多吨锌，约3t钴，约3t镍，约30t镉等，作为综合回收，每年有上千万元的产物。

由真空冶金的技术经验考虑，此料适于真空冶金处理，由于料中的锌为金属状态，可使之挥发，再收集成粗锌、铜、镍、钴富集在残渣中。

小型试验[2]在1000～1100℃，133.3Pa，得到的蒸馏挥发物成分Zn73.5%～93.5%，Cd1.1%～1.98%，残留物很少，仅为物料量的5%～10%，成分为：Cu1.86%～2.92%，Co 3.31%～5.78%，Ni 1.5%～2.3%，可见其结果与预计相同，得到粗锌和富集了Ni、Co的渣。

初步探索的结果表明用真空法处理是可能的，且其流程简单，成本低，对环境无影响，应当考虑做半工业、工业试验，使之产业化。估计，用已研制成功的卧式真空炉适当改变设计，可能适于此作业。

4.4 其他物料

(1)阳极泥处理流程中应用真空技术；

(2)粗镉精炼；

(3)粗Se、Te的提纯；

(4)Cu-Zn-S精矿分离Zn及Cd、Bi、In；

(5)高As铜精矿除As；

(6)粗铜除Pb、Bi……。

总而言之，由于真空冶金技术才发展起来只有几十年历史，发展研究的面还不宽，工作深度有待加强，新工艺新设备有待创造，自然有许多金属物料有待开展研究工作，而且由于有色金属品种多半产品种类不少，还可以注意许多种金属产品的试制，各种金属和化合物的产品研制，这样冶金材料需要我们来开发利用。

参考文献

[1] 戴永年，杨斌．有色金属材料的真空冶金．北京：冶金工业出版社，2000.

[2] 张彬，等．镍钴渣真空蒸馏小型试验．2001(待发表).

[3] Kubaschewski O, Alcock C B. Metallurgical Thermochemistry (Fifth Edition). Oxford: Pergamon Press, 1979.

氧化镁真空碳还原制镁❶

戴永年 杨 斌 马文会 刘大春 徐宝强 韩 龙

摘 要：综述了用碳在真空中还原含氧化镁的原料成金属镁在国内外的研究工作。还原温度低于常压作业约400℃，物料制块，还原产生的气体冷凝温度在约550℃。温度过低将产生较多的镁粉，镁粉需真空蒸馏才能得到镁锭。镁粉是作业不安全因素，需进一步研究解决，还需要研发高效的还原反应器。

关键词：皮江法；真空碳还原；镁蒸气；冷凝器

1 前言

我国镁生产量近年来有大幅增加，连续8年居世界首位，2005年占市场份额的75%，销售收入为62.9亿元(表1)。

表1 我国产镁量 (万t)

年 份	2001	2004	2005
原镁锭产量	19.5	45	46.76

生产镁的方法，我国以皮江(Pidgeon)法为主，由于此法可用油、气、煤、电等作为热源，选择性小，设备简单，基建投资较少，生产规模灵活，产品纯度高，同时我国目前的环境限制小，推广应用容易，从而得到广泛发展[1]。山西、宁夏、河南三省区产量占全国总产量的90%以上，皮江法起到重要作用。

今后，随着国家发展，环境要求提高，节能减排的实施，皮江法必定要发展改造。

皮江法改造的方面可以考虑的有：

(1) 用碳代替硅铁作还原剂。原炼1t镁需1.3t硅铁[2]，价值约7000元。改用碳后其价值仅为硅铁的十分之一左右，炼1t镁可节约6000元。

(2) 用真空炉代替合金罐。原用耐热合金罐，每吨镁平均消耗0.2个罐[1]，价值约2000元。用真空炉将节约此值的一部分，而且可以升高反应温度，不受合金罐的耐热限制，可以加大炉子规模(合金罐直径不能加大，以免其中心受热不良，反应不彻底)，减少燃料消耗，也达到减排CO_2。

表2中的数据表明燃烧煤的皮江法能耗较高，约为Magnetherm或Bolgano的3倍，为电热皮江法[1]的2倍。

这三项(碳代替硅铁，真空炉代替合金罐、节能)有可能大幅度降低成本(1/3)、改善作业方式、节能、减少CO_2排放，因而近来一直有人研究这个问题。

❶ 本文发表于《世界有色金属论文集》。

表2 几种方法耗能的相当煤、电量[2]

方 法	燃煤皮江法(中国)	电加热皮江法	Magnetherm	Bolgano(意大利)
煤耗/t	约10	4.8	3.2	3
相当电耗/kW·h	30000①	12000	8000	7500

注：按1t镁计。

①以1kg煤发电2.5kW·h计。

2 真空碳还原氧化镁

在常压下用碳还原的热力学计算与实践都是在较高的温度下进行，即需要在1876℃以上[3]。在20世纪30年代，哈士吉(Hansgirg)在电弧炉中冶炼[4]，温度达到2000℃。美国在柏门能特(Permanente，CA)厂中生产[4]。在第二次世界大战前建立了共四个工厂，主要生产镁粉或再蒸馏镁粉制成镁锭。但是这些厂在第二次世界大战后无一存留，都关闭了。

这种方法得到的粉状镁不稳定，易于燃烧，再蒸馏制镁锭则成本较高。

热力学计算表明反应的平衡蒸气压与温度有如表3所示的关系。

表3 p_{Mg}与温度t的关系[3]

温度/℃	1000	1100	1200	1300	1400	1500	1600	1700	1800	1900
p_{Mg}/Pa	0.59	5.12	33	170	711	2320	7800	2.1×10^4	5.4×10^4	1.01×10^5

若将炉内温度升高至1300～1400℃，还原反应产生的镁蒸气压已达170～711Pa。炉内残余压力达到此值，反应就能进行。这个温度比常压下还原所需要的1900～2000℃要低约600℃，在实践中容易达到。

实践中，较先研究[6]在不同的压力的Ar气中碳还原MgO，还原中MgO成Mg气和CO气挥发。以物料失重计反应的程度，得到压力降低和温度升高有利于还原反应进行，如图1所示。

温纳德(Winand R)做了小型试验和扩大试验[7]。

他在小型试验中处理了两种物料，一为纯MgO，另一个是焙烧白云石(含39.6% MgO，59% CaO)，炉内压力5.3667Pa，温度1527℃。Mg和Ca挥发的百分数与温度的关系如图2所示。两种物料的Mg挥发的曲线相重合。

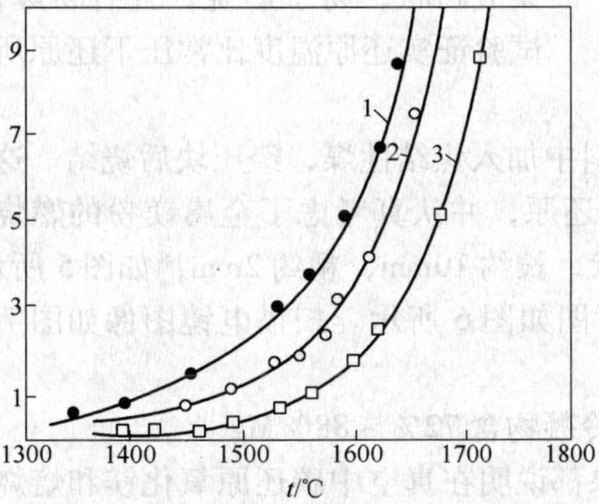

图1 碳还原MgO与温度和压强的关系

1—1.33×10^2Pa；2—4×10^4Pa；3—1.01×10^5Pa

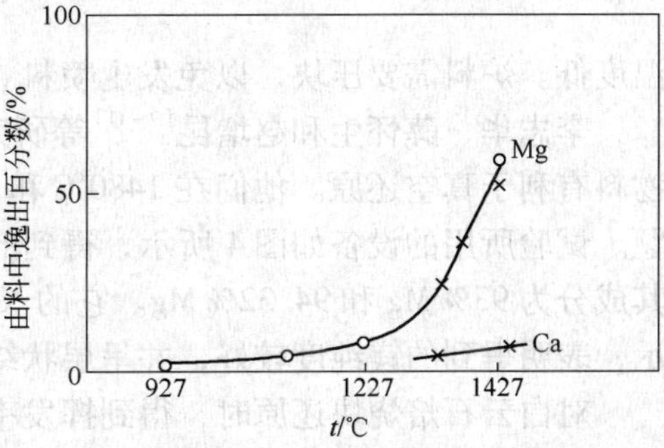

图2 反应3h后料中镁、钙的逸出与温度的关系

○—纯MgO；×—MgO·CaO

试验中用了三种冷凝器，其温度有些不同。

在1327℃以上Mg挥发明显增加，反应效率达到70%，Ca逸出不多。他接着做扩大试验，处理块料20kg/d，经过14组试验，主要结果见表4，设备连接图为图3。

表4 扩大试验的主要结果

设备特点	炉内 p_{CO} /Pa	冷凝器温度 /℃	冷凝物中金属镁含量/%	冷凝物产出速率 /kg·h^{-1}
旋转盘形冷凝器	266.7	>232	36	0.15
固定式冷凝器带隔热	466.7~733	230~300	55~62	0.6~1.0
固定式冷凝器带隔热	337~667	350	70~75	0.3~0.5
固定式冷凝器加热焦过滤器	467~733	200~220	70~80	0.3~0.4

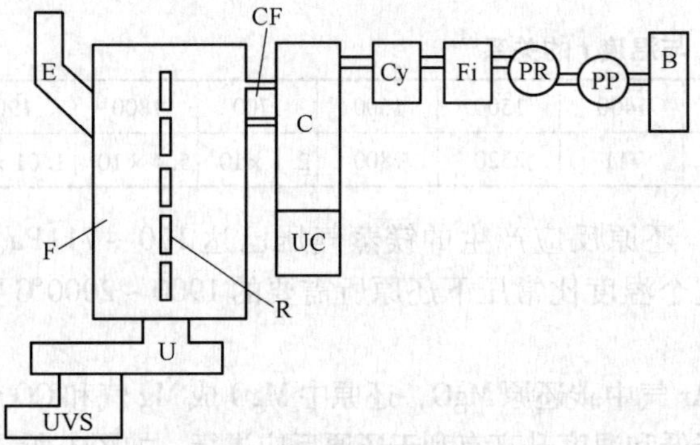

图3 扩大试验设备连接图

F—炉子；E—真空管道闸；R—发热体；U—旋转出料匣；UVS—真空阀和储仓；CF—焦过滤(仅用于最后的实验)；C—冷凝器；UC—冷凝器的卸料系统；Cy—收尘器；Fi—过滤器；PR—罗茨泵；PP—活塞泵；B—CO燃烧器

作者认为[7]：在常压下碳还原MgO可在1950~2000℃进行。此试验在约1400℃，中真空(133.3Pa)用碳还原MgO·CaO，连续作业，产镁20kg/d，获得的冷凝物含镁80%，需要做升华处理后成熔融金属锭。试验中遇到的困难有：保持设备的真空密封、避免堵塞问题和保持连续作业条件。同时认为此法可以和镁热法(Magnetherm Process)相竞。

昆明理工大学真空冶金及材料研究所做了一些工作[3,8~11]。

钟胜的试验[8]表明真空中碳可还原MgO，温度升高更为有效，得到的镁成粉状，易于燃烧，且有易爆性。试验证实还原温度比常压下还原所需温度低。炉料需要压块，以免发生喷料。

李志华、薛怀生和赵增昆[9~11]等研究了在物料中加入焦结性煤，经压块后烧结。这种物料有利于真空还原。他们在1480℃和1530℃时还原，并认真考虑了金属镁粉的燃烧问题。试验所用的设备如图4所示，得到的镁呈条状，长约10mm，粗约2mm，如图5所示。其成分为93% Mg和94.32% Mg。它的X射线衍射图如图6所示。扫描电镜图像如图7所示，表明得到的镁纯度较好，并呈层状结晶。

对白云石焙烧块还原时，得到挥发率88%，冷凝物含72%~88% Mg[10]。

上述热力学计算，小型试验和扩大试验的结果都说明在真空中碳还原氧化镁和焙烧白云石都可达到较好的还原率(>82%)。还原温度比常压下还原的1950~2000℃要低，在1400~1500℃即可。还原产生的镁由开始时得到镁粉，后来得到了条状的结晶镁，同时有少部分仍是镁粉。

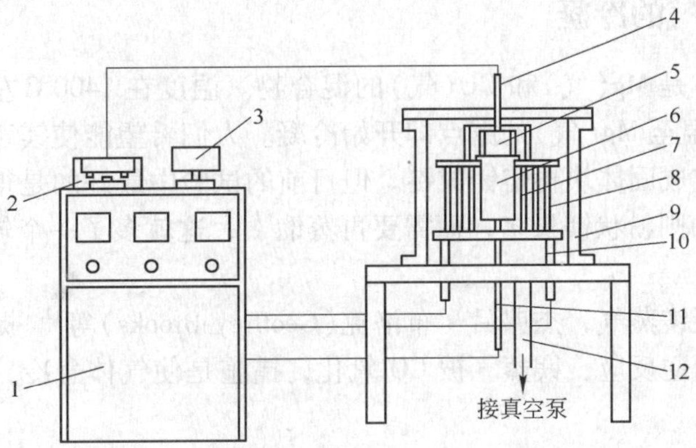

图4 试验设备

1—可控硅温控电源；2—温度显示仪表；3—麦式真空计；4—热电偶；5—冷凝器；6—坩埚；7—发热体；8—隔热罩；9—真空炉炉体；10—电极；11—热电偶；12—抽气管

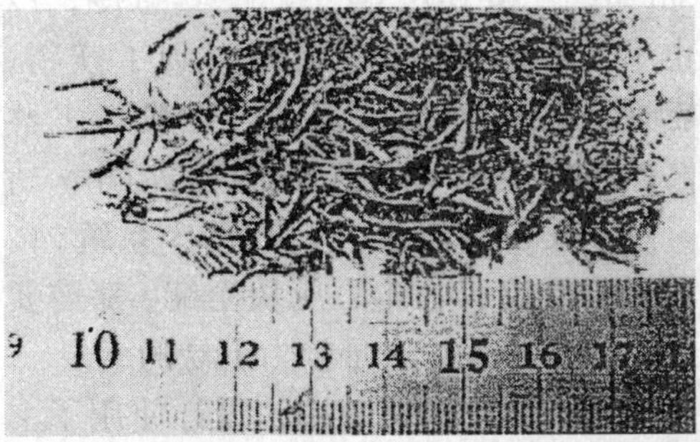

图5 1530℃反应45min，527℃冷凝得到的冷凝产物

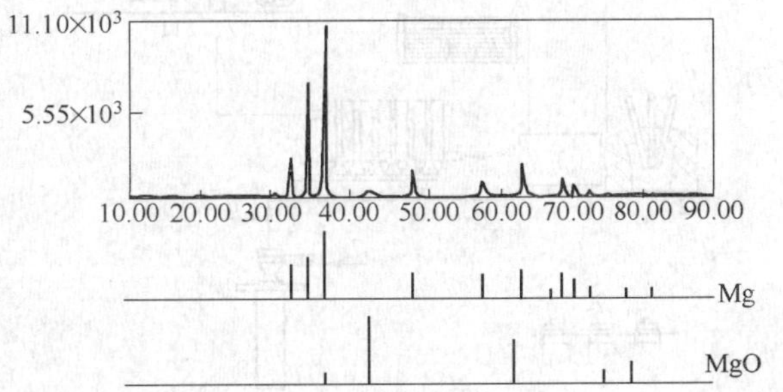

图6 冷凝物X射线衍射图

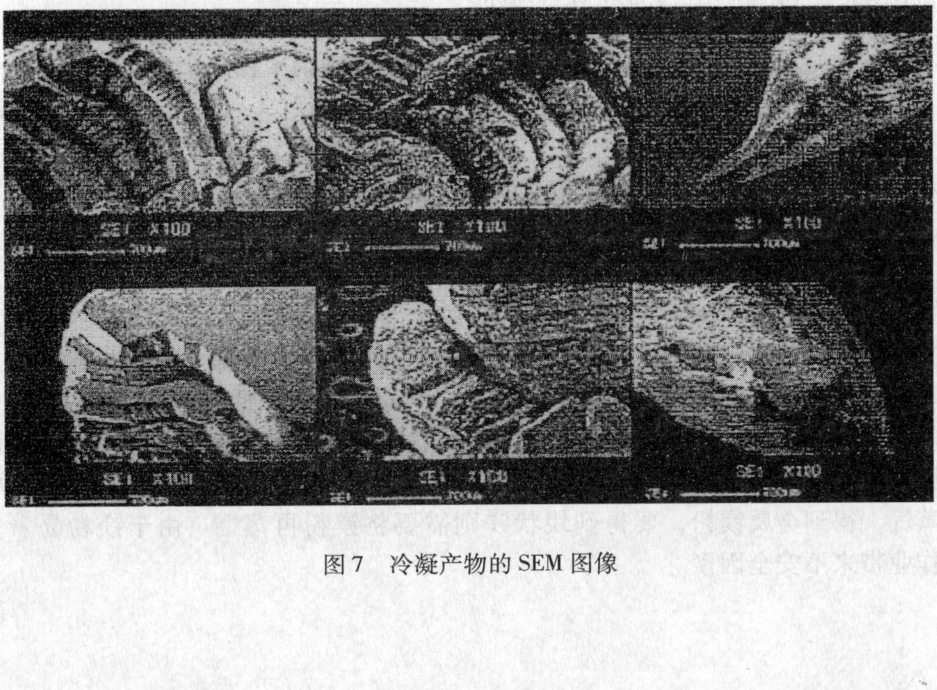

图7 冷凝产物的SEM图像

3　镁蒸气和 CO 气的冷凝

还原产生的气体是 Mg(气)和 CO(气)的混合物。温度在 1400℃左右逸出反应器，进入冷凝器，冷却降温至 Mg(气)的露点即开始冷凝。人们希望能使镁蒸气顺利地冷凝成液体，便于铸成锭，或成固体块再熔铸成锭。但目前的试验中最好的是得到条状的结晶镁和少量粉状镁[9]。有的则粉状镁量多，而需要再蒸馏[7]，这就多了一个较难、安全性不良的作业。

为了很好的冷凝镁蒸气，杰弗吕 · 布洛克(Geoffrey Brooks)等[13]提出为防止在混合气体中发生下式所示的逆反应，镁蒸气被 CO 氧化，措施是使气体急冷，用一种液体金属来溶解气体中的镁。

$$MgO + C \rightleftharpoons Mg_{气} + CO$$

使用金属、合金作为冷却剂，得到的产物需要再蒸馏，增加了作业过程。

急冷则急冷的温度值得分析。

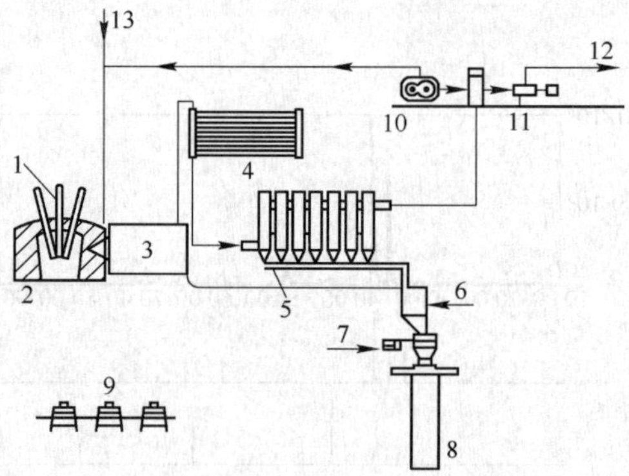

图 8　用碳还原 MgO 生产作业程序

1—供加块状炉料用的管；2—三相电炉；3—供灰尘沉降用的圆筒；4—气体冷却器；5—袋滤器；6—仓库；7—压团机；8—蒸罐；9—蒸罐炉；10—排气机；11—气体压缩机；12—废气；13—新的气体

在柏门能特工厂[4]使用天然气喷入混合气(Mg 气和 CO 气)中，使其急冷，以防止 CO 氧化 Mg 气，结果得到了镁粉，未能得到块状镁或液态镁。镁粉送去蒸馏，才能得到镁锭，作业流程如图 8 所示。由于镁粉易燃性烈，在整个系统(由炉子到冷凝筒、收尘、压块至罐)都需要密封，严防着火，这是较为不易的事。

在温纳德[7]的试验中，设计使用了三种冷凝器(见表 4)，保持温度在 232 ~ 350℃，得到的冷凝物需再蒸馏。

镁蒸气的冷凝温度若低于镁的熔点 650℃，就会冷凝成固态粉状。冷凝器的温度控制则不宜比 650℃低太多。

在文献[9 ~ 12]的工作中，冷凝至外壁的温度为 550℃，得到了条状的结晶镁，如图 5 和图 6 所示。可以认为碳还原氧化镁所产生气体的冷凝温度应该在 550 ~ 650℃，不宜太低，以避免生成较多的镁粉。

4　结语

真空中用碳代替皮江法常规使用的硅铁作还原剂，热力学计算，小型试验和扩大试验都已表明是可能的，其还原温度在 1500℃以上，比常压下还原低约 400℃。

含氧化镁的物料加碳后须经压块或烧结，块状物料在真空反应器中的作业较顺利。

还原所产生的镁蒸气和 CO 气的混合气进入冷凝室，曾用天然气喷入以急冷，防止 CO 氧化镁蒸气，得到金属镁粉，要得到块状镁则需要将镁粉再蒸馏。由于镁粉易着火，性爆，给作业带来不安全因素。

试验几种结构的冷凝器，控制不同的温度，结果表明在200～350℃得到较多镁粉和少量的粉体结块，在550℃时得到条状结晶镁和少量镁粉。因此，冷凝器的温度要在550～650℃（镁的熔点）附近，镁就能够冷凝成为液态或条状结晶和少量镁粉。

由于在550～650℃镁饱和蒸气压还有1.28×10^2Pa，600℃时镁的蒸气密度为4.6×10^{-7}g/cm^3，即1m^{3}气体中有镁0.46g，将冷凝成镁粉，成为不安全因素。

进一步的研究将是如何解决少量镁粉生成的问题以及反应器的研发。

参考文献

[1] 熊呈辉，周天瑞．徐河．谢水生．我国硅热法炼镁现状及发展趋势．有色矿冶，2005，21(4)：25～27.

[2] 徐日瑶．硅热法炼镁生产工艺学．长沙：中南大学出版社，1963.

[3] 戴永年，杨斌．有色金属真空冶金及材料．北京：冶金工业出版社，2000.

[4] Byrns A C. Carbothermic process for magnesium at permanent. Chemical Engineering Process, April, 1947：172～173.

[5] 徐日瑶．有色金属提取手册——镁．北京：冶金工业出版社，1992.

[6] Оеновы Металлургин（ТОМ Третнн）Легкие Металлы МАГНИИ. Москва：Металлургнэлат, 1963：198～241.

[7] Winand R et al. Production of magnesium by vacuum carothermic reduction of calcined dolomite. Trans In-stn Min Metall(Section C), 1990. 99.

[8] 钟胜．氧化镁真空碳热还原研究：[博士学位论文]．昆明：昆明理工大学，1998.

[9] 李志华．真空中煤炭还原氧化镁的研究：[博士学位论文]．昆明：昆明理工大学，2004.

[10] 薛怀生．真空中碳还原煅白制取金属镁实验研究：[硕士学位论文]．昆明：昆明理工大学，2004.

[11] 赵增昆．氧化镁真空碳还原物料制备研究：[工程硕士论文]．昆明：昆明理工大学，2002.

[12] 李志华，戴永年，薛怀生．真空碳热还原氧化镁的热力学分析及实验验证．有色金属．2005，57(1)：56～59.

[13] Geoffrey Brooks, et al. The carbonthermic Route to Magnesium. JOM, 2006, may：51～55.

Vacuum Metallurgy-an Important Direction in Reforming Conventional Nonferrous Metallurgy❶

Dai Yongnian[1] Liu Rixin[2]

(1 Research Institute of Vacuum Metallurgy and Materials, Kunming Institute of Technology, Kunming, 650093, China;
2 Laboratory of Computer Chemistry, Institute of Chemical Metallurgy, Chinese Academy of Sciences, Beijing, 100080, China)

Abstract: The conventional producing methods of nonferrous metals exist some serious problems such as environment pollution, high energy consumption, too much employees, low economic profit etc. The development of modern industry and technology demands for metals and metallic compounds which have many kinds, large quantity and unique characters, The conventional metallurgy industry needs to be reformed completely. Vacuum metallurgy can eliminate the disadvantages of traditional metallurgical processes, expand machining range, and produce new products to meet the needs of the development of high technology. Vacuum metallurgy is one of important means to remake conventional metallurgy. Vacuum metallurgy can be also used to transform metallurgy industry (involving the production of metal materials and their compounds) into high profit industry and basic industry of modern high technology.

1 The situation of nonferrous metallurgy industry

1.1 Main problems existing in the nonferrous metallurgy industry

The smelting of nonferrous metals such as copper, zinc and lead developed thousand years ago, have made great contribution to the civilization and development of mankinds. With the development of society and the lapse of time, every industry has developed, population has increased, and energy shortage has appeared, many problems have appeared in metallurgy, some have resulted in whether it can exist or not. Metallurgy industry has been considered to be so-called "Chimney Industry" or "Sunsetting Industry"

1.1.1 Serious environment pollution

The waste slag, waste water, waste gas and dust, producing in the processes of metallurgy and having toxic, seriously pollute workshops and biological environment as well. some plants give off thousands of tons of sulphur deoxide, drain off a lot of waste water containing heavy metals and other toxic substances, and produce millions of tons of waste slag to occupy the plant fields or other places every year.

1.1.2 High electric energy consumption

The electric energy consumption needs several thousand kW·h at least or more than ten thou-

---

❶ 本文发表于《Metallurgical Processes for Early Twenty First Century》, edited by H. Y. Sohn. The Minerals, Metals & Materials Society, 1994: 421 ~427。

sand kW·h smelting a ton of metal. Because the demand for energy exceed to the supply, increasing with the development of industries, the price increases continuously. Therefore, the production of metals which expend a lot of electricity is affected. In China their output is increasing because special lower price of electricity is given to the production of metals, but in some other countries the output decreased. For example, in Japan, the output of aluminium, 1.0915×10^8 tons in 1980 and 3.5×10^4 tons in 1989, decreases by 96.8% in nine years.

1.1.3 Too much employees

The more the employees and wages, the higher the cost of metal production. The number of employees in metallurgical plants of China is much more than that of other developed countries. Because of large population, there is out of question in China. However, there exists serious problem in other countries.

1.1.4 High cost of production and low economic profit

Because of high cost of production and low market price, bad economic profit results in many metallurgical plants facing crisis. Some have closed, and the others produce other products to compensate and maintain the production of metal in order to gain better economic profit.

1.2 Present demand for metals and metal materials

Metals and metallic materials are the base of development of modern science and technology. According to incomplete statistics, the demand for nonferrous metals, whether Al, Cu, Zn, Ni, Co, Pb, Sn, noble metals, rare metals or rare earth metals, is continuously increasing. The kinds and quantity of materials such as pure metals, alloys, intermetallic compounds and metallic compounds are needed developing and their characters and quality are needed getting better and better in the development of modern industries. The industry of metallurgy is being faced with the problems that have higher quality, more excellent character and more quantity.

1.3 Conventional metallurgical processes facing with reform

In order to satisfy with the development of society, the conventional metallurgy needs reforming. The industry of metallurgy will provide with metals and metallic materials which can satisfy with the development of high technology, will have no or little pollution on environment, and will get better economic profit. It will be "sunsetting industry" no longer, and it will become a new style of industry.

2 Basic characters of vacuum metallurgy

Vacuum metallurgy appeared about in the past half century, many problems have been solved in the production of metals.

2.1 Vacuum benefit to dcreasing environment pollution

There is no combustion of fuel in vacuum equipment system. When the main process gives out some noncondensable gases, those gases can be given off through vacuum pump. It is easy to treat because the amount of outgassing is little in this case. It can be considered to be no waste gas pollution on environment.

2.2 Lower pressure benefit to the formation of gas

For example, the main process in the distillation and rectification of zinc is $Zn_l \rightarrow Zn_g$. The evaporation rate under vacuum is $10^2 \sim 10^3$ times as large as that in atmospheric pressure. The scale of distillation columns and cost of production will decrease distinctly. As the result, better economic profit will be gained.

2.3 Being gas thin the influence of gas on process decreases of eliminates

When the process conducts in atmosphere, N_2, O_2, H_2O in air take part in the process, and result in oxidization of materials and absorbing gas. The pressure at vacuum is equal to or less than a thousandth as much as that in the atmosphere. Because the gas is thin, the oxidization and absorbing gas of metals are very little. Therefore, the problems brought out by the oxidization and absorbing gas no longer exist. It is natural for us to get better economic profit.

2.4 High machinization in vacuum metallurgy benefit to automatic control

Vacuum equipment system is closed. Charging and discharging must be machinization. The whole system is easy to be automation, therefore, less empoless are needed.

2.5 Vacuum metallurgy can solve some problems existing in conventional metallurgy

There are no or little oxygen and other gases, materials can be heated to very high temperature without oxidization. The smelting and casting reactive high melt point metals such as Ti, W, Mo and U must be conducted at vacuum. The separation and purification of crude Pb-Sn-Bi and their alloys can be conducted by vacuum distillation, which are impossible by atmospheric pressure distillation because metals have been oxidized before they are heated to distillation temperature. metal thin film, compound and alloy thin film, and ultra-fine metal powder, being widely used in high technology, can be easily produced under vacuum. but that is impossible by conventional metallurgy.

2.6 Better economic profit

As shown above, vacuum metallurgy can decrease consumption (including energy, employee and raw matarials), lower cost of production. As the result, higher economic profit should be gotten.

The industry of nonferrous metallurgy which vacuum metallurgy is developed completely will have no pollution on environment and get better economic profit. It will be the parts of high technology and sustain the development of other high technology.

3 Development of vacuum metallurgy in nonferrous metallurgy

3.1 Vacuum distillation of metals and alloys

Because of existing lead in tin concentration, the lead-tin alloy must be separated in tin smelter. The traditional process is chloride electrolysis. During the late 1970s, vacuum distillation was successfully used to separate lead-tin alloy by Kunming Institute of Technology and Yunnan Tin Company[1], which can evaporate lead and bismuth at the same time, and it had been popularized to most of tin smelters in China up to the middle 1980s. Comparing with traditional process, it has the following advantages: simple process, no pollution, high metal recovery and low initial investment and cost of working, therefore, it has higher economic profit. This process can be used to refine crude tin to delead and debismuth.

Lead-silver alloy can be separated by vacuum distillation[2]. The first used Pattinson process (i. e. crystallization method), then used Parks process can get silver-enriched lead only. Which must oxide more than 90 percent of lead into litharge by cupellation and crude silver is gotten. In **recent years, vacuum distillation has been used to separate lead-silver alloy** in some plants, in which lead evaporates and then condenses in the state of liquid and crude silver is gotten.

It is difficult for us to separate lead in crude antimony containing less or more lead using traditional method. Vacuum distillation was used to that during the 1980s. The starting materials contained 9% Pb, and the product antimony contained 0.16% Pb only. The process had simple flow, high efficiency and low cost. The semi-industrial experiment was conducted successfully[3].

There are two kinds of Fe-Zn alloys, which are by-products. One is hot galvanizing residue (90% Zn, 3% Fe), the other is hard zinc(80% Zn, 5% Fe) which is the by-produet in the distillation process of crude zinc. They are hard to be treated by traditional process. In recent years, we developed vacuum distillation[4] to extract zinc. The content of iron in product zinc was less than or equal to 0.003%. The recovery of zinc was greater than 85%. This process was very effective and has been put into industrial use. It would be used to treat hard zinc in near future. The separation of Zn-Cd alloy[5] and the refining of crude zinc[6] were studied by vacuum distillation. The distillation columns were simpler than atmospheric pressure distillation columns.

3.2 Vacuum heat treatment of metal concentration and metallic compound

The treatment method of carbon dross powder (Sn-As-Pb-Fe alloy, 10% As 65% Sn 10% Pb), which produced in the refining of crude tin, is roasting in traditional process, because of its low melting point, partial melting influenced the efficiency of roasting. Meanwhile, there was As_2O_3 pollution in environment. We treated effectively this material at vacuum[7]. After arsenic and lead were evaporated and then condensed in condensor, crude tin containing iron was gotten.

Dearsenicing from cobalt-arsenic concentrate (10% Co, 57% As, 7% Fe, 1% S) by vacuum heat treatment was studied[8]. About 90 percent of arsenic was evaporated and then condensed in vacuum furnace. Crude arsenic (88% As) was gotten and then refined by vacuum distillation.

The vacuum heat treatment of copper matte, slag, complex sulphide and metallic oxide dust also was studied.

3.3 Reduction of metallic compound under vacuum

Magnesium was produced by vacuum carbothermic reduction of calcined dolomite[9]. Pressure was 10 ~ 100Pa, temperature 1473K(Mg, BP, 1380K) . Magnesium was reduced in the state of gas, then condensed in the state of solid. The process was effective. Vacuum was important, It accelarated the reduction of calcined dolomite and protected magnesium from oxidizing.

In the production of titanium, $MgCl_2$ and Mg which produced in the reduction of $TiCl_4$ by adding Mg were evaporated at vacuum, then sponge titanium was gotten. Because of its high melting point, it should be remelted into dense ingot in vacuum self-consumable electrode are furnace.

The extraction of lithium from Li_2O at vacuum by aluminium or silicon thermal reduction was studied[10]. The crude lithium was condensed in condenser and then refined at vacuum.

Some similar metals and materials must be produced at vacuum.

4 Development of vacuum metallurgy in materials

4.1 Producing metal powder at vacuum

With the development of modern science and technology, the metal powders which have many kinds and wider sizes are needed. Vacuum can protect them from oxidizing and absorbing gases, and produce fine and ultra-fine(0. 1μ) powder. Because of their special properties and high economic profit, the researches and production have developed to great degree in recent years.

4.2 Metallurgical Coatings and Thin Film

Metallurgical coatings can improve surface performance of materials. Vacuum coatings are widely used to decorate pottary, plastic and ornament. In recent years, they have been used to plate on cutting tools, wear-resisting alloy on easy worn parts and aluminium on packing papers and so on. Thin film widely used in high technology such as super-conduct thin, sensitive resistance implement, sensor, photoelectrocity cell, piezoeletrocity film and so on.

4.3 Vacuum smelting

Vacuum smelting can be used to produce high melting point metals such as tungsten, molybdenum and titanium by means of some modern heating methods such as electron beam heating, inductive heating, are heating, plasma heating and laser heating. Vacuum is of benefit to avoiding oxiding and suction.

4.4 Vacuum degassing

Some metals can dissolve some gases in atmosphere at high temperature, consequently, the properties are influented seriously. If smelting is conducted at vacuum, the dissolved gases can be decreased greatly. The end product rate and quality of ingot can be improved greatly after vacuum degassing.

4.5 Vacuum sintering

After being compacted, many metal and compound powders are sintered at vacuum to improve properties and avoid oxidizing. such as carbotride of tungsten and titanium, magnetic materials and sponge metals. Some can be sintered into porous parts such as oil-containing bearings.

4.6 Vacuum heat treatment

Vacuum heat treatment can avoid carburizing, decarburizing, reducing or oxidizing which often take place in normal heat treatment. Which can reserve the chemical properties and surface smooth finish. Therefore, vacuum technology is more and more widely used in heat treatment, and many vacuum heat treatment furnaces have been invented and used in industrial uses.

4.7 Recovery of waste alloys

Some waste alloys such as Mg-Al, Li-Al can only be recovered by using vacuum distillation. Magnesium, lithium and aluminium can be gotten at the same time. Otherwise they are burned because of hard storing and handling. The similar materials, for example, waste brass, also can be treated using vacuum distillation.

5 Conclusion

The conventional producing methods of nonferrous metals exist some serious problems such as environment pollution, high energy consumption, too much employees, low economic profit etc. The development of modern industry and technology-demands for metals and metallic compounds which have many kinds, large quantity and unique character. The conventional metallurgy industry needs to be reformed completely. Vacuum metallurgy can elimilnate the disadvantages of traditional metallurgical processes, expand machining range, and produce new products to meet the needs of the development of high technology. Vacuum metallurgy is one of important means to remake conventional metallurgy. vacuum metallurgy can be also used to transform metallurgy industry (involving the production of metallic materials and their compounds) into high profit industry and basic industry of modern high technology.

References

[1] Dai Yongnian. Nonferrous Metals, 1979, (4): 14 ~ 21.

[2] Dai Yongnian. Treating zinc crust by vacuum distillation. Residues and Effluents Processing and Environmental Considerations, San Diego, March 1 ~ 5, 1992, TMS, USA, 405 ~ 412.

[3] Li Shulan et al. J. Kunming Inst. Tech. 1989, (3): 48 ~ 55.

[4] Dai Yongnian et al. Vacuum Distillation for Zinc Recovery from Dross in Hot-dip Galvanization. Patent CN 1055396, 16, Oct., 1991.

[5] Li Shulan et al. J. Kunming Inst. Tech. 1989, (3): 103 ~ 108.

[6] Liu Rixin. Study on Vacuum Refining of Crude Zinc. [PhD Thesis]. Kunming Institute of Technology, 1993.

[7] Chen Feng et al. J. Kunming Inst. Tech., 1989, (3): 37 ~ 47.

[8] Cao Mingye. Dearsenicing from Cobolt-arsenic Concentrate by Vacuum Distillation [Master' s Thesis]. Kunming Institute of Technology, 1991.

[9] Winand R, et al. Trans. Instn. Min. Metall, 1990, (99C): 105 ~ 111.

[10] Smeets A A, Fray D J. Trans. Instn. Min. Metall, 1991, (100C): 42 ~ 54.

Advances on Vacuum Metallurgy of Nonferrous Metals❶

Dai Yongnian Yang Bin Ma Wenhui Chen Weiliang Dai Jianqing

Abstract: Development of vacuum metallurgy (VM) on nonferrous metals in the last thirty years was reviewed. The role and fields of VM were also discussed briefly.

Key words: vacuum metallurgy; vacuum distillation; vacuum carbothermal reduction

1 Introduction

Human being has smelted metals in atmosphere for several thousand years. The quantity of metals and metallic materials produced via this technique was huge. Since late 19th century, some metallurgy experts started to research vacuum metallurgy, for instance, Bessemer, the inventor of converter for steel-making, wanted to make steel by vacuum casting, but not until 20th century did he realize his imagination, then vacuum metallurgy was developed increasingly, all sorts of vacuum metallurgy equipments for many kinds of metals appeared. Lately, the vacuum metallurgy for nonferrous metals was developed, for instance, K. Kroll put forward removing Zn from lead metal by vacuum in 1935, which realized in 1947. The refinement of metals in vacuum such as Sb, Zn, Cd, Bi, was on a small scale after experimental research, and is rare on industrial scale[1].

Until 1950s, there was no equipment for nonferrous vacuum metallurgy in factory. Only several kinds of metals were treated in some labs. It was the improvement of vacuum technology and the popularization of vacuum equipment that made the vacuum metallurgy develop rapidly. In 1970s, some vacuum processes appeared in nonferrous metallurgy. For example, the economic benefit resulted from vacuum distillation technique, through which Pb-Sn, alloy can be effectively separated, made this technique popularized in tin-smelters [2]. In 1990s, the horizontal vacuum furnace for treating hot dip zinc crusts and hard zinc was invented, which can separate Zn-Fe efficiently [3,4]. The metal Zn with Fe content below 0.003% was produced through treating hot dip zinc crusts, while Ge, In, Ag were richened up to ten times in the residue. The economic benefit is very large and the pollution is little. Nowadays the two serials of techniques and equipments have been used in more than thirty factories in China, and two factories in Bolivia and Brazil. At the same time, separation of Pb-Ag and distillation of crude Se or crude Ge also have been realized in factory. In recent years, the researches such as reducing metal compounds, making new alloy materials and producing superfine metal or powders are in progress.

❶ 本文发表于《Engineering Sciences》, 2004, 2(3): 12 ~ 19, 29。

2 Vacuum distillation and separation of crude metals and alloys

2.1 Vacuum distillation and separation of Pb-Sn alloys

In 1977, the continuous inner heating and multiple-stage vacuum furnace handled solders[1,2,5], according to the difference of vapor pressure between pure Pb and pure Sn at the same temperature.

$$\lg(p_{Pb}^{*}/p_{Sn}^{*}) = 5307\,T^{-1} - 0.85\lg T + 2.93 \quad (1)$$

The p_{Pb}^{*}/p_{Sn}^{*} is 10^4 at 1000℃ and 10^3 at 1300℃. While the phase diagram of Pb-Sn indicates that there is no compound and the activity coefficient r_{Pb} is more than 1[1]. The boiling point of Pb is 1740℃, but p_{Pb}^{*} becomes 186Pa at 1000℃, which implies that Pb can volatilize in vacuum of 1 ~ 10 Pa. The vacuum furnace invented by the authors can separate Pb and Sn effectively above 1000℃. The electricity cost of this process is about 500 kW · h/t, and the total cost is only 15% ~20% of the chloride electrolyte process. In addition, the vacuum metallurgy process has no pollution and it needs less areas and workers. Many vacuum furnaces have been used in Sn-smelting plants in China. The vacuum distillation of Pb-Sn alloys is a physical process, which vaporizes Pb and remains Sn, the Pb vapor condenses into liquid Pb, so metal Sn and Pb can be produced directly. The success of vacuum technique to separate Pb-Sn alloys starts the vacuum metallurgy on nonferrous metals.

2.1.1 The possibility of alloy separation

Because of the large difference in p_{Pb}^{*} and p_{Sn}^{*} for Pb-Sn alloys (p_{Pb}^{*}/p_{Sn}^{*} is about 10^4 in 1000℃), it is easy to separate them through distillation. But the condition is different if the activity coefficient $r<1$, such as Sn-Sb system and As-Sn system. To judge the feasibility of vacuum distillation to separate a crude metal or an alloy, the separation coefficient β[1,2] was put forward. For a system with two components(1 and 2),

$$B = (r_1/r_2)\cdot(p_1^{*}/p_2^{*}) \quad (2)$$

In the condition of $\beta \neq 1$, the element 1 and 2 can be separated. When $\beta > 1$, element 1 is concentrated in vapor phase, when $\beta < 1$ element 1 is concentrated in liquid phase. So element 1 and 2 can be separated by distillation. If $\beta = 1$, the compositions in vapor and liquid phase will be the same, element 1 and 2 cannot be separated from each other. Because of $\beta \gg 1$ for Pb-Sn alloy, Pb and Sn can be separated completely by distillation. It can be seen from Eq. (2) that β is related to the activity coefficients r, which is related to concentration and temperature, and that the saturated vapor pressure p^{*} of pure substance is determined by temperature, so β is determined by component concentration and temperature. The criterion of β is more definite than only using p_i^{*}.

2.1.2 Phase diagram of the vapor-liquid equilibrium [1]

It is important to estimate the separation degree and the products composition quantitatively. These data can be obtained by vapor-liquid equilibrium composition diagram, which was put forward in 1982. Both vapor contents $w_{A,g}$, $w_{B,g}$ and liquid contents $w_{A,l}$, $w_{B,l}$ are indicated by mass fraction,

$$w_{A,g} + w_{B,g} = 1$$

$$w_{A,l} + w_{B,l} = 1$$

and $$w_{A,g} = \rho_A/(\rho_A + \rho_B) = 1/(1 + \rho_B/\rho_A) \quad (3)$$

where ρ_A and ρ_B are the vapor densities for vapor component A and B respectively, and $\rho_A/\rho_B = w_{A,l}/w_{B,l}$. Then the mass fraction of component A in vapor,

$$w_{A,g} = [1 + w_{B,l}/(\beta w_{A,l})]^{-1}$$
$$= [1 + (w_{B,l}/w_{A,l}) \cdot (r_B/r_A) \cdot (p_B^*/p_A^*)]^{-1} \quad (4)$$

The relationship diagram of $w_{A,g}$-$w_{A,l}$. can be developed by r, p^* and a series of $w_{B,l}/w_{A,l}$ at specific temperatures, that is the vapor-liquid equilibrium composition for A-B system.

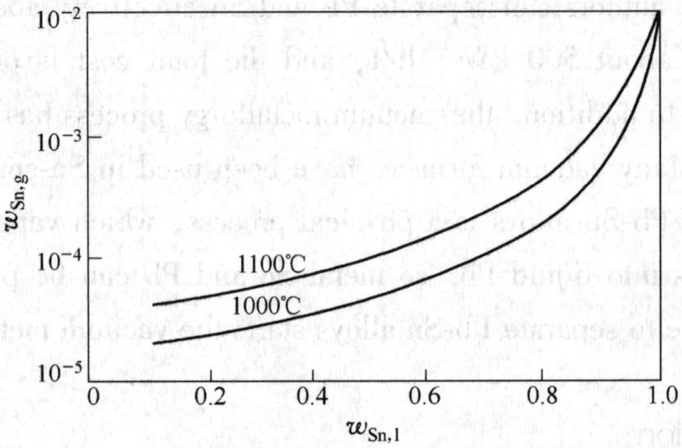

Fig. 1 Vapor-solution phase equilibrium diagram of Sn-Pb ($w_{Sn,l} + w_{Pb,l} = 1$, $w_{Sn,l} + w_{Pb,l} = 1$)

As shown in Fig. 1[5], there is little Sn in gas when distillation at 1000℃ or 1100℃. Even the Sn content reaches 99% in liquid, the content of Sn in gas is still below 10^{-2}. The results are in consistent with industrial production, i. e., the content of Sn is no more than 0.5%. The gas-liquid phase equilibrium diagram can be used to choose the processing conditions and the needed products. Up to now, a large number of alloy systems have been investigated and their vapor-liquid phase equilibrium diagrams were calculated. These diagrams are of important effect on vacuum metallurgical industry.

2.1.3 Metal volatility in vacuum [1]

There are two negative factors for distilling metals or alloys in atmosphere. One is that distillation temperature should be above the boiling point of the raw material in most case, the other is that metal can be easily oxidized by the oxygen in air. Thus distillation is used scarcely in traditional metallurgy except for some metals with low boiling points such as Zn, Cd, Hg.

As all known, there is little air and oxygen in the vacuum condition, the oxidation reaction almost does not exist. The vaporization temperature is also going down with lower ambient pressure, so the vaporization and distillation process is easily carried out in vacuum. Take Pb as the example, its boiling point is 1740℃, while the partial pressure reach 1.86×10^2 Pa at 1000℃, and the vaporization rate is remarkable in the vacuum condition of 10Pa. The Pb vapor gasified from the crude metal will become liquid Pb at the low temperature section of vacuum furnace. The relationship between ω and p is illustrated in Fig. 2. The p and ω denote the pressure and vaporization rate of metal, respectively. It is a typical curve, which has good agreement with many metals [6]. As shown in Fig. 2, ω is not always increase with decreasing pressure.

From Fig. 2, it can be observed that ω is going down with the increasing of p at right hand of p_{crit}, and inclined to a constant after the point. This point, p_{crit}, is defined as critical pressure. It is investigated that ω is significantly effected by pressure above p_{crit}. The relation of ω and p is represented as Eq. (5).

$$\lg\omega = a - bp \tag{5}$$

where a and b are constants, whose values are different with different type of metal. It is clear that the vaporization rate increases with system pressure during distillation process of metals or alloys. Once the system pressure decrease below p_{crit}, however, ω trend to a constant. The vaporization curves of many metals such as Pb, Sb, Zn and Cd have been determined. The distillation rates for a large number of metals at p_{crit} are about 10^2 times as much as those at 0.1MPa. So it is proper to control the system vacuity at slightly less than p_{crit}, which is 10Pa for Pb-Sn alloy.

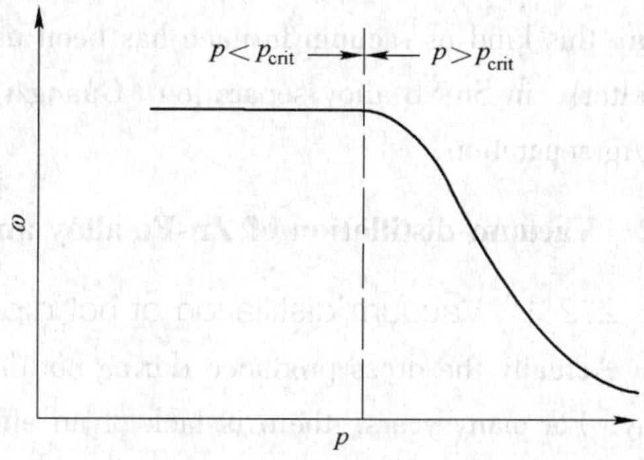

Fig. 2 The p-ω curve of metals evaporation

2.1.4 Pb-Sn alloy treatment in inner-heating multi-stage continuous distillation vacuum furnace

A lab-scale experiment was conducted in 1958. At that time, there was not industrial vacuum furnace used to treat Pb-Sn alloy, and more attention was paid to develop industrial vacuum furnace. Great efforts were made to study the configurations of several furnaces, to evaluate their technical data and operation modes. Then an inner-heating multi-stage industrial vacuum furnace was successfully developed in the authors' institute in 1976. Its schematic diagram is shown in Fig. 3. In the next year, the experiments about 400kg/d in lab and 2t/d in Yunnan Tin Co. were successfully carried out. This technique and furnace appraised in 1979, the technical data is as follows: recovery ratio of Sn 99%, electric power consumption around 500 kW · h/t, running cost 120 yuan/t (1980). Compared with traditional electrolytic process, the running cost was decreased by 85%, the capital construction and floor space requirement was reduced by around 80%, and there is no pollutants discharged during the

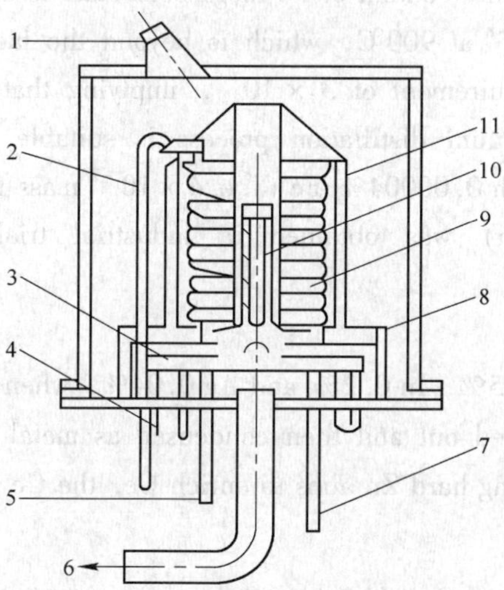

Fig. 3 Schematic diagram of an inner-heating multi-stage continous distillation vacuum furnace

1—Observation window; 2—Charge tube; 3—Base bottom; 4—Electric conductor; 5—Tube for Pb out; 6—Vacuum pump; 7—Tube for Sn out; 8—Collection Pb plate; 9—Distillation plate; 10—Heat element; 11—Condenser process. In 1980s, about 40 sets of the vacuum furnaces were employed in twenty smelters. Since then, this kind of vacuum furnace has been used to separate Sn from crude Pb (Gejiu Jiyu Lead Smelter), in Sn-Sb alloy separation (Guangxi Nandan Tin Smelter), Pb-Ag alloy separation and Bi-Ag separation.

2.2 Vacuum distillation of Zn-Fe alloy and extraction of high pure Zn[3]

2.2.1 Vacuum distillation of hot dip zinc crust

Actually the dross produced during hot dip galvanizing crust as well as the hard zinc is Zn-Fe alloy. For many years, there is lack of an effective method to dispose hot dip galvanizing crust. Many technicians have undertaken lots of work aiming to resolve this problem. However, the produced Zn with Fe content below 0.003% has never been obtained, regardless of agents-adding method or vacuum distillation.

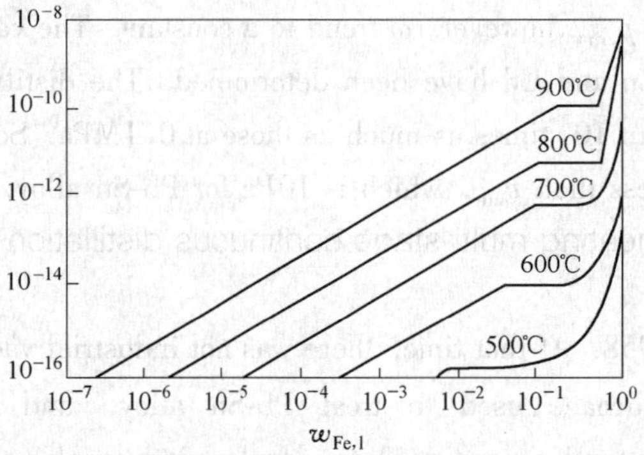

Fig. 4 Composition of Zn-Fe system in vapor-liquid equilibrium
($w_{Zn,g} + w_{Fe,g} = 1$, $w_{Zn,l} + w_{Fe,l} = 1$)

Since 1990, great efforts were devoted to resolve this problem. Based on various scale and pilot scale plant experiments, a horizontal type of vacuum furnace was successfully developed, which has been used in practical production. Zn-Fe system vapor-liquid equilibrium composition figure was calculated and displayed in Fig. 4. As demonstrated in Fig. 4, the content of Fe in gaseous state is about 10^{-8} at 900℃, which is beyond the factory requirement of 3×10^{-5}, implying that the vacuum distillation process is suitable. Zn with 0.00004% Fe (i.e. 4×10^{-7} mass fraction) was obtained in industrial trial in plants, and met the industrial requirement.

2.2.2 Vacuum distillation of hard Zn

Hard Zn contains Zn 75% ~ 85%, Ge 0.2% ~ 0.5%, In 0.2% and Ag 0.04%, when it is distillated in vacuum, the gaseous Zn can be volatilized out and then condensed as metal Zn, which is similar to the hot dip galvanizing crust. Treating hard Zn aims to enrich Ge, the Ge content in gaseous Zn can be calculated by Eq. (6):

$$w_{Ge,g} = [1 + (w_{Zn,l} / w_{Ge,l}) \cdot (r_{Zn}/r_{Ge}) \cdot (p_{Zn}^*/p_{Ge}^*)]^{-1} \quad (6)$$

The calculated values are showed in Table 1.

According to Table 1, it can be seen that the Ge content is only $10^{-8} \sim 10^{-12}$ in acquired Zn vapor, most of Ge is as remnants in residue. From small experiment to industrial trials, the Zn product contains 10^{-5} Ge and the recovered Ge content in residue is more than 97%. The result is consistent with the calculated values. However, if there is some oxygen in raw material, vapor pressure of GeO is about 10^7 times higher than that of Ge, which will make Ge partial volatilization and Ge enriched in residue will decrease. The behavior of In and Ag is similar to Ge in hard Zn. In 1997, vacuum treatment of hard Zn was industrialized to yield metal Zn, and to enrich Ge, In and Ag in the residue, the directive recovery efficiency of them has reached 97%. Five sets of 2.5t vacuum furnace were built in the Shaoguan refining plant. The economic benefit has been over 100 million yuan in three years.

Table 1 Ge-Zn system gas-liquid equilibrium composition diagram of Zn end (mass fraction)

$w_{Ge,l}$	$w_{Zn,l}$	$w_{Zn,l}/w_{Ge,l}$	$w_{Ge,g}$			
			900℃	1000℃	1100℃	1200℃
10^{-3}	0.999	999	3.32×10^{-12}	2.17×10^{-11}	1.07×10^{-10}	4.25×10^{-10}
$10^{-2.5}$	0.9968	315.2	1.05×10^{-11}	6.88×10^{-11}	3.39×10^{-10}	1.34×10^{-9}
10^{-2}	0.99	99	3.35×10^{-11}	2.19×10^{-10}	1.08×10^{-9}	4.29×10^{-9}
10^{-1}	0.9	9	3.69×10^{-10}	2.41×10^{-9}	1.18×10^{-8}	4.73×10^{-8}

2.2.3 Vacuum distillation of grade Zn for high purity ($w_{Fe} < 3 \times 10^{-6}$)

High purity Zn with Fe content less than 3×10^{-6} is needed. Hydrometallurgical process is a long flow sheet with large consumption and high production cost. In 1999, the technique and equipment for vacuum distillation were provided and the experiments were carried out in plant.

Fig. 4 showed that the Fe content in gaseous phase is less than 10^{-9} at 900℃ if its content in raw material is less than 0.1 (mass fraction). Thus, the Zn ingot treated via vacuum distillation with Fe content below 1% was obtained (as shown in Table 2). By the way, blocking introduction of Fe through the media of installations and implements should be avoided to ensure the purity of Zn ingot.

Table 2 Fe content in brand Zn ingot

Brand Zn ingot	w_{Fe}	Brand Zn ingot	w_{Fe}
Zn-0	10×10^{-6}	Zn-3	200×10^{-6}
Zn-1	30×10^{-6}	Zn-4	300×10^{-6}
Zn-2	100×10^{-6}	Zn-5	400×10^{-6}

2.2.4 Horizontal vacuum furnace and its technology

Apparatus and technique suitable to industrialize vacuum distillation of hard Zn, hot-dip Zn crust for preparing high purity Zn are absent. Over the course of ten years (1990 - 1999), successes were won in this regard. Schematic diagram of horizontal vacuum distillation furnace is shown in Fig. 5.

For hard Zn, degree of up-grading of Ge in residue must be enhanced. For hot-dip Zn crust, the recovery ratio of Zn should be as high as possible and it should be ensured that Fe content is less than 0.003%. For preparing high purity Zn, however, Fe content should be less than 3 ×

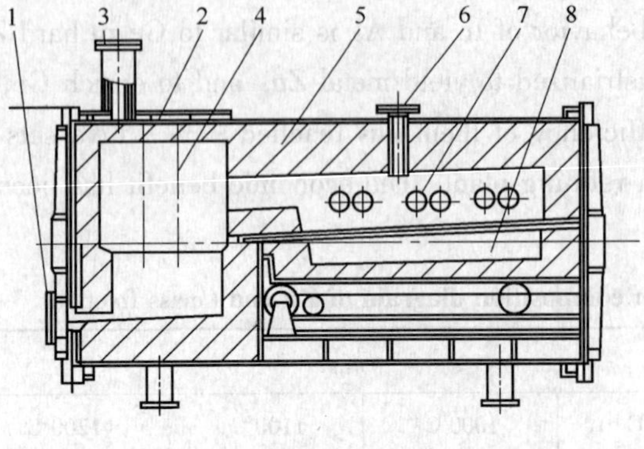

Fig. 5　Schematic diagram of horizontal vacuum distillation furnace

1—Zn-tap hole; 2—Water jacket; 3—Pumping tub; 4—Condensing plate; 5—Masonry work; 6—Thermomeasure orifice; 7—Electric heating device; 8—Material cart

10^{-6}. Targeting different objective, the furnace should be of different structure, material and operation system. Apparatus and technology have already been applied in many plants such as Shaoguan, Wuhan, Shuikoushan and the prospect is promising. Major indexes are electricity consumption 1500 ~ 2000 kW · h; Zn recovery around 80%; Ge, In, Ag recovery around 97%; $w_{Fe} < 3 \times 10^{-6}$ in high purity Zn, $w_{Fe} < 0.003 \times 10^{-6}$ in product Zn gained after the hot-dip crust treated by vacuum distillation, working temperature around 1000℃, working residual pressure 10Pa, cycle 12 ~ 14h.

2.3 Vacuum distillation of Pb-Ag and Bi-Ag alloys

Traditionally, to extract Ag from Pb-Ag alloy or crude Pb containing Ag and Au, the cupelling method, i. e., oxidizing Pb and leaving Ag untouched, was developed. In this process, large quantity of Pb is oxidized, consequently, the amount of oxide being in need of deoxidation is large. In vacuum, however, separation of Ag from Pb via the distillation method runs smoothly. Pb and crude Ag can be obtained directly. Fig. 6 shows the range of composition in liquid and il-

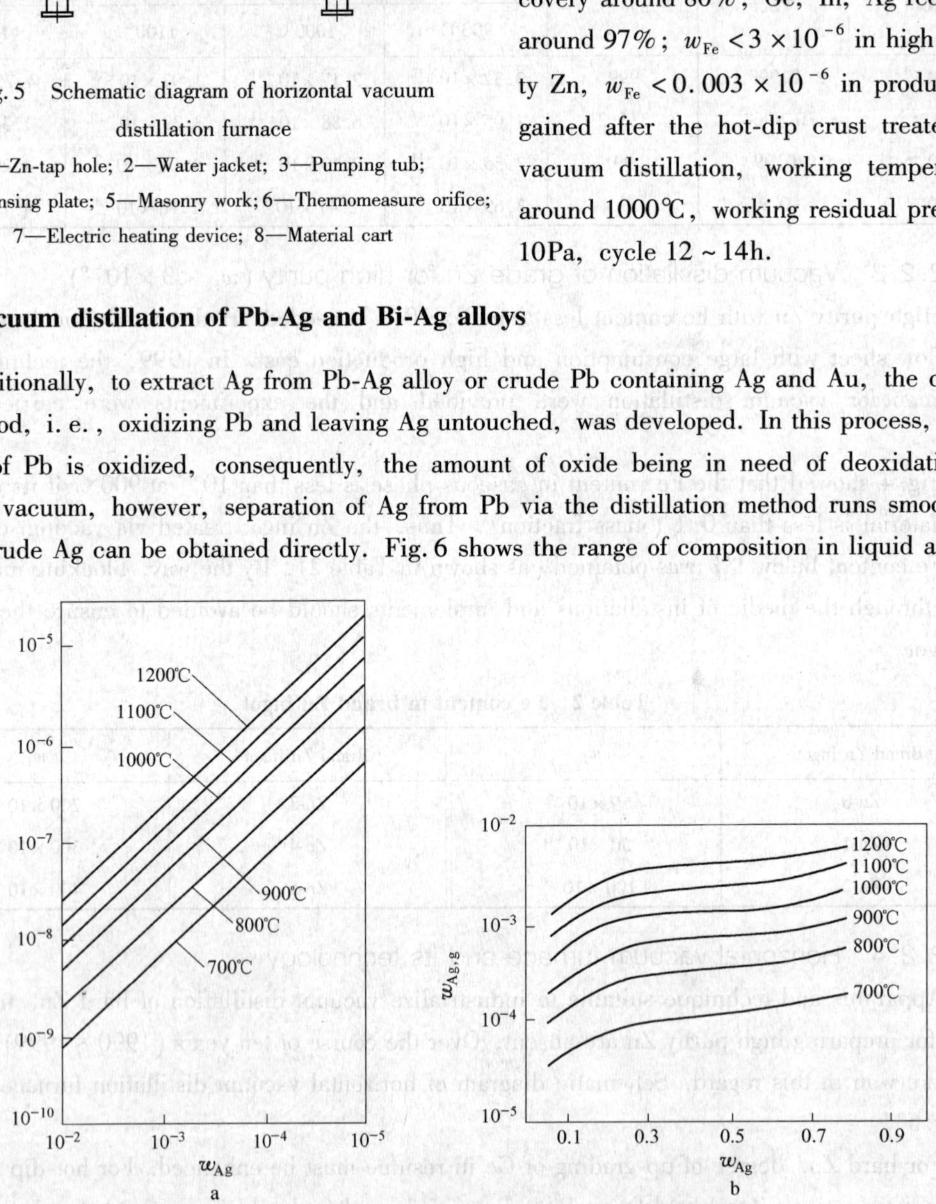

Fig. 6　Vapor-liquid equilibrium composition diagram of Pb-Ag

lustrates that the gained Pb contains about $10^{-6} \sim 10^{-7}$ of Ag, while element Ag concentrates in the residual alloy.

When $w_{Ag,1}$ is in the range of 0.1 ~ 0.8 and $w_{Ag,g}$ in the range of $10^{-2} \sim 10^{-3}$ (mass fraction), it is feasible to separate Ag from Pb to produce Pb and crude Ag. The process is carried out in the vacuum furnaces. The properties of Bi in Bi-Ag alloy are similar to Pb, much effort has been done to separate Bi from Ag by the vacuum distillation method[6,7]. Bi with Ag content less than 5×10^{-6} and the Ag-rich alloy were obtained. When the Ag-rich alloys are distilled again, crude Ag can be obtained. These items can be carried out in industrial scale, and it is possible that the vacuum distillation may excel the current Zn desilverization method.

2.4 Vacuum distillation of crude Pb

The Zn content in crude Pb from one plant in Yunnan province is very high ($10^{-2} \sim 10^{-1}$). Traditional process to remove Zn from crude Pb is oxidation (direct oxidation or oxidation in alkali), but the flow sheet is too long. Vacuum distillation method was adopted to remove Zn from crude Pb. The vapor-liquid equilibrium diagram of Pb-Sn system (Fig. 7) shows that the Zn content in the gaseous materials (Pb) is about 10 when the crude Pb is distilled in vacuum at 1000℃ and the Zn content in raw materials less than 0.1, which is consistent with the samples of No. 1 and No. 2 ($10^{-4} \sim 10^{-5}$). The Zn remains in the residuary alloys and can be easily recycled.

When the crude Pb is distilled, impure elements such as Ag, As, Cu, Fe and Sb are all left in the residuary alloys. Someone may ask such a question when the crude lead is distilled, a great deal of Pb will be vaporized, and the quantity of electricity consumed should be great. Whether it is reasonable in economy? Through calculation, if thermal efficiency is 100%, 274 kW · h/t should be consumed. With the thermal efficiency decreasing, the quantity of electricity consumed increases accordingly as Table 3.

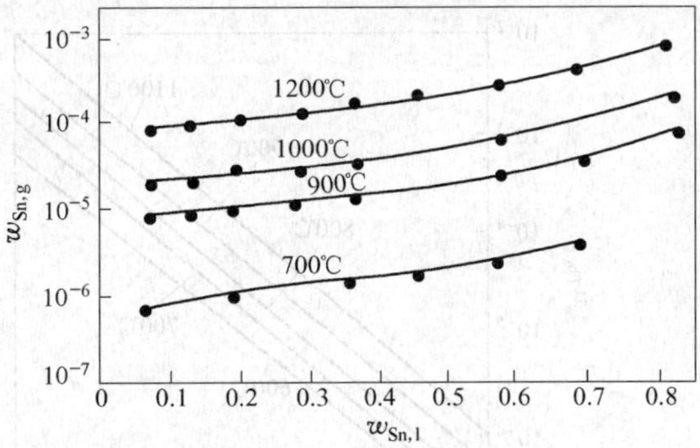

Fig. 7 The vapor-liquid equilibrium diagram of Pb-Sn system
($w_{Pb,1} + w_{Sn,1} = 1$, $w_{Pb,g} + w_{Sn,g} = 1$)

Table 3 Thermal efficiency and consumed electricity

Thermal efficiency of vacuum furnace/%	Electricity consumed per ton crude Pb/kW · h	Thermal efficiency of vacuum furnace/%	Electricity consumed per ton crude Pb/kW · h
30	913	70	391
50	548	80	342
60	456	100	274

In a vacuum furnace with about 100 kg/h in former Soviet Union, the electricity consumed was 470kW · h per ton of crude Pb, he thermal efficiency is 58.3%. Thus, the question is resolved by these data. To a lead plant, 70kW · h per ton crude Pb is acceptable. Giving that the easy recycle of concomitant metals, small expense capital construction and free pollution to the environment, the method (vacuum distillation) has its preponderance. Using several vacuum furnaces, the Jiyu lead plant in Gejiu can deal with large amount of Zn-containing crude Pb.

2.5 Vacuum distillation of Sb-Pb alloy[8,9]

It is well known that antimony mineral often contains Pb, but the separation of these two elements is still a difficult problem in smelting process. In China, it has not been resolved yet and the product is flamed as "high-lead antimony" (w_{Sb} 90%, w_{Pb} 10%). For Pb-Sb alloys, there are two cases: one is Pb-containing crude Sb, in which the Pb content is from 0.5% to 10% including "high-lead antimony", the other is Pb-Sb in which the Pb content is as high as several tens percent.

The vacuum distillation of "high lead antimony" has achieved preferable results. From relation of the activity coefficient γ and mole fraction N[8], the data calculated indicated that when vacuum distillation is carried out at the end of Sb-rich, $w_{Sb,g} > w_{Sb,l}$, Sb and Pb are enriching in vapor phase and liquid phase, respectively. The details are shown in Fig. 8.

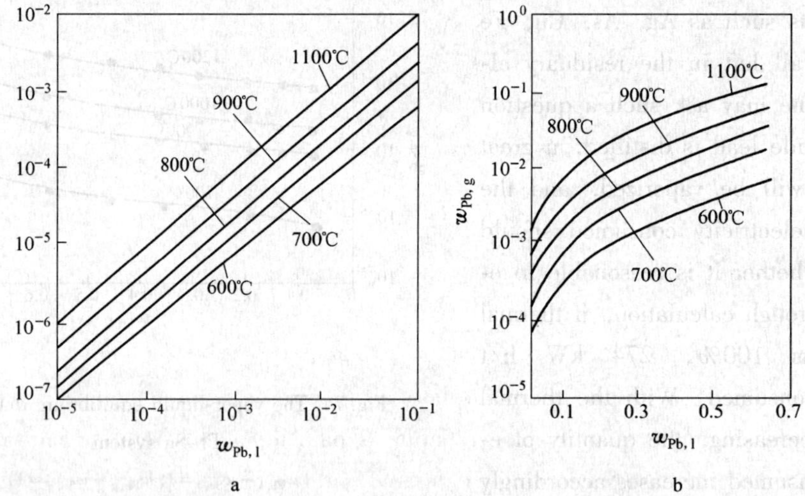

Fig. 8 The vapor-liquid equilibrium diagram of Pb-Sb

($w_{Pb,l} + w_{Sn,l} = 1, w_{Pb,g} + w_{Sn,g} = 1$)

It can be seen that the results are influenced by temperature and composition of raw materials. If raw material contains Pb less than 0.1, less Pb gas can be got according to the right diagram, about $10^{-2} \sim 10^{-3}$. Sb with little Pb can be got from "high lead antimony" through vacuum distillation. Then people may put up a question: Can Pb and Sn be separated from raw alloy coming from jamesonite by vacuum distillation? After study of the whole Sb-Pb system, the curve 2 in Fig. 9 was drawn. It is shown that the fight parts (high-Sb area) of curve 1 and 2 are similar, and that the distance between 1 and 2 at the left (Sb degrade in liquid) becomes larger. Curve 2 and diagonal line ($w_{Sb,l} = w_{Sb,g}$) intersected at point C, curve 2 is below the diagonal line ($w_{Sb,g} < w_{Sb,l}$) on the left of point C. For the alloys on the left side of point C, Pb can be concentrated in gas when distillation, which implies that raw Pb containing Sb can be separated from Sb by distillation. The difference between curve 2 and 1 is evident. Curve 2 implies that vacuum distillation is effective in purifying Sb only at the fight side of point C (high Sb area). At the left side of point C (high Pb area), Sb cannot be separated by vacuum distillation. At point C, the azeotrope, $w_{Sb,l} = w_{Sb,g}$ cannot be separated by distillation. The reason of difference between Curve 1 and 2 is an open question. Semi-industrial vacuum furnace have been developed and promising results were obtained.

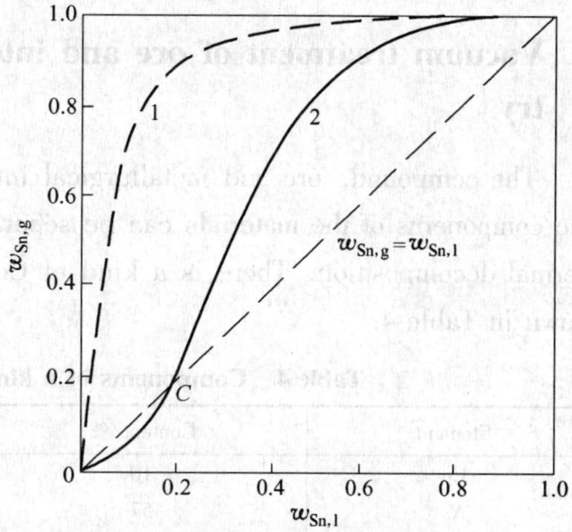

Fig. 9 The vapor-liquid equilibrium diagram of Pb-Sn

2.6 Refining of other crude metals and separation of alloys

2.6.1 Crude cadmium (Cd)

Many people have studied its refining in vacuum, and 99.95% Cd has been produced successfully. Crude Cd contains impurity elements whose boiling points and vapour pressures have great difference. They can be effectively removed from Cd by distillation. Many Zn plants have Cd material in China, vacuum refining is a better choice, and new furnace should be invented.

2.6.2 Crude Zn vacuum refining

There are few reports about Zn production in vacuum due to its very low melting point and boiling point(420℃ and 907℃ respectively). In vacuum, the refining temperature decreases, and Zn evaporates rapidly, which is better than normal pressure refining. Due to the maturity of crude Zn rectification at normal pressure, less attention is paid to vacuum refining Zn, and it develops very slowly. Some work has been done in this area and the results imply that further study should be underway.

2.6.3 Extraction of Mn from Mn-Fe by vacuum distillation

Positive results have been got and the flow sheet is short, the cost can be decreased. It is worth to expand experiment.

2.6.4 Vacuum distillation of Zn crust

Pb (99.16% Pb, 0.19% Ag and 4.5g/t Au) and residual alloy (16.4% Pb, 68.97% Ag, 1860g/t Au) were separated via vacuum distillation from Zn crust containing Ag 1% ~ 1.67%, Pb 1.7% ~ 9.3% and Zn 2.8% ~ 3.99%. The power consumption is 725 kW · h/t, and the recovery rate is Pb 99.54%, Ag 99.1% and Au 96.7%.

3 Vacuum treatment of ore and intermediate product in metallurgical industry

The compound, ore and metallurgical intermediate product can also be treated in vacuum. The components of the materials can be separated, and some of them can be evaporated through thermal decomposition. There is a kind of Co ore with high content of As, the components are shown in Table 4.

Table 4 Components of a kind of Co ore with high content of As

Element	Content/%	Element	Content/%
Co	10	Ni	2.1
As	57	Au	0.0013
Fe	7.2	Ag	0.0088

It is usually melted through electro-smelting to change. As into As oxide, and the removal rate of As is up to 60%. The product is crushed and boiling baked, then As is changed into As oxide to be removed. The vacuum evaporation decomposition method is used to remove As through one step under about 27 Pa, at different temperatures. The efficiency is 87% ~ 90% at 950 ~ 1050℃, and 92% ~ 98% at 1100℃. After volatilizing, As is condensed into crude As with purity of around 90% and Co content is satisfied. The results is fairly good and the extend experiment should be carried out good and the extend experiment should be carried out.

3.1 Separation of Cu-Zn concentrated mineral

The composition of Cu concentrated mineral somewhere is shown in Table 5.

Table 5 The composition of Cu concentrated mineral

Element	Content/%	Element	Content/%
Cu	10.7	Bi	0.18
Zn	8.34	Cd	0.1
Fe	32.2	In	0.02
S	32.2	Pb	0.14

The Zn content is up to 8%, and it is difficult to recycle Zn via melting directly matte. New process was researched in vacuum, by which Cu concentrated mineral was melted into matte, whose composition was Cu 14%, Fe 50%, Zn 0.09%, and about 98% of Zn was volatilised. After volatilization, the composition of condensed matter was 33.2% Zn, 2.29% Bi, 0.59% Cd, and 0.036% In. Zn can be separated completely and concentrated into the condensation. At the same time, Bi, Cd, Pb and In were volatilised and gathered into the condensate. In order to recycle, remainder of the distillation was changed into pure matte.

3.2 Vacuum distillation of Sn-As-Pb alloys (carbon dross)[9]

Floating slag named as carbon dross, which come from rude Sn by freezing-precipitation process, is a kind of Sn-As-Pb alloys. It contains 12% ~14% As, 11.1% Pb, 66.5% Sn and 0.7% Fe. This mixture can be oxidized partly during the process for roasting As. Most As recycles in the smelting process. When the residual pressure is 40 Pa and the temperature is 1000℃, the volatilization rate of As is above 90% and that of Pb is beyond 95%. The products are rude Sn containing a little As, rude As containing 80% ~90% As and rude Pb containing 80% ~90% Pb. As can be separated from Sn thoroughly. Rude As discharged from producing Sn system is distillated once more to get element As. Production in lab is 3kg per time. The next step is half-industry experiment.

3.3 Treating Cu slag in vacuum condition[10]

At present, deserted Cu slag, whose Cu content is 0.3% ~2%, is not recycled. Because the number of deserted Cu slag is about hundred thousands tons, Cu quantity in slag is several hundreds tons every year. After precipitated in vacuum condition, gas bubbles lying in the surface of matte particles were excluded and matte sunk down to amassed and reclaimed in the base, since Cu density is bigger than that of slag. Because Cu content in surface slag is decreased to 1/2 or 2/3, deserted Cu quantity in slag is decreased to 1/2 or 2/3.

4 Vacuum reduction of metal oxide

Reduction of many metal oxides produces gas at reaction temperature, and these reactions will go on more easy in vacuum. According to the kind of reducing agents, they are named as thermal reduction of carbon or thermal reduction of metal. The metals used as reducing agents are Si, Al and so on.

The reaction of $MO + X \xlongequal{} M + XO\ (gas)$ exists in vacuum condition. If the residual pressure in the system is $10^{-(m+1)}$ MPa, the difference between ΔG and $\Delta G^{\ominus}$ is

$$\Delta G - \Delta G^{\ominus} = -4.576mT \tag{7}$$

It can be seen that the reaction takes place more easily with increasing the degree of vacuum, since ΔG of the reaction is decreasing[2].

For instance, reduction of MgO via Pidgeon process[11] just occurs in vacuum at 1150℃ with Si-Fe as the reductant. It is an alternative method to substitute the electrolysis process because the amount of dolomite reductant can be reduced and the electric exhaustion is not too much. The disadvantage of this method is volume and lifespan of the retorts made of expensive Ni-Cr alloys is limited. Study on Magnetherm process was succeeded in 1960s in French. After the slag being smelted, the liquid of Mg is intermittently discharged, while materials are constantly put in. Energy exhaustion is lowered and Fe-Si alloy is used as reductant. The productivity is increased and the cost is decreased. Si thermal process of Knapsack-Griesheim is that solid slag is smelted and products are continuously discharged [11].

Carbothermal reduction (1941, America), whose production scale reached ten thousands tons per year, is carried out by carbon under normal pressure. Mg powder can be prepared by quickly cooling, and becomes ingot through vacuum distillation. Carbon is used as reducing agent. The reduction process occurs in an electric arc furnace, the quickly cooling can prevent the reverse reaction. The violent oxidization of Mg powder may cause explosion and must be prevented. In China, the Pidgeon process should be substituted by other method.

All the products of MgO by carbon reduction are in gaseous state,

$$MgO + C \longrightarrow Mg_{(g)} + CO_{(g)} \tag{8}$$

In vacuum, the reaction occurs more easily, and reaction temperature can also be lowered. According to the thermodynamic analysis, the Gibbs value of the reaction is

$$\Delta G^{\ominus} = 154900 + 7.37T\lg T - 96.45T \tag{9}$$

At normal state,

$$\Delta G = \Delta G^{\ominus} + RT\ln(p_{Mg} \cdot p_{CO})$$

At equilibrium state, the $\Delta G = 0$, and the equation is

$$-\Delta G^{\ominus} = RT\ln(p_{Mg} \cdot p_{CO}) \tag{10}$$

If the outer gas can' t enter into the system, and one mole $Mg_{(g)}$ and one mole CO are produced, then the pressure of the system is

$$p_{sys} = p_{Mg} + p_{CO} = 2p_{Mg} = 2p_{CO}$$

Therefore,

$$-\Delta G^{\ominus} = RT\ln(p_{Mg}^2) = 2RT\ln(p_{Mg})$$

$$p_{Mg} = 1.01 \times 10^5 \times 10^{(154900 + 7.37T\lg T - 96.45T)} \tag{11}$$

Relation between temperature and the pressure of Mg can be calculated. The results show that the pressure of Mg reaches 0.1MPa until the temperature reaches 1876℃. In vacuum with 100 Pa residual pressure, the pressure of Mg attains 100Pa at 1300℃ and the reaction is going on. Carbon reduction can lower the reaction temperature under vacuum condition. The other important issue is how to make Mg gas turn to liquid. The research of carbon reduction of MgO should be continued, as well as the research of the reduction of ZnO and Li_2O under the vacuum condition.

5 Preparation of metal powder in vacuum

Ultra-fine powders are regarded as the material of 21st century and will become the basic materials of new products because of their superior properties. Molecule of metal gas is so small that its diameter is several angstroms (1 angstrom is 10^{-10} m or 0.1nm). In the cooling process, the gas molecule aggregates and grows. If the aggregation degree is under the control, the expected size can be obtained. The particles with diameter range from 100nm to 1μm are ultra-fine powders. Metal gasification and condensation in vacuum is an important method to prepare ultra-fine powder.

The experimental result showed that MnO_2 can be evaporated in vacuum and condensed to powder with size range from 44μm to 105μm at temperature from 1100℃ to 1300℃ and pressure from 0.013Pa to 667 Pa. These powders have higher purity and finer size. Zn can also be evaporated in vacuum to get ultra-fine Zn powder, whose size range is from 250nm to 500nm according to the vacuum degree, temperature and gas cooling speed. Ultra-fine Si_3N_4 powder with average particle size 0.5 ~ 1.3μm can be prepared via reduction and then nitrification amorphous silica powder in vacuum [13].

6 Conclusion

Since application of vacuum technology in extraction metallurgy, more and more extraction processes have been conducted in vacuum. Vacuum metallurgy makes some impossible processes at normal atmosphere realized, and reduces pollution and improves the work condition. It is necessary to further investigate the vacuum metallurgy and improve the equipments in order to broaden the application in width and depth. At the same time, with the increasing requirement, traditional metallurgical techniques formed to make the extraction and equipments should be reprocesses modernization, less pollution and high economic efficiency. It is believed that the future of vacuum metallurgy is bright and new methods will be developed.

References

[1] Dai Yongnian, Zhao Zhong. Vacuum Metallurgy. Beijing: Metallurgy Industry Press, 1998(in Chinese).

[2] Dai Yongnian, et al. Ampliative experiment on eliminating Pb from soldering tin in vacuum. Yunnan Metallurgy, 1978, 2:40 ~ 48(in Chinese).

[3] Dai Yongnian, et al. Zinc vacuum distilling recovery from dipping galvanizing residue. 33rd Annual Conference of Metallurgists of CIM. Toronto, Ontario, 1994, August 20 ~ 25.

[4] Wugang Industrial Company & Research Institute of Vacuum Metallurgy. Summary of identification for products purified from zion dross. (in Chinese).

[5] Dai Yongnian, et al. Vacuum distillation of Pb-Sn alloy. Journal of Kunming Institute of technology, 1989, (3): 16 ~ 27(in Chinese).

[6] Dai Yongnian, et al. Volatility of metals in vacuum. Journal of Kunming Institute of Technology, 1994, 19 (6):26 ~ 32(in Chinese).

[7] He Zikai, et al. Distilling silver from Pb-Ag alloy by vacuum distillation. Nonferrous Metals, 1990, 42(1): 50 ~ 54(in Chinese).

[8] Ralph Huhgren, et al. Selected Values of the Thermodynamic Properties of Binary Alloys, 1973.

[9] Dai Yongnian, et al. Vacuum distillation of Sn-As-Pb alloy (carbon dross). Journal of Kunming Institute of Technology, 1979, (3): 47 ~ 65(in Chinese).

[10] Wang Xuewen. Thermal treatment of copper slag in vacuum. Kunming: Kunming Institute of Technology, 1990(in Chinese).

[11] Winkler O, Bakish R. Vacuum Metallurgy. Amsterdam London—New York: Elsevier Publishing Compony, 1971.

[12] Zhong Sheng. Study for preparation of ultra-fine powder. Kunming: Kunming Institute of Technology, 1994 (in Chinese).

[13] Wang Hua. Preparation of ultra-fine Silicon nitride powder by straw husk. Kunming: Kunming University of Science and Technology, 1996(in Chinese).

Прогрессивные Направления Вакуумной Дистилляции Цветных Металлов в Китае❶

ДАИ ЮННАНЬ ЦЗЮ ЖИСИНЬ ЧЖАН ГОЦЗИН ЧЭНЬ ФЭН

Вакуум выгоден для всех процессов, сопровождающихся увеличением объема газа. К таким процессам относится ряд металлургических операций, отдельные из которых требуют изучения и развития. Теперь многие специалисты знают, что за счет использования вакуумных прсцессов могут быть решены многие проблемы, усовершенствованы существующие способы и созданы новые технологии в цветной металлургии.

Традиционные металлургические процессы характеризуются такими моментами, как загрязнение окружающей среды, длительность технологических циклов, энергоемкость, низкое извлечение металла и высокая себестоимость.

В 50-х гг. методы вакуумной металлургии стали применяться в Китае в области цветной металлургии для рафинирования незначительного количества кадмия и индия. Но методы вакуумной металлургии цинка, свинца, висмута и олова в то время считались дорогими и трудными, поскольку эти металлы производились в большом объеме и их цена была низкой. В конце 50-х гг. начали исследовать процесс вакуумной дистилляции (ВД) припоя. Исследования велись в лабораторных, полупромышленных условиях и в 1977 г. завершились успешно.

После 1980 г. в теченzе 6-ти лет почти все национальные оловоплавильные предприятия применяли разработанные способ и печь. Вакуумный метод продемонстрировал ряд преимуществ: отсутствие загрязнения (или незначительное загрязнение), короткий технологический цикл, высокое извлечение металла, низкий расход энергии и невысокая себестоимость. Поэтому его можно использовать для решения некоторых сложных задач.

В настоящее время преимущества ВД признаются все большим количеством специалистов цветной металлургии. Некоторые отработанные методы вакуумной металлургии активно популяризируются. В целях разрешения существующих проблем и частичного усовершенствования металлургических методов изучались теоретические основы процессов вакуумной металлургии, термодинамические свойства металлов и сплавов, увеличивалось количество фундаментальных и прикладных исследований. Можно сказать, что в Китае заложены хорошие основы для развития вакуумной металлургии.

---

❶ 本文发表于《Комплексное использование минерального сырья》, 1994, (1): 53 ~ 59。

Вакуумная дистилляция свинцово-оловянного сплава (припоя)[1~13]. Припой—побочный продукт оловоплавильного производства, не удовлетворяет требованиям промышленности как по количеству, так и по качеству.

Долгое время для разделения олова и свинца (припоев) использовался хлоридный электролиз. Но у него есть слабые стороны, такие, как длительный технологический цикл, большой расход кислоты, загрязнение окружающей среды, низкое извлечение металла и высокая себестоимость. Лабораторные опыты по ВД с припоем, которые велись в Кунминьском технологическом институте КНР (КИТ) с 1958 г., показали высокую эффективность. В 1975 г. впервые в мире профессором Дай Юннань разработана многозонная с внутренним электрообогревом печь непрерывного действия для вакуумной дистилляции. Широкомасштабный эксперимент, который проводился с участием сотрудников Юннаньской оловянной компании, успешно завершился в июле 1977 г. Печь могла перерабатывать около 400 кг припоя в сутки, расход электроэнергии составил около 1 кВт · ч/кг, получено черновое олово (~ 0.2% Sn). Затем производительность печи была доведена до 2 ~ 3 т/сут[4,5] и после завершения промышленных испытаний начиная с 1980 г. осуществлялось внедрение печи, которое продолжается до настоящего времени на многих национальных металлургических предприятиях по выплавке олова и свинца. В целом установлено более 20 вакуумных агрегатов мощностью 5 ~ 10 т/сут. Почти везде вытеснен хлоридный электролиз.

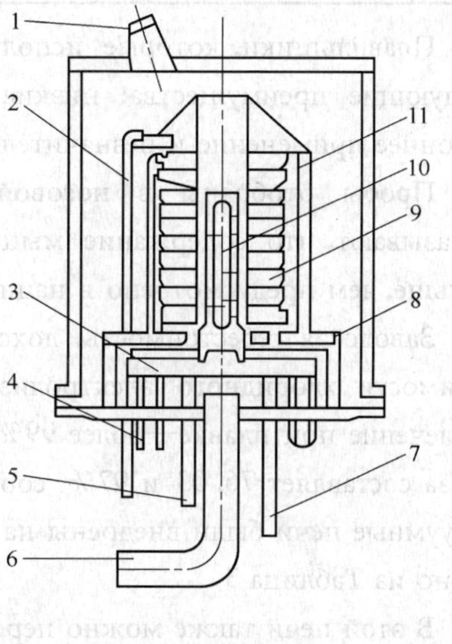

Рис. 1 Принципиальная схема вакуумной печи для удаления свинца из припоя, разработанной и изготовленной в КИТ

1—окно для наблюдения; 2—питающая труба; 3—сборник; 4—электрод; 5—труба для вывода свинца; 6—вакуумная система; 7—труба для вывода олова; 8—сборник свинца; 9—испарительные тарели; 10—токоподвод; 11—конденсатор

На Рис. 1 показана принципиальная схема вакуумной печи со следующими экономическими показателями: извлечение олова – 99%, свинца – 90%; потребление энергии – 500 кВт · ч/т; расход воды – 2.5 л/ч; шлаковый коэффициент – 0.5%; потери металла—0.027%. Состав исходных материалов приведен в Таблица 1, а экологического контроля—в Таблица 2.

Таблица 1 Состав исходных материалов (%)

Компонент	Pb	As	Sb	Bi	Ag	Cu	Sn
Исходный материал	32	0.3	0.10	0.50	0.03	0.10	86
Оловянный продукт	4	0.3	0.15	0.06	0.02	0.19	99
Оловянный продукт	97	0.3	0.3	1.20	0.001	0.01	0.4

Таблица 2 Результаты экологического контроля при ВД припоя

Участок отбора проб	As/мг · м$^{-3}$	Pb/мг · м$^{-3}$
Национальный эталон	0. 3	0. 03
Вокруг оловоплавильной чаши	0. 012	0. 0025
Отверстие выпуска олова	0. 012	0. 0004
Отверстие выпуска свинца	0. 006	0. 0113
В центре аппарата	0. 009	

Плавильщики, которые используют эгу вакуумную печь, считают, что у нее есть следующие преимущества: низкие капиталовложения, удобное обслуживание, многостороннее применение и незначительное загрязнение окружающей среды.

Пробы отобраны в носовой части эксплуатационного окна аппарата. Данные показывают, что содержание мышьяка и свинца на всех участках установки намного меньше, чем предусмотрено в национальном эталоне.

Заводская себестоимость, доходя до 77. 67 юаней за тонну[6], равна лишь 16. 7% стоимости хлоридного электролиза. Прямое извлечение олова достигает 99%, а его извлечение при плавке—более 99%, в то время как при применении хлоридного электролиза составляет 76. 03 и 97% соответственно, т. е. на 2% ниже. С 1982 по 1988 г. эти вакуумные печи были внедрены на 8 предприятиях, всего было установлено 19 печей, что видно из Таблица 3.

В этой печи также можно перерабатывать черновое олово в целях удаления свинца и висмута. Данные промышленного эксперимента приведены в Таблица 4[12, 13].

Показано, что в результате ВД содержание Pb и Bi в очищенном олове может отвечать требованиям специального национального эталона олова No. 1. В промышленности стали использоваться и другие вакуумные печи[8, 9]. Их технологические и экологические показатели близки к описанным выше агрегатам.

Таблица 3 Производительность вакуумных печей, используемых на различных предприятиях КНР

Предприятие	Количество	Производительность/Т · сут$^{-1}$
КИТ	1	15
RIY——оловянная фирма	2	15
Y——оловоплавильное предприятие № 1	4	35
Y——оловоплавильное предприятие № 3	5	25
Свинцовоплавильное предприятие № 1	4	30
G——завод припоев	1	10
G——СИН-плавильное предприятие	1	10
H——плавильное предприятие	1	10
Всего	19	150

Таблица 4 Распределение свинца и висмута при ВД чернового олова (%)

Компонент	Sn		Pb		Bi	
Исходные материалы	98. 04	100	0. 875	100	0. 0182	100
Оловянный продукт:						
1	99. 5	98. 91	0. 057	6. 35	0. 00061	
2	99. 39	97. 53	0. 047	5. 72	0. 00050	
3	99. 53	97. 79	0. 034	3. 75	0. 00019	
4	99. 74	96. 00	0. 031	3. 88	0. 00036	
Специальный национальный эталон олова 1			0. 03		0. 003	
Национальный эталон олова 1			0. 05		0. 015	

Вакуумная дистилляция чернового свинца. Черновой свинец получают из руды, обычно содержащей серебро, количество которого колеблется от нескольких сот до тысячи грамм на тонну, а золота составляет тысячную часть серебра. В некоторых местах содержание олова в черновом свинце колеблется от нескольких единиц до десятков процентов. Многие средние(несколько тысяч тонн в год) и небольшие(тысяча тонн в год) заводы намереваются извлекать серебро, золото и олово из чернового свинца, что повышает экономичность. В этих условиях ВД легко применить для обработки чернового свинца в целях извлечения этих металлов. Чтобы определить распределение этих элементов в ходе процесса, в нашем институте проделана работа, показавшая[14, 16], что если свинец содержит 1. 38% олова и 0. 142% серебра, то испарившийся свинец содержит лишь 0. 01% олова и 0. 001% серебра. Более чем 90% серебра и олова от исходного количества концентрируется в оставшемся сплаве. Начиная с 1986 г. этот процесс используют 4 небольших свинцовоплавильных предприятия.

Черновой свинец можно очистить до определенной степени путем ВД с помощью пирометаллургических операций, а полученный продукт можно использовать для получения электро-кабельного сплава и сплава для аккумуляторных батарей, так как это экономически выгодно. Остаток от ВД чернового свинца обогашается серебром в зависимости от содержания серебра в исходном материале. Если содержание олова высокое, продукт может быть подвергнут повторной перегонке в целях получения чернового олова или припоя, в зависимости от потребности. Свинцово-серебряный сплав, содержащий 2% серебра, может быть разделен на черновой свинец и черновое серебро (>99%)[15, 17, 18].

Экономическая эффективность ВД чернового свинца вызывала сомнение из-за большого расхода электроэнергии вследствие испарения значительного количества свинца. Как показывают расчеты, на испарение и нагрев свинца идет 274 кВт · ч/т. Если тепловой КПД составляет 40%, расход энергии будет 685 кВт · ч/т, а практический расход энергии составляет 700 ~ 1000 кВт · ч/т, себестоимость ВД на 14% ниже, чем при электролизе. Это говорит, что ВД чернового свинца экономически целесообразна.

Проблема заключается в слабой эффективности отделения висмута в процессе ВД чернового свинца. Содержание висмута в дистиллированном лишь немного ниже, чем в черновом свинце, и не отвечает требованиям, предъявляемым к его содержанию в свинце. Достичь стандарта можно при подключении специальных процессов обезвисмучивания.

Отделение свинца от сурьмы из свинцово-сурьмяного сплава путем вакуумной дистилляции. Исследование процесса отделения свинца от сурьмы, содержащей 0. 67% свинца, началось в 1981 г. Исходный материал—свинцово-сурьмяный сплав, полученный в результате металлургической обработки одного из видов минерала джемсонита из Юго-Западного Китая, содержит 10% свинца и 90% сурьмы. Распределение металлов при дистилляции свинцово-сурьмяного сплава показано на Рис. 2[19]. Когда богатый сурьмой сплав подвергается дистилляции, дистиллят обогащается сурьмой, а остаток сплава—

свинцом. Следовательно, повышается чистота получаемой сурьмы[20].

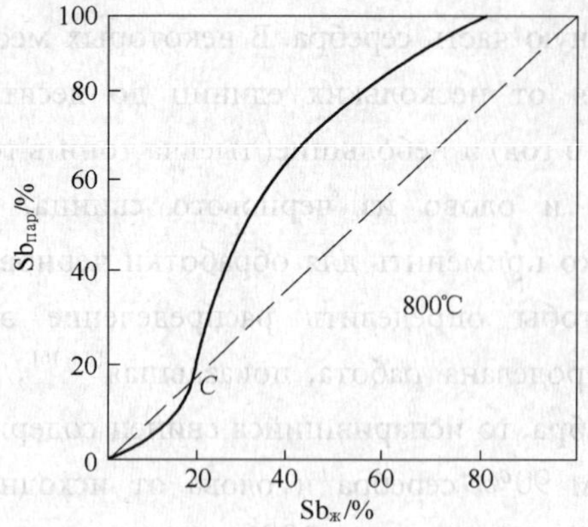

Рис. 2　Диаграмма равновесного состава пар—жидкость для свинцово-сурьмяного сплава при 800℃

При вакуумной дистилляции сурьмяно-свинцового сплава, содержащего менее 70% свинца, сурьма концентрируется в дистилляте, но оставшийся сплав содержит более 30% сурьмы, т. е. состав сплава соответствует точке C на Рис. 2.

Если продолжить дистилляцию, то предпочтительное разделение становится невозможным, и состав пара такой же, как и расплава. При вакуумной дистилляции обогащенного свинцом сплава вначале испаряется свинец, а сурьма концентрируется в остатке. Состав остатка соответствует составу в точке C, который не поддается разделению вакуумной дистилляцией.

На основе данного закона, в нашем институте с использованием промышленной исчи, осуществляющей непрерывную многозонную вакуумную дистилляцию, изучали дистиллянию материала, содержащего, %: Sb-90. 84, Pb-8. 05, As-0. 75, Cu-0. 034 с получением сурьмы (99% Sb и 0. 1% ~ 0. 6% Pb) и сплава (60% Pb и 32% Sb). Исследовалось также отделение свинца путем дистилляции сурьмы, содержащей 0. 67% Pb[21]. При этом примеси Pb, Fe, As, Cu удалялись[20].

Когда первичный продукт содержит 99% Sb и 6г/т Au, оставшийся сплав обогащается золотом до 25%. Данный метод используется на некоторых плавильных предприятиях[22].

Вакуумная дистилляция цинковой пены. При традиционном пирометаллургическом процессе рафинирования чернового свинца и висмута с помощью добавки цинка драгоценные металлы извлекаются в цинковую пену. Технологический процесс переработки цинковой пены для получения драгоценных металлов включает следующие стадии: плавку, дистилляцию цинка (перегонка в реторте при атмосферном давлении или в вакууме), купелирование (для окисления свинца и получения чернового серебра) и восстановительная плавка оксида свинца с получением чернового свинца[23].

В нашем институте исследовались основные закономерности процесса вакуумной дистилляции цинковой пены. Были установлены условия отделения цинка, свинца от серебра, затем проведены укрупненные и промышленные эксперименты[24]. Черновое серебро и черновой висмут были получены при одностадийной вакуумной дистилляции.

Вакуумная печь непрерывного действия, разработанная и изготовленная в нашем институте, может быть использована для дистилляции цинка из цинковой пены.

Если исходный материал содержит 4% Zn, то можно получить черновой цинк (97%

Zn и 3% Pb), свинцово-серебряный сплав (2% Ag, 97% Pb) и немного цинка. Если свинцово-серебряный сплав поместить в другую вакуумную печь непрерывного действия производительностью 3. 3 т/сут, то можно получить свинец (99% Pb и 0. 19% Ag) и черновое серебро (69% Ag, 1860 г/т Au и 16. 4% Pb).

Черновой цинк и свинец можно использовать в процессе первичного рафинирования чернового свинца, а черновое серебро можно дистиллировать или купелировать до получения серебра (98% Ag). Результаты промышленных экспериментов могут быть применены в производстве.

По сравнению с традиционным методом, разработанный способ обладает следующими преимуществами: нет необходимости в ликвации, можно перерабатывать цинковую пену, содержацую лишь 3% Ag, и разделять цинк и свинец в отличие от оксида свинца, продукты используются более рационально, извлечение металлов возрастает, а себестоимость снижается.

ЛИТЕРАТУРА

[1] Seuyrov N N, Zhang Tianlui, Dai Yongnian. Tin Metallurgy. Beijing: Metallurgical Industry Press, 1958, 283 ~ 292.

[2] Dai Yongnian. Nonferrous Metals. 1977, (9).

[3] Dai Yongnian. Nonferrous Metals, 1980, (2): 73 ~ 79.

[4] Huang Weisen, Miao Ersheng. Nonferrous Metal Smelting, 1982, (11): 14 ~ 20.

[5] Wang Tianting. Science and Technology of Yunnan Tin Company. 1982, (1): 37 ~ 48.

[6] Huang Weisen, Miao Ersheng. Proceeding of the First Conference on Tin Smelting. 1988, 23 ~ 29.

[7] Metallurgy Department of KIT: Heavy Nonferrous Metal Smelting. 1977, (6); 26 ~ 28.

[8] Yuan Tiewen. Nonferrous Metal Smelting. 1984, (5): 17 ~ 19.

[9] Tang Haixi. Nonferrous Metals. 1981, 2 ~ 6.

[10] Yunnan Metallurgy. 1978, (2).

[11] Huang Weisen and Miao Ersheng. Yunnan Metallurgy. 1985, (5): 35 ~ 42.

[12] Huang Weisen and Miao Ersheng. Proceeding of the First Conference on Tin Smelting. 1988, 1 ~ 5.

[13] Miao Ersheng. Science and Technology of Yunnan Tin Company. 1988, (3): 24 ~ 31.

[14] Research Report, Research Institute of Vacuum Metallurgy of KIT and Jijai Lead Smelter. January, 1985 (not to be published).

[15] He Zikai. Collection of sixth Session of Yunnan Metal Associtïon. 1988.

[16] Zhang Gouqing et al. Study on Vacuum Distillation of Sb for Removal of Pb. 1989.

[17] He Zikai, et al. Nonferrous Metal Smelting. 1984, (4): 16 ~ 20.

[18] Li Mangling, et al. J. KIT. 1989, (3): 109 ~ 112.

[19] Dai Yongnian, et al. Proceeding of W-Ti-Re-Sb' 88 International Conference. Vol. 1. 578 ~ 583.

[20] Li Shulan, et al. J. KIT. 1989, (3): 48 ~ 55.

[21] Research Report. Research Institute of Vacuum Metallurgy of KIT. 1989 (to be published).

[22] Wei Shizhao, et al. Nonferrous Metals (part of smelting), 1988, (5): 11 ~ 14.

[23] Dai Yongnian. 1989. 6 (not to be published).

[24] Dai Yongnian. Trating Zinc Crust by Vacuum Distillation, Residues and Effluents Processing and Environmental Considerations. San Diego, March 1 ~ 5 1992. TMS. USA. 405 ~ 412.

Некоторые Особенности Вакуумного Рафинирования Металлов❶

ДАИ ЮННАНЬ ЦЗЮ ЖИСИНЬ ЧЖАН ГОЦЗИН ЧЭНЬ ФЭН

При применении вакуумной дистилляции[1~4], естественно, возникают вопросы о том, какой материал очищается или разделяется путем вакуумной дистилляции, каковы порядок испарения и степень разделения при дистилляции сплавов и черновых металлов.

В качестве критерия для решения данной проблемы могут быть использованы давление пара или точка кипения чистых веществ. Например, точки кипения свинца и олова соответственно равны 1740℃ и 2623℃, разница между ними-883℃. Если их сплав подвергнуть дистилляции, то свинец будет испаряться, а олово останется в остатке. Но для других сплавов, например свинцово-сурьмяного, давление пара или точки кипения чистых веществ не могут быть использованы в качестве критериев, так как точка кипения сурьмы равна 1675℃, что на 65℃ ниже, чем точка кипения свинца.

Если дистилляции подвергается обогащенный сурьмой сплав, то первой испаряется сурьма, при дистилляции обогащенного свинцом сплава-свинец, а затем оба элемента испаряются одновременно при дистилляции сплава, имеющем состав точки C[5].

В данных условиях нами в качестве критерия предложен коэффициент разделения, который находится в зависимости от равновесного состава паровой и жидкой фаз. Например, когда для сплава A-B паровая и жидкая фазы находятся в равновесном состоянии, между соотношением плотности пара ρ_A/ρ_B и состава a^*/b_B жидкой фазе существует следующая зависимость:

$$\frac{\rho_A}{\rho_B} = \frac{\gamma_A}{\gamma_B} \cdot \frac{p_A^{\ominus}}{p_B^{\ominus}} \cdot \frac{a^*}{b} = \beta_A \cdot \frac{a^*}{b}, \tag{1}$$

$$\beta_A = \frac{\gamma_A}{\gamma_B} \cdot \frac{p_A^{\ominus}}{p_B^{\ominus}}, \tag{2}$$

где γ_A, γ_B, $p_A^{\ominus}$, $p_B^{\ominus}$——коэффициенты активности и величины давления пара A и B соответственно;

β_A——коэффициент разделения.

Если $\beta = 1$, невозможно соуществить заметное разделение, поскольку концентрация обоих компонентов в паре будет такой же, как и в жидкой фазе. Если пар и жидкость, находятся в состоянии равновесия, то можно рассчитать соотношение компонентов в паре и жидкости. В[5] показана такая зависимость, которую можно использовать на

---

❶ 本文发表于«Комплексное использование минерального сырья», 1994, (2): 42 ~ 47。

практике.

Когда применяется разбавленный раствор (черновой металл A, содержащий незначительное количество примеси $B, B = 1;2\cdots$) , уравнение(1) примет вид

$$\beta_B = \gamma_B^{\ominus} \cdot \frac{p_B^{\ominus}}{p_A^{\ominus}} \tag{3}$$

Когда температура не изменяется, $\gamma_B^{\ominus}, p_B^{\ominus}, p_A^{\ominus}$ должны быть стабильными, поэтому $\beta_B^{\ominus}$ постоянен. Тогда

$$\alpha_B = \gamma_B^{\ominus} \cdot \frac{p_B^{\ominus}}{p_A^{\ominus}} \cdot \frac{M_A}{M_B} \tag{4}$$

где M_A, M_B——соответственно молекулярные массы A и B; коэффициенты;

$\gamma_B^{\ominus}$——активности, учитывающий совместное воздействие всех примесей;

α_B——дистилляции, который постоянен для каждой примеси при определенной температуре.

Из формулы, выведенной M. Olette, следует, что если массовый процент A и каждая i-примесь есть X_A, Y_i соответственно, то

$$(1 - X_A) = (1 - Y_1)^{1/1} = (1 - Y_2)^{1/x_r} = \cdots \text{const.} \tag{5}$$

Когда X_A, Y_1, Y_2 известны, значения констант($\alpha_1, \alpha_2, \ldots$) и β могут быть рассчитаны. Например, коэффициенты активности каждой примеси в черновом олове можно получить из экспериментальных данных при $T = 1200℃$[6]:

$$\gamma_{Pb}^{\ominus} = 1.2, \gamma_{Bi}^{\ominus} = 7.8 \times 10^{-2}, \gamma_{As}^{\ominus} = 1.475 \times 10^{-5}, \gamma_{Sb}^{\ominus 2} = 2.46 \times 10^{-2}$$

Порядок испарения примесей при использовании в качестве критерия β следующий: Pb, Bi, As, Sb и As, Sb, Bi, Pb—при использовании в качестве критерия точки кипения. Первый является верным.

Закономерности процесса испарения металлов[7 ~ 10]. С расширением сфер применения вакуумной металлургии закономерности процесса испарения металлов становятся все более важными. Эффективно изучение этих свойств с использованием метода испарения под вакуумом. Изучалась летучесть чистых металлов: Cd, Pb и Sb, а также собирались данные о зависимости критического давления ркрит, максимальной скорости испарения $W_{макс}$ и коэффициента аккомодации от температуры. Данные по Cd показаны в уравнениях и на Рис. 1:

$$\lg(p_{крит}/133.3) = -5212.45/T + 7.8 \tag{6}$$

$$\lg W_{макс} = -7674.80/T + 8.87 \tag{7}$$

где $p_{крит}$——критическое давление, Па;

$W_{макс}$——максимальная скорость испарения, г/(см^2 · с) ;

T——температура, К.

Методом испарения под вакуумом изучены активности многих бинарных сплавов. Исследовались такие сплавы, как Zn-Cd[11, 16], Pb-Sb[39], Sn-Sb[13] и Pb-Sn[14]. Получены некоторые термодинамические данные, которые применены при расчете вакуумной

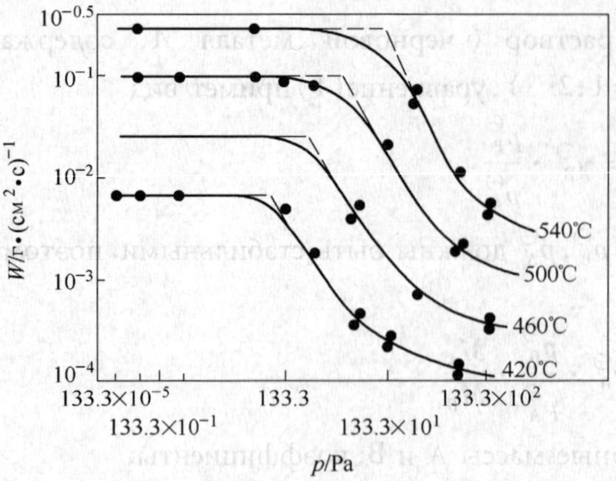

Рис. 1　Зависимость между интенсивностью испарения и остаточным давлением при различной температуре. Цинк, свинец и сурьма имеют подобную зависимость

дистилляции. Результаты использования данного метода резко отличались от полученных методом ЭДС. Желательно продолжить исследования для изучения причины этих расхождений.

Цинк-металл с низкой точкой кипения, который подходит для вакуумного рафинирования. Но когда в металлургии стал развиваться метод вакуумирования, дистилляция чернового цинка при нормальном давлении уже применялась на протяжении нескольких лет. Поэтому, естественно, упал интерес к изучению вакуумного рафинирования чернового цинка. Но поскольку вакуумная очистка проводится при более низкой температуре, сокращается потребность в огнеупорных материалах и улучшаются условия эксплуатации. Процесс вакуумной очистки чернового цинка достиг уровня полупромышленного производства[15].

Цинково-кадмиевый сплав получается при очистке чернового цинка путем дистилляции. Как цинк, так и кадмий являются металлами снизкой точкой кипения(907 и 765℃ соответственно), они близки по свойствам и их нелегко разделить. Для этого более подходит вакуумная дистилляция. Изучалось испарение Cd[7] при разном соотношении a-N в системе Zn-Cd(Рис. 2)[11] и вакуумная дистилляция сплавов.

Проведены широкомасштабные эксперименты, во время которых подвергалось обработке несколько килограммов исходного материала в сутки[17~19], разрабатывалась печь непрерывного действия для разделения сплава и осуществлены промышленные испытания.

Вакуумная очистка чернового кадмия[20] в нашей стране применяется на нескольких заводах, что явно отразилось на повышении качества рафинированного кадмия. Некоторые исследования были выполнены авторами статьи.

Сплав Sn-Fe-As-Sb (As-Fe дроссы), вакуумная дистилляция которого описана в[21~25], является обычным продуктом рафинирования чернового олова. Его нелегко перерабатывать традиционным методом. Авторы использовали вакуумную дистилляцию для обработки данного

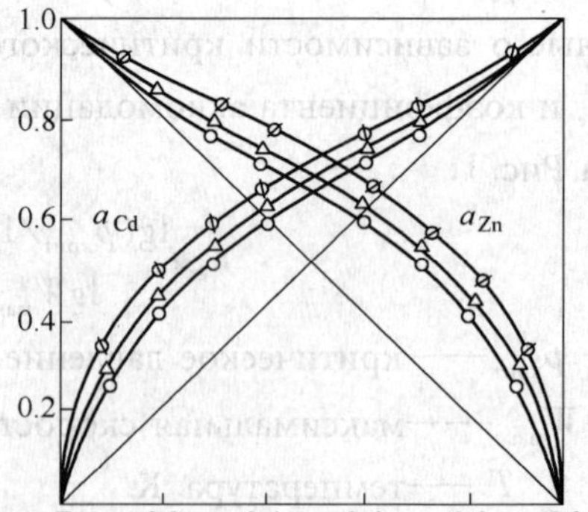

Рис. 2　N-a-диаграмма для Zn-Cd системы(800K)[11]

материала. Свинец и мышьяк испарялись, и было получено черновое олово. Масштаб экспериментальных работ включал проведение лабораторных и укрупненных опытов (около десятков килограммов материала на загрузку). Полученный черновой мышьяк подвергался очистке путем вакуумной дистилляции. Планируется проведение промышленных испытаний.

Вакуумное восстановление цинкового огарка[26, 27] показало, что температура восстановления была ниже (около 950 ~ 1000℃), а скорость его восстановления-выше. Если принять во внимание состав исходного сырья, процесс можно было бы еще более ускорить. Необходимо расширить масштаб эксперимента для показа эффективности.

Дистилляция сложного сульфида[28, 29] медно-цинкового концентрата. содержащего Zn, Pb, Sb, Cd, Bi, проводилась в вакуумной печи при 1100℃. Перечисленные металлы постепенно нсparялись, а сульфид меди образовывал почти чистый штейн. Другая смесь сульфидов, содержащая Sn, Pb, As, Sb, Bi, Ag, Zn, также успешно разделялась вакуумной возгонкой.

Проводилась также вакуумная обработка окисленной пыли, содержащей цветные металлы, оловоплавильного предприятия[30, 31] состава:

Элемент	Sn	Pb	Sb	Zn	As
Пыль 1/%	19. 10	25. 26	13. 36	4. 65	8. 98
Пыль 2/%	8. 05	4. 70	4. 94	0. 16	42. 06

Свинцово-висмутовый сплав-один из побочных продуктов предприятия по выплавке цветных металлов. Авторами исследовалась возможность разделения компонентов вакуумной дистилляцией. Поскольку разница в давлении их пара незначительная, составы паровой и жидкой фаз не имеют заметнсго различия. Висмут концентрируется в паре, когда сплав, обогащенный висмутом, подвергается дистилляции. Также при дистилляции сплава, обогащенного свинцом, происходит концентрирование свинца в паре, но степень разделения не так высока. Если сплав содержит 30% ~ 40% Bi, то состав пара приблизительно такой же, как и состав жидкой фазы.

Вакуумная дистилляция цветных металлов в Китае начала изучаться с 1950 гг. С участием авторов разработано, изготовлено и смонтировано около 20 вакуумных установок. Серия вакуумных печей, созданных в исследовательском институте вакуумной металлургии Китая, может быть использована для экспериментов малого, среднего и крупного масштаба (вакуум составляет 10000 ~ 0. 1 Па, температура до 1400℃). Многие аппараты могут действовать непрерывно, другиев прерывном режиме. Изменение веса исследуемого материала может записываться непрерывно.

За 20 лет исследований созданы оборудование и методы, которью можно было популяризировать: это печь для вакуумной дистиллядин свинцово-оловянного сплава с удалением свинца из сурьмы; вакуумное разделение цинково-кадмиевого сплава с отделением Pb (Bi), Zn и Ag из цинковой пены; вакуумное рафинирование чернового свинца и чернового цинка.

В течение более чем 20 лет в Китае созданы условия развития вакуумной дистилляции цветных металлов. Обладая определенными особыми преимуществами, вакуумная металлургия способна преодолеть проблемы, существующие в металлургии при обычном давлении. Можно предсказать, что вакуумная металлургия получит в Китае широкое развитие.

ЛИТЕРАТУРА

[1] He Zikai, et al. J. KIT, 1989, (3) : 56 ~ 60.

[2] Dai Yongnian, et al. J. KIT, 1989, (3) : 61 ~ 67.

[3] Research Report. Research Institute of Vacuum Metallurgy of KIT, 1989, 6(to be published) .

[4] Research Report. Research Institute of Vacuum Metallurgy of KIT, 1989, 6(to be published) .

[5] Дай Юннань и др. Прогрессивные направления вакуумной дистилляции цветных металлов в Китае // Комплексное использование минерального сырья. 1994, (1)

[6] Dai Yongnian, et al. J. KIT, 1982, (1) : 138 ~ 147.

[7] Chen Yuan: Master' s Thesis, KIT, 1989.

[8] Yang Bin: Master' s Thesis, KIT, 1990.

[9] Luo Yiqiang, et al. Science and Technology of KIT, 1982, (2) , 1 ~ 8.

[10] Zhang Goujing. Development of Refining Crude Sb for Removal of Pb, 1989(to be published) .

[11] Xia Dankui. Study on Zn-Cd system, Master' s Thesis, KIT, 1988.

[12] Qiu Keqiang. Study on Pb-Sb System, Master' s Thesis, KIT, 1987.

[13] Zeng Wenming. Study on Zn-Sb System, Master' s Thesis, KIT, 1989.

[14] Chen Wen. Study on Pb-Sb System, Master' s Thesis, KIT, 1989.

[15] Li Xihui, et al. Proceedings of the Third Conference on Vacuum Metallurgy, Chinese Vacuum Society, 1988, (3) .

[16] Xia Dankui J. KIT, 1989, 3, 77 ~ 82.

[17] Li Shulan, et al. Collection on First Session of Yunnan Nonferrous Metal Association, 1988, (3) .

[18] Appraisal Materials. Research Institute of Vacuum Metallurgy of KIT, 1988, (4)

[19] Li Shulan, et al. J. KIT, 1989, (3) : 103 ~ 108.

[20] Dai Yongnian. J. KIT, 1979, (3) : 47 ~ 65.

[21] Dai Yongnian, et al. Yunnan Metallurgy, 1980, (6) .

[22] Tao Hengchang, et al. Collection of Research Institute of Metallurgy of KIT, 1984, (9) : 81 ~ 105.

[23] Chen Feng, et al. J. KIT, 1989, (3) : 37 ~ 47.

[24] Zhang Bing, et al. J. KIT, 1989, (3) : 83 ~ 92.

[25] Research Report. Research Institute of Vacuum Metallurgy of KIT, 1982.

[26] Guo Xianjian. Nonferrous Metals(Quaertly) , 1988, (2) : 53 ~ 61.

[27] Cai Xiaolan Master' s Thesis, KIT, 1989.

[28] Chen Feng, et al. Nonferrous Metals(Bimoutly) , 1984, (Ⅰ) : 38 ~ 42.

[29] Li Shulan, et al. Nonferrous Metals Smelting, 1984, (7) : 25 ~ 31.

[30] He Aiping. Proceeding of the Third Conference on Vacuum Metallurgy, Chinese Vacuum Society, 1988 (Ⅰ).

[31] Hu Lingxin, et al. Correspondence for Mining and Metallurgy, 1981, (2) : 25 ~ 30.

The View of Present Metallurgical Technique of Nonferrous Metals and Application of Metallurgical Furnaces❶

Dai Yongnian Yang Bin Wang Hua Ma Wenhui

Abstract: The present metallurgical techniques and application of metallurgical furnaces in recently years, especially on vacuum metallurgy of nonferrous metals, microwave metallurgy and treatment of municipal solid wastes with metallurgical furnaces are introduced, and the prospect of metallurgical industry was briefly suggested.

A part of traditional technology and equipments of nonferrous metals are dated, because productive method such as copper, tin, lead and zinc metals were invented before a century. Tin smelting with reverberatory stated in the 16th century and with blast furnace was invented a thousand years ago. Zinc horizontal retorting was used in the 19th century and vertical retorting began in the 30s of the 20th century. Copper smelting with reverberatory started in the 17th century and matte smelting with converter was used in 1880. Aluminum oxide electrolysis in melting cryolite occurred in 1886 and production of aluminum oxide by Bayer process was used in 1888. Magnesium chloride electrolysis to produce magnesium was applied in 1830 and then thermal reduction process began in the 30s of the 20th century. All of these processes were more than 100 years. These metallurgical methods have long productive flow sheet, obsolete equipments, severe environmental pollution, excessive consumption, inefficient production and high production cost. Therefore, now it is the time to improve traditional industry of nonferrous metals, and to develop new metallurgical techniques and application of metallurgical furnaces to raise economic benefit and improve environmental conditions.

Dated technology was invented with low science and technology in the past. Traditional industry improvement want to settled radically with modern science and technology. Because the science and technology has been advanced greatly in recent years, now it is the time to improve dated technology, utilizing advanced production methods of metallic materials for production with high-technology, low consumption, no environmental pollution, good economical benefit and meeting adequately the requirements of social development. Researchers and scholars in the world of metallurgical industry focus their attention on to the importance of the study and exploitation of new metallurgical technology and new application of metallurgical furnaces to research in many related fields. At the present, many promising research results have been obtained. The paper introduces some of these developments briefly.

---

❶ 本文为 ICHNM'2002 上的讲话。

1 Vacuum metallurgy of nonferrous metals[1~3]

Vacuum metallurgy is the metallurgical process where the system pressure is smaller than the atmospheric pressure. The pressure of vacuum furnace is operated less than several thousand Pascal normally, so the residual air hardly influences on the metallurgical process, and the physical and chemical processes in vacuum system are not same as in the air. Vacuum metallurgy has little pollution, short flow sheet, high recovery of metals, little consumption, good. profit, and can overcome some difficulties of the processes in atmospheric pressure. Thus it has some advantages as:

(1) The gas pressure is low in vacuum, which is benefit for all volume increase reactions, such as gasification of metals and chemical reactions of gas production.

(2) Gas is rarefied in vacuum system, thus very little gas taking part in the reaction.

(3) Oxidation of metals could not happen without oxygen, and very little nitrogen and hydrogen could not react with lively metals too, such as lithium.

(4) There is not environmental pollution. It is a green metallurgical technique.

The study of vacuum metallurgy of nonferrous metals started in the 20s of the 20th century, such as smelting of nickel and cobalt alloys in vacuum induction electrical furnace. Through intensive world research for almost a century, applications of smelting and refining of nonferrous metals, separation of alloys, reduction of chemical compounds, preparation of high pure metals via vacuum technique and its theory was well developed, and great economical, social and environmental benefits have been obtained.

We studied vacuum metallurgy of nonferrous metals in 1958. The separation of the lead-tin alloy was researched. At the present, internal heat multistage and continuous vacuum distillation furnace and horizontal vacuum furnace were designed and 59 furnaces were constructed in 37 foreign and domestic factories, its distribution as shown in Fig. 1. Great economical, social and environmental benefits was obtained.

1.1 Refining of crude metals and separation of alloys

The reason of refining of crude metals or separation of alloys by vacuum distillation is the composition difference between distillated gas product and liquid phase. A concept β i. e. separation coefficient was introduced from theoretical derivation for A-B binary alloy, that is

$$\beta_A = \frac{\gamma_A}{\gamma_B} \cdot \frac{p_A^*}{p_B^*} \tag{1}$$

Where γ_A and γ_B are Activities coefficient of A and B components, respectively; p_A^* and p_B^* are saturated vapor tension of A and B components, respectively.

When $\beta > 1$ or $\beta < 1$, the separation of alloys could happen, but when $\beta = 1$ it could not. Therefore, the separation coefficient β can be used to estimate whether the components may be separated via vacuum distillation for all alloys.

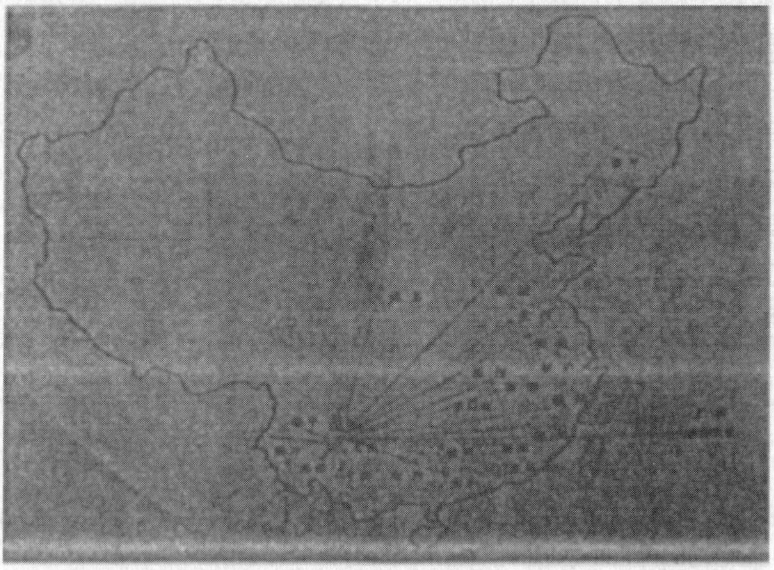

Fig. 1 Distribution of 59 vacuum furnaces, designed by authors

And we use equilibrium components diagram between gas phase and liquid phase to precisely calculate the elements distribution of metals in vacuum refining process. When the two phases are equilibrium, the quantity fraction A_g in gas phase is related the vapor densities of these two components as:

$$A_g = \frac{\rho_A}{\rho_A + \rho_B} = \frac{1}{1 + \frac{\rho_B}{\rho_A}} \tag{2}$$

Follow

$$A_g = \left[1 + \frac{B}{\beta_A A}\right]^{-1} = \left[1 + \frac{B}{A} \cdot \frac{\gamma_B}{\gamma_A} \cdot \frac{p_B^*}{p_A^*}\right]^{-1} \tag{3}$$

where ρ_A and ρ_B are the vapor density of component A and B respectively; A and B are the two component' s quantify fraction. A_g-A diagram calculated by the Eq. (3) is called the equilibrium components diagram of gas and liquid phases, such as lead-tin alloy, as shown in Fig. 2.

The influence of vacuum for evaporation rate ω of metals, and relationship between residual gas pressure and evaporation rate ω, are shown in Fig. 3. From the figure, there is a critical pressure p_{crit}. When system pressure is higher than the critical value, evaporation rate ω decreases with the pressure increase on account of the effect of gas molecules on the motion of metal molecules evaporated, and when system pressure is smaller than the critical value, ω is independent from pressure decreasing. The vacuum system must meet $p_{system} \leqslant p_{critical\ value}$ for distillation of alloys.

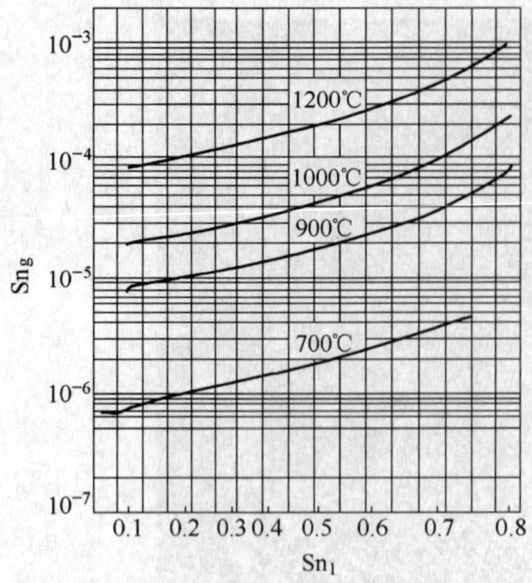

Fig. 2 Equilibrium composition figure of gas and liquid phases in lead-tin system

($Pb_l + Sn_l = 1$, $Pb_g + Sn_g = 1$)

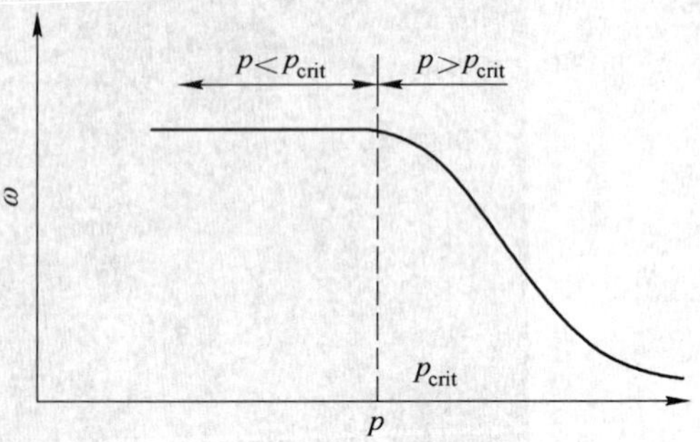

Fig. 3 ω-p curve for evaporation of metal

1.2 Internal heat multistage and continuous vacuum distillation furnace

We researched and designed internal heat multistage and continuous vacuum distillation furnace was used to treat lead-tin alloy, containing 0. 33 lead in quantity fraction(Fig. 4). Lead and tin metal products could be gained via vacuum distillation, respectively. The process consumes electricity about 550 kW · h per ton alloy, and the recovery of tin can be as high as 99. 4%. The producing cost and capital construction investments may be 80% lower than traditional chloride electrolysis methods. It has no pollution, good economical reward and social benefits. The furnaces have been widely used in the domestic and two foreign country factories of lead or tin. Besides, the vacuum furnace could be used to refine crude lead and separate lead-silver, bismuth-silver alloys.

Fig. 4 Internal heat multistage and continuous process vacuum distillation furnace

1.3 Horizontal vacuum furnace

We researched and designed the horizontal vacuum furnace were built in Shaoguan Smelter in China to extract zinc from hard zinc, which contains ~80% Zn, ~3% Fe, 0. 2% Ge ect. The furnace was shown in Fig. 5. The recovery of zinc is ~82%, and Ge, In, Ag could be enriched 10 times and recoveries 97%. In the last 4 years, the Smelter built 5 vacuum furnaces. 10000 t old and 2500 t/a new hard zinc were treated. Great economic benefit was obtained. Furthermore, the furnace was built in Wugang Smelter in China to treat hot galvanizing dross, containing 3% ~5% iron and 90% zinc. The zinc metal product contains about 0.003% iron and the direct recovery of zinc metal is more than 82%. On another plant of China, this vacuum furnace produces high grade zinc, it contains about $2\times10^{-4}\%$ iron。

Fig. 5 Horizontal vacuum furnace

1.4 Vacuum metallurgy of lithium metal

Vacuum metallurgical technique of lithium metal were researched and developed by our research institute, it has simple process flow sheet, little pollution compared with traditional production technique. The production equipments in the new plant and machined lithium metal samples were shown in Fig. 6 to Fig. 8.

Fig. 6 Refining vacuum furnace of lithium metal

Fig. 7 Rolling mill of lithium metal sheet

Further, the study of new vacuum metallurgy to smelt metals, such as magnesium and aluminum, reduction of metallic chemical compounds, preparation of ultra fine powders, high pure metallic materials, novel alloys, lithium ion battery and intermediate temperature solid oxide fuel cell have been researched by Research Institute of Vacuum Metallurgy and Materials in Kunming University of Science and Technology, and some promising research results have been obtained.

2 Microwave metallurgy[4~6]

Microwave heating application in metallurgy is a new metallurgical technique being developed in recent years. Studies of this new technology have been very concerned and many attractive research results were achieved in some developed countries. Microwave heating can crush ores, pretreat rebellious gold ore, recover gold from low-grade ore and refused ore, extract rare and heavy metals from ores, carbothermic reduce iron and alum-titanium bearing magnetite ores and treat

Fig. 8　Samples of lithium metals produced

industrial refuses. Though there are many problems to settle, these research results indicate that microwave has the value of potential applications in metallurgical industry.

Microwave heating is different from traditional heating modes. It does not need the heat transfer from surface to inside, but direct heats materials via dissipation of microwave energy internally. Microwave may produce energy in internal part of all material the transform degree are according to different properties of materials, such as electrical and magnetism conductivity and dielectric constant. The applications of microwave in metallurgy processes have some advantages as follows:

(1) Heating material selectively, high heating rate, and high heating efficiency.

(2) Microwave can speed up synchronously endothermic and exothermic reactions, and catalyze chemical reactions.

(3) When microwave heating substitutes traditional one, metal smelting and other high temperature chemical reactions can be operated under a relative low temperature, i. e. heating with microwave could decreases the reactive temperature for chemical reactions.

(4) Microwave could easily heat polar liquids, so heating with microwave can easily dissolve minerals into solvents.

Liu Chunpeng et al. worked in Kunming University of Science and Technology, have studied the application of heating with microwave in metallurgy since 80s of the 20th century. The projects continuously supported by National Natural Science Fund of China have been studied further and systematically. Many important research results have been acquired and some were summarized in Table 1 ~ Table 4, such as heating up properties of minerals in microwave fields, decomposition of minerals, carbothermic reduction of metallic oxides and leaching of sulphide ores in heating up with microwave, pretreatment of ores under microwave radiation, production of active carbon of high quality using farming and forestry wastes under microwave radiation and preparation of ultra fine ceramic powders via plasma.

Table 1 Effect of microwave heating on the temperatures of sulphide minerals and compounds

Minerals or compounds	Chemical composition	T/K	t/s	$\Delta T:\Delta t$/K · s^{-1}
Silver sulfide	Ag_2S	422	150	0.83
Cobalt sulfide	Co_9S_8	892	150	3.96
Cuprous sulfide	Cu_2S	1026	160	4.55
Carrollite	$Cu(Co,Ni)_2S_4$	970	150	4.48
Chalcopyrite	$CuFeS_2$	980	60	11.37
Bornite	Cu_5FeS_4	1250	150	6.35
Ferrous sulfide	FeS	800	100	5.02
Pyrrhotite	$Fe_{1-x}S$	955	40	16.43
Pentlandite	$(Fe,Ni)_9S_8$	752	150	3.03
Nickel pyrrhotite	$(Ni,Fe)_7S_8$	956	150	4.39
Molybdenite	MoS_2	1060	150	5.08
Nickel sulfide	Ni_3S_2	690	150	2.61
Galena	PbS	1010	120	5.93
Jamesonite	$Pb_4FeSb_6S_{14}$	800	30	16.73
Lead-zinc sulfide concentrate	PbS-ZnS	720	150	2.81
Stibnite	Sb_2S_3	450	150	0.51
Stannous sulfide	SnS	1090	100	7.92
Sphalerite	ZnS	432	150	0.89

Table 2 Effect of microwave heating on the temperatures of oxide minerals and compounds

Minerals or compounds	Chemical composition	T/K	t/s	$\Delta T:\Delta t$/K · s^{-1}
Alumina	Al_2O_3	430	150	0.88
Calcium oxide	CaO	449	150	1.01
Cuprous oxide	Cu_2O	1395	120	6.87
Magnetite	Fe_3O_4	1026	150	4.85
Hematite	Fe_2O_3	455	420	0.37
Ilmenite	$FeTiO_3$	1260	150	6.41
Vanadium titanomagnetite	$(V,Ti,Fe)Fe_3O_4$	1260	190	5.06
Magnesia	MgO	362	150	0.43
Manganese dioxide	MnO_2	1378	100	10.80
Lead oxide (yellow)	PbO	489	150	1.27
Antimony oxide	Sb_2O_3	370	120	0.60
Quartz	SiO_2	346	150	0.32
Cassiterite	SnO_2	1480	60	19.70
Stannic oxide (pure)	SnO_2	1010	150	4.75
Titania	TiO_2	323	240	0.10

Table 3 Effect of microwave heating on the temperatures of oxy-salt minerals and compounds

Minerals or compounds	Chemical composition	T/K	t/s	$\Delta T:\Delta t$/K · s^{-1}
Calcium carbonate	$CaCO_3$	498	150	1.33
Siderite	$FeCO_3$	546	150	1.65
Cerussite	$PbCO_3$	510	180	1.18
Smithsonite	$ZnCO_3$	406	180	0.60
Calcium hydroxide	$Ca(OH)_2$	440	150	0.95
Limonite	$FeOOH \cdot nH_2O$	350	150	0.35
Acbolite	$(Mn,Co,Ni)(O,OH)$	670	200	1.86
Wulfenite	$PbMoO_4$	475	180	0.98
Chrysocolla	$(Cu,Al)_2H_2Si_2O_5 \cdot (OH)_4 \cdot nH_2O$	440	180	0.79
Garnierite	$(Ni,Mg)_3Si_2O_5 \cdot (OH)_4$	525	180	1.26
Serpentine	$Mg_6Si_4O_{10}(OH)_3$	460	180	0.90

Table 4 Effect of conductivity on heating rate

Minerals or compounds	Chemical composition	Conductivity/$S \cdot m^{-1}$	$\Delta T: \Delta t$/$K \cdot s^{-1}$
Magnesia	MgO	1.61×10^{-11}	0.42
Sphalerite	ZnS	$2.5 \times 10^{-5} \sim 2.5 \times 10^{-4}$	0.89
Molybdenite	MoS_2	$1.0 \times 10^{-6} \sim 8.3$	5.08
Haematite	Fe_2O_3	$1.0 \times 10^{-4} \sim 4.8 \times 10^{2}$	0.37
Cassiterite	SnO_2	$1.0 \times 10^{-4} \sim 2.2 \times 10^{3}$	19.70
Stibnite	Sb_2S_3	$1.0 \times 10^{-2} \sim 1.0 \times 10^{2}$	0.51
Chalcopyrite	$CuFeS_2$	$6.3 \times 10^{-1} \sim 5.0 \times 10^{1}$	11.40
Jamesonite	$Pb_4FeSb_6S_{14}$	$6.67 \sim 5.0 \times 10^{1}$	16.70
Silver sulphide	Ag_2S	$5.0 \times 10^{2} \sim 6.6 \times 10^{2}$	0.83
Ilmenite	$FeTiO_3$	$2.5 \times 10^{-1} \sim 1.0 \times 10^{3}$	6.41
Manganese oxide	MnO_2	$1.0 \sim 6.67 \times 10^{2}$	10.80
Cuprous sulphide	Cu_2S	$2.4 \times 10^{1} \sim 1.3 \times 10^{4}$	4.55
Magnetite	Fe_3O_4	$1.4 \sim 6.7 \times 10^{4}$	4.86
Bornite	Cu_2FeS_4	$1.7 \times 10^{2} \sim 6.3 \times 10^{5}$	6.35
Pyrrhotite	$Fe_{1-x}S$	$6.3 \times 10^{3} \sim 5.0 \times 10^{5}$	16.40
Galena	PbS	$1.7 \sim 1.0 \times 10^{6}$	5.93
Pentlandite	$(Fe,Ni)_9S_8$	$9.1 \times 10^{4} \sim 1.0 \times 10^{6}$	3.03

3 New application of metallurgical furnaces[7,8]

In order to relieve the environmental damage by human survival, developed countries are undergoing zero emission projects. Municipal solid wastes treatment technology upgrade to synthetic reuse simultaneously. As to the emission of dioxins, the technology of municipal solid waste incineration comes into a research hot point. It is considered as the most prospective and advanced technology for the next generation technology of municipal solid waste treatment.

Wang Hua et al. in Kunming University of Science and Technology, have successively studied the new technology in municipal solid waste incineration with direct gasification and melting and related equipments for harmless treatment, volume reduction and reuse of Chinese municipal solid waste (Fig. 9 ~ Fig. 11). Metals in municipal solid waste, whether classed or not, could be recovered through controlling the conditions of combustion chamber and the melting slag could be used as building materials, as shown in Fig. 12. As toxic substance such as dioxins are restrained, total system become close to zero emission. So the technology has some advantages compared with other relative technologies:

(1) Simple structure, low construction capital and high the hearth exponent. The furnace is flexible according to quantity of municipal solid waste treated, the minimum hearth area of furnace may be to $0.1 m^2$.

(2) Better adaptability for all kinds of municipal solid wastes.

(3) Enormously deceasing the environment pollution, such as dioxins and sulfur dioxide.

(4) Achievement of harmless treatment and volume reduction and reuse to all municipal solid waste.

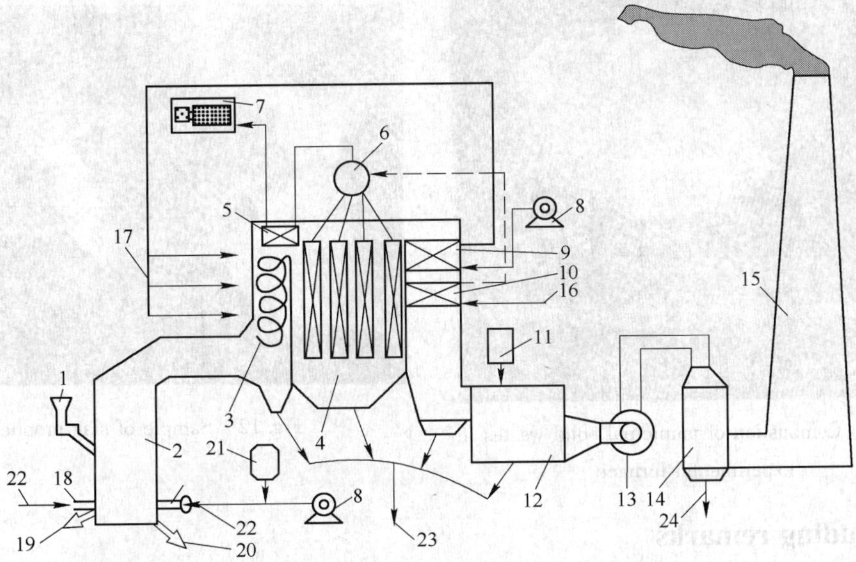

Fig. 9 Process flow sheet in municipal solid waste incineration with direct gasification and melting studied by Kunming University of Science and Technology

1—Feed engine; 2—Furnace; 3—Secondary combustion chamber; 4—Remaining heat boiler; 5—Steam overheater; 6—Air pocket of boiler; 7—Generator; 8—Bump; 9—Air preheater; 10—Economizer; 11—Purificant; 12—Treatment equipment of fume with quench tower; 13—Induced-draft fan; 14—Reactor of denitration with heater; 15—Chimney; 16—Water supply of boiler; 17—Secondary heated wind; 18—Nozzle; 19—Melting slag; 20—Alloy; 21—Assistant fuel; 22—Fuel and primary air; 23—Fly ash backed out to the furnace with harmless treatment; 24—Fly ash with harmless treatment

Fig. 10 Equipments of experiment

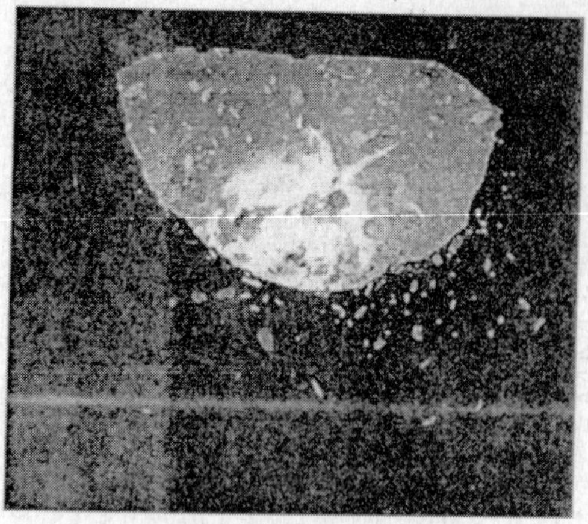

Fig. 11 Combustion of municipal solid wastes in experimental furnace

Fig. 12 Sample of slag produced

4 Concluding remarks

Three options may improve the present situations of metallurgical industry as follows:

(1) Traditional dated techniques and equipments may be renovated by advanced techniques and equipments with modern management. Novel techniques and related equipments need to be exploited and researched to adjust the present productive situation.

(2) Attaching importance to the metallic fabrication and producing more kinds of products to meet social requirements. Fabrication of products with high technology (i. e. fine materials, alloy and functional and chemical materials) is as important as commonly products (i. e. plate, pipe, pole, foil and strand). The former meets the requirements of social development and the latter settles the fabrication of a large amount of metals.

(3) Study and exploitation of new applications for metallurgical furnaces for some factories to convert their business and production.

Acknowledgments

The authors would like to thank professors Peng Jinhui, Hua Yixin, Zhu Zuze and Dr. Jiang Yingxiang in Kunming University of Science and Technology for their assistance.

References

[1] Dai Yongnian, Yang Bin. Vacuum Metallurgy of Nonferrous Metallic materials. Beijing: Metallurgical Industry Press, 2000: 1 ~ 392.

[2] Dai Yongnian. Vacuum Metallurgy of Nonferrous Metals. Beijing: Metallurgical Industry Press, 1991, 246.

[3] Yang Bin, Dai Yongnian. Study on Extracting Metallic Lithium from Li_2CO_3 by Vacuum Metallurg. Kunming: Yunnan Press of Science and Technology, 1999: 1 ~ 207.

[4] Peng Jinhui, Liu Chunpeng. Kinetics of leaching sphalerite With pyrolusite simultaneously microwave irradiation. Trans. Nonferrous Met. Soc. China, 1997, 7(3): 152 ~ 154.

[5] Hua Yixin, Liu Chunpeng. Heating rate of minerals and compounds in microwave field. Tran. Nonferrous Met. Soc. China, 1996, 6(1): 35 ~ 40.

[6] Jin Qinhan, Dai Shushan, Huang Kama, et al. Microwave Chemistry. Beijing: Science Press, 1999: 282.

[7] Wang Hua, He Fang, Ma Wenhui, et al. Dioxins zero emission technology in municipal solid was incineration with direct gasification and melting. Industrial Heating, 2001, (2): 6 ~ 9.

[8] Wang Hua. Dioxins zero emission technology. Beijing: Metallurgical Industry Press, 2001: 1 ~ 120.

有色冶金

YOUSE YEJIN

有色金属真空冶金
有色冶金
锡冶金
粗锑及硅的精炼
高能电池

云南有色金属工业发展探讨❶

戴永年 杨 斌 马文会

摘 要：有色金属工业是云南省支柱产业之一，当前的问题是传统生产方法老化、产品品种少、初级产品多、技术含量低、经济效益差等。分析了其状况，指出应以现代科学技术为基础改革传统方法，加强深加工，产多品种产品，着力提高金属加工品的数量，以满足社会发展需要，大幅度提高经济效益，使有色金属工业走上欣欣向荣的广阔大道。

关键词：有色金属工业；改革传统技术；深加工；多品种产品

1 状况及问题

我省具有有色金属的资源优势，如铜、锡、铅、锌、锗、铟、镍、锶、铝等。现在生产的有色金属年产量已跃居全国的前列，达到60多万t，并以很大的速度在增加，1999年全年实现利税7.6亿元，为云南作出了贡献。

但是有色金属企业存在着一些难题，职工人数(在职与离职者)多，达到几十万人，生产技术和设备不够先进，产品品种单调和技术含量低，多属初级产品，效益不高，对环境有一定污染，一些企业处于经济困难之中，个别甚至濒临破产。

好一些的是有资源，可以扩大生产，有电可以多产耗能、储能物质(合金、铝、硅、磷等)，可以有一些效益，但若人员工资逐渐提高，电费有所增加，金属价格有所下降时，势必仍会处于困难之中。

面对这些情况，如何才能走上宽阔的道路并迅速发展?

2 可以思考的一些途径

2.1 革新改造传统技术及设备

有色金属的生产技术和设备是不够先进的，以生产流程来说大都已发明了很长时间，如铜、锡、铅、锌都是在一个世纪以前就发明的。反射炉炼锡始于16世纪，用鼓风炉炼锡已上千年；19世纪有平罐炼锌，20世纪30年代是竖罐炼锌；17世纪开始用反射炉熔炼铜，1880年用转炉吹炼冰铜；铝：1886年冰晶石氧化铝电解炼铝，1888年拜耳法生产氧化铝；镁：1830年用电解$MgCl_2$法制镁，20世纪30年代用热还原法制镁，这些方法都有上百年、几百年的历史，生产流程长、设备陈旧、对环境有污染、生产中消耗多，生产率低、生产成本高。

最近，炼铜、炼铅、炼锡开始引进奥斯麦特炉技术，生产技术有望大大提高一步，但尚缺少自己的研究、掌握、改进、创新，在经济效益上也还看不出明显的优势。

近年来我国引进了闪速炼铜，也用于炼镍，引进QSL法炼铅(至今尚未掌握好)，引

❶ 本文发表于《云南冶金》，2002，31(3)：81~84。

进奥斯麦特炉炼铜、锡、铅(正在进行)，引进 ISP 鼓风炉炼锌用于韶关冶炼厂等，而我们自己研究的较少，有个白银炉研究成功，尚未推广。总之，自己研究的不多，是不是投入不够，对研究鼓励支持不足，研究者需增加信心和勇气。

对照国外，有色金属行业的“老化问题”同样存在，所以在 80 年代初日本的炼铝工业在经济上无法维持，100 多万 t/a 的生产能力几乎完全消失，镁的生产也全停下，大量金属的使用全靠进口，日本的有色金属产业已寥寥无几。

因此，革新、改造有色金属的传统产业在国内外都是不可忽视的重要问题。

革新、改造传统产业，要用现代的科学技术，从根本上改造革新。旧技术是在过去科学技术处于较低水平时发明的，近年来科学技术水平大大提高了，已经是改造旧的落后技术的时候了。

改造的目标是使生产金属材料的方法先进、产品技术含量高、消耗低、对环境无污染，经济效益高，充分满足社会发展的需求。

革新改造传统技术设备的思路：人们常常认为传统技术是成熟的工艺，历经多年生产考验，是不容易改造的。但是事物都是发展的，不会永远停滞在一个水平上，应该研究新技术、新方法来改造传统技术。

比如说炼镁，在国内上百家用皮江法的中小工厂都停产了，因为它有三大问题；使其生产成本降不下去。一是用高镍铬合金罐，生产 1t 镁要消耗 4～6 千元的罐子；二是罐子容积小，限制了生产规模，多生产就要多个罐子，有点像已淘汰的平罐炼锌法；三是用硅铁做还原剂，每吨镁耗硅或硅铁要 4 千～6 千元，三项之和就近万元，吨镁生产费用约 2 万元，高出每吨镁的售价几千元，当然就无法生产下去了。是否可以设想研究在真空中用碳做还原剂(几百元 1t 煤)，代替硅或硅铁，用真空炉代替合金罐，真空炉规模大、寿命长，如果成功，就可大幅降低镁的生产成本，大大增强其竞争力，产生好的经济效益。

又如炼铝，世界铝年产量约 2000 多万 t，我国 200 多万 t，生产方法基本上是拜耳法生产氧化铝，霍耳-埃鲁特法电解生产铝。铝矿含 Al_2O_3 约 60%，焙解后达到 70%～80%，若直接炼成金属铝，免去生产氧化铝这一步，生产 1t 铝可节约 5000 元。若能用真空炉，既可以放大生产规模，降低成本，且不污染环境。若每吨铝生产费用降低 5 千元，则铝的成本就可降 1/3 左右，竞争力就强了，我国年产 200 多万 t 铝，就会有较好的经济效益。

我们在 20 世纪 80 年代(1979 年)，研究成的真空法分离焊锡，代替了原来生产中使用的氯化物电解法，加工费用由每吨 1 千多元降到 120 元(1980 年估计)，设备费用降低 3/4，对环境由有污染变为无污染，金属回收由 96% 提高到 99.4%，经济效益明显提高，故在几年中推广了 30 多台，用于 20 多个工厂。

这几个例子说明对传统技术改造、革新的可能性很大，能使其经济效益大大提高。我们要大胆创新，研究使用新工艺、新技术，敢做前人未做过的事，从而改变冶金材料行业的面貌。

有色金属传统技术的面是较广的，有色金属的品种多，生产方法各式各样，应该改革的地方自然很多，要改造、革新需要很多人长时间努力。

当然也会有人考虑到这工作太难，改造已有的流程谈何容易，改造用于生产行之有效的方法是硬骨头，是难啃的。但科学技术在不断进步，用于改造的办法就多了，只要对准目标，奋力创新，坚持努力，一定是有效的。

2.2 多产品、深加工、提高产品的技术含量，大幅提高经济效益

金属深加工，多品种产品能够明显的提高经济效益，已是人所共知的事实。我们省有色金属产量年年上升。2000年已达60多万t，而深加工的部分增加相对缓慢，1999年为有色金属产量的18.8%，2000年为7.5%，只有几万吨经过加工，其余50多万t以金属锭产品出售。

初步统计，金属只要加工成常规材料，即板、棒、管、线、型材即可增值30%～50%，即100万元的金属就增值为130万～150万元，同样吨位的金属就有较高的价值。如果不用此法，要增加30%～50%的销售收入，就要相应增产金属量30%～50%，这是不容易办到的。如果把金属进一步加工成技术含量较高的材料，如薄铜带，高精度合金板、耐蚀冷凝管、优质电解铜箔，则金属增值就达到80%～90%，甚至100%或百分之几百。

例如，我们省冶金工厂副产砷灰，成为污染环境之源，加工成工业纯白砷后两三千元1t，而半导体制作需要元素砷，用于制砷化镓等，6N砷每吨上百万元；又如我省年产硅几万吨，价格约8000元/t，而我国以及东南亚几国都缺多晶硅，多晶硅60万元/t，增值了100倍，单晶硅120万元/t，增值200倍；再如我省大量生产黄磷，约7000元/t，而半导体工业要的6N红磷，价格上百万元/t，……，这样的例子很多，只要信息灵通，可以做的项目是很多的。

如果掌握市场信息，了解社会的需要就可以研究、生产，一方面满足了社会发展的需求，另一方面大大提高了金属资源的价值，提高了经济效益。

具体来说，我们一方面要研究新的、高精尖的产品，另一方面要增加金属加工的种类，提高金属的加工量。如果60多万t金属的一半经过深加工，则我们省的有色金属产值将成倍增加，特别是在不增加金属产量的情况下产值增加。

据报道，我国有色金属产品种类还不能完全满足国内飞速发展的经济建设需要，现在基础建设、汽车、航空、航天、海运、机械制造、建筑、电子、复合材料合金、超薄板、管材、化工产品、国防工业、核工业、民用工业等，都需要品种繁多、数量巨大的有色金属及材料。因此，我们省开发生产多种有色金属产品有广阔的天地。

虽然近几年我省在金属加工方面有发展。铝加工能力由1.5万t提升到4万t，开发出了铸轧卷，铝板、铝带、铝箔、衬纸铝箔、铸造铝合金；铜生产了铜杆、铜线；正在开发生产锌材，但品种少，数量不大，只占年金属量的7.5%。问题值得重视，应增加数量和品种。

由于长期以来我省熟悉金属锭的生产和管理，金属产品多限于金属锭。在进一步发展生产时，习惯于多向开矿、多产金属锭方面努力，较少在深加工方面开拓路子规划。金属锭年年增产，而加工数量增加少，加工的金属占有色金属产量的比重就越来越少。1999年占18.8%，2000年却降低到7.5%，这个比例很不利于有色金属工业的发展。

现在着重发展有色金属的产量，还出现另一个问题，我国的有色金属有几种已占了世界第一，如钨、锑、锡、镁、稀土等，国际上也因为我们的产量越来越多，价格越来越低。增加产量不能多产生应有的效益。因此，多生产金属锭要看世界供求的情况而定。

金属资源是有限的，一次性的。不宜于过快开采，过早地导致矿山资源枯竭。必须以

持续发展的原则，计划适度使用，这是很重要的，不能大量开采消耗资源，而又造成金属供过于求，价格下降，这样做是不适宜的。

开展金属的加工工业需要大量的人才和资金，我国人力资源丰富，可以安排发动现有企业的其余人员参加，再增加年富力强、技术水平高的人员有计划地进行。

我国生产金属的企业，现在许多已经注意到多品种深加工的重要性。如西北镍都金川，经过几年的努力，现已建立了若干个加工厂生产一些金属材料、化工原料。安徽铜陵是有名的铜冶炼企业，已建成系列铜材的生产企业。有的工厂专门生产各种铅和铅材，效益很好。有一个工厂几万元起家生产铜管、铜杆经十年的努力已能产数万吨，生产出多品种的铜杆、铜管，年产值数亿。这样的例子全国很多。

由于有色金属个数多，周期表中有 60 多个元素是金属，每种金属的产品也是一个很大数目，应用又极为广泛，例如仅电子材料就有数以万计的材料，据说铜就有上万种产品。可以说有色金属产品的数量是浩如烟海的，决不会有找不到适于自己生产的产品。

2.3 研制高精尖的产品

随着高新技术的发展，需要各种具备特殊性能的材料，研制这一种材料关系着一项高技术的成功。例如超导材料的研究，已经投入了大量人力、物力、财力和较长的时间，并已经取得一定的进展，一旦成功，将使输电线成为零电阻；又如计算机芯片研制成功，出现了计算机直接影响信息产业等，这样的材料当然是十分重要的。这类材料的研究一旦成功其经济效益是十分巨大的。

类似的金属材料和非金属材料也是很多的，如超细粉末材料的研究和应用，隐形材料就是一种超细粉末；还有各种功能材料，磁性材料，陶瓷材料等。

还应当提到，许多金属的应用研究也是应当注意的，例如我国生产的钨、锑、锡、稀土、镉、铅、锌等，每一种金属都有其特性，研究每种金属、合金、化合物的特性并加以应用，用来造福人类是有重要意义的，也有很好的经济效益。

3 结语

云南历来具有有色金属的资源优势，发展了一些有色金属的生产，主要金属有铜、锡、铅、锌、锗、铝等。年总产量达60 余万 t，并在进一步提高产量。目前有色金属锭的产量在全国各省中名列前茅。但经加工的金属只占 7.5%，有 92.5% 都未经加工，以金属锭出售。

金属锭为金属中的原料型产品，价值较低，加之生产方式不先进，设备和技术都较落后，故生产成本较高，经济效益不高，有的企业甚至难以维持，难以更新技术设备，生产生活都处于较困难的境地。

有必要由两方面改变现状：一方面用先进技术设备更新企业的传统落后的技术和设备，采用现代化的管理，研究新的技术设备，改造和革新生产现状；第二方面着重于金属的深加工，多品种产品，以适应社会发展的需求，大幅度增加经济效益，彻底改变企业的面貌和经济状况，产品的深加工中一般(生产板、管、杆、箔、线等)和高技术含量加工(精密材料、合金、各种功能材料、化工材料等)要并举。前者解决大量金属加工，后者满足社会发展需要(其数量一般不大)。如此发展将金属深加工量和总产量的比例由现在的

7.5%提高到几十、一半，甚至更多，则将在产出同等金属量的基础上成倍增加产值。

为此要有计划地逐步提高金属加工的量，抓紧研制高技术含量的产品，引进生产技术和人才。

目前逐年扩大金属产量的作法宜用扩大金属加工量来代替。人力、物力、财力着重用于提高加工量方面，研究工作也应在这方面努力，同时研究新的材料、新技术，研究工作要落脚到产业化上去，鼓励为云南提高金属加工量做工作。

深加工和多产品品种是有色金属工业发展的生命线，这是决不能忽视的，这方面做得好的企业才有蓬勃发展的可能，否则就只能处于困境之中，没有大的发展。

过去着重加大金属产量，只能迅速消耗资源，得到金属供过于求，使价格下降，不利于提高经济效益，也不符合持续发展原则，应当认真考虑，调整措施。

若干年来都在强调深加工的重要性，而实际上经过深加工的产品比例却逐年下降，这种状况值得认真总结，实实在在地把深加工的数量提上去。

革新、改造传统技术，要下决心攻坚，发挥创新精神，敢于啃硬骨头、攻难题，对此，有关方面给以各种支持鼓励，去创造前人没有的技术和设备，改造落后的生产面貌。

深加工的有色金属多种产品是国家各行业发展所需，如国内生产的品种不足，还要进口，至今国内需要进口的有色金属材料、化工产品还不少，我们应当赶上去，生产目前尚需要进口的产品，如果我们发展了，还可以出口，比如多晶硅，就可以出口到东南亚的一些国家，从而满足了国内外社会发展的需要，经济效益自然伴随而提高，企业也就得到改善。

深加工、多品种有色金属产品，是世界各国发展的需要、国内各行各业的需要、我国推动经济发展的需要、沿海工业发展的需要、西部大开发的需要，总之，其需要广泛。深加工的发展天地广阔，要重视这些需要，加快步伐赶上去，争取有色金属工业美好的前途。

深加工的技术上去之后，原料在本地有则本地供，若本地缺少可以由各地运来，甚至由国外供应，原料产地的重要性在下降，决定性的是技术，获取技术，技术进步就会成为关键。

深加工是有色金属工业的生命线，要认真发展它。

有色金属生产发展和科研产业化[1]

戴永年

1　我国正处在蓬勃发展的时期，金属需求量大增

新中国成立以来，特别是改革开放之后，全国发展欣欣向荣，国内生产总值迅速增加(见表1)。

表1　国内生产总值及年均增长值　（亿元）

年　份	1952	1978	1990	2003	2004
国内生产总值	679	3624.1	18547.9	116898.4	136515
平均年增	(1952～1978)年增113.2		(1978～2003)年增4530.9		增19617

可见，我国GDP每年增加数很大，在1978年前为113.27亿元/年，为1952年的16.7%，1978年至2003年增值为4530.9亿元/年，为1952年的6.67倍之多。

我国粗钢生产2003年达到2.2亿t，进口钢2千多万t。

铝的产量也迅速增长，表2为几个原铝生产国的产量。

表2　几个原铝生产国产量　（万t）

年　份	1990	1997	1999	2000	2001	2002	2003
美　国		360.3	375.8	366.8	263.7	270.5	
俄罗斯		290.6	313.8	342.4	330.2	334.7	
中　国	85.4	217.9	216.8	282.7	342.7	451.1	556.3
加拿大		232.7	238.3	237.4	258.3	270.9	

从表2看出，我国铝的产量迅速超过其他国家，1990年产85.4万t，2003年猛增至556.3万t，超过6.5倍。

目前，我国有色金属产量有多种金属达到世界第一(见表3)。

表3　我国各种有色金属产量表

品　种	Cu	原Al	Pb	Zn	Sn	Sb	Mg	W	Ni
产量/万t	143	342	117	208	9	13	19	2	
占世界产量/%	9.3	14	18.3	22.9	35.1	80	48	70	
占世界名次	4	1	2	1	1	1	1	1	
2003年净进口/万t	129.3	-49.34	-18.51	-31.5	-0.61		-23.07		8.53

从表3看出，我国的Al、Zn、Sn、Mg、W年产量占世界第一，而Cu、Ni等金属仍不够用，Sn的净出口值仅0.61万t。我国工业化金属的需求量今后还要大增。

由日、美两国人均GDP和Cu、Al人均消耗量的“S”形模型(图1～图3)，可见，在工

[1] 本文完成于2003年10月20日。

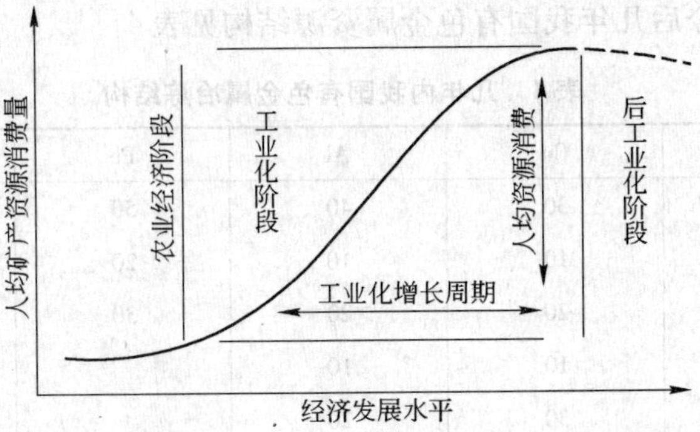

图 1　工业化过程中人均金属消费量的"S"形模型

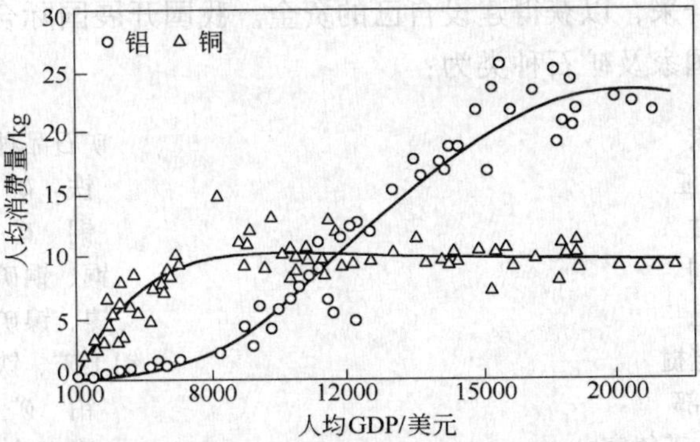

图 2　美国人均铜铝消费量与人均 GDP 的关系（1990 年）

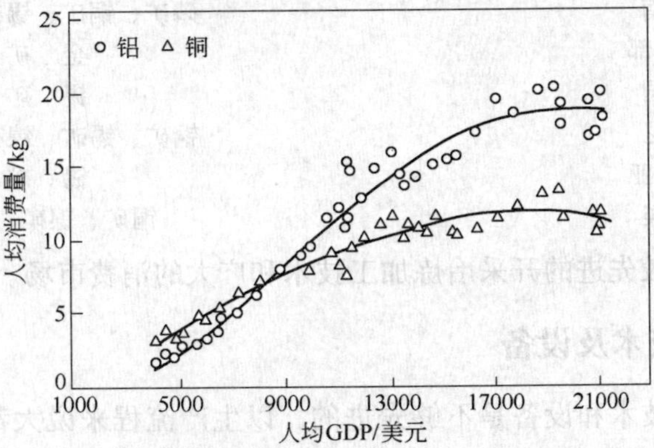

图 3　日本人均铜铝消费量与人均 GDP 的关系（1990 年）

业化阶段，人均 Cu 耗要达到约 10kg，Al 要达到 20～25kg。

我国现在人均 GDP1000 美元，人均耗 Cu 不到 2kg，Al3.84kg。

我国工业化若按此数发展，则 Cu 要增加 5 倍，Al 要增加 5～6 倍。

2　我国资源不足，需要大量输入镍、铜、铁、氧化铝

我国铜精矿等大量进口。氧化铝每年进口数百万吨（2002 年为 457 万 t）。镍铂族元素

还在进口。有人估计今后几年我国有色金属资源结构见表4。

表4 几年内我国有色金属冶炼结构 (%)

品 种	Cu	Al	Pb	Zn
国内原料	30	40	50	60
国内再生资源	10	10	20	
进口矿	20	20	30	35
进口再生资源	10	10		5
进口金属	30	20		

我国需要大量进口一些有色金属资源，大量进口有色金属与许多国家达到双盈，促进他们久未开采的矿石开采，以获得建设自己的资金。我国开展国际合作，进口矿料或金属达到双盈，可商谈的国家及矿石种类为：

国 家	矿石品种
澳大利亚	铁 矿
蒙 古	铜 矿
智 利	铜、铜矿
古 巴	镍、镍矿
越南、老挝	铝土矿、铁矿
缅甸北部	铂 矿
缅甸、越南、菲律宾	铬 矿
老挝、缅甸	铜镍矿
老挝、万象	钾资源
越 南	磷矿、铜矿、锡矿、金矿
缅甸北部	金 矿
泰 国	锡 矿
印 尼	铜矿、锡矿、镍矿、金矿
马来西亚	锡 矿
菲律宾	铜矿、镍矿、金矿

同时，我国具有较先进的开采冶炼加工技术和广大的消费市场。

3 革新改造传统技术及设备

有色金属的生产技术和设备是不够先进的，以生产流程来说大都已发明了很长时间，如铜、锡、锌都是在一个世纪以上就发明的。反射炉炼锡始于16世纪，用鼓风炉炼锡已上千年；锌19世纪有平罐，20世纪30年代是竖罐；铜17世纪起用反射炉熔炼，1880年用转炉吹炼；铝1886年冰晶石氧化铝电解，1888年拜耳法生产氧化铝；镁1830年用电解$MgCl_2$法制镁，20世纪30年代用热还原法，都有上百年、几百年的历史。生产流程长，设备陈旧，对环境有污染，生产中消耗多，生产率低，生产成本高。

最近，铜、铅、锡都引进奥斯麦特炉技术有望大大提高一步，但尚缺少自己的研究、掌握、改进、创新，在经济效益上还看不出明显的优势。

近年来我国引进了闪速炼铜，也用于炼镍，引进了QSL法炼铅（至今尚未掌握好），引进奥斯麦特炉炼铜、铅、锡……。而我们自己研究得较少，有个白银炉研究成功也未推广……。总之，自己研究得不多，是不是投入不够，或者对研究鼓励支持不足？

对照国外，有色金属行业的“老化问题”是同样存在的，所以在20世纪80年代初日本的炼铝工业经济无法维持而100多万t/a的生产能力几乎完全消失。镁的生产也全面停工。大量金属的使用全靠进口，日本的有色金属产业已寥寥无几。

因此，革新、改造有色金属的传统产业在国内外都是不可忽视的重要问题。

革新、改造传统产业，要用现代的科学技术，从根本上改造传统技术。现在出现了一系列新的科学技术。已经是用于改造旧的落后技术的时候了。改造的目标是：生产金属材料的方法先进，产品技术含量高，消耗低，对环境无污染，经济效益高，充分满足社会发展的需求。

我国要对革新改造传统技术设备进行认真的思考。思考这个问题有时认为传统技术是成熟的工艺，历经多年生产考验，是不容易改造的。但是事物都是发展的，不会永远停滞在一个水平上，应该研究新技术、新方法来推动其发展。

比如说炼镁，用皮江法在我们国内上百家中小工厂都停产了，因为它有三大问题使其生产成本降不下去。一是用高镍铬合金罐。生产一吨镁要消耗4000~6000元的罐子；二是罐子容积小，限制了生产规模，多生产就要多个罐子，有点像已淘汰的平罐炼锌法；三是用硅铁还原剂，每吨镁耗硅或硅铁要4000~6000元，三项之和就接近万元了，生产费用就约2万元，高于每吨镁的售价几千元，当然就不能够生产下去了。是否可以设想研究在真空中用碳作还原剂(几百元一吨代替硅和硅铁)，用真空炉代替合金罐，真空炉规模大，寿命长，如果成功，就可以大幅度降低镁的生产成本，大大增强其竞争力，有好的经济效益。

又如炼铝，世界铝年产量约两千多万吨，生产方法基本上是拜耳法生产氧化铝，霍耳-埃鲁特法电解生产铝。是否可以设想，铝矿已含 Al_2O_3 约60%，电解后达到70%~80%，直接炼成金属铝，免去生产氧化铝这一步(1t Al约8000元)，若能用真空炉，又可以放大生产规模，降低成本，且不污染环境。若每吨铝生产费用降低约5千元，则铝的成本就可降低1/3左右，竞争力就强了，我国年产500多万t，可节约500×0.5=250万亿元，就会有较好的经济效益。

在20世纪80年代，我们研究成功的真空法分离焊锡，代替了氯化物电解法，加工费用由1千多元每秒降到约120元每年，设备费用降低6~8倍。对环境由有污染变为无污染，金属回收率由96%提高到99.4%，经济效益明显提高。故在几年中推广了30多台，用于20多个工厂。

这几个例子说明对传统技术改造、革新，使其经济效益大大提高有很大的可能。我们要大胆创新，研究使用新工艺、新技术，敢做前人未做过的事，改变冶金材料的面貌。

有色金属传统技术的面是较广的，有色金属的品种多，生产方法各式各样，应该改革的地方自然很多，要改造、革新需要很多人长时间努力，决不是无事可做。

当然也会有人考虑到这工作太难。改造已有的流程谈何容易，改造用于生产行之有效的方法是硬骨头，是难啃的。但科学技术在不断进步，用于改造的办法就多了，只要对准目标，奋力创新，坚持努力，一定是有效的。

4 关于深加工、多产品的问题

当前金属工业存在此问题，形成了产品技术含量低、经济效益低的状况。

我省近百万吨有色金属绝大部分是原料型金属锭，经过加工的不到10%。

金属不同的加工程度的价值有很大差异，例如：

钛	钛矿	钛白	海绵钛	钛材		
价格/元·t^{-1}	约10^2	约10^3	约10^4	约10^5		
硅	硅石	工业硅	化学用硅	多晶硅	单晶硅	硅片
价格/元·t^{-1}	约10^2	10^3~10^4	约10^4	约10^5	约10^6	约10^7
锗	GeO_2	Ge	单晶锗	锗片		
价格/元·kg^{-1}	约4000	约5400	22000~28000	约6万元/套		
砷	砷矿	白砷	工业砷	99.99%砷		
价格/元·t^{-1}	约10^2	10^2~10^3	约10^3	约10^6		
锑	等级锑	99.99%锑				
价格/元·t^{-1}	约10^4	约10^5				

加工愈深，价值愈深。我们应该向深加工、高技术含量、高附加值、高产值方向努力。

例如，若我国出口30万t硅，值1万×30万=30亿元；若出口5万t多晶硅，值5万×40万=200亿元；若出口1万t单晶硅，值1万×120万=120亿元；现在出口30万~40万t工业硅，仅值30亿~40亿元。

现在各有色冶金工厂都纷纷向深加工、多产品方向发展，并已取得许多成绩。

深加工的产品有各级纯度的金属，可做的范围很广：各种金属制品，各种合金，各种化合物及各种材料、复合材料。

面向国内、国际市场需要，确定多产品生产。比如说昆明市最近提出要建信息产业基地，其中就涉及各种仪表、电子元件及材料、光电子材料、锂离子电池、许多种半导体材料。昆明正在发展的电动车、电池材料，是否应当考虑电动汽车及其材料的研发。云南要修几条铁路，是否需要考虑铁路及车辆的材料和创新方案。云南是否要开展系列硅材料的生产的研发，光伏电池材料。半导体材料的生产与开发，值得考虑。半导体照明及发光材料，夜视材料及元件的生产与研发。

5 科学研究是生产发展的先导

先进的工业化国家，科学技术水平高，先进高技术产品多，价值高，他们在研究发展上很努力，组织了大量专家，付出了大量投资，步步向前。我国现在已大力进行研究开发，科学研究的产业化是工科专业的必由之路，高校几乎人人搞科研，是十分重要的工作，科研中产业化十分重要，只有产业化才能评价研究成果的价值。

研制新产品、新方法、新流程、新设备、小型实验只能提供可能性，实验研究报告、论文、发表，就告一段落，据此无法评价其可行性，不能据此评定其价值，只能说发表了论文，刊物级别，收录检索级别。

经过扩大实验、试生产、生产、使用之后，经过鉴定，有生产情况及经济效益就可以评价达到什么水平(省内、国内、国际人评奖(省部级、国家级))等级，同时也可发表论文，算是最后完成成果。

产业化研究，促进研究深入发展，规模逐渐扩大，会出现小试中未有的问题。扩试、中试、试产中出现的问题促进研究深入产业化研究、规模逐步扩大。人、财、物需要增加，促进了产学研结合。

产业化的成果，能作为评价研究者的重要依据，是对社会的贡献。产业化是困难的，要坚持不懈，克服困难，最终取得胜利。

金属及矿产品深加工❶

戴永年 杨 斌 马文会 刘大春 徐宝强 韩 龙

摘 要：当今世界高速发展的经济中新材料快速地涌现，而我国有一些矿产品却仍为初级产品，若干高端产品需要进口，这种格局已阻碍了相关行业领域的发展，经济效益不高。本文以硅、金属钛等矿产品为例，说明了矿产品深加工的意义。同时，概述了硅产业、半导体产业、太阳能电池产业、发光二极管(LED)照明产业、电动车船产业、高能蓄电池产业等高新技术的发展，对发展我国矿产品的深加工，大力发展高新技术提出了建议。

关键词：金属；矿产品；深加工；高新技术；建议

1 前言

当前世界快速发展，国内外的种种新材料以很快的速度涌现出来，满足高新技术产业发展的需要。新产品的出现，创造了日益增大的价值。我们要走“靠技术”的路，以尽快赶上世界先进水平。

要靠技术，就要提高科学技术水平，发展高新技术产业，生产高新技术产品，大幅度地提高经济效益。

有的地区发展高新技术产业已有明显的效果，如深圳由1990年起开始扶持高新技术产业，到2002年电子产业产值2000多亿元，其他高新技术产品的产值1709亿元，二者之和为3709亿元。上海高新技术企业2000多家，2004年总产值3112亿元。广东省2006年GDP为25800亿元，其中高新技术产品总值15500亿元。有几个地方缺少矿产资源，主要是搞高新技术，创造了很高的产值。

发展高新技术产业可促进矿产品的深加工，深加工产品又支持、促进高新技术产业向前发展，进而促进社会经济发展。

2 深加工材料的作用及其价值

各行各业的发展都需要一些新材料作为基础，例如硅多晶、单晶产品支持了计算机、太阳能电池产业的发展。各种金属及矿产品的情况如下。

2.1 硅产品

一般的硅石、白沙只能作为价值很低的建筑材料，一般仅为几十元到百元左右1t。若把硅石冶炼成纯度在98%以上的工业硅，其价值就升到了几千元1t。随着新技术的出现，硅深加工产品不断深入，各种硅材料随加工深度不同价格变化见表1。

---

❶ 本文完成于2007年。

表1　硅产品与其价格

品　种	硅　石	工业硅	多晶硅（太阳能级）	多晶硅（拉单晶用）	单晶硅	硅　片	芯　片
价格/元·t^{-1}	约 10^2	8×10^3	4×10^5	6×10^5	约 10^6	$10^6\sim10^7$	10^2 美元/片
倍　数	1	80	4×10^3	6×10^3	10^4	$10^4\sim10^5$	更大

注：硅石的价格为1，其他品种是硅石价格的倍数。

表1中的数值表明，硅产品的价格随着硅的加工程度的深入而增加，为硅石价格的80倍，上千倍，甚至更高。

目前我国生产工业硅已达70多万t，价值50多亿元。但若出口10万t多晶硅就值约600亿元，并对全球太阳能利用和信息产业发展都有重要的支撑作用。

2.2　钛产品

由于航空工业发展，钛的价格上升，各种产品的价格见表2。

表2　钛的一些产品的价格及其比值

品　名	钛　矿	钛白粉		海绵钛1号	钛合金	钛　材	钛　靶
		锐钛型	金红石型				
含钛/%	28~36	59.94	59.94	99.6	70	100	
价格/万元·t^{-1}	约0.05	约0.95	1.35	约23	21	20~37	45~50
以钛计价/万元·t^{-1}	0.15~0.17	约1.6	约2	约23	30	20~37	45~50
倍　数	1	约9.4	约11.8	135	176	117~205	264~294

表2所列数值说明钛矿价格低，每吨钛的钛矿仅值约2千元，以钛矿为产品效益是很低的，加工成钛白粉后升值约10倍，其有用程度和经济效益都增大，也可看到同样的钛白粉，金红石型比锐钛型的价格高约20%，这是技术含量不同的原因。若加工成海绵钛、钛材，则增值可达百倍以上。

虽然冶炼和加工钛的技术和设备都较复杂，若能及早起步，将钛矿制成深加工的产品，就会使其经济效益大幅增加，同时也对高新技术产业发展作出重大贡献。

2.3　其他

其他如铜、铝、锗、铟、镓、锡、贵金属、稀土金属、磷等元素都有同样的规律，加工程度愈深入，其价格愈高，对社会的发展贡献愈大。

3　现代高新技术需要大量深加工材料

当今社会发展、高科技高速发展、对新功能材料的要求促进着新材料的出现，新材料的出现又促进高技术的发展。

信息技术的基础材料是硅片制成的集成电路、芯片。信息技术的发展就促进着硅及其深加工产品的研究和生产。同时信息显示技术设备用到的发光材料、敏感材料、激光材料、能源材料以及记忆材料等如InSb、GaP、GaAs等化合物材料，因此发展高新技术大大推动材料和产品的发展。

人类赖以生存所需要的能源材料天然气、煤、石油等化石燃料的消耗日益增大，但化石能源的枯竭期已逼近，因此替代能源的研究和开发，已成为人类十分重要的研究课题。在寻求代替车用能源中人们在研究高能电池材料、高能蓄电池、燃料电池。锂电池材料中的钴酸锂，锰酸锂，炭微球，有机隔膜，导电极片铝、铜的箔等材料。研究燃料电池及其材料。太阳能电池材料，生物能材料等。

可见，现代高新技术产业的发展，需要许许多多的新材料，新材料的种类大大超过已有的传统材料，需要高纯、具有各种特性的材料，研究生产这些功能材料就为社会前进作出重大的贡献，起到推动新技术发展的重要作用，当然，也创造了巨大的经济效益。

4 发展高新技术产业促进深加工新材料生产

4.1 硅材料产业

2006 年我国硅材料产业已发展到年产工业硅数十万吨，但工业硅只是初级产品，其技术含量低，创汇量与生产消耗的资源很不相称。因此发展硅产业已经是十分迫切的事，否则进口多晶硅不仅耗费大量外汇，还制约着我国电子工业，太阳能电池工业的发展，芯片的生产发展。

硅材料产业用我国丰富的高质量硅石为原料生产多晶硅、单晶硅、硅片、集成电路。各种芯片、高纯 SiO_2、光纤、多孔硅、硅微粉、化学用硅、有机硅……，这些硅产品对社会的贡献很大，经济效益也十分可观。

4.2 太阳能电池产业

太阳辐射给地球的能量十分巨大，为地球上人类消耗能量的数万倍。巨大的潜在能量使得各国都加强了对太阳能利用的重视，研发速度加快，见表 3。

表 3 世界及我国太阳能电池产量 (MW)

年 份	2000	2001	2002	2003	2004	2005	2006
世 界	287	396	520	742	1194	1817	2180
中 国		3.8 ~4			50		

表 3 为世界及我国太阳能电池产量，可见我国的太阳能电池产业在国际上的地位仍处于较低水平。目前，太阳能电池的构成材料和组件水平都还未达到常规发电的水平，硅片严重不足，而价格居高不下。各国的生产规模也很小，需要加强研究扩大生产，大幅改进，提高材料质量。同时加强太阳能电池所需要的多晶硅、单晶硅、$CuInSe_2$ 等材料的研究生产。

4.3 发光二极管(LED)照明产业

近年来半导体发光二极管(LED)已形成高技术产业，发明了 GaAsP 红光发光二极管，也实现了红、绿、黄、蓝光二极管的生产应用。各国相继制定计划要实施半导体照明代替传统光源，以大幅节约电能，减少发电排放的 CO_2 量，节约财政支出。

我国的 LED 发光产业已走过 30 多年，20 世纪 80 年代形成产业，90 年代已有相当规模。现已有 GaAs 和 GaP 单晶、外延片、芯片的批量生产，同时应研究稀土材料荧光粉的研究。

我国十分重视推进LED照明，组织了“半导体照明产业化技术开发”重大专项，已取得很大进展，继续推进此项产业是很重要的。推进LED照明代替传统光源的高技术产业不仅是光电子产业的一部分，也是半导体产业的一部分。全国使用LED照明，需要巨大的生产产业。

4.4 半导体材料产业

半导体产业各个方面材料和器件的需求，将支持和促进光电子产业的发展，如各种单晶、多晶锗透镜、窗口、棱镜、滤光片、导流罩、红外光学器件和红外热成像仪等，到砷化镓和铜、铟、硒薄膜太阳能电池。半导体技术的发展也促进了高纯金属(Ge、Ga、Sb、As、In……)、化合物砷化镓和磷化铟等材料的研制和发展。

在世界年超2000亿美元的半导体市场中，95%以上为硅单晶材料制作，集成电路有99%以上用单晶硅片制成，约含6000t硅单晶。太阳能电池用多晶硅，年产量约8000t，此外还有蓝宝石基片的外延片，LED外延片等。

4.5 电动车、船产业

电动自行车作为电动车的先锋进入人们的生活，其发展速度甚快，全国的电动自行车数见表4。

表4 我国电动自行车数

年 份	1998	1999	2000	2001	2002	2003	2004	2005	2006
年产量/万辆	5.54	12.6	27.6	58	100	400	675.7	1200	1900
年增长率/%		127	119	110	72.4	300	68.9	77.59	59

注：来源于中国电动车网。

电动车具有实质性的优点：不用油、不排气、低噪声、环境友好、有很好前景。电动自行车是电动汽车的先导，积累电动自行车的经验为电动汽车的技术、市场、部件发展开路，可以发展电动轻型、二轮、三轮、四轮车。

电动船也有类似的情况，在当前是有先导性，有很好发展前途的。电动船是很理想的不用油、环保型的运载工具，能很好地实现人与水域协调存在。在许多湖泊，为保护水质而停止了燃油机械船的运转，暂代之以人力划桨的船，发展电动船正好可以取而代之。

现在还没有合适的电动船，应当研究、生产。相应地发展高性能电池材料如锰酸锂、磷酸铁锂、永磁材料、Ni-H电池材料以及燃料电池材料也是另一个研究的重点。

4.6 高能蓄电池产业

高能蓄电池在现代工业中日益重要，其发展、生产都成现代工业中的一个亮点。

20世纪出现了锂电池，在通讯设备中得到了大量应用，如移动电话、笔记本电脑、数码相机等小型电子设备上很快代替了锌锰电池，现在已成为不可少的电源装置，其产量迅速增加，见表5。同时，随其技术进步，价格大幅度下降，到2004年其价格比1994年约降低80%。

表5 1994～2005年世界锂离子电池产量及增长率

年 份	1994	1995	1996	1997	1998	1999	2000	2001	2002	2003	2004	2005
年产量/亿颗	0.12	0.33	1.2	1.96	2.95	4.08	5.46	5.73	8.31	13.9	19.9	23.5
年增长率/%		175	264	63.3	50.5	38.3	33.8	4.9	45.0	67.3	43.2	18.1

高能电池的用途很多，在现代化的设备中都需要，除上述小型电池设施之外，较大型的装置都需要，如太阳能电池系的蓄电池、电动车电源、船舰电池、汽车电池、航空用电池、照明用电池等。如前面所提的电动车、船、照明、光伏电池系统等方面的产业化，都能促进高能电池的发展。

4.7 其他产业需要

上面提到的几方面只是高新技术的一部分，应当说在人民生活、生产、安全等方面总是要向前发展的，新的事物会层出不穷，需要的新材料也不断提出。

我们不能满足于生产传统的、已有的产品，否则我们的进步就会缓慢。

5 金属及矿产品深加工发展建议

我们正在建设创新型国家，各方面都要向创新型方面去努力、去做，向高技术方面去创建。发展高新技术产业，推动经济发展，必须有支持发展所需要的新材料，这就要求我们将初级原材料生产推进到深加工产品。要提高深加工程度，增加产品品种，提高经济效益，使资源优势转化为产业优势。

（1）加大投入开发深加工产品品种，提升各系列产品科技含量及附加值，增加经济效益。

（2）通过技术进步，提高产品质量，降低生产成本，促进技术成果产业化，提高市场竞争力，拓宽市场。

（3）建立相关金属的专家数据库，形成一个具有能迅速提供金属研究、生产与经营的咨询服务系统。

（4）加强生产和开发利用的实验研究工作，装备先进的测试手段，提高生产和产品开发。

（5）加强生产和开发利用的实验研究工作，装备先进的测试手段，提高生产和产品开发利用的技术水平。

（6）加强科技协作，综合发挥资源优势和企业技术潜力。

（7）现有大企业投入高新技术产品开发生产。

（8）各行业的自主创新，开发新产品，提高已有产品质量。

参 考 文 献

[1] 戴永年．金属及矿产品深加工[M]．北京：冶金工业出版社，2007.
[2] 中国有色金属工业协会主办．中国有色金属报[J]，2001～2006.
[3] 北京矿冶研究总院主办．有色金属[J]，2001～2006.
[4] 云南冶金集团总公司技术中心，云南省金属学会，昆明冶金研究院主办．云南冶金[J]，2001～2006.
[5]《稀有金属应用》编写组．稀有金属应用(上、下册)[M]．北京：冶金工业出版社，1974.
[6] 有色金属技术经济研究院．世界有色金属[J]，1999～2006.

锡冶金

XI YEJIN

有色金属真空冶金
有色冶金
锡 冶 金
粗锑及硅的精炼
高能电池

提高锡的选冶总回收率的途径——低品位锡精矿的处理❶

戴永年

1 处理低品位锡精矿是当前的发展趋势

近几十年来，锡冶金生产要求锡精矿含锡大于50%，才能降低冶炼成本，提高金属回收率。这样维持了相当长的一段时间。

随着锡的需要量日益增长，锡的产量逐年增加。同时锡矿石逐渐贫化，难选矿石的问题日益突出，严重地影响着选矿回收率的提高。例如玻利维亚在生产65%锡的精矿时，金属回收率只有35%～45%[1]；巴西和澳大利亚生产高品位锡精矿，选矿回收率仅达到50%～55%[2]，尼日利亚因矿体品位下降，生产费用上升，减产约30%[3]。在我国也有矿石品位下降的现象。这就形成一个较大的矛盾，采矿量日益增大，而矿石中的金属有将近一半损失于尾矿中，致使金属产量不能相应地增长。

如何进一步提高锡的总回收率、更合理地利用资源，已成为锡冶金中的重要问题。针对这个问题许多人提出了各种办法，进行了试验，一些地区在生产上采取了若干措施，其大致情况如下：

玻利维亚使精矿含锡由65%左右降低到30%左右[1]，矿石中金属回收率就由35%～45%提高到85%～90%，降低了金属随尾矿的损失，大幅度地提高了金属回收率。近来玻利维亚还在奥鲁罗附近建厂处理低品位锡精矿[4]。

美国和英国的冶炼厂于1965年也开始处理含锡30%的精矿[1]。美国于1943年在朗杭炼锡厂处理含锡只有18%～35%的玻利维亚锡精矿[5]，近年来在得克萨斯城的冶炼厂处理含锡约20%的精矿[6]。

日本大分厂从1952年以后，一直处理含锡28%～40%的锡精矿[7]。加拿大新布仑瑞克建立了一个厂处理含锡30%的精矿[1]。德意志民主共和国较早就处理8%～15%锡的精矿[3]，德意志联邦共和国也有一个厂处理这种锡精矿[9]。澳大利亚一个厂用鼓风炉熔炼含锡20%的锡精矿[11]。1942年在泰国建厂处理含锡3%的难选矿石[10]。荷兰处理小于25%锡的精矿，已进行中间工厂试验[11]。

在我国，有的厂已做过半工业试验，氯化挥发法与硫化挥发法都取得了较好的结果[12～15]，并且成功地处理了多年堆积的贫渣（3%～5% Sn）[16]。

总之，许多国家已进行过大量工作，这些措施的实质是降低锡精矿品位，或同时生产几种不同品位的锡精矿（其中有的含约50% Sn，有的仅含百分之几的锡），从而提高选矿回收率，然后在冶金过程处理低品位精矿，以提高金属总回收率。

---

❶ 本文发表于《有色金属》，1973，（12）：58～61。

2 处理低品位锡精矿的一些方法

在锡矿石中，特别在脉矿里，锡经常与铁相伴生，其氧化物以细微的晶体相互嵌布，磨细分离较困难，选别受到限制，选出的锡精矿总是含相当数量的铁。在冶炼中，铁和锡相互干扰，影响着渣量和渣含锡量，从而影响锡在冶炼过程中的回收率和生产成本，这是长期以来要求锡精矿含锡高达50% ~70%的主要原因。

低品位锡精矿不仅含锡低且成分复杂，含铁量较多，因此若采用现在炼锡厂的通用流程来处理，则原材燃料耗费大，锡的回收率很低，自然是不适当的。

上述厂家采用了比通用流程更适于处理低品位锡精矿的方法，可得到较高的回收率，但作业较复杂，耗费比较大，冶炼成本较高。然而在处理低品位锡精矿的经济问题上，值得注意的一个重要因素，是在产出此项原料时并不增加采矿量，即这一部分金属是不负担采矿费用的，甚至在选矿费用上也增加得很有限。通常，锡的生产成本中大约80%是采矿和选矿的费用，约20%是冶炼加工费。因此，低品位精矿处理的冶炼加工费（包括运输费用）就允许多付出一些，最后在经济上仍然是合算的。

正是这个原因，有些缺少锡的地区，在30年代就在工业上使用比通用方法复杂得多的流程来处理低品位锡精矿。现在国内外在工业上或已进行半工业试验的方法，就其所用的原理可区分为下列几种：

2.1 硫化挥发法

使原料中的锡变成硫化亚锡挥发出来，富集到烟尘中回收。

2.2 酸浸法

用盐酸将低品位锡精矿中可溶杂质溶解掉（如铅、铋、砷、锑、铁、铜等），得到含锡高的精矿。

2.3 氯化挥发法

使锡形成氯化锡挥发出来，富集在烟尘中再回收。

2.4 气体还原-水冶法

在渣子不熔化的温度下，使锡还原成金属粒，再用溶剂溶解锡，由溶液中提取锡。

下面分别简述这些方法：

第一种方法较早地使用于东德的弗莱贝尔[8]和西德的杜依斯堡[9]，用回转窑做挥发设备；以后在玻利维亚的奥鲁罗用短窑做挥发设备，在我国用烟化炉做了工业试验[12]，在弗莱贝尔的研究机构里曾试验采用悬浮熔炼炉进行挥发[17]；美国曾用转炉来进行硫化挥发[9]。这种方法在工业上已有使用，有逐渐推广之势。

弗莱贝尔炼锡厂建于1938年，每月生产100 ~120t锡，矿山和选厂提供两种原料，一种含锡约40%（少数达到60% ~70% Sn）的高品位精矿，一种含锡10% ~20%的贫精矿（其中一部分是浮选精矿）。该厂将富精矿直接还原熔炼，所得炉渣（含4% ~6% Sn）与贫精矿一起加硫化剂（石膏与芒硝）在回转窑中处理，窑长20m、直径1.8m，倾角2° ~

3°，转速1r/min，占炉长2/5的高温区用镁砖衬里，其他部分用黏土砖砌筑。炉子每月处理400～500t含锡物料，用粉煤做燃料，经过处理后产出的液态窑渣含锡0.5%～1.5%，烟尘用布袋室收集，烟尘含锡35%～50%。含锡大于1.2%的窑渣再经鼓风炉熔炼，产出硬头和贫渣（0.1%～0.4% Sn）。

该厂处理贫精矿的锡回收率60%～55%，处理富精矿的回收率90%。

上述情况说明，该厂在30年代就开始用硫化挥发法有效地处理了低品位锡精矿（10%～12% Sn）和炉渣（4%～6% Sn）。但由于其窑渣含锡较高（0.5%～1.5% Sn），后面虽再经鼓风炉熔炼，渣含锡仍然不算很低（0.1%～0.4% Sn），且含锡少于1.2%的渣不再处理，所以回收率是较低的。

玻利维亚在奥鲁罗的两个小厂[4]，每个厂有几台短窑，短窑外径2.8m、长1.95m，近年来用来处理低品位锡精矿，用黄铁矿做硫化剂，炉子烧油加热，处理含锡3%的矿获得含锡20%的烟尘，处理含锡7%的精矿得含锡50%的烟尘，由精矿到烟尘的含锡提高了七倍。炉渣含锡约1%，并产出一些锍。

我国于1964年开始用烟化炉处理低品位精矿和含锡物料[12]，原料含锡3%～9%，用黄铁矿作硫化剂，用粉煤、空气混合物进行吹炼，吹炼260min以后得到的废渣中含锡小于0.2%，没有产锍，锡的挥发率达93%～94%，烟尘含锡约50%，这些指标以后又有了较大的提高，吹炼时间缩短到120min，废渣含锡降至0.07%，锡的挥发率达到98%以上，故生产成本有大幅度下降。

若与弗莱贝尔厂和奥鲁罗厂相比较，我国的烟化炉获得的效果是较好的，指标也是较高的，这个办法处理低品位精矿更为有效，它对于锡生产中解决提高选冶总回收率的问题，将起到较大的作用。

1943年美国朗杭炼锡厂用第二种方法处理低品位锡精矿。1963年从玻利维亚购买含锡19%的精矿，在得克萨斯城的锡电解精炼厂处理，经过酸浸后精矿含锡提高到48%左右，再经熔炼和精炼得到含锡99.96%的成品。

由于所处理的精矿品位低，含杂质多，用盐酸浸出时酸耗较大，该厂用20°Be的盐酸在104℃的温度下经二次浸出，酸耗达到750kg/t（矿），1t锡约耗3t酸（以20°Be的酸计）。这一工序中锡的回收率为99.21%，精矿品位由约20%提高到约48%。效果是比较好的。

该厂用此法处理含锡19%的精矿生产精锡，锡的回收率达到94.9%，另有2.96%的锡留在电解的阳极泥中有待回收，故其总回收率应大于94.9%。

日本大分厂用酸浸法使锡精矿的品位由约30%提高到约50%。

由此可见，盐酸浸出法能有效地处理低品位锡精矿，一定程度上解决了提高选冶总回收率的问题。此法耗酸量较大，若综合考虑采、选、冶的总回收率和综合成本，则仍然是合理的。但是，若精矿品位再降低，则耗酸量将大增。因此这个方法必然受精矿品位限制，同时要视盐酸的供应条件而定。

用氯化法从贫锡难选矿石中回收锡，很早就有人进行过研究，资料很多，但建厂投产的报道很少。

我国曾用回转窑和鼓风炉处理含锡1%～2.5%的中矿进行过扩大试验，用氯化钙作氯化剂，在有还原剂存在的条件下使锡挥发约95%，残渣中含锡达到0.1%以下，效果是较好的。

这种方法中遇到的一个困难是氯化物对设备的强腐蚀性，据说已经解决[1]，办法是用碳制的管、冷凝器、热交换器和分离器。

目前这种方法的生产情况报道虽少，但从研究工作的进展来看，在使设备腐蚀等问题得以解决之后，还是很有前途的。

第四种为气体还原-水冶法。此法研究较早[18]，但一直未见在生产上应用，最近才报道了在加拿大新布仑瑞克的蒙特普莱生矿建厂；用此法处理低品位锡精矿（25% Sn）[1]，其还原阶段的基本流程如图1 所示。

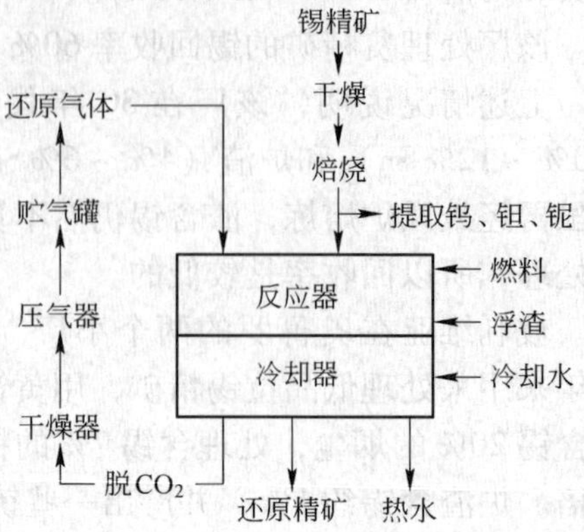

图1　蒙特普莱生厂锡精矿还原流程图

莱特较为详细地说明了这个方法[9]，其好处在于选用氢还原，故生成的水汽可以用降温凝结的方法除去。用氢还原锡反应快，所需温度较低。已还原的矿在微氧压下（0.35 ~ 0.7atm❶）用硫酸浸出，浸出液在0.7atm 下水解，以再生硫酸和产出二氧化锡沉淀。

3　提高选冶总回收率的途径

在重选厂由摇床上不难得到一些富精矿，但相当数量的锡进入次精矿中，有的地方占矿石中总金属量的大约30%。次精矿品位低（3% ~5% Sn），现在用几次复洗来使其品位提高到约50%，而复洗回收率仅约60%（有的厂高一些），损失了约40%（占矿石中总金属量的约12%），严重地影响选矿回收率。如果次精矿可以作为成品送去冶炼，复洗可以省去；选矿回收率就可以提高约10%。

现在一些矿中的细粒锡石多，有的矿在 -19μm 的粒级中金属量占到约10%，而现在广泛使用的重选法只能对19μm 以上的粒级有效。云南锡业公司与昆明冶金研究所用浮选选细粒锡石取得很好的效果[19]，对10 ~19μm 粒级的锡石选矿回收率；达到83.73%，但选得的精矿品位不高，目前仅3.29% ~7.32%锡，还不能作为选矿的成品，如果冶炼厂可以直接处理这种精矿，则可以使选矿回收率提高百分之几。

锡矿中常有“铁锡联生体”，其中铁与锡结合得很致密，难以磨细到分离的程度，就难以选出高品位精矿而又有较高的选矿回收率。若在产出高品位精矿的同时允许产出一部分低品位精矿（含3% ~5% Sn），则此类矿的选矿回收率能够有较大的提高。再则冶炼厂若能处理一部分低品位精矿（3% ~5% Sn），则选矿过程中磨矿可以减少，过粉碎的现象就能减轻，由此造成的损失就会少些，选矿回收率也会有所提高。

这些初步分析说明，选矿中产出两级产品能使选矿回收率有较大的提高。同时还能使伴生金属的回收率也有所增高（如铅、铋，铟等）。也就是说，可以大幅度地提高资源的综合利用程度。

❶ 1atm = 101325Pa。

低品位精矿的处理，可以继续进行采用氯化挥发法的研究，同时还可以考虑用硫化挥发法，在烟化炉中处理低品位锡精矿。由于在生产中用这个方法处理了贫渣（3% ~5% Sn），证明技术上已经成熟，在经济上是合理的。现在已有条件以生产规模处理贫锡精矿，进行试生产，为大规模处理奠定基础。

过去的实验提出了两个问题：一是对此种含铁高的贫锡精矿需要适当配料，以提高硅酸度，减弱对烟化炉水箱的腐蚀；二是此种精矿在反射炉中熔化慢，要设法解决。因此，可以考虑用鼓风炉代替反射炉。由于鼓风炉具有：热效率高，风口区单位面积日处理量大，燃料和耐火材料消耗较少，烟气量较少，易于实现机械化和较易解决烟害问题等优点，并建议采用如图 2 所示的处理流程。

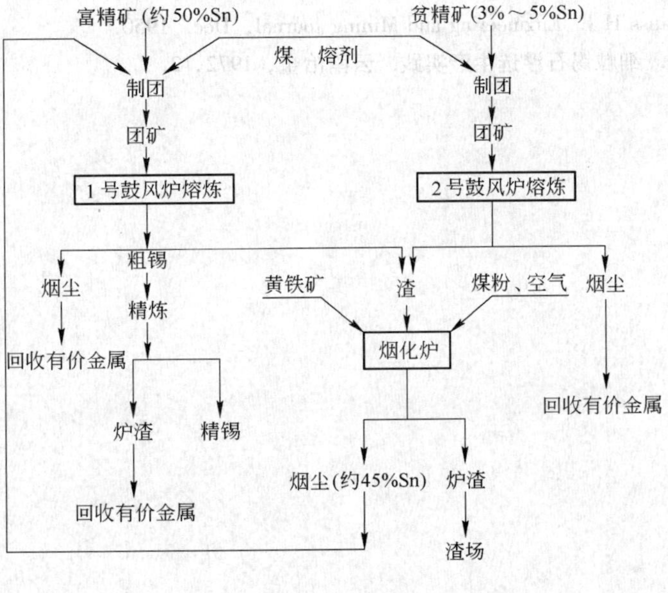

图 2 富精矿与贫精矿的处理流程简图

除了氯化法与硫化法之外，酸浸法耗酸多，供酸不易解决，且此法不宜用于处理含锡 3% ~5% 的矿，否则酸耗会比上述工厂[6]多几倍，经济上不一定合理。

参 考 文 献

[1] Mantell C L. Progress in tin metallurgy. J. of Metals, 1965, (5).

[2] Davey T R A, et al. Slag-metal equilibria in tin smelting. The Australasian Institute of Mining and Metallurgy, Proceedings, 1966, (219).

[3] 云锡中心试验所技术情报室. 国外锡工业, 1973(1): 58.

[4] Davey T R A, Flossbach F J. Tin Smelting in Rotary Furnace. J. of Metals, 1972, 24(5).

[5] Mantell C L. Tin It's Mining, Production, Technology, and Applications. 1948: 135 ~ 137.

[6] Mackey T S. The Electrolytic Tin Refining Plant at Texas City, Texas. J. of Metals, 1969, (6).

[7] 工藤秀雄. 日本鉱業会誌, 1968, 7: 212.

[8] Лоскутов ФМ. Фрейбергский Оловянний. Завод. Цветная Металлургия Центральной и восточной германий. Металлургиздат, 1949: 203 ~ 208.

[9] Wright P A. Extractive Metallurgy of Tin,1966:186.
[10] Liddell D M. HandBook of Nonferrous Metallurgy. Recover of the Metals,1945:547 ~ 548.
[11] 国外冶金技术概况. 有色重金属(冶炼部分),1970,7.
[12] 廖遗生,林鹤卿,黎耀邦. 锡中矿烟化炉挥发工业试验. 有色金属,1964,(7):12 ~ 17.
[13] 万群. 砂锡中矿综合利用的研究. 有色金属,1964,(1):27 ~ 32.
[14] 第六有色金属公司中心试验所,北京矿冶研究院工作组. 回转窑氯化焙烧处理多金属中矿. 有色金属,1966,(4):13 ~ 19.
[15] 第六有色金属公司中心试验所. 鼓风炉氯化挥发处理多金属锡中矿. 有色金属,1966,(4):20 ~ 23.
[16] 高拂云. 烟化炉处理锡贫渣的生产实践. 冶金技术,1963,(10):1 ~ 8.
[17] Колодин С М. Вторичное Олово,1963:203 ~ 204.
[18] Fink C G,Strauss H J. Engineering and Mining Journal,Dec. 1950.
[19] 黄茅山选矿组. 细粒锡石浮选生产实践. 云南冶金,1972,2.

锡精矿还原熔炼中铁与锡的关系❶

戴永年

锡矿中经常有铁存在，氧化铁与锡石共生，二者以细粒晶体相互嵌布。当前选矿方法很难将二者较完全地分开，锡精矿中就难免有铁，有时含铁量不少。锡与铁共存于锡精矿中，还原熔炼时二者也在一起，自然要相互影响、相互制约。

一般在锡精矿熔炼时为了降低渣含锡，提高锡的直接回收，就往往多加还原剂，提高熔炼温度。这对含铁高的锡精矿就易于产生硬头(锡铁合金)。硬头量稍多则使操作发生困难，同时要设法处理硬头以回收锡，致使生产过程复杂化。但在产出一些硬头时，炉渣含锡就要低一些，锡的直接回收率就高一些。另一方面如果还原较弱，可以不产出硬头，操作上方便一点，但渣含锡较高，锡的直接回收率较低。这就是铁与锡相互影响的一个方面。

熔炼中炉渣含锡都比较高，长期以来致力于改变配料，反复炼渣以图使渣中锡能多回收一些，使渣含锡降低。在电炉熔炼中较先达到这点，渣含锡降低到约1%[1~3]，以后反射炉炉温升高以后也得到渣含锡约1%[4,5]。二者的一个共同经验是炉渣必须小于10% FeO，才能达到渣含锡约1%。若渣中铁含量高于此值，则含锡也不可能低达约1%。这是铁与锡相互干涉的又一方面。

与上述的情况不同，另一种表面看来是矛盾的现象，在熔炼精矿时把先还原出来的锡放出以后，为了进一步提高直接回收而往炉内加“热渣”(即Fe-Sn合金)或加生铁[6]，结果又能得到一些锡。这说明了在一定的条件下铁能还原出渣中的锡。加铁利于提高锡的回收。

当锡精矿的品位逐渐降低时，用强还原的方法也只能得到低的直接回收。低品位锡精矿(20%~30% Sn)的还原熔炼成为不合算的办法。同样在冶炼厂中一些附产物含锡低，则返回还原熔炼也是不合适的，这种情况与大量铁的影响有关。

铁与锡的行为严重地影响锡的熔炼，为解决这个矛盾曾做了许多工作，如生产流程、熔炼制度、配料与渣型等的改进，并且已取得一些经验。

近年来发表了Fe-Sn系的活度测定值[8]，探讨锡铁还原的规律中又多了一些基础数据。

铁与锡氧化物在还原熔炼中的相互关系

锡是以 SnO_2 存在于矿石中，铁则以 Fe_2O_3 形态存在。还原熔炼中进入熔渣的铁主要成FeO，锡在渣中存在的状态的研究已经不少，说明渣中的锡成三种状态：金属锡、氧化亚锡和二氧化锡。在含铁高的锡炉渣中三种状态的锡含量见表1。

---

❶ 本文发表于《云南冶金》，1974，(2)：23~29。

表 1 锡炉渣中锡存在的状况的数量[7]

数量 \ 存在状态		金属锡 >10μ	金属锡 <10μ	氧化亚锡状态的锡	二氧化锡状态的锡	总 计
占渣重比例/%		8.76	0.73	5.94	2	17.43
占渣含锡比例/%		50.3	4.2	34	11.5	100
分析方法		显微镜观察		差减法计算	化学物相分析	化学分析
富渣中	占渣重比例/%	6.87		8.1	1.67	16.64
	占渣含锡比例/%	41.2		48.8	16	100
贫渣中	占渣重比例/%	0.3		2.6	2.7	5.6
	占渣含锡比例/%	5.3		46.4	48.3	100

金属锡在富渣中多，贫渣中已很少。氧化亚锡占可观的数量。

熔渣中(FeO)还原出一部分铁溶解到粗锡里以[Fe]表示，其反应为：

$$(FeO) + CO = [Fe] + CO_2 \quad (\text{I})$$

若用活度代替浓度则质量作用定律可用于实际的还原系统，则

$$K_{Fe} = \frac{p_{CO_2}}{p_{CO}} \cdot \frac{a_{Fe}}{a_{FeO}} \quad (1)$$

$$\frac{p_{CO_2}}{p_{CO}} = K_{Fe} \cdot \frac{a_{FeO}}{a_{Fe}} \quad (2)$$

对熔渣中（SnO）还原为粗锡中的［Sn］同样是：

$$(SnO) + CO = [Sn] + CO_2 \quad (\text{II})$$

$$K_{Sn} = \frac{p_{CO_2}}{p_{CO}} \cdot \frac{a_{Sn}}{a_{SnO}} \quad (3)$$

$$\frac{p_{CO_2}}{p_{CO}} = K_{Sn} \cdot \frac{a_{SnO}}{a_{Sn}} \quad (4)$$

SnO 与 FeO 共存于一个炉中，一个渣内，经受的还原条件是一样的。则式（2）、式（4）中的 p_{CO_2}/p_{CO} 应当相同，则可以相联起来而得：

$$\frac{p_{CO_2}}{p_{CO}} = K_{Sn} \cdot \frac{a_{SnO}}{a_{Sn}} = K_{Fe} \cdot \frac{a_{FeO}}{a_{Fe}} \quad (5)$$

要考虑渣中 SnO 的多少，故可整理为

$$a_{SnO} = \frac{K_{Fe}}{K_{Sn}} \cdot \frac{a_{Sn}}{a_{Fe}} \cdot a_{FeO} \quad (6)$$

在生产实践中，渣含锡常用质量分数而不便用活度或摩尔分数，为此可作些换算。首先由

$$a_{SnO} = \gamma_{SnO} \cdot N_{SnO} \quad (7\text{-}1)$$

$$a_{FeO} = \gamma_{FeO} \cdot N_{FeO} \quad (7\text{-}2)$$

式中，γ_{SnO}、γ_{FeO} 和 N_{SnO}、N_{FeO} 分别表示渣中 SnO 和 FeO 的活度系数和摩尔分数浓度，摩尔分数等计算为：

$$N_{SnO} = \frac{\frac{SnO\%}{M_{SnO}}}{\frac{SnO\%}{M_{SnO}} + \frac{FeO\%}{M_{FeO}} + \frac{SiO_2\%}{M_{SiO_2}} + \cdots} \tag{8}$$

其中，SnO%、FeO%、SiO_2%、……为渣中各组成分的含量、M_{SnO}、M_{FeO}、M_{SiO_2}、……为各氧化物的相对分子质量。式（8）中分母是渣中各组成分的摩尔数之和，为便于书写用 $\Sigma \frac{MeO\%}{M_{MeO}}$ 来表示，则式（8）可写为

$$N_{SnO} = \frac{\frac{SnO\%}{M_{SnO}}}{\Sigma \frac{MeO\%}{M_{MeO}}} \tag{9}$$

同样可以得到氧化亚铁在渣中的摩尔分数为：

$$N_{FeO} = \frac{\frac{FeO\%}{M_{FeO}}}{\Sigma \frac{MeO\%}{M_{MeO}}} \tag{10}$$

将式（7）、式（9）和式（10）代入式（6）

$$\gamma_{SnO} \cdot \frac{\frac{SnO\%}{M_{SnO}}}{\Sigma \frac{MeO\%}{M_{MeO}}} = \frac{K_{Fe}}{K_{Sn}} \cdot \frac{a_{Sn}}{a_{Fe}} \cdot \gamma_{FeO} \cdot \frac{\frac{FeO\%}{M_{FeO}}}{\Sigma \frac{MeO\%}{M_{MeO}}} \tag{11}$$

再把 $M_{SnO} = 118.7 + 16 = 134.7$ 和 $M_{FeO} = 55.6 + 16 = 71.8$ 代进去，则式（11）可以简化为：

$$\gamma_{SnO} \cdot \frac{SnO\%}{134.7} = \frac{K_{Fe}}{K_{Sn}} \cdot \frac{a_{Sn}}{a_{Fe}} \cdot \gamma_{FeO} \cdot \frac{FeO\%}{71.8}$$

$$SnO\% = 1.88 \cdot \frac{K_{Fe}}{K_{Sn}} \cdot \frac{a_{Sn}}{a_{Fe}} \cdot \frac{\gamma_{FeO}}{\gamma_{SnO}} \cdot FeO\% \tag{12}$$

式（12）表示出影响渣中 SnO% 的诸因素，有平衡常数比 $\frac{K_{Fe}}{K_{Sn}}$，它是温度的函数，与 FeO 和 SnO 还原的本性有关，第二项 $\frac{a_{Sn}}{a_{Fe}}$ 是粗锡中锡与铁的活度比，它与粗锡的成分和其热力学性质有关；第三项是渣中 FeO 与 SnO 的活度系数比，$\frac{\gamma_{FeO}}{\gamma_{SnO}}$，即与渣成分和渣的热力学性质有关；第四项是渣中 FeO 的含量。四项中任何一项的减少都有利于渣中 SnO% 的减小。下面分别看看各项的影响。

首先是温度对平衡常数的影响，取用已有的研究数据见表 2。

表 2 温度与平衡常数的关系[9,10]

温度/℃	500	700	900	1100	1200
K_{Fe}	1.44	0.678	0.466	0.358	0.32
K_{Sn}	2.75	3.48	5.66	17.5	24
K_{Fe}/K_{Sn}	0.524	0.195	0.079	0.0203	0.0133

表中末行说明温度与 K_{Fe}/K_{Sn} 的关系，并可作成图 1，表明温度升高时 K_{Fe}/K_{Sn} 迅速减小，由 500℃提高到 1200℃，此比值降低了 40 倍，因此提高熔炼温度可以减小 K_{Fe}/K_{Sn}，从而减少了渣含锡，对锡的熔炼有利。

第二项是粗锡中锡与铁的活度比 a_{Sn}/a_{Fe}，已发表的 Fe-Sn 系的研究[8]，其值示于图 2，图中示出 1100～1500℃间的数值。

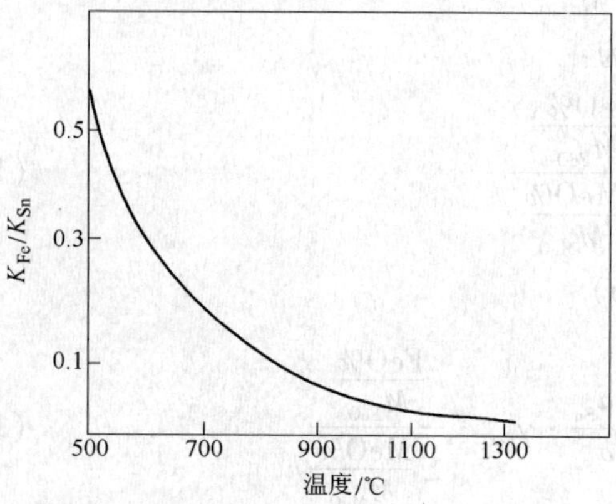

图 1 K_{Fe}/K_{Sn} 与温度的关系

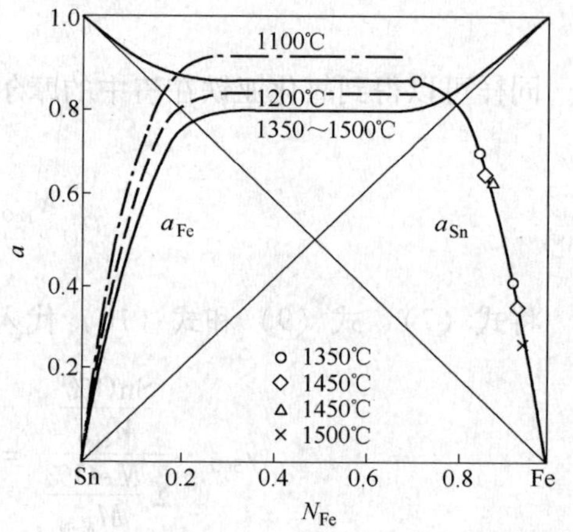

图 2 Fe-Sn 系的活度

此系中存在大的正偏差，由图中之值可得到一般的熔炼温度，约 1200℃时的 a_{Sn}/a_{Fe} 与粗锡含铁的关系见表 3，并可制成图 3。

表 3 1200℃时 Fe-Sn 合金中 Fe%与 a_{Sn}/a_{Fe} 的关系

Fe%	0.62	1.24	2.19	5.18	20	47
N_{Fe}	0.0125	0.025	0.05	0.10	0.337	0.644
a_{Fe}	0.105	0.21	0.42	0.65	0.83	0.83
a_{Sn}	0.988	0.975	0.96	0.93	0.87	0.87
a_{Sn}/a_{Fe}	9.41	4.65	2.28	1.43	1.05	1.05

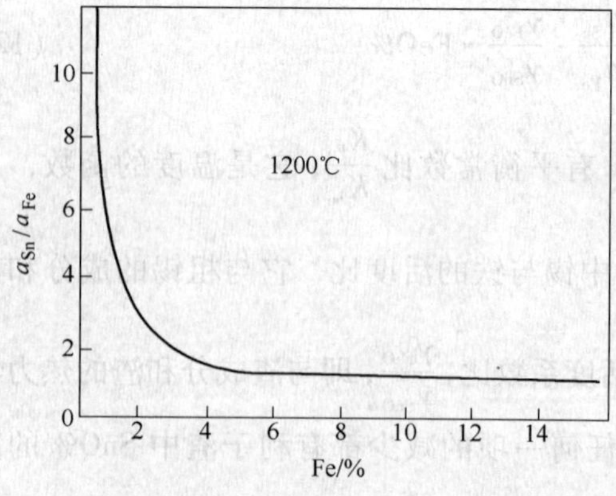

图 3 Fe-Sn 合金中 Fe%与 a_{Sn}/a_{Fe} 的关系

这些数值表明粗锡中含铁由 0～5% 时 a_{Sn}/a_{Fe} 之比值急剧下降，由 10 以上的一个数降到约 1.43，而含铁超过约 5% 以后就降得很少，且达到 1.05 而不变。

由此可知，还原出来的粗锡中若含铁很少（比如是千分之几），则 a_{Sn}/a_{Fe} 值很大，相应的SnO%很高，渣含锡也会很高。若还原出来的粗锡含铁增至约5%，则a_{Sn}/a_{Fe}降至一较小的值约1.43，相应之SnO%较低。若还原出来的粗锡中含铁大于5%，甚至大得很多，则a_{Sn}/a_{Fe}只能由1.43降到1.05而不再变化，故对渣中SnO%的影响不大。

从这里就可以看到还原条件掌握在粗锡含铁很少或很大都不好，前者会使渣含锡过高，后者会产出许多硬头且对渣含锡影响不大，而在粗锡含铁约5%时比较有利，这时渣含锡较少，硬头产量不多。

$$令\ C = 1.88 \cdot \frac{K_{Fe}}{K_{Sn}} \cdot \frac{a_{Sn}}{a_{Fe}} \tag{13}$$

则由前面的数据计算出在1200℃时，粗锡中含铁量与C之关系见表4。

表4　1200℃时粗锡含Fe%与C之关系

Fe%	0.62	1.24	2.59	5.18	20
C	0.229	0.113	0.056	0.035	0.026

则式（12）变为：

$$SnO\% = C \cdot \frac{\gamma_{FeO}}{\gamma_{SnO}} \cdot FeO\% \tag{14}$$

式中的活度系数γ_{FeO}、γ_{SnO}缺乏研究数据，而使式（14）用于计算时发生困难，只好做粗略的估计，假定渣中各组分对FeO和SnO的作用相近，则存在如下的关系：

$$\gamma_{FeO}/\gamma_{SnO} \approx 1 \tag{15}$$

以便近似地应用式（14），而简化为

$$SnO\% = C \cdot FeO\% \tag{16}$$

式（16）说明，当还原温度一定，粗锡含铁一定时，渣中SnO%与FeO%成直线关系，直线的斜率为C

$$C = SnO\%/FeO\% \tag{17}$$

再由表4可见，直线的斜率与粗锡含铁有关，即随着还原出来的粗锡含锡不同，渣中SnO%与FeO%之关系得到一组直线，可绘成图4。

图4表明，熔炼中采用不同的还原强度，得到含铁不同的粗锡时渣中含锡量（SnO%）与含铁量（FeO%）的关系。

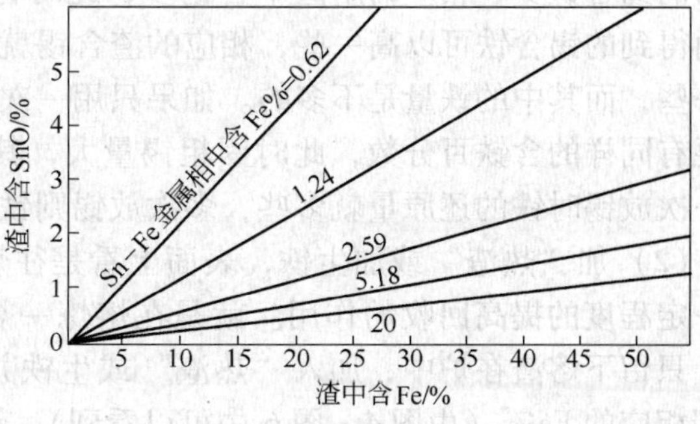

图4　粗锡中的含铁量与渣中SnO%、FeO%的关系

需要指出，图4中之值与厂里的“渣含锡”有一定差距，原因是：第一在式（16）推导的过程中，曾因为缺乏渣的热力学数据而假定$\gamma_{FeO}/\gamma_{SnO} \approx 1$，这种假定会与实际有一定差距，致使图4中直线的斜率有些变化；第二在图4中只表示渣中SnO%，与一般“渣含锡”有差距。“渣含锡”中包括三种状态的锡：金属锡、氧化亚锡和二氧化锡。三者中虽以SnO为主，但三者之和当然大于SnO%；第三，图示达到热力学平衡状态

的数值，实际熔炼中，反应只能接近平衡，且因操作不同，"接近"的程度不同，也会产生一些差距。这三个原因都使图示的值不够准确。

然而式（12）、式（16）和图4已基本上描绘了还原熔炼含铁的锡精矿的基本规律，这规律与生产实践中的结果基本一致，图5和图6分别为广州冶炼厂及日本生野锡厂电炉生产实践中所得的结果[11,3]。

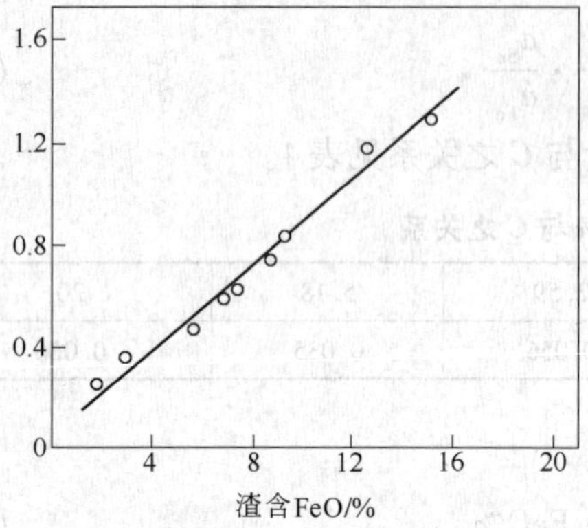

图5 广冶电炉渣中含锡与FeO%的关系

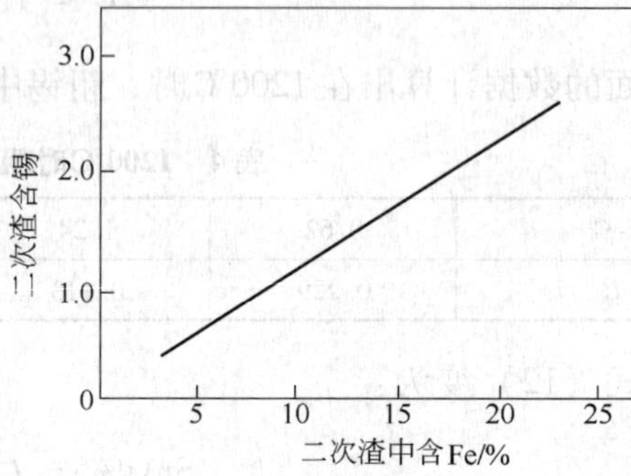

图6 二次渣中Fe与Sn的关系（生产实践数据）

对比图4与图5、图6，可见基本规律是一致的，由于生产中积累的数据中没有粗锡含铁的数据，故曲线只有一条，自然要与图4有些差距。

此规律基本上能够说明生产实践中出现的许多现象，甚至是表面看来相互矛盾的现象也可以得到解释，下面就一些现象作说明。

（1）还原程度的控制。前面说到还原强则会产生较多的硬头给操作带来困难，还原弱则直接回收率不高，根据表3和图3能够得到粗锡中含铁约5%较为恰当，多于此数对降低渣含锡没有多少好处，而产硬头量就要增加，带来的麻烦就会增多。少于5%则渣含锡就会上升。从而可以由还原得之粗锡含铁量作为还原程度控制的一个标准。

由此还可以看到在反射炉、电炉和短窑中熔炼时采用多次放锡有一定的优越性，先还原出的锡含铁少，相应的熔渣中含锡多，此时将锡放出，使还原剂继续与熔渣相互作用，后面得到的锡含铁可以高一些，相应的渣含锡就较低，此时粗锡的量已不多，其中含铁虽高一些，而其中的铁量是不多的。如果只用一次放锡，要使渣含锡降到同样的低值，则粗锡要有同样的含铁百分数，此时因粗锡量大，其中铁量就较多。二者相比，渣含锡相近，而一次放锡时铁的还原量就多些，多次放锡则铁还原少些，回收率并不低。

（2）加"热渣"或加生铁，表面上看是往炉中加入"有害"的铁，而实际上可以起到一定程度的提高回收的作用。就是在熔炼一炉料时，当绝大部分锡已还原并已放出炉外，只留下熔渣在炉中，加入"热渣"或生铁并搅拌之，此时金属相中之Fe%超过了熔渣相相应的Fe%（由图4～图6中可以看到），铁就成为还原剂，使渣中的锡还原一部分，为此，金属相中的Fe%不断下降，渣中的SnO%也就不断下降，至一新的平衡值合于式（16）的规律，则拿出了一些锡，提高了直接回收。

然而这样做，渣含锡降低仍不可能超过式（16）所限定，仍要按渣中FeO%来定渣含锡量。用这个方法只能在一定程度下提高回收，较彻底地解决渣含锡的问题是不可能的。

(3) 当锡精矿中含铁较高时，渣含铁自然就高，式（16）说明渣中 SnO% 与 FeO% 成正比，因此渣含锡就不会低，所以近年来电炉[1~3]与反射炉[4,5]的实践证明只有当渣中含铁小于 10% 才能使渣含锡约 1%。由图 4 ~ 图 6 可知不仅是渣中的含铁量，还应同时指出粗锡含铁量。总之，含铁多的炉渣是难以降低含锡量的。

含铁高的锡炉渣虽经多次熔炼，但若不使渣中含 FeO% 降至约 10% 则渣含锡是难以降至约 1% 的，过去大量贫渣虽经熔炼仍只能达 3% ~5% Sn，很少小于此值就是这个原因。

(4) 含锡低而含铁高的锡精矿，熔炼结果是渣量大，渣中 FeO% 高，则 SnO% 也高，进入粗锡的锡就大为减少，直接回收率大大下降，此情况达到一定程度，这样的锡精矿就不宜直接冶炼了。

(5) 含铁高的炉渣含锡也必高。用强还原的方法只能得到大量硬头，锡与铁仍未分开，这种规律决定了高铁渣中的锡需用别的方法来回收，生产实践中出现烟化法和硅铁法[3]来处理，才使铁和锡达到较彻底的分离。用烟化法使含铁很高的炉渣中的含锡低到约 0.07%，较彻底地解决此问题。

至此，大致分析了铁锡还原的规律和应用这个规律对生产中出现的部分现象和问题作了初步讨论。

分析中由于缺乏一些基本数据（γ_{SnO}，γ_{FeO}）而影响了式（16）的准确性，可以预期在有了这些数据之后，式（16）和图 4 的指导性就会加强。

参 考 文 献

[1] 许自立，娄纯华，张伯元. 电炉炼锡的几个问题. 有色金属，1965(4)：12.

[2] 郧明清. 复杂锡矿的电炉熔炼. 有色金属，1965，(11)：28 ~31.

[3] 日本三菱公司锡生产情况. 国外重有色金属，1964，(7)：1 ~7.

[4] Mackey T S. The electrolytic tin Refining plant at Texas city, Texas. J. of Mefals, 1969, (6): 32 ~43.

[5] 北京矿冶研究院. 马来西亚巴生锡冶炼厂. 国外矿冶动态(冶炼部分)，1971，13(7)：3.

[6] 第十八冶炼厂. 提高锡精矿熔炼直接回收率的经验. 有色金属，1966，(5)：23 ~24.

[7] 谭庆麟，王永禄，孙萼庭，段维恒. 高铁质富锡炉渣性质的初步研究. 昆明冶金陶瓷研究所，1960 年 4 月. 炼锡炉渣含锡状态的初步研究. 昆明工学院学报，1959，(1)：46 ~48.

[8] 矢沢，小池. 日本鉱業会誌. 1967，85(969)：39. 幸壕善，等. 日本鉱業会誌，1968，84(968)：37.

[9] Eastmann, Robinson. J. Am. chem. soc., 1928, 59: 1106.

[10] Есин О А. Физнческая Химия Пцрометаллургических Процессов I. 439.

[11] 许自立，娄纯华，张伯元. 电炉炼锡的技术总结. 1964，10 月.

合金的性质与氧化物的还原❶

戴永年

学习了评文[1]，得益大，有的问题值得讨论。

原文[7]中计算 Fe-Sn 合金的组元活度，目的在于寻求还原的最优条件和降低渣含锡的途径。评文中对这一点作了否定而谈到："作者认为 Fe-Sn 系的活度正确地阐明了还原熔炼的特性，这就更难以理解了。还原熔炼中，炉渣与金属的平衡是一定条件下两个对立面的矛盾统一，不知道炉渣组元活度，更不知道炉渣组元的行为是否是矛盾的主要方面，怎能单纯地从金属熔体的一面去理解还原的难易呢？……仅仅知道 a_{Sn} 及 a_{Fe}（注意还不是实验测定出的数值）不足以判断还原的难易。"（参阅文献[1]第二页）。此问题涉及合金性质与氧化物还原的关系，值得讨论。评者否定了能由金属熔体一面去理解还原熔炼的特性，不是说明了现在力图得到铁锡合金的热力学性质，即使能圆满解决也是无的放矢？至少也是为时过早。既然如此，评者也下了苦功夫对 Fe-Sn 系的组元活度做了计算，其目的何在？而且又在其结论第二点中谈到："富锡端及富铁端，熔液遵守（或接近）劳特定律，此事实结合未知的炉渣系热力学性质，对还原熔炼过程有重要的意义。"。但是，若需待研究出炉渣性质再"结合"以理解，则炉渣热力学性质现在还是"未知"，何以就知道有"重要意义"？若现在就知道有重要意义，则正是由合金性质来理解还原特性，岂不是与评者自己的观点相矛盾吗？

我的认识是，可以由铁锡合金的性质去理解含铁的锡精矿还原熔炼的某些特性，借以寻求最优的还原条件，以降低渣含锡和简化炼锡作业，改善熔炼过程。故应首先研究铁锡合金的组元活度。此问题解决以后对锡炉渣的研究也有很大的方便。

本文提出自己的看法，不当之处希望评者和读者指正。

1　一般原则

众所周知，金属氧化物的还原熔炼中存在着气、渣、合金三相（有时还有硫等）。三者之间趋向于平衡。故其间有密切的联系和深刻的影响。若有几种金属氧化物（M′O，M″O…）共同存在，则其还原反应

$$(M'O) + CO = [M'] + CO_2 \qquad (\text{I})$$

$$(M''O) + CO = [M''] + CO_2 \qquad (\text{II})$$

共存。（M′O），（M″O）；[M′]，[M″]；CO，CO_2 等分别组成渣相，合金相和气相。若反应接近或达到平衡，则存在着如下的关系

$$\frac{p_{CO_2}}{p_{CO}} = K_2 \frac{a_{M'O}}{a_{M'}} = K_2 \frac{a_{M''O}}{a_{M''}} = \cdots \qquad (1\text{-}1)$$

❶ 本文发表于《学术研究》，1962，(2)：23～33。

其中 K_1，K_2…分别为反应（Ⅰ），（Ⅱ）…之平衡常数。a_{MO}，a_M 为氧化物 MO 在渣中的活度及金属 M 在合金中之活度。式(1)明确地表示出三相间的关系及熔体中组元活度的影响。由此亦可得到渣相与合金相之平衡关系：

$$a_{M'O}=\frac{K_2}{K_1}\cdot\frac{a_{M'}}{a_{M''}}\cdot a_{M''O} \tag{2}$$

此式即下列反应的平衡

$$(M'O)+[M'']══(M''O)+[M'] \tag{Ⅲ}$$

它代表熔炼中能被还原的两种氧化物与合金反应的平衡关系。在生产中往往要求一种氧化物(M′O)彻底还原，而其他氧化物(M″O)留于渣中。由式(1)，式(2)可以看到应由下面几方面以选定最适当的还原条件。

(1) 温度。由于 $a_{M'O}$ 与 K_2/K_1 成比例，欲使 $a_{M'O}$ 值很小，则需降低 K_2/K_1 之比值。一定氧化物之 K 值仅与温度有关(压力一定时)，故必需知道 K_2/K_1 与温度之关系，从而得到 K_2/K_1 值最小的温度条件。

(2) 合金的组成。$a_{M'O}$ 与 $\frac{a_{M'}}{a_{M''}}$ 成正比。$a_{M'}$，$a_{M''}$ 与组元 M′，M″之性质及相对数量有关(恒温恒压下)，必须研究合金的热力学性质，以便掌握 $\frac{a_{M'}}{a_{M''}}$ 之比值最小。

(3) 炉渣的性质。式(2)表明 $a_{M'O}$ 之值还与 $a_{M''O}$ 有关。渣中含 M′O 或 M″O 的质量分数不仅与 $a_{M'O}$ 及 $a_{M''O}$ 之大小有关，也与炉渣各组元的种类和其相对含量有关。因此应当研究炉渣组成与 $a_{M'O}$，$a_{M''O}$ 之关系。

(4) 还原强度。式(1)中可以看到 $\frac{p_{CO_2}}{p_{CO}}$ 与 $a_{M'O}$ 成正比。加强还原(减少 p_{CO_2}/p_{CO} 比值)可使渣中 $a_{M'O}$ 减小，但同时也会使 $a_{M''O}$ 减小。避免 M″O 还原，还原强度就受到限制。

充分研究此四方面的情况，就有助于选定最优的熔炼条件，使生产中得到好的效果。四者之间又相互联系着，决定这些条件还要了解它们之间相互制约的情况。

在一定的熔炼温度下，合金与炉渣就起着决定性的作用。还原强度的选定应决定于合金的组成及炉渣的组成。在缺乏炉渣研究资料时，由合金性质来研究其对熔炼过程的影响是有益的。因为它深刻地支配着反应的进行。在有色冶金生产实践中广泛地应用着此一原理。这就是我试图计算 Fe-Sn 系组元活度以探索解决炼锡中存在的问题的原因。

2 铁锡氧化物还原与铁锡合金之关系

含铁高的锡精矿还原熔炼中存在着 FeO 与 SnO 并有其还原反应进行，式(1)和式(2)就可具体写成

$$\frac{p_{CO_2}}{p_{CO}}=K_{Fe}\cdot\frac{a_{FeO}}{a_{Fe}}=K_{Sn}\cdot\frac{a_{SnO}}{a_{Sn}} \tag{3}$$

$$a_{SnO}=\frac{K_{Fe}}{K_{Sn}}\cdot\frac{a_{Sn}}{a_{Fe}}\cdot a_{FeO} \tag{4-1}$$

式中，K_{Fe}随温度上升而减少其值为表1所示。K_{Sn}则随温度升高而增大[3]。具体数据由(文献[3]第169~170页)看到仅对SnO_2的还原列出较多的研究结果。看来由于研究方法上的问题所列SnO_2还原的K值可能为SnO或SnO与SnO_2混合物还原之数据。就以手头可以找到的资料[4]来看，Eastman用H_2+H_2O气及CO_2+CO气在一定温度下与金属锡作用，调节气体之组成使之恰好在使锡氧化与不氧化之间，从而得到数据。他并未检定使锡氧化时生成的氧化物是SnO_2还是SnO，而在报道中[4]就肯定是SnO_2，应当是有问题的。现在我们要获得锡而选用与金属平衡而恰好不使之氧化的数据作为SnO还原的数据应当是恰当的，它比不确切的计算结果更具有可靠性。

表1　K_{Fe}与温度的关系[2]

t/℃	500	700	900	1100	1300
$\lg K_{Fe}$	0.158	−0.169	−0.332	−0.450	−0.492

Eastman只做出较低温度之数据，Klärding的数据[3]与之一致，故选用后者在较高温度时的值(表2)。

表2　K_{Sn}与温度之关系[3]

t/℃	500	700	900	1100	1200
K_{Sn}	2.75	3.48	5.66	17.5	24.0

因此随着温度上升K_{Fe}/K_{Sn}比值是减小的。仅就K_{Fe}/K_{Sn}对降低渣中a_{SnO}来看，升高温度是有利的。现取烧煤的反射炉能保证的温度1200~1300℃中之1200℃则

$$\frac{K_{Fe}}{K_{Sn}}=\frac{24.4/75.6}{96/4}=0.0136 \tag{5}$$

代入式(4)得

$$a_{SnO}=0.0136\cdot\frac{a_{Sn}}{a_{Fe}}\cdot a_{FeO} \tag{4-2}$$

随之式(4-2)就表明在1200℃时，若还原气氛(p_{CO_2}/p_{CO})能保证式(4-2)所规定的平衡浓度时，降低a_{SnO}的关键就在于$\frac{a_{Sn}}{a_{Fe}}$及a_{FeO}两方面了。这样一来合金与炉渣的热力学性质就显得异常重要了。现在缺乏炉渣的资料，只讨论合金的方面。

在进一步查定已作Fe-Sn系活度计算[1,7]的正确程度以前，可以由Fe-Sn系状态图推得一些有用的知识。1200℃的等温线在相图上穿过两个二相区，一为两液层区，其边界根据A. N. Compbell的研究资料[5]为含Fe17.0%~40.8%。另一个是液相与a_{Fe}固相共存，其一边为含Fe约60%。在此二区内组成变化不会引起组元活度改变，故铁与锡之活度为常数，可以分别用$a_{Fe}^{p_1}$，$a_{Fe}^{p_2}$，$a_{Sn}^{p_1}$，$a_{Sn}^{p_2}$来表示，故在此二区中二组元之活度比亦为常数

$$\frac{a_{Sn}^{p_1}}{a_{Fe}^{p_1}}=C_1\text{；}\quad\frac{a_{Sn}^{p_2}}{a_{Fe}^{p_2}}=C_2$$

二液相的存在造成正偏差的程度随温度降低而加剧[6]，1200℃之等温线与液相线之水平部分相距仅约60℃，故由液相线之形状可以估计合金含铁在约10%时，$a_{Fe}\approx a_{Fe}^{p_1}$，$a_{Sn}\approx a_{Sn}^{p_1}$。

合金含铁在 10% 以下时（其中又特别是在小于 5% Fe 时）随着含 Fe% 增加 a_{Fe} 迅速增大最后逐渐接近 $a_{Fe}^{p_1}$，而 a_{Sn} 则由 1 降至 $a_{Sn}^{p_1}$。

为了使这些推断形象化，便于看清其结果可以引用已经作的计算[1,7]数值，换算出 $\frac{a_{Sn}}{a_{Fe}}$。则可绘出合金含铁量与 $\frac{a_{Sn}}{a_{Fe}}$ 之关系图 2。图中两条曲线差距不大，都具有同样的形状和相近的数值。图 1 之数据若作为定量计算只能得到近似的数值。

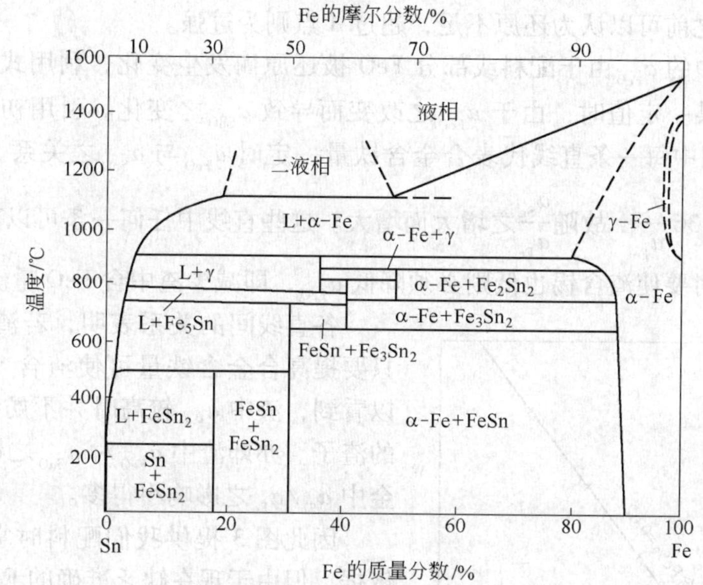

图 1　Fe-Sn 系状态图[15]

至此，式(4-2)中 $\frac{a_{Sn}}{a_{Fe}}$ 一项之近似值为已知，即可以来讨论合金对反应的影响情况。

首先，假定熔炼终了时 a_{FeO} 为一定值，则式(4-2)中 $0.0136a_{FeO}$ = 常数，平衡时渣中 a_{SnO} 仅与 a_{Sn}/a_{Fe} 有关，应用图 1 之数据通过计算即可以得到合金含铁与渣含 SnO（用 a_{SnO} 表示）之关系，制成图则曲线与图 1 中之曲线相似（因为二者间只差一个常数相乘）仅纵坐标之单位及代表量不同。

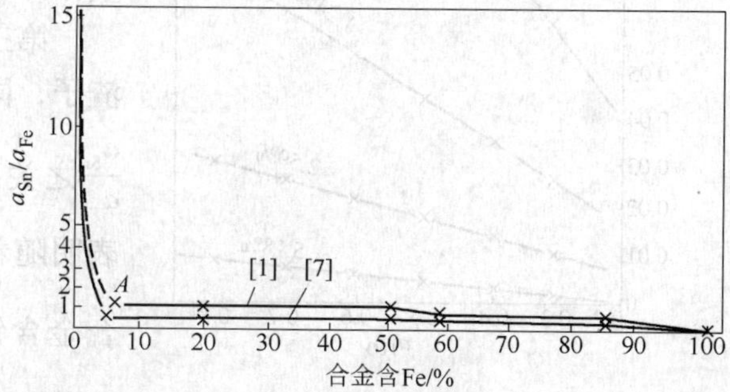

图 2　1200℃时 Fe-Sn 合金含 Fe% 与 a_{Sn}/a_{Fe} 之关系

此一特点就说明若渣含 FeO 变化不大时，渣含 SnO 与还原得到的合金含铁量有关。要使合金含铁很少（例如仅为 1% Fe 以下）此时 $\frac{a_{Sn}}{a_{Fe}}$ 值很大，渣含 SnO 很高。而当合金含铁逐渐增加则 $\frac{a_{Sn}}{a_{Fe}}$ 迅速降低，渣中 a_{SnO} 就迅速下降。合金含铁量增加到图 2 中之 A 点时，$\frac{a_{Sn}}{a_{Fe}}$ 最小，渣中 a_{SnO} 也应最低。含铁量超过 A 点后 $\frac{a_{Sn}}{a_{Fe}}$ 已变动微小，也就不能使 a_{SnO} 有显著下降，基本上达到一个常数了。因此合金含铁在 A 点时为最优之条件。

A 点的位置表明：大量产出硬头并不能达到进一步降低渣含锡的结果。

A 点的确切位置尚待研究 Fe-Sn 系在熔炼温度下之热力学性质来确定。

A 点之位置也解决了还原强度选择问题。因为合金含铁量在一定的熔炼制度下仅取决于还原剂之加入量。为使渣含锡最低则加入还原剂的数量以炼得含铁在 A 点之合金为适宜。否则在 A 点之前可以认为还原不足，超过 A 点则为过强。

其次，若渣中的 a_{FeO} 由于配料或部分 FeO 被还原而发生变化，利用式(4-2)可以计算出合金含铁量在某一定值时，由于 a_{FeO} 之改变而导致 a_{SnO} 之变化。引用初步计算资料[7]，即可绘成图3。图中每一条直线代表合金含铁量一定时 a_{FeO} 与 a_{SnO} 之关系。直线之斜率为式(4-2)中之 $0.0136\frac{a_{Sn}}{a_{Fe}}$，故随 $\frac{a_{Sn}}{a_{Fe}}$ 之增大而增大。这些直线中任何一条可以看出欲得到含铁一定的合金，同时要使渣含锡也低则必须降低 a_{FeO}，即减少渣中含 FeO 量。

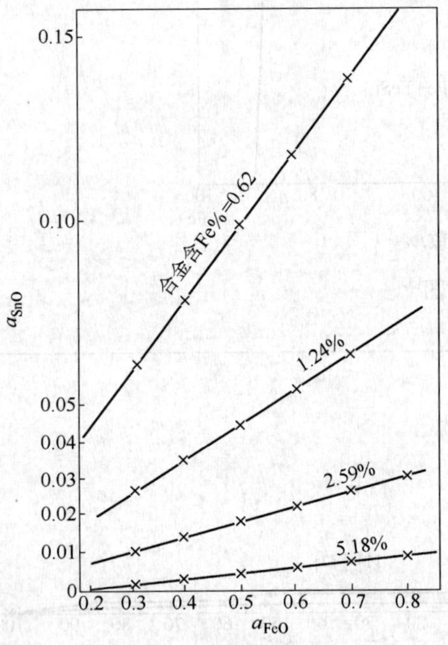

图3 1200℃时合金与渣平衡的关系

各直线间的关系表明，若渣中 a_{FeO} 值一定，只要提高合金含铁量可使渣含 SnO 降低。且可以看到，渣中 a_{FeO} 较高时并不妨碍得到 a_{SnO} 值小的渣子。亦即渣中 a_{FeO} 对 a_{SnO} 之影响，比之于合金中 a_{Sn}/a_{Fe} 之影响小得多。

因此图3提供我们配料时掌握渣含 FeO 之依据，但由于现在缺乏准确的 Fe-Sn 合金的热力学数据，图3只是近似的。需待 Fe-Sn 系研究后重作计算校正。

第三，若我们固定熔炼得到 $a_{SnO}=0.01$ 的渣子，同样应用式(4-2)，可以计算得到 a_{FeO} 与 $\frac{a_{Sn}}{a_{Fe}}$ 之关系。计算结果列于表3并绘成图4。图中表明随着渣中含 FeO 不同(a_{FeO} 不同)，可以控制合金含铁也不同$\left(\frac{a_{Sn}}{a_{Fe}}\text{有异}\right)$，即可达到渣中 a_{SnO} 相同的结果，并不必要使合金含 Fe 量都达到图1中之 A 点。

表3 1200℃时炼得 $a_{SnO}=0.01$ 之炉渣时 a_{FeO} 与 $\frac{a_{Sn}}{a_{Fe}}$ 之关系

a_{FeO}	0.3	0.4	0.5	0.6	0.7	0.8
$\frac{a_{Sn}}{a_{Fe}}$	2.49	1.865	1.49	1.243	1.066	0.943

与此类似的一组曲线就可以帮助仔细选定最适宜的渣(仅指 a_{FeO} 而言)及合金(指含铁

量），从而借助于经验确定还原剂的加入量。

上述的后两点都能看到 a_{FeO} 值较高时，例如 a_{FeO} 在 0.7～0.8 时，保持合金中含有适量的铁，渣含锡仍然可降到相当低的程度(参阅图3 和图4)。这就说明炉渣中对 FeO 的容纳能力是很大的。可以使精矿中的铁大量随渣排出的可能性是肯定的。

至此已说明了铁锡合金对铁锡氧化物还原的影响。可见研究 Fe-Sn 合金的热力学性质是一迫切的问题。此问题解决以后将图 2 和图 3 加以校正后无疑是可以指导生产的。

至于生产中得到的粗锡里经常含有少量的铜，砷，铋，铅……则由于其数量少(含量多的在后面讨论)。且尚未发现其对 Fe-Sn 合金的热力学性质有重大影响时可以暂时忽略其作用，待以后发现有值得重视的影响时，再进行研究。否则若拘泥于生产实践的情况与研究工作间有一些枝节性的差别(此种差别永远都是有的)而妨碍了我们应用研究结果，无疑是不妥当的。若认为因某种"严密"性不能应用，这种严密性是没有必要的，它会使我们在已有的问题面前裹足不前，更不能进一步发现新问题了。

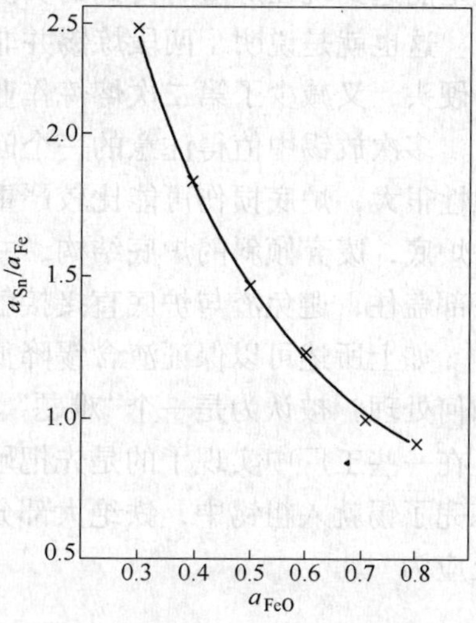

图4 固定渣中 $a_{SnO}=0.01$ 时合金组成与渣中 a_{FeO} 之关系

3 硬头的产生及处理

维持合金中含铁在 A 点附近，就使部分铁还原入合金。合金冷却而析出硬头，或当粗锡熔析精炼时成为锡渣。二者都是 Fe-Sn 合金富铁端的产物，如何减少以及处理它们是锡生产过程中的一个问题，是初炼时选择还原强度的一个制约条件。应用上述原理可以获得妥善解决的途径。

含锡物料还原熔炼过程中式(4-2)里各项之变化是随着熔炼不断地发展时 a_{SnO} 逐渐下降，合金中含铁渐增，$\frac{a_{Sn}}{a_{Fe}}$ 值减小，a_{FeO} 相对增大。反应终了时渣中 a_{SnO} 决定于终了时的合金含铁及渣中的 a_{FeO}，而与反应终了时的合金量及渣量无关。这就是现行两段熔炼的实质和多次放锡的依据。两种方法都是降低渣含锡又使铁的还原量减少的手段。

例如在两段熔炼或两段放锡中第一段若还原得半数($0.5x$)质量的合金其中含铁 $A'\%$，合金分出以后再熔炼得另一半合金，此合金中含铁 $A\%$ 以便使渣中 a_{SnO} 最低，则此二段中共还原出铁 $0.5x \cdot A'\% + 0.5x \cdot A\% = 0.5x(A'\% + A\%)$，上述条件决定 $A'\% < A\%$。又若用一次熔炼得合金 x 其中含铁 $A\%$，则还原的铁量为 $x \cdot A\%$。可见 $x \cdot A\% > 0.5x(A'\% + A\%)$。

若采用多次放锡或多次熔炼，必然使铁的还原量最小，同时保证了渣含锡低。实际上次数太多是不可能的。

不难看出多次放锡的操作远比两段熔炼为优，可以预计若多次放锡使用得当就可以废除现在使用两段熔炼中的第二段炼渣过程，熔炼所得的渣子直接送去烟化，此渣之含锡量完全能达到现在炼渣时得到的贫渣的水平，这样做铁的还原量减少了，硬头产率降低了。

这也就是说明了两段炼锡并非必要，应该使用一次熔炼多次放锡来代替之，这样减少了硬头，又减少了第二次熔炼作业。

多次放锡中值得注意的一个问题是熔炼末期渣子温度高，若渣子直接与炉底接触则腐蚀性很大，炉底损伤可能比较严重。为了保护炉底及增大渣与合金之接触面，应该使用水平炉底，废弃倾斜的炉底结构，并在每一次放锡时(特别在熔炼末期)留有足够量的合金使底部盖住，避免渣与炉底直接接触。

如上所述可以保证渣含锡降低的条件下减少硬头或锡渣的产量。但仍然要产出一些。如何处理？被认为是一个“难题”。许多人做了研究提出各种处理方法[8,9,14]，其中较好的，且在一些工厂中实现了的是先把硬头及锡渣制成细粒，而后加熔剂与锡精矿一道熔炼。熔炼完了锡就入粗锡中，铁绝大部分氧化入渣。此一过程的实质与前面分析的原理一致，其反应为

$$[\mathrm{Fe}] + (\mathrm{SnO_2}) = (\mathrm{FeO}) + (\mathrm{SnO}) \qquad (\text{Ⅳ})$$

$$(\mathrm{SnO}) + [\mathrm{Fe}] = [\mathrm{Sn}] + (\mathrm{FeO}) \qquad (\text{Ⅴ})$$

第二个反应(Ⅴ)决定着最终的平衡浓度。故平衡时式(4-2)仍然成立，移项而成

$$\frac{a_{\mathrm{SnO}}}{a_{\mathrm{FeO}}} = 0.0136\frac{a_{\mathrm{Sn}}}{a_{\mathrm{Fe}}} \qquad (4\text{-}3)$$

加料的硬头中含锡很高故可取$\frac{a_{\mathrm{Sn}}}{a_{\mathrm{Fe}}} \approx 1$(参阅图 1)则得

$$\frac{a_{\mathrm{SnO}}}{a_{\mathrm{FeO}}} = 0.0136 \qquad (4\text{-}4)$$

显然加料中精矿部分在开始反应时 $a_{\mathrm{SnO}}/a_{\mathrm{FeO}}$ 值远大于 0.0136，反应就朝向使此比值等于 0.0136 的方向进行。若加料中硬头量足够，则 SnO 被大量还原，Fe 被大量氧化入渣，反终了时渣中 a_{SnO} 与合金含铁量之关系应与前面分析的规律性一致。只要保持合金中含铁在 A 点(图 1)附近，a_{SnO} 就可达到一较小数值。但由于渣锡接触面不大，反应后期受到此条件之限制而反应不易达到平衡，渣含 SnO 及合金含铁就较高。

这个方法之优点是在原有炼锡厂中勿需增加新的设备，亦不使流程复杂化，即可以顺利地处理硬头，处理后所得产品与还原熔炼所得之产品一致而可以合并处理。因此这个方法处理硬头是合理的，经济的。当然若硬头含砷高，先进行焙烧脱砷而后进行还原熔炼，则可使砷不致循环富集，同样是合理的。

4　铅对铁锡氧化物还原的影响

合金在氧化物还原中所起的作用也被应用在锡的熔炼中加入含铅物料，以获得含铅高的粗锡和含锡低的炉渣[8,9]。应用前述之原理可以认识此一过程之实质和价值。

熔炼物料中有了含铅物料，渣中多了 PbO，合金中多了 Pb，式(1-1)成为

$$\frac{p_{\mathrm{CO_2}}}{p_{\mathrm{CO}}} = K_{\mathrm{Sn}}\frac{a_{\mathrm{SnO}}}{a_{\mathrm{Sn}}} = K_{\mathrm{Pb}}\frac{a_{\mathrm{PbO}}}{a_{\mathrm{Pb}}} = K_{\mathrm{Fe}}\frac{a_{\mathrm{FeO}}}{a_{\mathrm{Fe}}} \qquad (1\text{-}2)$$

仍取熔炼温度为1200℃，式(4-2)仍然成立。其不同之处为炉渣及合金中都增加了一个组元。现在缺乏之关于渣中加入 PbO 后对 SnO 及 FeO 之活度影响的资料，在此暂不讨论有关炉渣的热力学性质，只着眼于合金的影响上。

合金中出加入铅以后成为 Fe-Sn-Pb 系(忽略其他少量杂质)，要按式(4-2)来处理此问题就必须知道此三元系的热力学性质，但至今尚未看到发表此项资料，只有1200℃时此三元系之状态图[10]以及在500~700℃时 Pb-Sn 系之热力学性质[11~13]。因此现在只能由这些不完全的材料来分析。

图4之数据虽因实验中用了石墨坩埚而未能避免碳的影响，在 Fe-Sn 边之分层边界与 A. N. Compbell 等的数据[5]有些出入。但在熔炼锡时还原碳同样存在，引用作近似讨论是可以的。

图中表明在 Fe-Sn 合金中加入铅以后分层区范围扩大了。分成两层中一层是以 Pb-Sn 为主的合金，其中含铁很少，特别当此层中含 Pb>30% 时含铁小于4%[10]。另一层富铁，以 Fe-Sn 为主，含铅很少，一般都在5%左右，含锡量也比 Fe-Sn 系中分层的富铁层要低些。分层区几乎遍及整个 Pb-Sn-Fe 系的浓度三角形。

由于富 Pb-Sn 层中随着 Pb 的含量增加对铁的溶解度大大减小，铁的还原量超过此溶解度就要以另一相析出，此析出之相中含铁很高故 a_{Fe} 大。同时在 Pb-Sn 相中铅的存在会使 a_{Sn} 降低。

图5为 J. F. Elliott 等研究的结果[11]，它与 R. A. Schaefer 等的数据及最近发表的资料[13]有些出入。这些数据都是在较低的温度下（500 ~ 700℃）做出的。有两份资料[11,13]在富锡端(<35% Pb) a_{Sn} 与 N_{Sn} 的关系遵守 $a_{Sn}=N_{Sn}$ 关系。可以预计当温度升高到1200℃则服从 $a_{Sn}=N_{Sn}$ 之组成范围还会有所扩大。

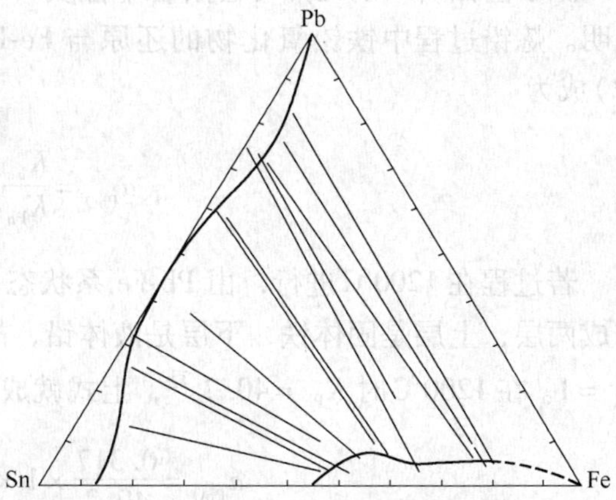

图5 Sn-Pb-Fe 三元系状态图 1200℃[10]

炼锡过程中加入含铅物料后往往得到含 Pb<35% 的合金。由于在此合金中含铁很少，故可近似地认为 $a_{Sn}=N_{Sn}$。当合金含 Pb30% ~35% 时得 $a_{Sn}\approx 0.8$。

与 Pb-Sn 相平衡之富铁相，其成分接近于 Fe-Sn 系中分层之富铁层，且含铁更高。故暂采用已作之 Fe-Sn 系组元活度数据来近似地估计 a_{Fe} 的值，则可得 $a_{Fe}\approx 0.7 \sim 0.85$[1,7]。

在缺乏实验数据时作如此之估计以作近似计算是可以的。准确的定量计算应该在得到这些值的实验结果时作出。

则得到 $\frac{a_{Sn}}{a_{Fe}}\approx 1$，而式(4-2)成为：

$$a_{SnO}=0.0136a_{FeO}$$

此时只要控制 $a_{FeO}<0.7$，即可得到 $a_{SnO}<0.01$ 的炉渣，粗略估计，若因 a_{SnO} 很小而视为 $a_{SnO}\approx N_{SnO}$，则渣含 SnO 约为1.5%左右，再加上渣中含有其他状态的锡，渣含总锡就

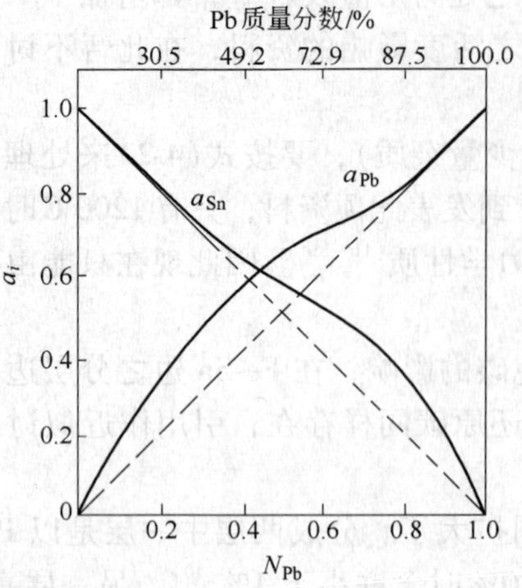

图6 500℃时Pb-Sn熔体中的组元活度[11]

达到2%~3%。

以上做近似的处理以后的结果表明：炼锡过程中若加入含铅物料，以炼得的粗锡成分接近于焊锡时，可使渣含锡降至2%~3%，此数值与某些生产实践相符合[9]。若合金含铅量小于30%时，降低渣含锡的效果略差，但比没有铅时好些。

加入铅可以使$\frac{a_{Sn}}{a_{Fe}}$比值降低到约1，从而使渣含锡降低，这是好的一面。其不利的一面是得到焊锡需要做较复杂的处理才能分别得到铅和锡。这就削弱了加铅法的实际意义，故未在工业上得到普遍的使用。当锡精矿中原伴生有较多的铅未经炼前处理除去，此种原料熔炼中铅对降低渣含锡的效果无疑是好的。

5 其他例子

除了前面所举的几点可理解合金性质对氧化物还原影响之外，还可以列举许多例子来说明。炼铅过程中铁铅氧化物的还原与Fe-Pb系之性质之间的关系即为一例。炼铅时式(2)成为

$$a_{PbO}=\frac{K_{Fe}}{K_{Pb}}\cdot\frac{a_{Pb}}{a_{Fe}}\cdot a_{FeO}$$

若过程在1200℃进行，由Pb-Fe系状态图[15]可以看到1200℃时铅和锡不互相溶解而分成两层，上层是固体铁，下层是液体铅，故$a_{Pb}=1$，只要有微量的铁被还原出来就得到$a_{Fe}=1$。在1200℃时$K_{Pb}=40.2$[3]，上式就成为

$$a_{PbO}=\frac{0.317}{40.2}\times1\times a_{FeO}=0.00788a_{FeO}$$

工厂实践数据证明渣中含PbO经常在0.00x与此式相符，此式说明了炼铅作业中渣中PbO之数量只与a_{FeO}有关而与合金成分无关，故一般炼铅作业中并不必使Fe还原出来。这并非合金在此不起作用，而正是因为Fe-Pb系的特殊性质(不互溶)所造成。

此式说明了炼铅渣中含FeO一般很高(约50%)也能在一次熔炼铅原料时使渣含铅降低到约1%(其中成PbO状态的就更少，仅千分之几)；粗铅中含铁只有千分之几。

此外在有色及钢铁冶金中许多地方都可以看到合金性质对氧化物还原的深刻影响。在还原熔炼氧化铜矿时，虽然Cu_2O及FeO还原的p_{CO_2}/p_{CO}要求相差悬殊大，仍不可避免部分铁还原成金属入合金，渣含铜还不能降低到1%以下；在高炉里炼铁时虽然其中还原条件不足以使SiO_2还原，但由于合金(Fe-Si系)的作用而使之部分还原入合金，使生铁含硅。若仔细考查，类似的例子还可以举出许多。

6 结束语

渣与合金间的反应决定了合金性质对金属氧化物还原熔炼具有深刻的影响。由合金性质来了解还原熔炼的特点有着重大的作用。

在炼锡过程中由 Fe-Sn 合金的热力学性质可以选定适当的粗锡含铁量，以便得到含 SnO 最低的炉渣，从而能够决定采用恰当的还原强度。并由此判定两段熔炼是不必要的，可用多次放锡来代替。

粗锡含铁量掌握得当时可以选用含 FeO 较高的炉渣，这就决定了铁不会在熔炼锡的过程中循环累集。

加入铅以后合金性质发生变化，对降低渣含锡有一定作用，但产出焊锡需要再作较复杂的处理，这就限制了此种方法的应用。

由渣与合金的反应出发说明硬头与锡精矿合炼是合理的，经济的。也说明了铅熔炼中 Fe-Pb 系的性质起着重大的作用。

因此详细研究合金的热力学性质对熔炼过程的理论与实践有着重大的作用。

参 考 文 献

[1] 李振家. 评《锡的还原熔炼和渣型的分析》. 学术研究，1962，(6)：1~11.
[2] Еспп О А，等. 火法冶金过程的物理化学(1 卷下册).
[3] Тераснмов Я И，и др. Химцческая Термодппамнка В. Цветной Металпргии Ⅱ 1961.
[4] Eastman，Robinson. J. Am. chem. Soc. 1928，59：1106.
[5] Compbell A N，Wood J H，Skinner G B. J. Am，chem. soc，1949，711：729.
[6] Hildeorand and scott. The solubility of Nonelectrolytes.
[7] 戴永年. 锡的还原熔炼和渣型的分析. 学术研究，1962，(2)：28~44.
[8] Мураи Н Н. 炼锡学.
[9] Alexander H H，Stack J R. Trans. AIME，1924，70：404.
[10] 谭庆麟，等. Sn-Fe-Pb 三元系统之研究，Н. Н. Соврюков 著. 锡冶金学，附录 1.
[11] Elliott J F，Chipman J. J. Am. chem. Soc. 1961，73：2682.
[12] Schaefer R A，Hovorka F. Trans. Electrochemical Society，1946，87：479.
[13] Zeitschrift für Metallkunde，1960，Band 51，Hoft，381.
[14] Севрюков Н П. 锡冶金学，1959.
[15] Smithells. Metals Reference Book，1955.

含锡物料烟化过程的分析❶

戴永年

用烟化炉硫化挥发处理低品位含锡物料，比鼓风炉、反射炉及回转窑硫化挥发具有优越性。我国已掌握了这一项技术，并已达到较先进的指标。烟化炉硫化挥发在国内外应用时间不长，研究还不充分。本文试图分析这个过程中的若干基本问题，并提出尚待研究的几个问题。

1 烟化过程中锡的挥发形态

含锡物料烟化时锡可能存在的状态为：金属锡、氧化物和硫化物。

金属锡的蒸气压很低[1]，且不可能由贫锡炉料中还原出来，故烟化过程中金属锡挥发的可能性极小。

二氧化锡的蒸气压也很小，应用下式可以计算得下列数据[1]：

$$\lg p^{\ominus}_{SnO_2}(\text{mmHg}^{❷}) = -28800T^{-1} + 16.5$$

温度/℃	1000	1100
$p^{\ominus}_{SnO_2}$/mmHg	7.75×10^{-7}	3.55×10^{-5}
温度/℃	1200	1300
$p^{\ominus}_{SnO_2}$/mmHg	8.92×10^{-4}	1.585×10^{-2}

在1300℃时$p^{\ominus}_{SnO_2}$仅0.01585mmHg，比金属锡的蒸气压小，再加上SnO_2在液渣中浓度极低，实际可达到的p_{SnO_2}比$p^{\ominus}_{SnO_2}$小几百倍，故SnO_2也是极少挥发的。

氧化亚锡则挥发性较大，其具体数值可用甫来特韦和梅也尔（Platteevw，Meyer）的关系式[1]

$$\lg p^{\ominus}_{SnO}(\text{mmHg}) = -13160T^{-1} + 10.775$$

计算得：

温度/℃	900	1000	1200	1300	1394	1400
$p^{\ominus}_{SnO}$/mmHg	0.376	2.85	70.0	260	760	823

在烟化的温度下，$p^{\ominus}_{SnO}$可以达到几百毫米汞柱。但液渣中含SnO很少（仅百分之几），故实际可达到的p_{SnO}仅为几个毫米汞柱，比前两者大百倍至万倍，因此SnO挥发有一定作用。但当渣中SnO的浓度进一步降低，挥发量就会减少，依靠SnO挥发彻底是不合算的。曾经有人实验用氮气吹炼锡炉渣，曾使渣含锡降低；莫斯科铜电解厂用空气和粉煤吹炼炉渣，使渣含锡由0.4%降到约0.3%[3]，这证明了SnO挥发占一定的作用，但不能进一步达到更低的程度。

---

❶ 本文发表于《有色金属》，1965，(1)：38～40，43～45。

❷ 1mmHg＝133.3224Pa。

1955 年沃连斯基和谢夫留可夫（Н. С. Воленский，Н. Н. Севрюков）用热谱法研究了锡的硫化物[4]，肯定了 SnS_2、Sn_2S_3、SnS 的相互转变温度为：

$$2SnS_2 \rightleftharpoons Sn_2S_3 + \frac{1}{2}S_2 \qquad t = 520℃$$

$$Sn_2S_3 \rightleftharpoons 2SnS + \frac{1}{2}S_2 \qquad t = 640℃$$

这就表明在 640℃以上只有 SnS 才稳定存在；SnS_2 和 Sn_2S_3 在 640℃以下已分解，故只有 SnS 才在烟化过程中起作用。相比之下，可见穆拉齐书中[5]所引用的资料已不适用。

SnS 的蒸气压曾为许多人研究过[1]，其结果如图 1 所示。曲线 3 表明较多的人得到相同的结果，比较可靠，它在 936～1084K 间可按下式计算。

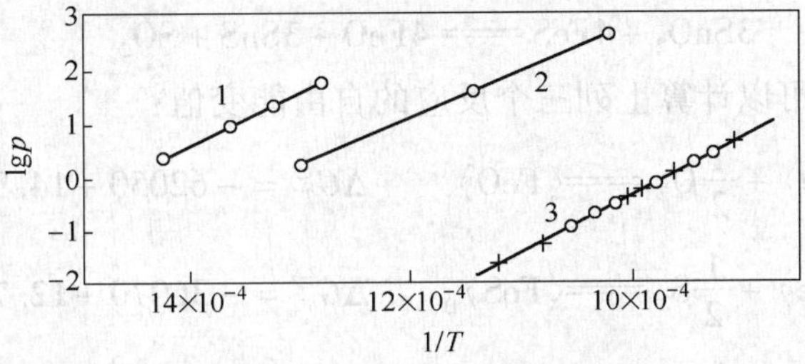

图 1　SnS 饱和蒸气压（mmHg）与温度的关系[1]

1—St. Clair，Shibler，Solet；2—Hisao；3—Richards，Бецнн Цейдлер

$\lg p^{\ominus}_{SnS}$（atm❶）$= -10470T^{-1} + 7.088$，计算值如下：

温度/℃	900	1000	1100	1200	1210	1300
$p^{\ominus}_{SnS}$/mmHg	11.45	56	223.5	747	829	2080

其中，沸点温度与雷洽兹（Richards）的测定值和库巴雪夫斯基（O. Kubaschawski）所推荐之值[6]相近，故这个计算式是比较可靠的。

可见，1300℃时 $p^{\ominus}_{SnS} = 2080mmHg$，相当于 $p^{\ominus}_{SnO}$ 的 8 倍，加之 SnS 在渣中溶解度小，而易形成独立相，除了有大量 FeS 冲淡 SnS 之外，a_{SnS} 是接近于 1 的；虽然 Sn-Fe-S 系的 a_{SnS} 尚待测定，也可看出 p_{SnS} 比 p_{SnO} 大百倍至千倍。

于是可以得出结论：SnS 在烟化过程中是主要的挥发性物质，应当设法保证 SnS 的生成和挥发的最优条件；SnO 的挥发也有一定作用，但由于其在渣中的浓度愈来愈小，蒸气压大大下降、降低了其作用；金属锡和 SnO_2 的挥发性小，可以忽视其作用。

2　含锡物料烟化过程中的主要反应

烟化炉中进行着几类化学反应：粉煤燃烧反应，锡的硫化反应及还原反应。由上节之分析可知硫化反应是主要的，其他两类必须从属于它。

---

❶　1atm = 101325Pa。

2.1　硫化反应

硫化剂虽试用过硫粉，芒硝、石膏和黄铁矿[5,8]，但工业上使用方便合算的是黄铁矿。黄铁矿入炉以后温度升高就发生分解（在中性或还原性气氛中）而成为 FeS 和 S_2 气，分解压为[9]：

温度/℃	575	610	655	672	697
p_{S_2}/mmHg	0.75	13.5	168	343	765

故在烟化温度下 FeS_2 已绝大部分分解成 FeS 及 S_2，若以 FeS 为硫化剂，则硫化反应可能为：

$$Sn + FeS = Fe + SnS \tag{1}$$

$$SnO + FeS = FeO + SnS \tag{2}$$

$$3SnO_2 + 4FeS = 4FeO + 3SnS + SO_2 \tag{3}$$

由下列各式[1,6,12]可以计算上列三个反应的自由能变值：

$$\langle Fe\rangle + \frac{1}{2}O_2 = \langle FeO\rangle \qquad \Delta G_T^{\ominus} = -62050 + 14.95T$$

$$\langle Fe\rangle + \frac{1}{2}S_2 = \langle FeS\rangle_\beta \qquad \Delta G_T^{\ominus} = -36070 + 12.74T$$

$$(Sn) + \frac{1}{2}O_2 = \langle SnO\rangle \qquad \Delta G_T^{\ominus} = -71000 + 27.5T$$

$$(Sn) + O_2 = \langle SnO_2\rangle \qquad \Delta G_T^{\ominus} = -139300 + 50.6T$$

$$(Sn) + \frac{1}{2}S = SnS \qquad \Delta G_T^{\ominus} = -35300 + 18.52T$$

$$S_2 + 2O_2 = 2SO_2, \qquad \Delta G_T^{\ominus} = 173240 + 3462T$$

其中，SnS 的生成自由能还研究得不够，该式的温度范围仅达 823℃，且不够确切，应用起来难免精确度不足。经过计算得表 1（1、2、3）。表中之值表明，使 1mol 的锡硫化成 SnS，其自由能变值按 SnO_2、Sn、SnO 的顺序降低。只有 SnO 的数值在 1200℃ 以上才是较大的负值，其他两个都是正值。故用 FeS 作硫化剂时最可能进行的反应是 SnO + FeS ══ FeO + SnS，而 Sn 和 SnO_2 的硫化较为困难。

表 1　硫化物的自由能变值

反　应	温度/℃				
	900	1000	1100	1200	1300
	$\Delta G^{\ominus}$/cal · mol^{-1}				
(1)	7600	8140	8720	9280	9820
(2)	1800	1140	470	-270	-1030
(3)	39300	31090	26020	18400	11010
(4)	-27040	-23400	-19160	-16000	-12400
(5)	-15950	-15970	-15980	-16220	-16370
(6)	66380	63100	58920	56800	53500
(7)	19560	18250	16160	15680	14310

注：1cal = 133.3224Pa。

若硫化剂为S_2，则可能有下列反应进行：

$$2Sn + S_2 = 2SnS \quad (4)$$

$$2SnO + 1.5S_2 = 2SnS + SO_2 \quad (5)$$

$$SnO_2 + S_2 = SnS + SO_2 \quad (6)$$

$$2FeO + 1.5S_2 = 2FeS + SO_2 \quad (7)$$

表1(4、5、6、7)数据表明，硫化的自由能变值按 Sn、SnO、FeO、SnO_2 的顺序上升，只有 Sn 和 SnO 的硫化反应为负值，而 FeO 和 SnO_2 是不易硫化的。

综上所述，加黄铁矿时主要之硫化反应为：

$$(SnO)_{渣} + [FeS]_{锍} = [SnS]_{锍} + (FeO)_{渣}$$

$$2(SnO)_{渣} + 1.5S_2 = 2[SnS]_{锍} + SO_2$$

故烟化过程中保持 SnO 稳定存在的条件是很重要的。

2.2 粉煤燃烧反应

粉煤入炉以后一小部分来不及在渣层中燃烧而被气体带到炉外，一小部分搅和在熔渣中，大部分在渣层中燃烧成 CO 及 CO_2。为保证炉子供热良好和 CO_2/CO 适于 SnS 生成的反应，必须选择适当的空气过剩系数 α，以便在适于 SnS 生成的条件下，尽可能选用高的 CO_2/CO 以获得大量的热。

因此，应当按硫化反应的要求，即 SnO 稳定存在的条件来选择尽可能大的 α 值，这是过程的关键之一。此外应研究粉煤充分燃烧之合适粒度及粗粒粉煤之行为及作用程度。

搅拌在熔渣中的粉煤曾被认为对降低渣含锡有利[7]，这部分粉煤是较粗粒的，显然它可能使渣中为数不多的 SnO_2 还原成 SnO，甚至局部还原出金属锡，这都有利于生成 SnS 和 SnO。但目前对这部分煤粒的作用程度及行为尚不够清楚，有待于研究。

2.3 还原反应

前面两类反应的要求明显地指出，烟化过程中不必要也不应当在整个渣层中进行强烈还原以产金属锡，只要保证 SnO 的稳定存在即可。故还原反应不是主要反应，涉及 SnO 稳定存在的条件在下一节中阐明。

3 温度及气相的影响

3.1 SnO 稳定存在的气相条件

现在要准确算出 SnO 稳定的条件(CO/CO_2, T)，还缺乏精确的数据，也未看到实验确定 $SnO \rightleftharpoons SnO_2$ 及 $SnO \rightleftharpoons Sn$ 之条件，这里引用芬克(Colin G. Fink)计算的结果(图2)来分析[13]。

烟化炉渣中锡含量很少，故 SnO 及 SnO_2 的活度很小，实际上 SnO $\longrightarrow$Sn 及 SnO_2 $\longrightarrow$SnO 线的位置与图中所示者偏离。由于 a_{SnO}很小，还原 SnO 需要的 CO 浓度很高，SnO $\longrightarrow$Sn 的曲线位置向上偏离很远。故 SnO 还原成 Sn 是很困难的。另一方面渣中 SnO 的浓度大于 SnO_2，a_{SnO_2}/a_{SnO} 值很小，随着烟化过程的进行 SnO 硫化挥发而浓度降低，SnO_2 则

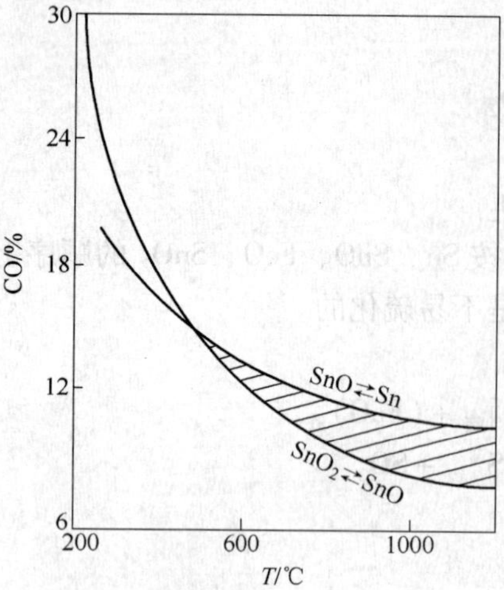

图 2 SnO ⇌ Sn 及 SnO_2 ⇌ SnO 的平衡气相-温度图

变化不大，a_{SnO_2}/a_{SnO} 值就会增大，最后 SnO ⟶ SnO_2 的实际曲线位置与图中者相近。可看到 SnO 稳定区比图中阴影区大得多，其上边界很高，下边界接近图示者。

据此来选择 α 值，若 $\alpha = 0.9$，则燃烧后的气相组成是位于 SnO 之稳定区中。锡炉渣烟化有可能选用高的 α 值(约 0.9)，没有必要像铅锌炉渣烟化时有"还原期"存在；它既满足了使 SnO 稳定存在，又满足了硫化挥发锡的条件和供热的要求，有利于升高渣层温度和节约粉煤。

3.2 FeO 稳定存在的气相条件

选用较高的 α 值，例如 0.9 左右，则燃烧气体中 CO 仅为 20% 左右，远不足以使 FeO 还原为 Fe，吹炼锡炉渣时完全可以不产出硬头。

选用较高 α 值能否使 FeO 氧化为 Fe_3O_4，从而影响渣的熔点和黏度，进而影响烟化过程呢？可以用热力学条件来分析：

$$Fe_3O_4 + CO \xlongequal{} 3FeO + CO_2$$

$$\lg K_p = -\frac{1373}{T} - 0.341\lg T + 0.41 \times 10^{-3} T + 2.303$$

由上式可计算得表 2 数据[14]。表 2 数据末一行说明温度升高则平衡 CO 浓度降低，在 1300℃ 时只要气体中($CO + CO_2 = 100\%$)的 CO 含量大于 8.13，即能使 Fe_3O_4 还原。若再考虑到 a_{FeO} 及 $a_{Fe_3O_4}$ 都小于 1，对反应之平衡条件会带来影响，则由反应的平衡常数可以得到平衡时 $a_{Fe_3O_4}$ 的活度如下：

表 2 温度与 CO 浓度的关系

温度/℃	700	900	1100	1300	温度/℃	700	900	1100	1300
$\lg K_p$	0.225	0.511	0.787	1.03	CO/%	37.3	23.6	14.03	8.13
K_p	1.68	3.24	6.13	10.71					

$$K_p = \frac{p_{CO_2}}{p_{CO}} \cdot \frac{a_{FeO}^3}{a_{Fe_3O_4}}$$

$$a_{Fe_3O_4} = \frac{1}{K_p} \cdot \frac{p_{CO_2}}{p_{CO}} \cdot a_{FeO}^3$$

在 1300℃ 时，$K_p = 10.71$，若选用 $\alpha = 0.9$，则 p_{CO_2}/p_{CO} 之理论值为 4.56，代入上式得：

$$a_{Fe_3O_4} = 0.425 a_{FeO}^3$$

由此式即可计算，在已定的温度及 α 值时，渣中 FeO 及 Fe_3O_4 的活度的关系如下：

a_{FeO}	0.2	0.3	0.4	0.5	0.6	0.7
$a_{Fe_3O_4}$	0.0034	0.0115	0.0272	0.0531	0.0918	0.103

说明，只要渣中 a_{FeO} 不大于 0.7，则 $a_{Fe_3O_4}$ 小于 0.1。因此选用较高的 α 值时(比如说 α = 0.9)，烟化过程中一方面不会出现硬头，另一方面也不会产生很多 Fe_3O_4 而导致炉渣性质变坏。

3.3 温度对烟化过程的影响

烟化过程中温度有重要的作用。温度升高，SnO 及 FeO 能在较低的 CO 含量时稳定，故可选用较大的 α 值，SnO 硫化的自由能变值降低，反应利于向生成 SnS 的方向进行；同时 SnS 及 SnO 的蒸气压也将增大，而促使它们迅速挥发进入气相；SnO 的挥发加强后又促使硫化反应向生成 SnS 的方向进行。温度上升，会使无论组成为何的炉渣的黏度降低，有利于渣中参加反应的质点扩散与硫化剂接触，并可以增加硫化剂在渣中的溶解度而有助于硫化反应的进行；也有助于锡的挥发性物质扩散到气泡表面蒸发，加强了 SnS 及 SnO 的气化温度上升也加大了化学反应的速度。

总起来说，温度上升对炉渣烟化有着好的效果。波多尔斯克炼厂做过实验[3]，其结果示于图 3。可见若吹炼时间一定，锡的回收率随温度的升高而增高。可认为这是上述诸方面影响的总效果。因此在烟化过程中应设法提高温度。提高温度的办法有：使用优质燃料；提高 α 值；利用富氧空气；预热鼓风；提高入炉渣温等。国外近年试验了富氧空气吹炼锡炉渣得到良好效果[15,16]。但使用富氧空气受制氧设备的限制，不是每一个工厂在任何时间都便于使用的。提高 α 值，提高入炉渣温都易于实践，值得试验。预热鼓风虽然设备上有困难，但比较易于实现，值得重视解决。

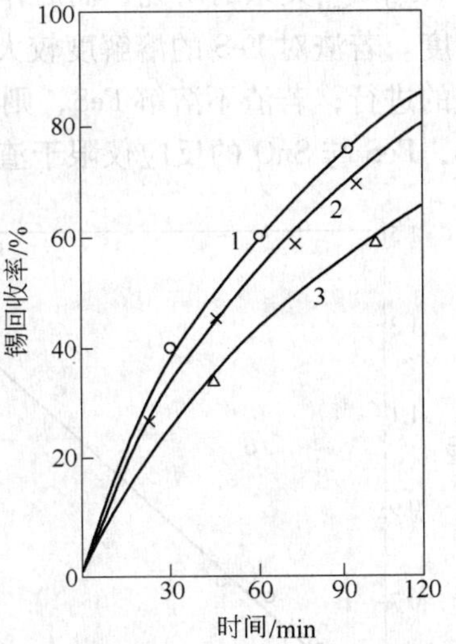

图 3 吹炼含锡炉渣时温度与锡回收率的关系

1—1400 ~ 1420℃；2—1300 ~ 1325℃；3—1250 ~ 1275℃

4 烟化炉炉渣

烟化过程在液态炉渣中进行，渣的性质有重要的影响。渣的各种性质主要取决于其化学组成。渣型就成为烟化过程的重要影响因素。

烟化炉炉渣的渣型，在铅锌炉渣烟化的方面曾做过一些研究[17]，提出了适当的渣型条件($SiO_2/CaO \geqslant 2$，$SiO_2 \leqslant 38\% \sim 40\%$)，这种条件不完全适于锡炉渣烟化。例如我国有适于上述条件之贫锡渣而烟化效果并不好[2]。

选择渣型对以 $FeO\text{-}CaO\text{-}SiO_2$ 系为基的锡炉渣来说，应当着重考虑三种性质：熔点、黏度及 γ_{SnO}。熔点和黏度的作用是明显的，熔点过高和黏度过大都不利于烟化，而二者又有一定的联系，可借助于 $CaO\text{-}FeO\text{-}SiO_2$ 系状态图及三元系，在 1250℃及 1300℃时之等黏度曲线[11]来判断所选用渣型的熔点和黏度。

γ_{SnO} 是很重要的。如上所述，硫化过程主要是使 SnO 硫化，故若 SnO 的活度系数高，则有利于硫化，也有利于 SnO 挥发。然而目前很缺乏 $FeO\text{-}CaO\text{-}SiO_2$ 系渣中 $N_{SnO}\text{-}a_{SnO}$ 的关系数据，应当加强此方面的研究工作。

由于硅酸盐渣中加入 CaO 可以使其他金属氧化物的 γ_{MeO} 提高，故可以参考 FeO-CaO-SiO_2 系中 γ_{FeO} 的曲线来理解和选择渣型。图 4 是固定 FeO 含量的情况下，温度范围适于烟化的条件。图 5[10] 是在较宽的组成范围中的情况，而温度较高可作为近似的参考。从两个图中可以同样看到，当 FeO 之含量一定，则 γ_{FeO} 随 CaO/SiO_2 增大而增大（不超过 FeO·2CaO·SiO_2 线），这就说明了加入 CaO 能使渣含锡降低的原因。若借此图选择 γ_{FeO} 较大的渣型，当其中有 SnO 则估计 γ_{SnO} 也会比较高。当然最好是加强对 FeO-CaO-SiO_2 系为基的渣中 N_{SnO}-a_{SnO} 关系的研究，而后作为选渣型的依据。其次，值得注意和研究渣对硫化物的溶解度。若渣对 FeS 的溶解度较大，则硫化剂的质点能全面地和 SnO 的质点接触，有助于反应的进行；若渣不溶解 FeS，则将形成悬浮 FeS 的粒子，粒子与渣接触的表面必然大大缩小，FeS 与 SnO 的反应仅限于渣粒间之界面上。

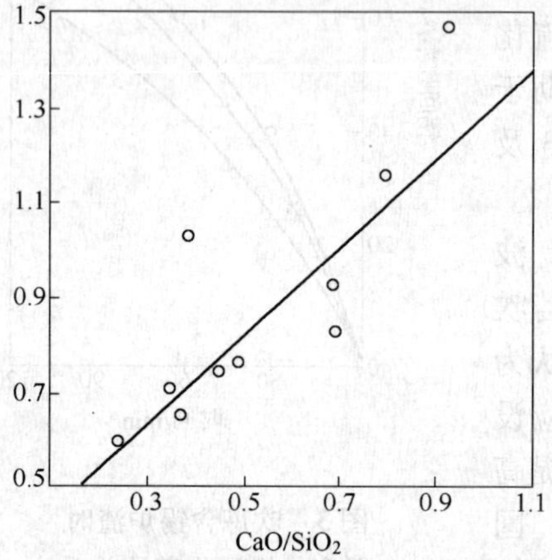

图 4　1200℃和 1250℃时在含 30% FeO 的渣中 FeO 的活度系数与 CaO/SiO_2 之关系[4]

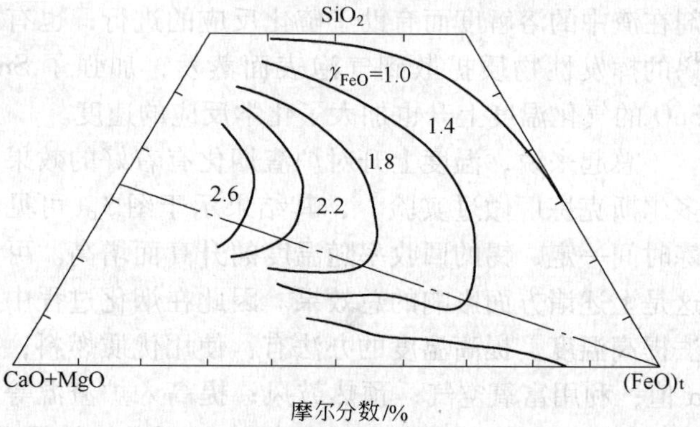

图 5　（CaO + MgO）-FeO-SiO_2 系的等 γ_{FeO} 曲线（1600℃）[10]

已知 FeO 和 FeS 相互溶解很多（参阅 FeS-FeO 系状态图[9]）；但多元渣中 FeS 的溶解大大减少。表 3 数据表明，FeO-CaO-SiO_2 系渣中随 FeO 含量的减少，其溶解的 FeS 下降。末尾第二个渣成分接近烟化炉渣，其中溶解 1.5% ~2.0% FeS。对这种炉渣处理时若加黄铁矿 5%，只要分 2~3 批加入即可以完全均匀溶解于渣中，用不着磨成细粉由风口喷入，就可使硫化反应顺利进行。

表 3　渣成分与硫化物溶解度的关系

渣成分/%				硫化物溶解度	
SiO_2	FeO	CaO	ZnO	%	硫化物
23 ~28	40 ~50	10 ~15	12 ~16	6 ~8	（Zn、Fe）S
25 ~32	40 ~45	约 10	0.5 ~1.0	2 ~2.5	FeS
35 ~40	30 ~40	约 10	0 ~1.5	1.5 ~2.0	FeS
约 50	10 ~20	约 10	0 ~1.5	0.5 ~0.75	FeS

再次，关于入炉渣含锡的适当值，波多尔斯克厂实验的渣含锡约 1%，吹炼以后抛渣含锡 0.2%。我国则以含锡 4% 的贫渣吹炼以后达到抛渣含锡约 0.2%。由于挥发曲线并非

直线，在渣中含锡高时快，而含锡低时慢，因此对含锡高的渣子吹炼时间并非按比例增加，只要烟化的技术条件掌握得当，仍可用不长的吹炼时间得到含锡极低的抛渣。“入炉渣含锡愈低愈好”的说法并不全面。

5　锡铁锍对烟化过程的影响

加入硫化剂量若超过它在渣中的溶解度，就会分出锍相，加入的黄铁矿愈多则锍量愈大。在烟化温度下，FeS 能够溶解任何数量的 SnS(参阅 FeS-SnS 系状态图[11])，现在缺乏此系的热力学数据。若按 a_{SnS} 与 N_{SnS} 成正比来估计，则 FeS 多时 a_{SnS} 小，对 SnO 的硫化有利，对 SnS 的挥发不利。即渣含锡可以降低而锡的挥发率不高，同时出现大量锍。出现锍以后，若还原强度大，则锍会被铁和锡金属化(参阅 Fe-Sn-S 系状态图[5])，此种锍中由于 Fe-S 的亲和力大于 Sn-S，可能出现大量的 Fe-S 群体进一步降低了 a_{SnS}(由于 γ_{SnS} 降低所致)，这样就会进一步恶化了锡的挥发，且产生硬头。这也说明烟化过程中不宜使用强还原气氛和加过多的黄铁矿。如若已经出现了锍，则用高 α 值($\geqslant 1$)吹炼，使锍氧化造渣。

可以指出，要进一步摸清渣锍作用，必须对 Fe-Sn-S 系之热力学性质平衡图以及对渣的组成与溶解锍的能力做进一步研究。

6　锡化合物的气化过程

空气和粉煤吹入熔渣内形成无数气泡，气泡中及泡壁上进行着各种化学反应及挥发性物质的气化过程，气泡在过程中显示重要的作用。

烟化炉风管分布很散，不断产生气泡遍及渣内各部分，加强了搅拌和反应质点的扩散，加速了反应和增加 FeS 的溶解速度。泡内的空气与粉煤易于达到燃烧温度而燃烧，发出大量热传递给炉渣，气泡剧烈运动使整个渣层的温度均匀一致。此种气泡开始时，其中 p_{SnS} 及 p_{SnO} 都为零。当其穿过渣层时，促进了 SnS 及 SnO 之气化，气泡运动到渣面时其中之 p_{SnS} 及 p_{SnO} 已达到接近平衡压力，故大量气泡极有利于 SnO 及 SnS 之气化。

由此可知，若气泡数量愈多，泡的直径小，与渣之接触面愈大，愈有利于锡化合物的挥发。因此设法减小气泡直径和增加单位时间的入炉风量将是有益的。

减小气泡直径可以由减小风管直径，加大风速来达到。采用大一些的供风设备可增大鼓风量。表 4[16] 表明当空气含氧量一定时，在相同的吹炼时间以后抛渣含锡与吹入的空气量成反比关系，即大量气泡可促进挥发过程。

表 4　渣含锡和吹入空气量的关系

空气含氧	每吨渣的空气消耗 /$m^3 \cdot h^{-1}$	粉煤消耗 /kg·(min·t(渣))$^{-1}$	渣含锡/%	
			吹 120min	吹 150min
25%	280	1.0	0.22	0.19
	335	1.2	0.19	0.16
	375	1.3	0.15	0.11
	420	1.2	0.14	0.10

烟化炉中气泡通过渣层利于锡的硫化挥发，这是其他设备如反射炉、鼓风炉、回转窑等难以办到的，它显示了烟化炉的特点和优越性。

7 结语

在烟化含锡物料时，锡主要以 SnS 状态挥发，SnO 次之，其他形态者可以忽略其作用。过程中进行着一系列化学反应，主要反应为 FeS 和 S_2 使 SnO 硫化成 SnS 挥发的反应，另外炭质燃料燃烧及还原反应起辅助的作用。

使 SnO 顺利硫化挥发的气相条件，决定了可以使用较高的 α 值，如 $\alpha = 0.9$，这时可以保证 SnO 的稳定存在便于硫化挥发，也不会使 FeO 氧化成 Fe_3O_4 而影响渣的性质. 能提高炉温，节约粉煤。此一特点不同于铅锌炉渣烟化，这里不需要所谓的"还原期"。

提高温度可由许多方面促进硫化挥发的全部过程，使用高的 α 值，提高入炉渣温和预热鼓风是比较有效的措施，且便于实现，值得试验。

渣型是一重要的影响因素，在此选择渣型不能沿用铅锌炉渣烟化的选渣原则。应当加强对 FeO-CaO-SiO_2 系为基的渣中 N_{SnO}-a_{SnO} 的关系的研究，以得到等 γ_{SnO} 曲线。目前则参考此三元系渣中的等 γ_{FeO} 曲线选择 γ_{FeO} 尽可能大一些的炉渣，估计 γ_{SnO} 也会高一些。CaO/SiO_2 增加时(在不超过 FeO-2CaO · SiO_2 线)，γ_{FeO} 增大的现象可借以理解烟化效果的改善。另外依据 FeO-CaO-SiO_2 系的状态图及 1250 ~ 1300℃ 的等黏度曲线图以选择适当的渣型。

如果加入的黄铁矿过多，超过渣的溶解度则会产出锍，利于 SnO 的硫化而不利于 SnS 的挥发；若再使用低的 α 值，则锍被铁和锡金属化，进一步降低了 a_{SnS}，而使锡的挥发更加恶化，甚至产出硬头。

渣对硫化物有一定的溶解度，故分批加入黄铁矿即能加强硫化反应。

增加单位时间内入炉风量及减小气泡直径，能加速锡的硫化挥发。入炉渣含锡高到约 4%，亦能一次吹炼出约 0.2% 的抛渣，这一点将会促使炼锡炉渣之处理流程发生变化。

深入研究改进烟化含锡物料的效果，尚有许多问题值得在生产实践中和实验室里进行实验研究。

烟化过程的发展，为贫锡矿石及其他贫锡半产品的处理提供有效途径，例如波多尔斯克厂处理了含锡硅铁，估计处理渣时顺便处理硬头及其他附产品也会是有效的。

烟化过程中也能附带回收稀散金属。值得重视烟化炉的发展。

参 考 文 献

[1] Герасимов Я И и др. Химическая термодинамика в цветной металлургии, Ⅱ.

[2] 第六有色金属公司冶炼厂. 烟化炉处理锡贫渣的生产试验报告. 1963 年元月.

[3] Венер Б Ф, Костелов В В, Баймаков А Ю. Применение Фъюмингования для переработки материалов, содержащех олово, свинец и цинк. Ленинград, 1957.

[4] Материалы Всесоюзного совещания ло электротермии в свинцо-цицковой промыщленности, Москва, 1960, 141 ~ 153.

[5] Мурач Н Н. 炼锡学. 何名茂等译. 1959.

[6] Kubaschewski O, Evans E LL. Metallurgical Thermochemistry, 1955.

[7] 瓦列扬 С М, 格里戈里扬 Г Б. 有色冶金技术通讯, 1958, (17): 118.

[8] Цветная Металлургия Центральной и Восточиой Германий, 1947, 203 ~ 208.

[9] Смирнов В И. 铜镍冶金学, 上册.

[10] Bishop H L, Grant Jr N J, Chipman J. Trans. AIME, 212, 1958, 890 ~ 892.

[11] Мурач Н Н. 有色冶金手册,二卷一分册.
[12] Ellingham H J T. J. Soc. Chem. Industry, 63,125,(1944),(此文未找到原著,系间接引用).
[13] Colin G Fink, Howard J Strauss. Engineering and Mining Journal, Dec., 1950.
[14] 易新 О А, 格尔德 П В. 火法冶金过程的物理化学,1958,第一卷,下册.
[15] Окуиев А И, и др. Цветные Металлы. 1963,(5):34.
[16] Костелов В В, и др. Цветные Металлы, 1962,(1):62.
[17] 有色金属研究院. 重金属文集——烟化法. 第5辑.

用鼓风炉强化锡的熔炼❶

戴永年

当前国内外的炼锡厂大约有 80% 以上使用反射炉炼锡[1]。生产实践表明，反射炉炼锡尚存在着一些问题，例如：燃料消耗较多，单位炉膛面积的处理量较小，劳动条件不易改善，优质耐火材料消耗量大等。

今后的炼锡设备应当向什么方向发展？国内外的一些工厂作过许多努力。本文就此问题提出一些看法。

1　锡熔炼设备的发展简况

在 16 世纪后半期出现的反射炉，很快就被用于锡生产中，至 19 世纪在各炼锡厂得到广泛应用。在这个时期以前和同期都是以小型鼓风炉为主要的炼锡设备。至 20 世纪初，发展成为机械化的大型鼓风炉，我国的几个炼锡厂和国外的工厂都曾使用过[2]。

近代选矿技术的发展，可以处理低品位矿石，产出高品位锡精矿。但精矿粒度细(约 200 目)，直接进鼓风炉会被风吹出很多，并恶化了炉内的透气性，故鼓风炉不宜于处理细粒锡精矿。然而此种料不用加工成块即可顺利地在反射炉中熔炼，于是，反射炉逐渐代替了鼓风炉炼锡。

本世纪初，随着工业发展，开始试验电炉炼锡，到 30 年代开始用于生产，至今电炉炼锡在锡生产工业中所占份量不大。

当前，仍以反射炉为炼锡厂普遍使用的设备。

鉴于反射炉存在一些问题应当解决，经过试验，于 1972 年第一个短窑(又称转炉)炼锡厂投产[3]，但该厂扩建计划中没有再建短窑。以后新建的炼锡厂也没有采用此种设备。

近年来，有色重金属冶金中发展了一些新设备。闪速炉、旋涡炉、液态鼓风熔炼炉[4]等在熔炼铜镍矿中各项指标都取得很大进展。今后是否可将这些设备应用到炼锡过程中？抑或用什么设备来强化锡的熔炼，是当前值得考虑的问题。

2　反射炉炼锡存在的问题

反射炉炼锡的特点，源于炉内物料和炉气运动的基本规律。炉中靠燃烧大量燃料以供热，燃烧气体越过料堆上空至炉尾烟道排出，同时以辐射为主、对流为辅向炉膛内料堆表面传热。为保持炉尾的炉料温度高于熔化温度，出炉气体温度不能过低，这就造成如下的结果：

(1) 炉气向炉料传热缓慢，炉料熔炼速度小，炉床指数不高，仅达 0.8 ~ 1.8t/(m^2 · d)。

(2) 出炉气体温度高(约 1100℃)，带走热量多，热效率低，燃料消耗较多，耗煤(不包括还原剂用煤)为锡精矿重的 50% ~ 60%。

---

❶ 本文发表于《有色金属(冶炼部分)》，1975，(11)：42 ~ 47。

(3) 反射炉约一年大修一次，消耗大量镁质耐火材料。若以约 $76m^2$ 的炉子计，大修一次，耗资约 6 万元/座炉。

(4) 一个大型炼锡厂需要多座反射炉，不易使操作机械化。

存在的这些问题，一些工厂曾做过许多努力来解决，大致情况如下：

第一，为了加快熔炼速度，提高炉床指数，有效的措施是强化燃料燃烧(用鼓风机供风，改块煤为粉煤；改用气态或液态燃料等)和预热鼓风。其关键在于提高燃烧气体的温度，因炉内辐射传热与炉气温度的 4 次方成正比。燃烧气体温度增高以后，传热加强，从而提高炉床指数。实践证明这些措施使炉床指数由早期的小于 $1t/(m^2 \cdot d)$，提高到现在的约 $1.8t/(m^2 \cdot d)$。

但是，再进一步提高熔炼温度已被锡化合物的挥发性所限制，图 1 所示气体中，SnO% 在 CO/CO_2 一定时随温度升高而显著增大。故提高熔炼温度，反射炉中锡的挥发必将明显地增加，熔炼的直接回收率也就随之降低。

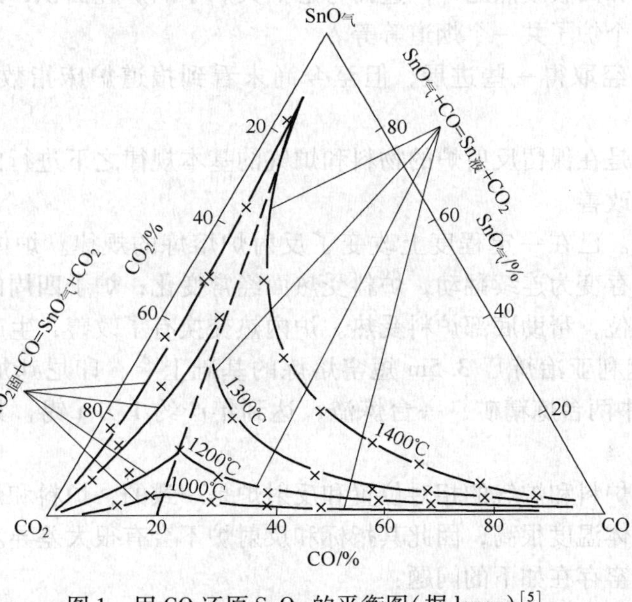

图 1 用 CO 还原 SnO_2 的平衡图(据 lange)[5]

一些工厂为了强化熔炼，在反射炉中烧油；有的厂用蓄热室式换热器，把供入的空气预热到 800 ~ 1000℃[6,7]。在这些条件下完全有可能使炉内燃烧温度提到较高的程度，但实践中都控制在 1450℃以下，经常在 1350 ~ 1400℃；还没有像炼铜反射炉那样达到 1550℃以上，根本原因就在于防止锡大量挥发。

另外，在反射炉中，炉料的受热面仅为料堆表面，虽然炉料粒细、比表面很大，但料堆内部粒子的表面不能参与热交换。因此要加大炉料的受热面，在反射炉中是难于实现的。

进一步提高反射炉的炉床指数就受到了限制。

第二，为了回收炉气中带走的大量热量，提高热效率，降低燃料消耗，在炉后安装废热锅炉，用以发电；或用炉气来预热空气，从而节约了约 40% 的燃料[7]。这些方法取得了一定的效果。

采用这些方法需要增加一些设备，就受到一些技术、经济条件的限制，许多工厂尚未做到这些。

第三，反射炉炉膛大，炉料和炉渣与炉子内壁接触面大，腐蚀快、炉内耐火材料使用期短。近年来选用镁质耐火材料延长了炉子寿命，但每年一度大修，需消耗大量镁质耐火材料，这是现在还难于解决的。

第四，反射炉操作中包括翻料、出料、铸锡、烧火、清灰、清烟道等。这些作业的机械化进展较慢。

在一个较大的炼锡厂中有许多座反射炉，欲实现机械化较难。

3 用什么设备来强化锡的熔炼

改进锡的熔炼设备，国外曾经进行过如下的一些工作：

(1) 改进反射炉。考虑和试验过一些方法，除上述的改进炉子的燃烧设备，改变燃料，改变炉子尺寸和回收废热之外，进而考虑扩大炉子的炉膛面积，改间断作业为连续作业，还有的提出两个炉子共一个烟道等等。

这些方法中已经取得一些进展，但至今尚未看到报道炉床指数达到 $2t/(m^2 \cdot d)$ 的数值。

这些改进办法是在保留反射炉的物料和炉气的基本规律之下进行的，因而熔炼的各项指标未获得显著的改善。

(2) 短窑熔炼。已在一定程度上改变了反射炉熔炼的规律。炉体由固定式改为转动式；炉料由固定堆存变为连续翻动，炉料受热面经常变化；炉子四周的炉壁没有固定的顶和底，而是经常易位，帮助底部炉料受热。炉内热交换有了改善，生产能力有提高。

在德国贝尔遮利亚冶炼厂 3.5m 短窑熔炼的基础上[8]，印尼邦加炼锡厂用三台短窑(8m×3.6m)，其中两台炼精矿，一台炼渣，达到年产约 1 万 t 锡，其生产指标比反射炉要高一些[3,9]。

但是，短窑中炉料和炉气的相对位置和反射炉是一致的，炉料和炉气运动的基本规律基本不变，出炉气体温度很高，因此其指标和反射炉不会有很大差异。

实践表明，短窑存在如下的问题：

1) 耐火材料消耗大，炉寿短，仅 1~5 个月。

2) 用过的耐火材料中吸收了锡，要熔炼以回收锡，作业困难而昂贵。

3) 炉中不能同时达到高温和强还原，致使炉渣含锡较高。

4) 炉内氧化亚锡挥发较大。

因此该厂投产后达不到设计能力而准备扩建三台反射炉，没有计划再建短窑。随后建的玻利维亚文托炼锡厂也仍选用反射炉。

虽然现在尚不能对短窑作出定论，但至少可以看到，它与反射炉没有很大区别，生产指标不会有重大的变化。

(3) 其他。50 年代后，有色重金属冶金生产中陆续出现了闪速炉，旋涡炉，悬浮炉等一类炉子。这类炉子中较充分地发挥了细粒炉料比表面大的特点，分散的细料悬浮于气流中，使传热过程与化学反应都得到强化，因而熔炼速度很大。

这类炉子能否用来强化锡的生产？

铜和锡的化合物的性质不同，特别是挥发性有很大差异，铜及其氧化物和硫化物在约1500℃几乎不挥发，仅部分分解为金属铜。锡则以 SnO 的形态大量挥发，其沸点仅有1394℃。

因此，这一类炉子用于熔炼锡精矿会导致大量锡挥发，使粗锡产出率大大减少。从而限制了它在锡熔炼中的应用。

曾经试验过在悬浮炉中处理含锡约20%的低品位锡精矿，过程中锡挥发96%，渣含锡0.66%～1.4%[10]。这类炉子用于使原料中的锡挥发，则不失为一种可行的设备，但不宜于熔炼锡精矿成为粗锡。

液态鼓风熔炼技术是我国白银有色金属公司选冶厂用以强化炼铜过程的方法[4]。此熔炼过程在许多炉子中都有，例如炼铜转炉加冷料；在转炉中加入铜精矿吹炼；和在烟化炉中加冷料等，都有固体物料在液体料中于鼓风条件下熔化和熔炼反应同时发生。液体料中吹入大量空气或空气、粉煤混合物，氧化反应在气泡中和泡壁上强烈地进行，气体与液态料之间的热交换和质交换的条件很好，气泡运动又强烈地搅拌着物料，固体料加入后与高温液料相搅和而迅速熔化。熔炼过程进行得极其迅速。

半工业试验结果表明，铜精矿液态鼓风熔炼的床能率，比反射炉高出2倍以上，燃料消耗由反射炉熔炼的15%～18%降低到11.5%；云南锡业公司第一冶炼厂在烟化炉中熔化冷料也得到类似的成绩，熔化水碎渣时，2.6m^2 的炉子每小时可熔化5t，床能率达到40t/(m^2·d)。

这些情况表明，此种熔炼过程中炉料和炉气运动方式比较合理，故熔炼快，指标较高。

但是，和闪速炉类似，对挥发性大的金属和化合物，宜于做挥发处理，不宜于做精矿熔炼，否则大量气体穿过液态炉料将大量带走挥发性物质。曾在工业性烟化炉上做过探索性试验，得到的结果是进入粗锡的金属量很少，大部分锡挥发到烟尘中。

无疑，这种炉子对铜、镍等挥发性很小的金属来说，确系一种较为理想的熔炼设备。但对锡精矿的熔炼是不适宜的。

4 鼓风炉是较好的炼锡设备

上述情况说明，四个方面的设备改进对锡熔炼来说都不够满意，若与之相比较，就会发现鼓风炉炼锡是一种较好的方法。

鼓风炉熔炼的特点也是基于炉内物料和炉气运动的规律。块状物料和焦炭在炉内形成几公尺高的料柱，风由下面风口中送入，风口区形成一个燃料燃烧的高温区，温度达到约1400℃或更高，燃烧气体向上穿过料柱，同时将炉气中的热量绝大部分都传给炉料，这种传热作用是较快、较完全的，以至炉气由炉顶排出时温度已降至约200℃(在冷顶作业时)，炉气带走的热量已经很少，故鼓风炉的热效率较高，可达约70%，鼓风炉后面烟道不必安装回收废热的设备(如废热锅炉、换热器等)。

炉料由炉顶向下缓缓移动，吸收炉气中的热量后温度逐渐升高，至风口区时已达较高温度，做好了熔化前的准备；同时炉气中的CO与炉料发生相互作用，故炉料到达风口区时，在高温炉气的作用下，即以很高的速度完成了熔炼过程，因此鼓风炉熔炼的炉床指数可达35～45t/(m^2·d)[2,11]，若与反射炉相比，则鼓风炉1m^2 风口区面积的处理量等于约

$30m^2$ 的反射炉一座，建一座约 $6m^2$ 的鼓风炉可代替 6 ~ 7 座反射炉（以每座反射炉的炉膛面积为 $26 \sim 30m^2$ 计）。

鼓风炉风口区温度高，有一定数量的锡化合物挥发，并随炉气向上运动，经过料柱中发生热交换，炉气温度迅速降低，锡化合物的蒸气也迅速凝结沉积于料中，因此，随炉气逸出而带走的金属量不多，故其产尘率不大于反射炉熔炼[2]。

鼓风炉内热效率高，因而燃料消耗较少。工业生产和半工业试验的结果指出，熔炼不同粒度的物料，其燃料消耗为：

鼓风炉料的种类	细料❶	烧结块[2]	团矿[11]
料中加煤/%	无	无	10
焦率/%	42	14 ~ 18	22
焦与煤共为/%	42	14 ~ 18	32

反射炉熔炼锡精矿时，需加还原煤约 20%，燃烧用煤约 50%，二者之和占精矿重的约 70%，此数为鼓风炉炼团矿的两倍多，为炼烧结块的 4 ~ 5 倍。若以每年熔炼 10 万 t 精矿计算，反射炉需无烟煤和烟煤约 7 万 t；而鼓风炉炼团矿只需烟煤 1 万 t、焦炭 2.2 万 t，共 3.2 万 t；鼓风炉炼烧结块仅需焦炭 1.4 万 ~ 1.8 万 t。可见，用鼓风炉可节约相当数量的燃料。

燃料煤消耗量减少，熔炼中产生的炉气量也相应减少，以熔炼相同数量的锡精矿来说，鼓风炉产出的炉气量仅为反射的 1/3 ~ 1/2；所需要的收尘设备数量也相应减少。

多座反射炉为一座鼓风炉代替以后，炉前操作集中了，便于机械化以利于改善劳动条件和节约劳动力。

一座鼓风炉一年中修理所需的工料，特别是水套代替耐火材料后，所需要的镁质耐火材料，大大少于 7 座反射炉所消耗的。

但是，鼓风炉不宜熔炼细粒炉料，必须将细料制成块料，不但没有利用细料比表面大的特点，反而需要一套设备，将细料制成块料，这是鼓风炉比不上反射炉的地方。但现今烧结、制团和球团的技术已经成熟，可以满足鼓风炉的要求。

以多、快、好、省地生产金属的原则来评价各种炼锡设备，可以认为，用鼓风炉熔炼锡精矿是比较好的，针对挥发性较大的金属锡及其氧化物来说，是比较适当的冶炼设备。由于炉内气、料运动较合理，熔化快、省燃料、省设备、省人力。不能把鼓风炉具有悠久的历史而认为它“古老”、“陈旧”，或“只有历史的价值”。在现代工业的基础上，有色冶金与钢铁冶金中的鼓风炉已更臻于完善，在金属生产中仍然不失为是一种重要的冶金设备。

5 鼓风炉炼锡需要考虑的一些问题

5.1 铁的还原

在不同的还原条件下可以使铁还原多一些或少一些，这一特性不因选用鼓风炉或反射

❶ 根据云锡第一冶炼厂的资料。

炉而变化，问题在于产生一些金属铁之后会引起什么后果。即对熔炼作业的顺行有无影响；对锡的回收、锡的质量有无害处。

鼓风炉炼锡在我国的锡生产中，如以前的个旧锡冶炼厂、大余炼锡厂等都长期使用过。这些厂的老工人同志都有长期的生产经验和丰富的操作经验。长期的生产实践表明，铁的还原有多有少，但都未使炉子顺行受到损害。

还原出一些铁，产生一些硬头，固然会带走一部分锡，但同时带走相当数量的砷；处理硬头和回收白砷在我国炼锡厂中已经解决。因此铁的还原一是可以控制，二是少量还原铁对分离和回收砷是有利的。

留在粗锡中的少量铁，在精炼中不难除去，不致造成什么特殊问题。

5.2 细粒锡精矿加工成块

鼓风炉熔炼要求炉料成块状。如何制成块料，什么方法较优？

烧结成块已有生产实践经验[2]，作业是成功的。但设备较为复杂，烧结时要消耗一些燃料。

锡精矿制团在半工业试验中，曾在鸡街铅厂氧化铅精矿制团的设备上进行过，说明是可行的，但需要进一步提高团矿强度。为此应该研究锡精矿制团的条件，如原料粒度，添加剂种类与数量，团矿的大小和形状等等，以求提高团矿的质量。

成团作业是机械加工过程，除消耗一些动力之外，过程中不消耗燃料及其他试剂，故其作业成本不大。氧化铅精矿制团熔炼中未因制团影响铅的成本，则对锡精矿也应有同样的效果。且成团作业仅需圆盘或圆筒机，设备简单，是值得试验研究的方法。

5.3 如何减少焦耗

鼓风炉炼锡必须使用焦炭，因此如何减少焦炭耗量或部分地代替焦炭是必须考虑的，目前已在有色重金属冶炼中积累了一些新经验。

鸡街炼铅厂熔炼氧化铅精矿，精矿先制成团矿，长期以来都往团矿原料中加入一些煤，从而减少入炉时所加的焦炭。近来该厂在制团时加煤约20%，团矿入炉时焦率仅为5%～6%。若与炼烧结块的炼铅炉相比，焦率由约15%减少了约2/3。即大部分焦被团矿中所加的煤代替了。

用鼓风炉炼锡，无疑可以引用这个经验。此外，在鼓风炉供入的空气先经预热；向风口喷吹燃料等经验也是值得借鉴的。

在鼓风炉熔炼锡精矿的半工业试验中[11]，团矿里曾加入10%的煤，熔炼已得到成功。在这方面还可以进一步调整加煤量，以逐步减少加焦量。

根据这些经验，可以预计，鼓风炉所耗的焦，大约有一半多能用煤来代替，则焦炭耗量就不多了。

5.4 建议

已建成的反射炉车间可以在反射炉需要大修时逐步拆除，逐步用鼓风炉熔炼来代替。反射炉在每年一次大修中，炉体除钢架和基础之外都拆除重修，故所需工料甚多，耗资甚大。在大修时拆除则可逐步替换而不致造成大的耗费。

当前有的厂里已建有鼓风炉，只需添置制团设备即可进行工业试验，并形成一定的生产能力，然后在此基础上逐步扩大和改善设备。

原有反射炉的收尘系统可用于鼓风炉，全部改造后收尘设备还有富余能力。

废热锅炉和发电设备可移到烟化炉的烟道系统中，继续发挥其作用。

有了大量老工人对鼓风炉炼锡的宝贵经验，有了现代有色冶金中鼓风炉的经验，有了氧化铅矿制团的实践，鼓风炉炼锡的生产就能得到成功，现在反射炉炼锡中存在的一些问题就可以得到克服。

参 考 文 献

[1] Mantell C L. Progress in tin metallurgy. J. of Metals, 1965, (5).

[2] Alexander H H, Stack J R. The reduction and refining of tin in the united states trans. AIME. 1924, (70): 406.

[3] Tin International, 1972, (2): 41.

[4] 陈百其，郝桂芳，王德录. 铜精矿液态鼓风熔炼. 有色金属，1974，(6)：59 ~ 61.

[5] Герасимов Я И, и др. Химическая термодинамика в цветной металлургии, Ⅱ.

[6] Thomas S Mackey. The electrolytic tin refining plant at Texas city, Texas. J. of Metals, 1969, (6): 32 ~ 43.

[7] 马来西亚巴生炼锡厂. 国外锡工业, 1974, (4): 49 ~ 55.

[8] Davey T R A. Tin smelting in rotary furnace. J. of Metals, 1972, 24(5): 26 ~ 30.

[9] 印尼新建的邦加炼锡厂. 国外重有色金属，1966，(5)：49.

[10] Колодин С М. Вторичное Олово, 203.

[11] 云南锡业公司第一冶炼厂粗炼工段. 鼓风炉熔炼锡精矿团矿试验小结，1972 年 10 月.

[12] 云南冶金，1974，(2)：23.

焊锡真空蒸馏脱铅扩大试验❶

昆明工学院　云锡公司

锡矿常伴生着铅，有的甚至铅锡共生。锡精矿含铅成为炼锡厂要解决的一个重要问题。我国炼锡厂采用的流程是：粗锡用结晶法除铅，附产焊锡(含约35% Pb)，焊锡用氯化物电解液电解得精锡，又附产氯化铅阳极泥，再用反应炉制成氯化亚锡和粗铅，氯化亚锡送电解工段使用。这个流程能使焊锡中的铅分离出来，并综合回收铟、铅等金属。但存在几个问题：流程长、车间庞大劳动条件较差，消耗多、生产费用较高。

为了解决粗锡含铅的问题，国内外在50年代开始研究真空蒸馏法[1,2,8,9]取得小型试验的成效后于60年代着手扩大试验[4,6]。

我们在1958年以来小型试验[1~3]的基础上，开展扩大试验，试验中柳州冶炼厂、昆明冶炼厂、昆明冶金研究所和个旧市冶金局试验室都给予了热情的帮助和亲切的关怀。

这项实验为焊锡真空蒸馏除铅在工业中实现而研制“内热式多级连续蒸馏真空炉”，用以处理中等数量的焊锡。经过调查研究和理论分析[5]，初次研制、试验这套设备。实验分两步进行，即间歇性作业和连续性作业试验。经过多次试验和改造设备取得了较为满意的初步指标：焊锡(约30% Pb)连续流入炉中，得到的产物连续流出炉外，脱铅率达到91%~96%，产粗锡含锡92%~97%，粗铅含铅90%~95%，总耗电量(包括炉内和炉外耗电)约2kW·h/kg(焊锡)，蒸发盘直径120mm，四级蒸馏，日处理焊锡约400kg。

这些初步指标与电解法处理焊锡相比，优点有：流程短，劳动条件较好，生产费用仅及电解法的约1/3，设备较小，生产率高，金属回收率较高。同时这套设备还具有：易加工，仅用一般钢材，设备系统简化等特点，一般工厂较易建立。

取得上述试验指标后，初步肯定了此炉结构的合理性，可以进一步扩大为生产试验的炉型，在此基础上，我们设计了日处理400kg和2t焊锡的设备主体图，推荐给有关单位进行生产试验，以便再进一步扩大生产设备，早日投入生产。

1　扩大试验设备简况

试验设备包括：

2x-4型旋片式真空泵	2台
单项变压器　25V·A	1台
输出电压	16.7V
电流	2500A，分六挡
麦式真空计，旋转式	2个
光学高温计	1个
全水套真空炉	ϕ400，高500mm一台

❶　本文发表于《云南冶金》，1978，(2)：40~48，本文由戴永年执笔。

内装石墨制加热器(电柱)

蒸发盘、冷凝罩、集铅盘。

间断作业实验的炉内装置示于图1，连续作业的示于图2。

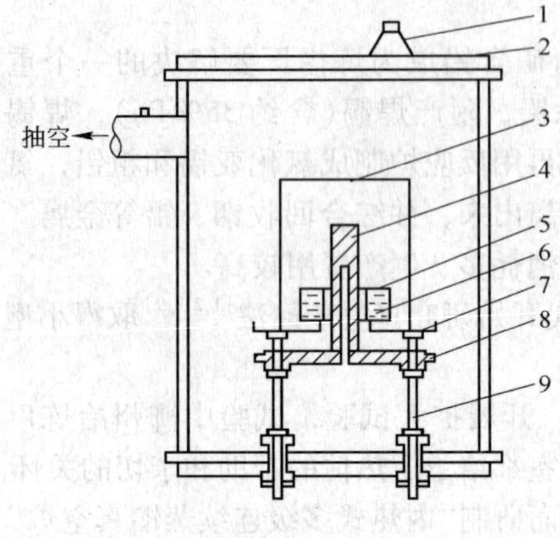

图1　间断作业试验的炉内装置示意图

1—视孔；2—水套护垫；3—冷凝罩；4—电柱；5—蒸发盘；6—焊锡；7—集铅盘；8—石墨座；9—水冷导电棒

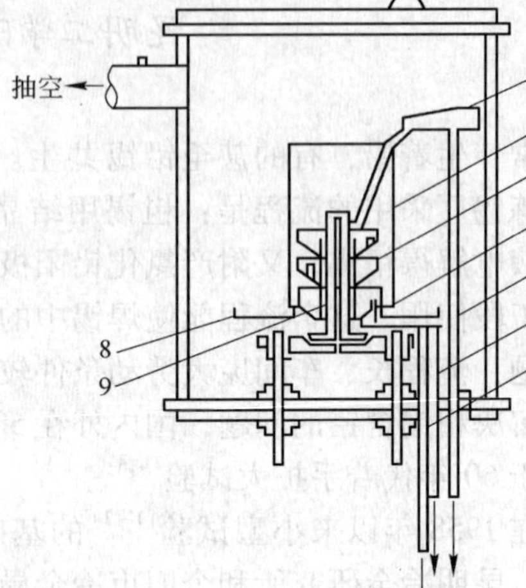

图2　连续作业试验的炉内装置示意图

1—进料槽；2—冷凝罩；3—蒸发盘；4—出锡槽；5—焊锡管；6—出铅管；7—出锡管；8—集铅盘；9—电柱

炉子各部分的结构、材料和尺寸如下。

电柱，材料用优质石墨，尺寸如图3所示，发热段直径有35mm和40mm的两种，下底放大，直径(ϕ)约为95mm，下面直径(ϕ)应略小，形成一个锥度，以便与座子紧密联结，减小接触电阻，中间开口约2mm，底厚约50mm，实验证明这样的电柱能适应过程的需要。

蒸发盘(图4)用一般石墨制成，直径120mm，蒸发面92cm^2，每个可容金属约0.8kg，几个叠起来，上一个的底与下一个的口相距15mm，此宽缝供铅蒸气扩散到冷凝器，金属装满一层之后就溢流到下一层，溢流口下有外管连到下一层金属面，以免发生喷溅，最低一级盘下短管接到出锡管中。

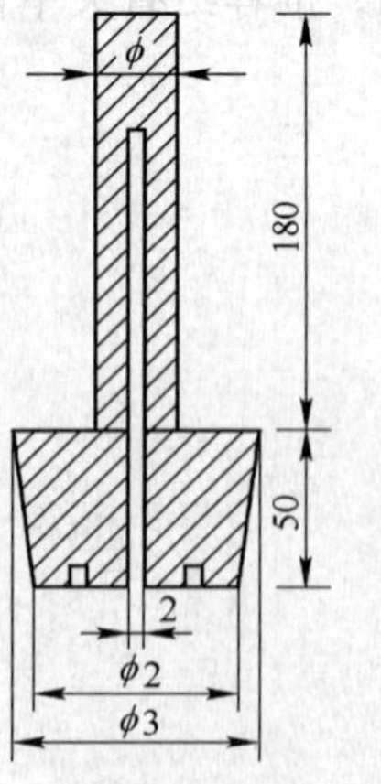

图3　电柱

($\phi_1=35\sim45$mm，ϕ_3比ϕ_2略小，按底座尺寸而定)

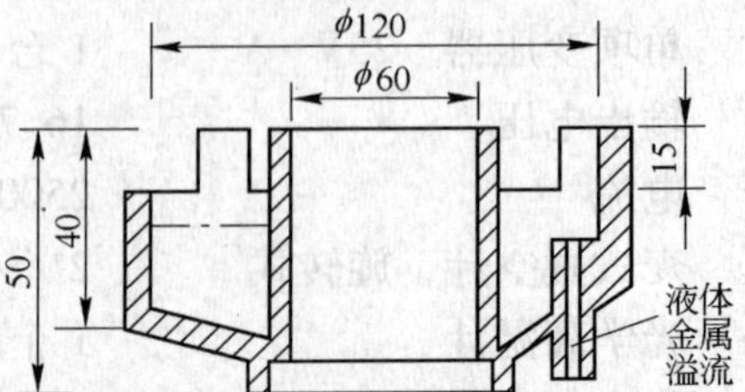

图4　蒸发盘

(蒸发面92cm^2)

加热器(电柱)位于蒸发盘中心管内，让电柱的辐射热直接传到蒸发盘中，以提高热效率。

冷凝器为石墨圆筒(见图1和图2)，罩于蒸发盘外，罩内壁距外壁10mm，铅蒸气由盘内向外扩散到罩内壁，即冷凝成液体铅，沿罩流到下面集铅盘中。罩与蒸发盘间的距离小，保证各蒸发盘的铅蒸气不互相交流，免除高铅合金蒸发盘的铅蒸气逸向底铅合金蒸发盘中反凝。

集铅盘用普通石墨制成，边部开一孔，对准出铅管，让铅液流到出铅管，连续排出。

炉内抽空后，焊锡沿进料管(ϕ27 无缝钢管)吸进炉内，进料管外端插在焊锡锅里，调节锅中焊锡面高度，即可增减进料量，焊锡液体吸入后，流到蒸发盘，盛满后，逐级下降，最后由出锡管排至锡锅，出锡管的末端浸在锡锅的液体锡里，同样出铅管外端浸在铅锅的铅液中。

进料管、出锡管和出铅管在炉外部分较长，外包电热线，经常通电加热保温，进料焊锡锅，出铅锅和出锡锅也同样用电炉加热，维持一定温度，以免金属冻结。

炉壁用全水套，水套夹壁距10mm，炉顶有视孔，炉底部有孔安装水冷导电棒。

机械真空泵，联结抽气管通至炉体。炉体密封圈用10mm直径的耐热橡胶条做成。

2 间歇性作业试验

间歇性作业所用的蒸发盘不同于图4，高度大一倍，没有上边的缺口和斜底，也没有溢流口，每次作用只用一个盘，可容金属量达约4kg。

操作中每加一次焊锡，装好炉子，抽空后升温，尽可能快地升至最高挡位(第六挡)保持30min，然后停电，待炉内冷至暗色、停泵、破真空，出料。

第一步试验中使用的焊锡，含63.75% Sn，34.8% Pb，盘内金属温度约1200℃，升温后炉内残压大于2托[1]，得到表1的数据，炉内设备未用图1中所示的冷凝器，在蒸发盘顶上加一个盘(形似集铅盘)，此时，粗铅在炉顶水套及侧壁上凝结。

表1 间歇作业第一步试验数据

编号	电炉功率 /kV·A	加料 /g	产粗锡			蒸发失重 /g	脱铅率 /%	产粗铅成分/%		挥发速度 /g·(cm^2·min)$^{-1}$
			质量/g	成分/%						
				Sn	Pb			Sn	Pb	
1	10.5	2150	2100	63.9	33.96	50	6.43	0.97	94.8	0.02
2	15	2330	2285	64.9	33.86	45	5.6	0.53	98.4	0.02
3	20.1	2390	2330			60	7.23	0.78	98.8	0.02
4	17.3	2320	2110	70.88	27.56	210	26.08	1.04	98.8	0.08
5	17.5	2300	2250	65.86	32.82	50	6.23	0.96	98.5	0.018
6	16.6	3000	2710	68.97	28.88	290	27.16	0.78	98.8	0.126
7	17.3	3000	2970	65.7	31.80	30	2.78	1.6	95.6	0.01

这一组试验中蒸发失重多数仅为30～60g，少数达到210～290g，故脱铅率较低，仅达百分之几到二十几，相应的挥发速率为0.01～0.126g/(cm^2·min)，故产出的粗锡成分与原料很相近。

总之，这组试验表明焊锡中的铅可以蒸发出来，但效果较差。

---

[1] 1托＝133.3224Pa。

第二步试验，炉内装置加上了圆筒冷凝器，成为图1的结构，蒸馏时间30min，原料不变，真空度达到0.15～0.95托，比上一步试验高，金属表面温度1100～1150℃，得到表2的结果。

表2 间歇性作业第二步试验数据

编号	电炉功率 /kV·A	加料 /g	产粗锡			蒸发失重 /g	脱铅率 /%	产粗铅			挥发速度 /g·(cm²·min)⁻¹
			质量/g	成分/%				质量/g	Sn	Pb	
				Sn	Pb						
8	17.2	2640	1773	94.8	4.63	867	95.2	670	0.97	99	0.31
9	15.2	2750	1940	91.4	8.26	810	85.1	690	0.4	99.3	0.29
10	16.7	2770	1743	96.4	3.86	927	96.6	780	0.97	99	0.33
11	16.9	3000	1980	95.4	1.88	1027	97.6	905	1.1	98.85	0.38
12	16.7	4000	2780	93	6.3	1220	88.3	1100	0.6	99	0.44

与表1相比，表2的试验中实际电炉功率相近，加料量也相近，挥发失重明显地增大到810～1220g，约增大4～20倍，与此相应，粗锡品位升到91%～96% Sn，脱铅率升至85.1%～97.6%，挥发速率达到0.29～0.44g/(cm²·min)。

产粗铅的质量仍然是好的，含约99% Pb，<1% Sn。

这一步试验中基本上肯定了圆筒形冷凝器的有效作用，由于铅蒸气在罩内绝大部分得到冷凝，故罩外的真空度就能够提高，罩内铅蒸气顺利冷凝，从而使粗金属表面上铅蒸气能迅速地向冷凝罩扩散，促进了铅的蒸发；挥发速度大为提高，这个关系可由扩散方程中得到。

$$\Delta m = -\frac{1}{3}\cdot\overline{V}\cdot\overline{\lambda}\cdot\left(\frac{\Delta\rho}{\Delta X}\right)$$

气体在单位时间内，通过单位面积的扩散量的方程中，若气体分子的平均速度 $\overline{V}$ 和平均自由程 $\overline{\lambda}$ 相同时，则扩散量 Δm 与密度梯度 $\left(\frac{\Delta\rho}{\Delta X}\right)$ 成正比，第一步和第二步试验里 $\Delta\rho$ 相近，而 ΔX 相差约20～30倍，故扩散量也相差约20倍。

第一步试验铅蒸气的扩散量小约20倍，则在液体铅上面铅蒸气聚集较快，饱和程度增大，阻碍铅的蒸发，减小了挥发速率，蒸馏效果就比较差。第二步试验的冷凝和蒸发的条件较好，从而肯定了圆筒冷凝器，这时得到的粗锡和粗铅的质量也较好。第三步试验将圆筒冷凝器的高度增加一半，着重试验原料成分变化时的蒸馏效果，其结果示于表3。

表3 第三步间歇作业试验数据

编号	炉子功率 /kV·A	加料		挥发失重 /g	产粗锡			产粗铅			脱铅率 /%	挥发速度 /g·(cm²·min)⁻¹
		种类号	质量 /g		质量 /g	成分/%		质量① /g	成分/%			
						Sn	Pb		Sn	Pb		
14	15.3	2	4000	1160	2840	90	7.1	1095	0.062	99	83.2	1.004
15	15.4	2	4000	1220	2780	88.2	6.7	1210	0.099	99	84.6	1.059
16	15.7	2②	3000	1505	1495	96.5	1.1	1390	微	99	98.9	1.305
17	15.9	2	3500	1470	2030	97	0.83	1325	微	99	98.6	1.272
18	14.9	3	3000	1520	1480	97.6	0.8	1345	0.63	99	99.25	1.318
19	15.1	3	4000	2045	1955	97.8	0.5	1875	1.11	98	99.5	1.772

续表 3

编号	炉子功率/kV·A	加料		挥发失重/g	产粗锡			产粗铅			脱铅率/%	挥发速度/g·(cm²·min)⁻¹
		种类号	质量/g		质量/g	成分/%		质量①/g	成分/%			
						Sn	Pb		Sn	Pb		
20	17.3	4	3000	690	2310	98.6	微	600	0.89	99	99.9	0.598
21	15	4	4000	795	3205	96.2	2.1	700	0.1	99	99.2	0.689
22	15.3	4	4000	880	3120	97.6	0.32	850	1.12	98	99.8	0.763
23	16.4	4	3000	675	2325	99.1	0.32	460	0.82	99	99.75	0.585

注：1. 蒸馏时间：30min；真空度：0.15～0.7 托。

2. 加料种类及成分：

	4 号	2 号	3 号
Sn/%	77.33	68.6	48.03
Pb/%	21.01	30.55	48.4

① 为炉顶及集铅盘中之数量，分散在真空室中的冷凝物，几炉清理一次，故不能使每次作业中的料量平衡。

② 加料中有 3 号混合。

表 3 的数据可以看到几点。

（1）在大多数实验中，脱铅率达到约 99%；粗锡成分达到约 97% Sn，粗铅成分达到 99% Pb，＜1% Sn。

（2）挥发速率与原料含铅有关，也和加料有关。相同的原料，随加料量增加而挥发速率增大，相同的加料量时，随原料含铅量增多而挥发速率增大。

原料含铅/%	21.01	30.55	48.4
加料/g	挥发速率/g·(cm²·min)⁻¹		
3000	0.59	—	1.318
4000	0.726	1.03	1.772

（3）炉内耗电量，处理每千克焊锡耗电 2～2.5kW·h。

（4）设备的处理能力，处理每炉料通电时间 30min，即通电 1h 可处理约 8kg 焊锡，加上辅助作业、开炉、停炉、进料、出料等，每炉料需 1.5～2h，按处理焊锡计，约为2kg/h 或 48kg/d。

至此，实验表明，间歇作业效果好且较稳定，所得数据证明设备结构基本上是合理的，用它可以完成铅锡合金的真空蒸馏工作，但是，间歇性作业的辅助工序占时间多，为通电时间的 2～3 倍，故设备的处理量低，耗电量较高，应当进行连续作业实验，间歇性作业实验已为连续作业实验打下基础，作业连续后将提高设备的处理能力和降低电耗。

3 连续性作业实验

实验用的设备装置已示于图 2，电柱和冷凝罩都沿用间歇性作业实验中肯定下来的结构，增加了连续进出料的进料管、出铅管和出锡管，三根管子的高度据当地的大气压和各管中所装金属的比重来计算，焊锡管必须与计算值相符，再留 100～200mm 余量浸在锅中，铅管和锡管可以比计算高度再多一些，在昆明可取用 1000mm。

蒸发盘用图 4 所示者，实验前着重分析、计算了应该使用蒸发盘的长数(级数)，得到的初步认识是：一级蒸发不能同时得到高产和优质，必须采用多级蒸馏，才能使粗锡品位提高，同时得到较高的设备处理量，欲进一步提高设备的处理能力（单位时间内处理的焊锡量），则应当升高作业温度。

因此，实验中决定采用多级蒸馏，试验了三级（三层蒸馏盘叠起来）和四级。

加料速度，参照间歇性作业中通电时可达到约 8kg/h，连续作业里首先取用此速率，然后逐渐增加，曾做了每小时加料分别为 8kg、12kg、16kg、20kg 和 24kg 的试验。

炉子的功率，限于变压器的容量，次级输出额定 16.7V（实际上只能开到 12V 以下），加上电源电压的经常变化，炉子在变压器开到最高的第六挡时，供电的功率因外电压降低，电柱的质量和直径不同的原因，常常只能开到 15～18kV · A，多次实验，功率有小的变化。这种现象无疑会影响实验的结果，但一时不能解决。

实验的效果示于表 4，可以看到如下的情况：

（1）产出的粗锡成分和过程的脱铅率受炉子功率和加料速率影响，若炉子输入电能的功率相近，则加料速率增大时脱铅率降低，粗锡品位下降；表 4 中后面 3 次实验的数据显示了这种关系。

编号	加料速率 /kg · h^{-1}	粗锡含锡 /%	脱铅率 /%
6	16	97.45	96.4
7	16～20	95.45	91.8
3	24	93.44	87

表 4　连续性作业实验的结果

编号	炉子功率 /kV · A	作业持续时间 /h	加料		产粗锡			产粗铅			平均脱铅率 /%	炉内耗电 /kW · h · kg^{-1}（焊锡）
			速率 /kg · h^{-1}	总量 /kg	质量 /kg	成分/%		质量 /kg	成分/%			
						Sn	Pb		Sn	Pb		
1	14.3	8	8	21.9	14.04	96.24	2.63	7.30	2.8	94.76	93.5	1.79
4	14	7	12	70.63	57.57	86.97	16.32	27.13	6.26	91.5	82	1.17
2	13.5	2.1	16	31.24	14.31	92.73	6.0	2.97	2.35	95.08	85	0.85
5	18	3	16	42.22	20.38	96.92	2.6	16.63	5.13	93.4	95	1.12
6	16.9	2	16	21.83	15.37	97.45	1.61	6.47	7.92	90.16	96.4	1.05
7	15.8	12①	16～20	203.1	135.9	95.45	3.41	55.9	4.23	94.1	91.8	0.79～0.99
8	16.4	0.6	24	19.73	7.8	93.44	5.61	4.75	20.49	76.5	87	0.68

注：真空度：0.3 托；原料成分：30.55% Pb、68.61% Sn。

① 后 3h 加料 20kg/h。

当加料速率相近时，炉子输入电能的功率越高（作业温度增高），则粗锡含锡高，脱铅率大，实验中得到图 5 的关系。

由这个规律出发，若不管变压器的限制，再增大输入电能，必定能提高炉子的处理量和提高脱铅率，粗锡质量也会随之而提高。

（2）产出粗铅的平均成分中含锡较高，多数波动在 2.8% ～7.9% Sn，个别达到 20.49% Sn，分析实验过程中有两种情况，一种是开炉时出铅锅装料，误用了焊锡或其他锡料，其量约 8kg 则影响作业开始约 3h 产的粗铅含锡过高；二是进料管位置安装不当，致使进料喷溅到集铅盘中，粗铅含锡升高，这两种情况都曾经出现过，例如在第七次实验中，每小时取样分析一次，其数值如表5和图6所示。

表5

取样顺序		1	2	3	4	5	6	7	8	9	10	11
粗铅成分/%	Sn	19.9	11.66	3.94	3.26	1.45	1.61	1.3	1.0	1.16	0.64	0.99
	Pb	78.13	87.22	93.49	95.17	96.09	96.07	97.47	96.93	97.82	98.05	97.74

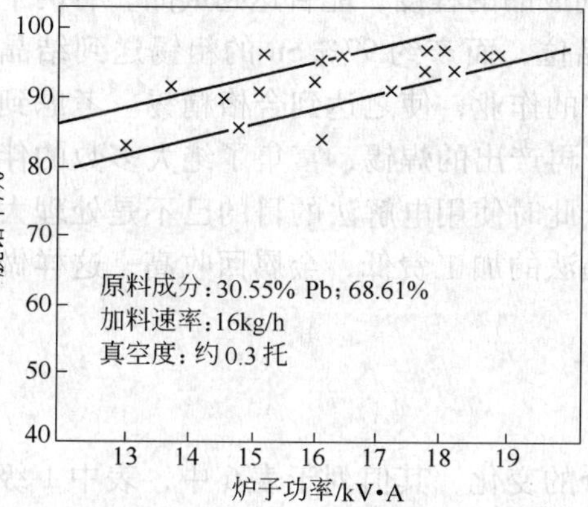

图5　真空炉输入电能与脱铅率的关系

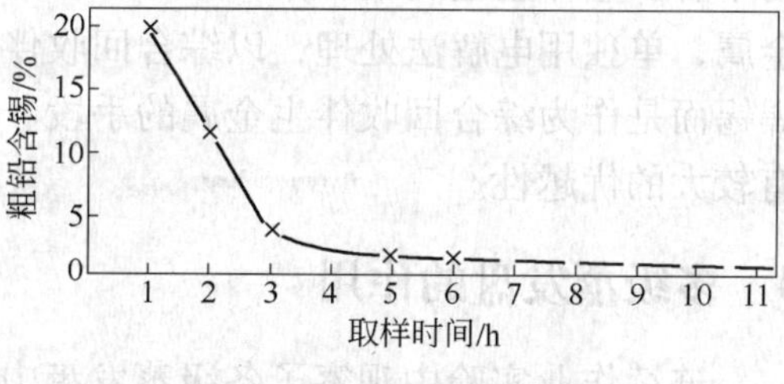

图6　连续作业时间与粗铅含锡量的关系
（每小时取样一次）

第四次取样之前，粗铅含锡较高，特别是第一次样高达约20%，这可能是铅锅开炉时装料有误，由第五次以后，粗铅仅含锡约1%，类似这种情况的还有第四次实验。

但总的说来，粗铅含锡，连续作业比间歇性作业的高些，这可能是连续作业中大量金属经常流动，易形成金属细滴飞溅到冷凝罩上所致，此为今后需要进一步落实和解决的问题。

（3）处理1kg焊锡所消耗的电能（真空炉内）波动于0.68～1.79kW·h，与处理量有关，在每小时处理8kg焊锡时最高（1.79kW·h），处理24kg焊锡时最低（0.68kW·h），处理约16kg焊锡时为0.85～1.12kW·h，同时得到较好的粗锡和较高的脱铅率。

（4）作业连续化后，去掉许多辅助作业时间，炉子的处理量加大了，在现有变压器的条件下按约16kg/h计算，相当于每日处理约400kg焊锡，比间歇性作业的处理量约提高8倍。

存在的问题有：

（1）如上面（2）中所述，粗铅含锡较高。

（2）连续作业试验7次，几乎每一次都因排锡管堵塞而停炉，分析堵塞物的成分为铁锡合金：

编号	物料	化学成分/% Sn	Fe	Pb
3	堵塞物	50.76	10.13	—
5	堵塞物	94	3.02	2.93

前面的几次实验，排锡管未加内衬，仅系无缝钢管，由蒸发盘流出来的粗锡温度高，

约高于1000℃，流入出锡管，就与管壁相作用，溶解了管壁上的铁（1000℃时锡可溶解4%的铁），管壁被不断溶解而逐渐变薄，锡液溶解铁后流至温度较低的地方。对铁的溶解度减小，锡就以锡铁合金的固体析出，这种合金在管内积聚到一定程度时，阻碍了锡液流出，形成锡管堵塞。

后几次实验中，出锡管内衬瓷管，堵塞的情况有所改善，但瓷管在冷热变化的条件下易于碎裂，仍不能彻底解决问题，故下一步拟衬石墨管，使高温锡液与铁管隔开，排除出锡管腐蚀和堵塞的问题，增长作业持续时间。

（3）所产粗锡虽已达到约97% Sn，但尚未达到成品的程度，能否达到成品，有两个途径可供选择：第一，不必在真空炉过于提高粗锡品位，而产约97% Sn的粗锡送到结晶机提纯到合格精锡，副产少量焊锡；二是改进真空炉的作业，使之达到合格精锡。考虑到焊锡中有少量伴生金属铟和银，最好用第一种方法，再产出的焊锡，富集了绝大多数的伴生金属，单独用电解法处理，以综合回收伴生金属。此时使用电解法的目的已不是处理大量焊锡而是作为综合回收伴生金属的手段。由于结晶法的加工费低，金属回收高，这样做具有较大的优越性。

4 多级蒸发盘的作用

连续作业实验中观察了各级蒸发盘中金属成分的变化，其值列于表6中，表中1级为顶层，然后往下数，依次为2、3级，这些数据作成图7，图表中可以看到如下的规律：

表6 连续作业实验中各级蒸发盘中金属成分

编号	炉子功率 /kV·A	加料速率 /kg·h⁻¹	各级蒸发盘中金属成分/%							
			1级		2级		3级		4级	
			Sn	Pb	Sn	Pb	Sn	Pb	Sn	Pb
1	14.8	8	75	22.22	93.66	5.0	97.05	1.26		
4	14	12	87.36	10.59	93.96	2.56	97.39	0.83		
2	13.5	16	73.75	25.38	90.24	8.22	97.03	2.31		
5	18	16	68.7	30.03	87.65	11.6	96.28	1.63	97.04	1.56
6	16.9	16	68.1	30.22	84.81	13.05	93.32	5.27	97.1	0.17
8	16.4	24	66.81	30.35	78.93	18.63	95.8	4.09		

（1）在第一级蒸发盘，进料含铅量降低的程度与加料速率有关，加料少时，如为8kg/h，合金含铅由30.55%降至22%，当加料增多到16～24kg/h，第一级蒸发盘中合金成分几乎与原料相同。

这种现象可以解释为：进料快，大量低温合金（约300℃）进入盘中，使盘内金属的温度降低，事实上第一级盘仅起到预热金属的作用，铅的挥发少，只有在加料较慢时，第一级的温度较高，铅挥发才能有所增加，同时，加料快，合金在盘中停留的时间缩短，也会影响到铅的挥发。

（2）合金在第一级盘预热后，温度升高了，到了第二级盘，就能使铅大量挥发，合金含铅有较大幅度的下降。

(3) 合金到第三级盘中，含铅量都降到5%以下，在5%以下的范围内，加料快，含铅高些；加料慢，含铅低些。

(4) 第四级盘中合金含铅已降到0.17%~1.65%。

上述规律说明多级蒸发盘的优越性，当级数增多时，炉子输入功率增加不大，而合金的脱铅率提高甚多，经过四级蒸馏，合金含铅量已较少。这个规律与理论计算基本一致。证实了："蒸馏后合金含铅量与盘的级数有关，设备处理量取决于温度。"

多级蒸发盘中各级的挥发速率列于表7。

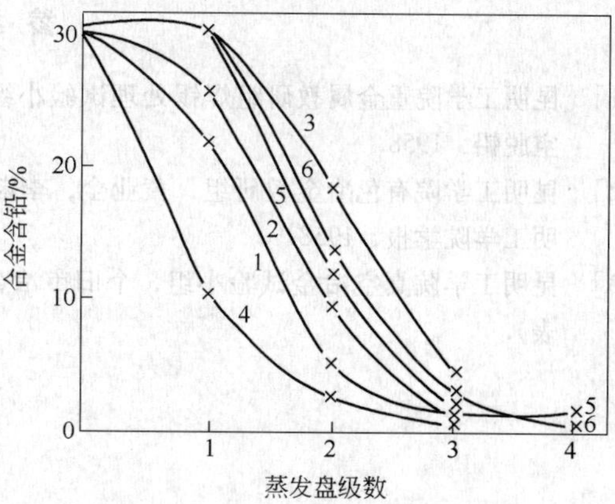

图7 各级蒸发盘中合金含铅量

表7 各级盘中金属的蒸发速率

实验编号		金属的蒸发速率/g·(cm^2·min)$^{-1}$					
		1	4	2	5	6	3
级数	1	0.156	0.485	0.2	0.022	0.016	0.013
	2	0.026	0.138	0.630	0.602	0.672	0.63
	3	0.039	0.268	0.002	0.215	0.225	0.564
	4				0.001	0.013	

在第二级盘中金属的挥发速率较大，普遍达到0.6g/(cm^2·min)。到第三、四级，随着合金含铅量减少，挥发速率也相应降低了。

5 结论

经过间歇性和连续性作业试验，证明研制的"内热式多级连续蒸馏真空炉"处理焊锡已基本成功，获得较好的指标，经济上较为合理，从而肯定了炉子结构和连续作业的合理性。

在这台扩大试验炉的基础上，可以扩大尺寸，为工业试验炉做准备，下一步工作之一是建议在炼锡厂进行工业试验，然后投入生产。

实验中观察多级蒸发盘的蒸馏效果，初步得到各级盘作用的规律，由此出发，今后的蒸发盘级数能适当提高，同时增大供电的功率，对设备的处理量和产品质量将有提高。

实验中看到金属蒸发与气体冷凝之间存在着重要的依赖关系、良好的冷凝条件能促进蒸发效果，这一规律应进一步研究，使真空蒸馏炉的结构继续改进。

焊锡真空蒸馏的效果展示了在炼锡厂中代替电解法的前景，有必要迅速进行生产性试验，为处理大量铅锡合金，节约大量的加工费作准备。

铅锡合金真空蒸馏法投产后，必将减轻选矿作业中锡铅分离的任务，为进一步提高锡和铅的选矿回收率创造条件。

参考文献

[1] 昆明工学院重金属教研组焊锡处理试验小组，张天禄，戴永年，李鸿禧，何伏秋．锡铅合金的真空脱铅，1958.

[2] 昆明工学院有色冶金教研组，黄业全，李淑兰，陈枫，等．某冶炼厂焊锡真空脱铅试验报告．昆明工学院学报，1958.

[3] 昆明工学院真空冶金试验小组，个旧市冶金局试验室．焊锡真空蒸馏脱铅试验小结．1976(未发表).

用精锡配制焊锡合理性的探讨❶

戴永年

我国的锡矿多数伴生有铅、砷、锑、铜、铋、铟、银、锌、镉等有价金属，生产锡时需要进行一系列精炼作业，同时产出若干种副产品。自然形成了以锡为主的多种产品的生产体系。副产品生产完善以后，提供给国家的物品品种增加了，也增加了工厂的经济收入。生产焊锡就是其中之一，焊锡的产销说明了这一点。

由当前工厂生产锡的工艺流程，结晶法除铅时一方面得到含铅合格的锡，另一方面产出焊锡(约65% Sn、约34% Pb，以及少量银、铟、砷、锑等伴生金属)，前者进一步加工成精锡，后者作为产品，铸成条或拉成丝供应市场。

结晶法产出的焊锡(在这里称它为原产焊锡)直接提供市场，省去了后面的加工过程(电解或真空蒸馏)。从而节省了加工费，也减少了加工过程中锡的损失。因此现在这种办法被公认是合理的。

国内消耗焊锡日益增多，许多大量需要的工业品都要一定数量的焊锡，如日用电气设备(收音机、录音机、电视机……)，常用机器(洗衣机、汽车、拖拉机……)都要一些锡，全国消耗的焊锡就年年增加。这样一来，炼锡厂几乎可以出售掉全部“原产焊锡”，但是“原产焊锡”提供用户之后，若干单位反映不好，这就值得研究当前直接使用“原产焊锡”的合理性。可以从几个方面来分析这个问题：“原产焊锡”的杂质含量，直接使用“原产焊锡”能节约的加工费和减少的金属损失，进一步加工“原产焊锡”时综合回收的经济效益，焊锡的各种不同用途要求的成分，以及优质焊锡供应市场的畅销程度和价格高低。这些问题中最后一个问题是重要的，但不容易在这里说清楚。

(1)“原产焊锡”的杂质含量。某厂分析了“原产焊锡”和电解锡的杂质含量见表1。

表1 “原产焊锡”和电解锡的杂质含量

杂质	As	Ag	Bi	Cu	In	Sb	Tl
原产焊锡/%	0.1~0.3	0.03~0.1	≥1	0.03~0.1	0.03~0.1	0.1~0.3	0.003~0.1
原产焊锡/$g\cdot t^{-1}$	1000~3000	300~1000	≥1000	300~10000	300~1000	1000~3000	30~100
电解锡/$g\cdot t^{-1}$	痕迹	3	100~500	100~500	10~30		

两个比较，杂质的个数与含量相差很大。现在对各种杂质如何影响焊锡的质量虽然不十分清楚，但“原产焊锡”中杂质种类多，每种杂质的含量这样大，必定深刻地改变了焊锡的品质。

和这种情况相对照的是现在对电解精炼过的焊锡，用户没有提出不好的意见，欢迎这种焊料，这也应该归因于所含杂质种类少，含量低。

说到这里，若暂不考虑别的因素，只由杂质含量和个数着眼，就可以得到结论。为了

❶ 本文发表于《冶金经济分析》，1982，(11)：27~29。

提高焊锡的质量，应该用电锡和电铅配制焊锡，不应该直接使用“原产焊锡”。

当然，不考虑其他因素是不行的，特别是经济上的问题必须核算。这就有必要解答下一个问题。

（2）“原产焊锡”制成电锡和电铅，要花多少加工费，损失多少金属？

按现行生产，有三种方法使“原产焊锡”成为电锡和电铅，如图1所示。

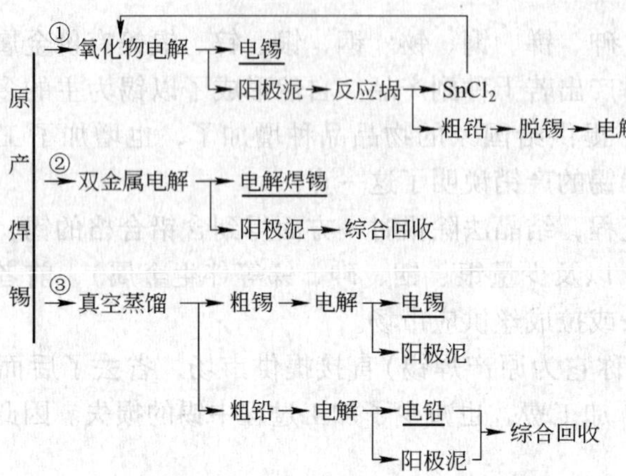

图1　使“原产焊锡”成为电锡和电铅的三种方法

其中，方法①由原产焊锡到电解锡和粗铅的加工费400～500元/t，粗铅电解成电铅约120元/t粗铅，每吨焊锡产粗铅约350kg，加工费约42元，两者共需450～550元/t焊锡。过程中锡的回收约96%，损失4%，但一部分能由副产物中收回。

方法②流程最简单，电解的加工费估计约120元/t，得到电解的焊锡，其成分大致不变。

方法③真空蒸馏加工费65～80元/t，粗锡和粗铅的电解加工费都按120元/t计算。共需加工费约200元/t。可分别得到电锡和电铅。

三者相比，处理1t“原产焊锡”的加工费和金属损失见表2。

表2　处理1t“原产焊锡”的加工费和金属损失

方　法	①	②	③
1t焊锡加工费/元	450～550	约120	约200
锡损失	<4%	<12%	<1%
产　品	电锡、电铅	电解焊锡	电锡、电铅

可见，为了保证焊锡的质量，需要多付几百元1t的加工费，也要损失一点金属。但若选择方法得当，则加工费少一些，金属损失也不多。

同时，三种方法都产出阳极泥，也就不能不看到加工“原产焊锡”时有可能综合回收有价金属，从而得到一定的经济效益。

（3）阳极泥的综合回收。如所周知，上述三种方法得到电锡、电铅，都能由电解的阳极泥中回收伴生金属，使焊锡中的杂质成为有用之材，并带来经济效益，这些伴生金属按1981年国际市场的价格为：

金属	银	铟	铋	锑	铊
单价/美元·kg^{-1}	289.2~380	248~345	4	2.5	16.5

假若这些伴生金属在“原产焊锡”中的含量为前面列出的波动范围的中间值，取生产中的回收率为50%则见表3。

表3　伴生金属回收情况

元素	As	Ag	Bi	In	Sb	Tl	共计
平均含量/$g \cdot t^{-1}$	2000	650	1000	650	2000	65	15365
回收/$g \cdot t^{-1}$	1000	325	5000	325	1000	325	7282.5
估价/美元		94~123.5	20	80.6~112	2.5	0.5	197~260.3

再支付这些金属提取的加工费，假若支付费用为价格的一半，则可得98~130美元/t。此数已足以支付第②、③两种方法之一的加工费(应当说明，这样估价已有一定的余地)。

(4) ②、③两种方法，哪种适宜?

炼锡厂应该生产一些焊锡是无疑的，即使将“原产焊锡”加工成电锡和电铅之后，也应该配制一定量的焊锡。那么，加工“原产焊锡”应该选用②法还是③法，才比较适宜？这就应由焊锡用途和要求的成分来分析。

各种用途的焊锡，其成分变动范围很宽，物理性质也不同，见表4。

表4　各种用途的焊料成分和性能

用途	成分/%			性能		
	Sn	Sb	Pb	熔点/℃	抗性强度/$kg \cdot mm^{-2}$	电阻率/$\Omega \cdot mm^2 \cdot m^{-1}$
钎焊食品器皿	89~91	≤0.15	余量	220	4.3	
无线电器件焊接	59~61	≤0.8	余量	183	4.7	0.143
焊电算机，黄铜，镀锡铁皮	49~51	≤0.8	余量	210	3.8	0.156
焊无线电设备、开关、仪表、镀锌钢皮	39~41	1.5~2	余量	235	3.8	0.170
焊接电缆保护套、铅管等	29~31	1.5~2	余量	256	3.3	0.182
焊包铅钢皮、汽车车身、浸入法钎焊	17~19	1.5~2	余量	277	2.8	0.220
焊有色边的铁、黄铜、铜的物件	3~4	5~6	余量	201	5.9	

可见，各种用途的焊料含锡量颇有差别，由百分之几的含锡量开始，每增加约10% Sn就有一类用途，直至90% Sn。

据此，就提出一个问题，若只电解出一种成分的焊锡如像“原产焊锡”中的含锡量为约65%，则不能满足高于65%的要求，也不能保证低于65%的需要。只好采用配料重熔的方法，用电铅和电锡加进去调整其成分，以符合各种用途的要求。

这样做，还不如都电解成电锡和电铅，然后根据市场需要配制任何成分的焊锡，如此即可不受任何限制，有很大的灵活性。再放开一点看，有了电锡，除用于焊锡生产之外，也可以用以制造其他的含锡合金，或用于其他方面，不受什么约束，这样做，更是有效。

总而言之，由焊锡的杂质含量、加工费用、伴生金属回收和焊锡用途与成分的要求等方面来分析，可以看到当前直接使用“原产焊锡”并不够合理。无论由技术条件或经济效果来看都应该把“原产焊锡”加工成电锡和电铅，再按照需要配制某种成分的焊料，以确保焊锡的质量优越。

优质焊锡供给用户必定能提高信誉，扩大销路，创出名牌，从而进一步增加经济效益。

这种看法与社会上当前的认识不一致，提出来供大家商讨。不妥之处，请读者指正。

我国锡冶金技术的发展❶

戴永年

我国是世界较早的产锡国之一。但直到20世纪40年代末期，我国的锡冶金工艺仍然是比较落后的，老式小型鼓风炉熔炼很纯的锡精矿（含锡约70%），有数的几台反射炉，精炼粗锡用几个铁锅，收尘设备有棕绳巷和布袋。流程陈旧，产品单一。

全国解放以后，在中国共产党和人民政府领导下，锡冶金战线全体职工奋发图强、艰苦奋斗，锡的生产和锡冶金技术都获得了长足的进步。有着光辉的发展前景。

1 粗炼技术的发展

1949年以前，私人的小厂多用小型土炉；锡业公司和矿务局开始用机械鼓风炉，仅有的一座烧油反射炉，也因油要依靠进口而无法使用。

全国解放以后，各炼锡厂普遍建起了反射炉，规模最大的云锡炼厂自1954年以来，粗锡生产全部用反射炉（约40m^3/座），只保留了炼渣的鼓风炉。各厂的炉子都配备上鼓风机、加煤机，收尘系统配上了电收尘或脉冲振打布袋收尘器。随后，各厂都用反射炉代替了鼓风炉炼锡。

1956年开始，广州冶炼厂用一座400kV·A的电炉炼炉渣。1964年用一台同样功率的电炉炼锡精炼矿生产粗锡。

三十年来，由于矿山情况变化，冶炼厂得到的锡精矿含锡量逐步下降，含杂质量增加。以含锡来说，由约70%降到最近的约50%，甚至更低。杂质含量如铁、砷、铅等大大增加，给冶炼带来了较多的困难。突出问题是渣量大，渣含锡高。

为解决渣含锡高的问题，就反射炉熔炼的还原程度，炉渣性质等因素开展了许多研究。最后弄清了：当提高温度和增加还原剂时有可能使渣含锡降到约1%；但炉料中的氧化铁则同时被还原成硬头。锡精矿中常含有相当多的氧化铁，若不在炼前除去，必然存在渣含锡高或产出硬头。这意味着仅仅依靠还原熔炼是不能解决渣含锡高的问题的，应该设法寻求别的途径，于是导致了烟化法和氯化焙烧的研究和使用。

反射炉熔炼多年之后，使人们认识到，这种炉型有热效应低（30%以下）、熔炼速度慢（约1t/(m^2·d)）、消耗较高（耐火材料、燃料、劳力等）等缺点。为解决这些问题，国外曾试用短窑（或称转炉），我国也做过扩大试验，其指标与反射炉相比没有很大的差别。近几年我国三个炼锡厂试验鼓风炉炼锡精矿的团矿或烧结块获得一些好的指标：锡直接回收率约83%，燃烧消耗31%（焦炭和煤），炉子处理能力41～46t/(m^2·d)。这些主要指标均比反射炉优越。

为了改革锡精矿的熔炼工艺，就国内外的情况，重点是在寻求更合理的冶炼设备以取代反射炉熔炼。

---

❶ 本文发表于《有色金属（冶炼部分）》，1979，(5)：8。

2　大有作为的烟化炉熔炼技术

用烟化炉处理锡炉渣，使锡成为硫化亚锡挥发，使渣含锡达到了弃渣水平，彻底解决了锡铁分离的问题；并可用来处理锡中矿，对提高锡的选冶回收率起了重大作用。

1963 年我国炼锡厂的第一座烟化炉投产，处理贫锡炉渣(含锡约 5%)；成功地将渣含锡降低到约 0.07%，锡挥发率达约 98%，所得烟尘含锡约 47%。铁氧化物在贫渣中含量约 40% 与最后的抛渣中的含量相近，而在烟尘中仅含约 0.4%。即是说，烟化炉挥发熔炼时，铁留在渣中，锡挥发出来，使铁和锡达到较彻底的分离。多年来未解决的两个问题得到了圆满的解决，从而使锡的冶炼回收率提高 2% 以上。多年堆积的贫渣得到了迅速的处理。

烟化炉处理锡炉渣，立即在各个炼锡厂得到推广。柳州冶炼厂还创造了小型烟化炉，用罗茨风机代替压风机，减少能耗，炉子大小适应中小规模的工厂，得到了与大型烟化炉相近的指标。这种炉子很快就被平桂矿务局和广州冶炼厂所采用。

烟化炉处理贫渣的成功，引起炼锡流程发生变化。原来，反射炉产的富渣先在鼓风炉中再熔炼，所得贫渣在熔化炉中溶化后才送到烟化炉；现在的流程是，反射炉产的富渣趁热就用包子直接送到烟化炉，省去了鼓风炉和熔化炉两个作业。

烟化炉吹炼锡炉渣，我国炼锡厂达到了较好的水平，超过了玻利维亚文托炼锡厂的指标(表 1)。

表 1　国内外烟化炉炼锡炉渣的指标

工　厂	入炉渣含锡/%	吹炼时间/min	燃料种类	弃渣含锡
文托炼锡厂	10.5	390	油	0.2
云锡炼厂	约 10	约 160	粉煤	约 0.07
柳州冶炼厂	4 ~ 10	约 200	粉煤	约 0.15

我国还用烟化处理过硬头。硬头中的铁氧化入渣，锡挥发入烟尘，较好地解决了硬头中锡铁的分离。

烟化炉由于有上述特点，自然被利用来处理锡中矿。中矿含锡约 3%，是选锡矿时得到的难选物料，因其中的锡、铁氧化物以很细的粒子相互嵌布，不能用磨矿的方法把二者分开，也就是不能用选矿的方法选出锡石；反复磨选中矿只能使锡损失于尾矿中。这个问题曾长期得不到解决，影响了锡回收率的提高。

云锡公司于 1964 年开展了中矿烟化炉处理的工业试验，1973 年得到了成功：处理的中矿含 3.5% Sn、1.9% Pb，每炉吹炼时间 190min，抛渣含锡 0.07% 以下，粉煤消耗约 22%。肯定了这个方法在经济上的合理性[1]，从而得到了推广。有的厂用烟化炉处理多年堆积的从尾矿中选出的中矿，有的厂用以处理精选的尾矿。

这一成就为更大幅度提高选冶总回收率创造了可靠的条件。例如在国外，玻利维亚在波托西建立一个挥发厂[2]，锡矿(含锡 0.8%)只选到中矿(含锡 3% ~3.5%)，中矿送挥发厂用烟化炉处理，即可产出含锡约 50% 的烟尘，再送去还原熔炼成锡。这样，由矿石到金属，锡的回收率达到了 71%。波托西这个流程在第一步锡矿选矿时，由于只要求选出品位很低的中矿而保证获得的选矿回收率。第二步烟化炉处理中矿可以达到相当高的挥发率

（我国可达到约99%），收尘率也会很高，可以达到约96%的回收率。因而选冶总回收就高了。所以波托西的方法是很值得参考的。目前我国有的锡矿只能回收60%以上的锡成为金属，有约40%的锡随尾矿损失。因此，我国现有的选冶工艺亟待改革，以提高锡的总回收率。

实践表明，炼锡厂建设新的烟化炉以处理中矿是很适宜的。尤以在选矿厂较为集中的地区建规模适宜的烟化炉，以减少中矿的运输量，产出烟尘后再送冶炼厂的流程更为合理。

烟化炉处理中矿石或炉渣以回收锡时，铅也能达到相同的回收率，另外在矿石中伴生的一些挥发性金属，如锌、镉、铋、铟、锗、锑、砷等将大部分挥发到烟尘中[3]，因此烟化法也为综合利用矿石创造了条件。

烟化炉渣有时含铁大于45%，可能成为炼铁的原料，但直到现在，国内外都还没有利用，这是值得研究的一个问题。

3 难选锡矿的氯化焙烧

国内外的有关工作者，多年来展开了用氯化法处理难选锡矿的研究。中间工厂试验最早是在伦敦进行的，并于1942年以前在泰国建厂，但尚未投产即毁于第二次世界大战[3]。我国从50年代中期开始，坚持了十余年的氯化法研究，终于取得了用回转窑高温氯化挥发的半工业试验成功，连续作业时间达到了95天。

高温氯化物在技术上有不少困难，难题之一是氯化物易于潮解而腐蚀设备，烟道、收尘器、泵和风机，工作几天到几十天就被腐蚀损毁；二是焙烧的物料在炉内结块，几天之内就长大到使炉子不能继续工作，停炉清理也十分困难；三是金属分散在各种中间产品中。这三方面的难题现已基本解决，取得了半工业试验的成功。

半工业试验曾用一种难选中矿，成分（%）为：约1.5Sn、1.7Pb、42Fe。经过氯化焙烧，最后产出粗锡，锡的回收率为82%。其他指标为：挥发率93.5%，收尘效率96.2%，收尘溶液处理的回收率93.9%，氧化物熔炼的回收率97%。焙烧渣含47% Fe、0.1% Sn、0.03% Pb；伴生金属挥发率（%）分别为：Zn约78，In约35，Bi约70，Cd约67。这些金属可在收尘溶液中富集，再从中分离提取。

焙烧渣含铁约47%，已达到炼铁原料的要求。目前半工业试验中焙烧渣含杂质（铜、锌、砷、铅、锡）的量已接近炼铁的标准，再研究改进工作条件可望达到合格，成为炼铁原料。

现有的半工业试验结果表明，先回收锡和铅，氯化钙返回使用，在经济上已经合算。

氯化焙烧多金属矿半工业试验的成功，就有可能利用锡矿中的大量铁矿（有的矿山每年达百万吨以上），提高锡及伴生金属的回收率。这一重要进展将引起锡矿由选矿到冶炼流程发生重大变化。选矿的目的将不仅仅回收锡，还要回收铁及伴生金属。希望有关方面采取有力措施，以加速其工业化的进程，为现代化建设提供更多的锡、铁和其他金属。

4 粗锡精炼的新成就

过去由粗锡中除铁用熔析法，达不到高品级锡的要求。除铅用结晶法，结晶次数虽多，也难于得到高品级的锡。且结晶法副产的焊锡缺乏有效的处理方法。除砷、锑也没有把握。铟和银的回收则根本没有进行。这些情况在近三十年中已经有很大进步，改变了粗锡精炼的面貌。

以除铁砷来说，曾用在约500℃加炭除铁的方法，没有得到满意的效果。后来我们弄清楚这两种元素在锡液中的溶解度与温度有严格的关系[4]而采用锯木屑搅到锡液中帮助固体粒子上浮的方法使除铁砷作业达到了新水平。锡液含铁能达到任何品级锡的要求。砷可同时除到0.15%，为加铝除微量砷准备了条件，最后可达到特号锡的要求。

现在可以说我国的除铁方法是简单、有效的，加工费也是低廉的。

粗锡中含有铅，这在各炼锡厂有普遍性。近几十年国内外都在研究锡精矿的锡铅分离问题，采用过多种方法，但都不令人满意。

粗锡用结晶法精炼，国外迄今没有用过，也极少研究。我国约于20世纪40年代用于生产，用放液锅或溜槽，产出精锡和焊锡。1965年制成连续结晶机械，1976年又改进为电加热，使结晶法精炼锡达到新水平：能生产任何品级的精锡，金属损失仅为0.15%～0.2%；加工费用很低，每吨粗锡仅9.28元；劳动条件大大改善，是现有各种除铅方法中耗费最少的一种。目前国内几个炼锡厂都已经普遍使用。

锡-铅系共晶点(61.9% Sn，38.1% Pb)的合金称为焊锡，是结晶法不能超越的成分，这就决定了结晶法的产品只能是精锡和焊锡。我国生产的焊锡远远超过消耗量，必须将大量焊锡分离成锡铅，并综合回收铟。我国上海冶炼厂创氯化盐电解液电解焊锡，产出精锡，同时使铅成氯化铅阳极泥，阳极泥再和焊锡一起加热到约800℃，产生氯化亚锡和粗铅[5]，氯化亚锡返回电解使用，焊锡中的铟在流程中可得到有效的回收。

但是由发展的观点来看，焊锡电解法存在的问题有：消耗原材料多，加工费较高(500～700元/t)，金属回收率低(锡回收约96%)，生产氯化亚锡的车间烟害大等。若采用真空精炼处理焊锡即可解决这些问题。昆明工学院和云锡公司研制的内热式多级连续蒸馏真空炉的半工业试验结果表明，用此法处理焊锡，原料熔化后连续流入真空炉蒸馏，可直接产出粗铅(约97% Pb)和粗锡(92%～97% Sn)，无需加任何药剂，仅消耗电能(每吨焊锡耗电约1000kW · h)。产炉气极少，无废水和废渣。故其主要特点是：加工费低(约200元/t)，金属回收率高(大于99%)，基本上没有“三废”，大大改善了环境污染的状况。

真空蒸馏焊锡与电解法相比，前者刚好解决了后者存在的问题，还能节约人员和减少车间面积。

将真空蒸馏法与结晶法相结合，使前者处理含铅多的焊锡，以提高其蒸馏效率，产出粗铅和粗锡。粗锡用结晶法产精锡而加工费低廉，这样又可产出少量富集了铟和银的二次焊锡，便于综合回收。

应用真空精炼法以后，显然不再需要限制粗锡中的含铅量，不用担心锡精矿中含铅过多。选矿工作者只要着眼于多回收锡和铅，一旦把两个金属回收到精矿中，冶炼过程就能顺利地将两种金属分开，而且两种金属都能比较完全地回收。

真空蒸馏法还可以处理炭渣(Pb-As-Sn合金)。1975年昆明工学院和云锡一冶试验了这种方法，可将炭渣中的三个金属分开，分别得到三种粗金属。方法简单，金属回收率高，可以大大减少环境污染，使砷由锡生产中排除。

由粗锡中除去微量砷和锑用加铝的方法已经是成功的技术，但产出的铝渣若遇到水或湿气就产生剧毒的砷化氢，许多炼锡厂都因此造成中毒事故。铝渣的保管、运输都有不便，且处理铝渣前用熔炼法，砷和锑又回到粗锡中。可以认为，当前的加铝法是有问题的，研究新方法来除去粗锡中的砷和锑，以避免砷化氢产生，是很必要的。

近年来，在锡精炼中国外采用捞渣机[6,7]，称为离心法精炼，实质上就是离心捞渣机。它是在较低温的锡液中捞出固体物质，有较好的效果，国内应该试制这种设备，用以改善劳动条件和提高捞渣效率。

用熔析法除去大量的铁和砷是合理的。但是现在厂里的熔析劳动繁重，急需机械化以改善劳动条件。为了解决这个问题，有人设计了转盘式连续熔析炉[8]；云锡一冶试验一种隧道式熔析炉。若加强试验，不久将能解决这个问题。

5 综合利用锡矿资源取得重大突破

铜是最先回收的金属。精炼粗锡得到硫渣(又称为铜渣)富集了粗锡含有的全部铜，这种硫渣已被制成硫酸铜或金属铜[9]，以供应使用。

砷在许多锡矿中都有，回收砷曾经作过许多工作，到60年代，我国几个炼锡厂将它提炼成白砷供应市场。70年代云锡公司开始电热回转窑生产白砷，年产白砷达百万吨以上。改变了过去长期在厂里积累含砷物质，严重污染厂内外环境的状况。生产白砷后，锡生产过程由粗炼到精炼往复循环的砷量大大减少，使含砷物质可以尽早排到生产白砷的系统中去。

铟已由电解焊锡的“油头水”中提出，近十年用了萃取法的流程，成功地为市场提供了金属铟，这是综合利用锡矿的重要成就。但因焊锡含铟万分之一至万分之二，现已回收的铟仅及半数，还需进一步提高铟的回收率。

锡矿中的铅选入锡精矿的仅有一小部分，在焊锡电解法投产之后，这一部分已能够回收成为粗铅，需要进一步研究提高铅进入锡精矿的回收率，以提高铅的综合回收率。

锡矿中的少量银在炼锡时进入粗铅，精炼粗铅就可以回收。

有的锡矿石还含有钽、铌，已能用专门的生产流程回收。

钨在锡矿中也常常存在，有的厂已回收成氧化钨。广州冶炼厂就是这样做的。

锡矿中含的少量锌富集在烟尘里，含量约达10%，将锌提成硫酸锌或金属锌的试验研究已初步成果。

应该着重指出的是铁的回收利用。锡矿中含有的大量铁，至今国内外都没有回收。在我国氯化焙烧锡矿成功以后，就为利用这些铁奠定了基础。

总之，近三十年以来已经由锡矿中提取了铅、铟、铜、白砷、铋、钨、钽、铌、巴比特合金等多种产品。

6 结语

三十年来，我国炼锡工业的生产技术已经取得很大的进步，面貌一新。锡的产量、质量及综合回收多种产品方面都达到新的水平。与国外一些炼锡厂相比，不少的指标都接近、达到或超过世界先进水平。例如烟化炉处理炉渣和处理中矿的指标都比较好(见表1)；复杂多金属矿的氯化焙烧，我国首先在半工业试验中获得成功；结晶法精炼锡只有我国使用，设备能力大，作业费用低；焊锡和炭渣的真空冶金研究工作我国开始较早，现在已经取得一定的进展；整个炼锡过程的生产成本也比较低。

我们存在的问题主要是：机械自动化程度差，劳动生产率低，环境污染较重。难选锡中矿高温氯化，焊锡、炭渣的真空精炼，已显示出了很大的优越性，应促使其早日工业化。

学习和引进国外先进技术和设备的必要性是肯定的，但我国尚不富裕，必须尽可能少花钱，特别是少用外汇。因此在具体做法上建议：第一，要目的明确，就要大力提高我国炼锡厂的机械化和自动化的水平，要大幅度提高劳动生产率，要大大改善环境保护条件。凡能达到这些目的的技术和设备都应当认真学习、努力试制，短期不能试制好的设备则需引进。第二要充分做到"知己知彼"，特别是"知彼"，才能正确选择对我有用的技术和设备，充分发挥引进设备的作用。要"知彼"就要进行仔细的调查，一方面由资料上研究国外先进的内容，另一方面要去拥有先进技术设备的研究单位、设备公司和炼锡厂考察、学习，百闻不如一见，考察以后就能较为准确地决定学习和引进的内容。

对于自己进行的试验研究，需要强调的是，在调查研究的基础上，看准方向，有计划、有组织、善始善终、有奖有罚地开展。那种一哄而起，一哄而散；半途而废，不了了之；拿出试验成果，而迟迟不促进其工业化生产，甚至束之高阁，委之于废纸堆等劳民伤财的毛病都应当力戒不犯。

参考文献

[1] 有色金属，1976，(1)：24～26.
[2] 国外锡工业，1974，(3)：64～65.
[3] Колодпн С М. Вторичное Олово，1963.
[4] 云南锡业公司，昆明工学院．锡冶金．北京：冶金工业出版社，1977.
[5] 有色金属，1977，(9)：10～11.
[6] 国外锡工业，1978，(2)：65.
[7] Цветные Металлы，1977，(7)：5～8.
[8] 有色金属，1978，(3)：50～55.
[9] 有色金属，1973，(12)：56.

锡生产的发展趋势❶

戴永年

锡生产已有几千年的历史，但直到本世纪30年代、各炼锡厂都沿袭着较为古老的方法，选出高品位的锡精矿(含60%～70%Sn)，含杂质很少，然后在小型鼓风炉或反射炉中熔炼，粗锡做简单的火法精炼，结果是金属回收率不高，产品质量不好。在长期的生产过程中虽有改进，而主干流程和基本设备没有太大变化。

30年代以后，由于现代科学技术进步，有色冶金各部门不断取得新成就，促进了锡冶金的发展，有几个方面取得较大的进步，必定引起或即将使锡冶金工业的面貌发生变化。这样的项目有：锡冶金若干基本理论的研究，烟化炉的引用，氯化焙烧锡中矿，锡矿石的综合利用，粗锡精炼的新方法等。

本文拟由这些项目的作用，探讨锡冶金的发展趋势。

1 烟化炉的应用

众所周知，烟化炉首先用于铅锌冶金，经多年使用之后，已逐步发展完善，炉子的规模也日愈增大。1949年，烟化炉开始用来处理含锌物料[1]，立即解决了长期存在的重要问题——渣含锡高。在这之前，锡炉渣虽经反复熔炼，仍含锡3%，还同时产出铁锡合金——硬头。这种渣无法再处理而堆存，严重地影响锡的冶炼回收率。烟化炉引入锡冶金之后，有两项指标达到空前的数值：渣含锡由3%降到0.07%，锡冶炼回收率提高到96%以上。我国工厂还取得每吨渣的加工费80元的较好指标。

这项成就立即在炼锡过程中扩大效果。首先把烟化炉处理贫渣改为直接处理富渣，省去富渣熔炼作业。二是烟化炉本身不产生硬头，还能在吹炼炉渣时处理一些硬头，铁留在炉渣中、锡挥发到烟尘里，两者分离很清楚，较根本地解决了锡冶金中长期存在的锡铁难于分开的问题。三是烟化炉成了炼锡厂中处理一切含锡废料的重要设备，厂里各种杂料：废炉底、含锡煤灰、含锡马路灰、含锡少的烟尘、焙烧锡渣、回转窑渣等含锡2%以上的各种物料都可以送入烟化炉回收其中的锡，锡的回收率还可达95%。离开烟化炉，这些料中的锡就无法经济地回收。

得到这些成果之后，必定发展到用烟化炉处理含锡仅为3%的中矿[2,3]。因为由锡矿选矿时，有一部分"锡铁连生体"，铁与锡结合的十分紧密，很难用磨矿的方法使铁锡分开，选矿自然不能完全分离铁锡，致使许多锡损失于尾矿中。若选为含锡3%的中矿，大部分锡就可回收、但中矿还原熔炼不能得到锡。用烟化炉来处理中矿，锡可挥发99%[4]，回收到烟尘97%，烟尘含锡48%～52%，作业费不高，经济合理。生产试验取得成效之后很快就在国内几个炼锡厂使用。

国外，烟化炉在锡冶金中应用，发展的过程也大致是这样。1970年玻利维亚文托炼锡

❶ 本文发表于《云南冶金》，1979，(3)：54。

厂建烟化炉处理锡炉渣[5]，由含锡10.5%的炉渣产出含锡73%的烟尘和含锡0.2%的贫渣。在此基础上又在波托西建挥发厂处理中矿[6]（含锡3%～3.5%），中矿是由原矿（含锡0.8%）选得，经烟化炉之后产出的烟尘含锡大于50%，若由原矿选成精矿仅达22% Sn。足见烟化法的优越性。从金属回收率来看，该厂用烟化炉处理中矿以后锡的选冶回收大大提高，达到71%[6]。

玻利维亚的锡矿由于成分比较复杂，过去选矿回收率仅为40%，波托西挥发厂建立以后，只由矿石选到中矿，再经烟化炉处理，金属回收率大大提高。这个经验值得认真研究，其第一步选矿作业只选到中矿，含锡仅3%～3.5%，保证了选矿回收率达到较高的指标，再配合烟化法能将中矿里的锡回收96%以上。这个流程和传统流程相比，简化了选矿作业，增加了烟化炉，无论是流程、设备和经济指标都是一种根本的改变。

我国的炼锡企业都没有使用波托西的流程，锡的选冶总回收也没有达到71%，因此很有必要研究各国锡区的矿石是否有“精矿品位与选矿回收率成反比”的规律，若生产中矿能提高选矿回收，即可以参考波托西的流程。

如上所述，烟化炉引用到锡冶金以后引起了重大的变化，处理了多年积累的炉渣，较彻底地分开了铁和锡，提高了锡的冶炼回收率，能大幅地提高锡的选矿和冶炼的总回收率，还有助于综合回收更多的伴生金属。现在，烟化炉在我国几个炼锡厂都已经很好地掌握，并取得了先进的作业指标（如渣含锡小于0.1%）。今后值得认真研究波托西的经验，借鉴其有用的部分，并使其进一步发展。

当前，国外炼锡厂用烟化炉的还不多，已报道的有苏联[7]、玻利维亚和日本，在没有用烟化炉的炼锡厂仍然存在着贫渣含锡1%和选冶总回收不高的现象。可以预计烟化炉将在许多工厂推广使用。

2　含锡物料的氯化挥发

不少锡矿含铁很高，我国某矿达到30%，铁锡连生体存在，严重地影响锡的选矿回收，再加上细泥中有锡，选矿回收率往往小于60%，是锡冶金里的重要问题之一。

由难选锡矿中提锡，早期英国人研究出卡维特法处理泰国平略喀（Pinyok）矿，试图由磁铁矿等含铁矿物的围岩中将细粒的锡石氯化[8]挥发出来，小型试验和扩大试验都取得进展，但在工业化中遇到若干困难，仍未得到应用。

本世纪50年代，我国许多单位做了大量研究工作，弄清了锡及其伴生金属氯化挥发的条件，并进行了扩大试验和半工业试验[9]，用还原氯化焙烧法处理锡中矿。中矿的成分为：1.5% Sn，1.7% Pb，42% Fe，经焙烧和挥发物处理等过程，最后炼成粗锡，锡的回收率为82%。其中有：挥发率93.5%，收尘效率96.2%，湿法过程回收率93.9%，熔炼回收率97%。得到的烧渣含47% Fe，0.1% Sn，0.03% Pb。

半工业试验中解决了许多问题：炉料结炉，设备腐蚀，金属分散等。中心是焙烧条件和设备腐蚀。这些问题近几年的研究试验，已经基本解决。半工业试验已连续工作三个多月，取得的经济指标首先回收锡和铅，氯化钙返回使用，经济上已经合算。

氯化焙烧时，矿石中的伴生金属挥发率分别达到：锌78%，铟35%，铋70%，镉67%，这些金属在收尘溶液中富集之后能分离出来，回收成金属[10]。

焙烧后的球团含铁47%，已达到炼铁原料的要求，但目前半工业试验中，焙烧球团含杂质金属(铜、锌、砷、铅、锡)的量尚未完全达到炼铁原料的要求，机械强度亦需提高。若经过研究和采取适当措施，使之符合炼铁原料的标准，即可送钢铁厂使用。

氯化焙烧锡中矿的研究成果，展示了一个前景，有可能充分利用锡中矿的铁和提高锡及伴生金属的回收率。在锡矿选矿时可以应用适宜的选矿方法尽可能同时将铁矿选出来，锡铁连生体存在必将使一部分锡进入铁矿中。铁矿氯化焙烧，一方面可以回收锡、铅等金属，使锡的总回收率得到进一步提高，另一方面将使铁的利用成为可能。生产上实现以后，锡矿中每年可以回收几十万吨铁，锡矿的综合利用就得到进一步发展。

这一作业也会从根本上改变锡生产的传统流程和设备。

3 粗锡精炼的除铅方法

粗锡的成分因近年开采杂质多的脉矿而随之复杂起来，粗锡精炼的方法也相应复杂。特别在一些地区，锡矿中含铅量增加，粗锡含铅达到10%。因此，国内外近几十年来都在研究铅锡分离的课题。采用过多种方法都不够满意。用盐酸浸出锡精矿可以除去铅和多种杂质，但因盐酸消耗而增大成本；锡精矿氯化焙烧可以除去少量的铅，而对含铅较多的锡精矿不宜使用；粗锡电解常因含铅多而发生阳极钝化；往粗锡中加氯化亚锡除去铅，因消耗氯化亚锡较多而降低其价值。

粗锡用结晶法精炼除铅，国外没有用过，也很少人研究。我国约于40年代用于生产，各厂用的设备有放液锅、溜槽，产出精锡和焊锡。1965年制成了连续结晶机械，1976年又改进为电加热[11]。于是，结晶法精炼粗锡达到新的水平，能生产任何品级的精锡，金属损失仅为0.15%～0.2%，加工费很少，每吨粗锡仅9.28元，劳动条件大大改善，是现有各种方法中耗费最少的一种，故国内各工厂都已推广使用。存在的问题为过程本身的实质所决定，铅、锡系的共晶点成分为焊锡(61.9% Sn，38.1% Pb)，结晶的产品不能超过共晶点，只能将铅集中在焊锡里，故结晶法必定得到两个产物：精锡和焊锡。不可能得到铅，故有两倍于铅的锡滞留于焊锡中。

我国炼锡企业生产的焊锡量远远超过消耗量，必须将大量焊锡分离成锡和铅。这一作业我国创造了氯化盐电解液电解法，使焊锡电解成精锡，焊锡中的铅则生成氯化铅阳极泥，阳极泥再与焊锡一起加热到800℃，复产生氯化亚锡和粗铅。这个方法还可以由熔锡锅中浓缩的电解液(工厂称为油头水)中有效地回收铟。存在的问题是：消耗多加工费较高(500～700元/t)、金属回收率较低(锡回收96%)、生产氯化亚锡的车间烟害大等。

真空精炼锡的研究说明能较好地解决焊锡的问题。这个方法在50年代，国内外都开展了小型试验，取得成效，60年代进入扩大试验阶段，最近几年进入半工业试验[12～15]，并得到了初步成效。焊锡连续流入真空炉，蒸馏后直接产出粗铅(含小于97% Pb)和粗锡(92%～97% Sn)，无需加任何药剂，仅消耗电能1000kW·h/t(焊锡)，产炉气极少，无废水和废渣。故主要特点是：加工费较低(约200元/t)、金属回收率高(>99.5%)，基本上没有“三废”，改善了环境污染。

真空蒸馏焊锡试验成功，展示出代替电解法的前景。两相比较，前者刚好解决了后者存在的问题，还可能节约人员，减少车间面积。

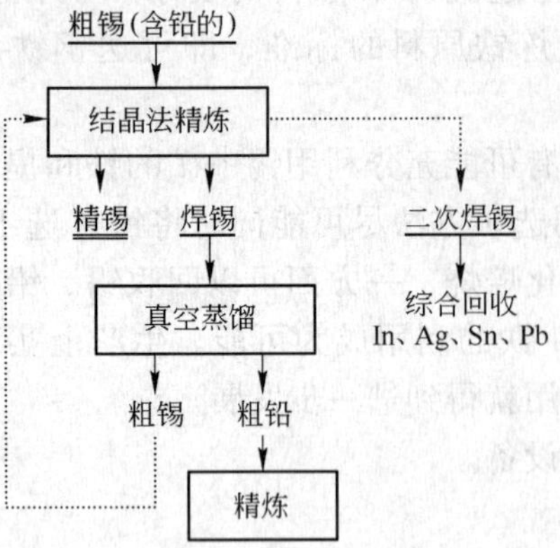

图 1　粗锡精炼除铅的流程

真空蒸馏法与结晶法相结合，前者处理含铅高的焊锡，产粗锡和粗铅、蒸馏效率高。再由结晶法产出精锡，而成本低廉。分别发挥其特点。又可以将合金中的铟富集在少量二次焊锡内，便于综合回铟，建议流程如图 1 所示。

这样做以后可以推测，生产锡的流程中无论铅存在多少都能顺利地提出，成为金属铅产出，而无碍于锡的生产，也有利于铟和银的综合回收。因此对含铅高的锡矿，选矿时可以多着眼于锡和铅的回收，不必顾虑锡精矿中含铅过高，从而有利于锡的回收，也有利于多回收铅。

结晶法和真空蒸馏法都是过去传统的锡生产流程中没有的，用于生产之后，老流程要有大的变化。我国炼锡企业有必要采取有力措施，使真空蒸馏法早日投产。

4　综合利用

40 年代以前炼锡企业几乎都只有锡，这样一个唯一的产品。而锡矿石中除约 1% 的锡之外占约 99% 的物质被当作废物抛弃。50 年代以后，综合回收锡矿中“有用成分”成为重大的研究课题，从而逐渐取得成就。能回收的东西日渐增加。

开始被利用的是铜，进入粗锡中的铜在精炼粗锡时回收成金属铜或硫酸铜。铅在选矿中回收一部分，一部分在粗锡精炼中提出。在最近二十年的重要进展之一是铟被部分地提出，由电解焊锡的中间产物中提取。有的锡矿伴生有钨、钽、铌，也逐个被提出。这几种金属在当前需要提高回收率，例如铟在焊锡中含量达到万分之几，由此数来看，目前仅回收了一半左右，还有增加铟产量的余地，再由入厂原料来分析，潜力还更大。

近二十多年来，一个重要的产品是白砷（As_2O_3）。以前，有的工厂原料每年带来的砷达到约 200 吨，进厂后没有生产白砷的流程、设备，砷没有正常的渠道出厂，多年后，厂里形成砷尘充溢，厂里流出的水，烟囱排出的气，吹出去的灰尘都有砷，含砷烟尘堆满仓，砷毒成为锡厂的“职业病”。为了解决这个问题，有的工厂采用小型白砷炉，有的厂用电热回转窑[10]，由含砷烟尘中生产白砷供国内外市场需要。从此，实现了变害为利，砷有了正常渠道出厂，消灭了它在厂内积压，解决了含砷物料泛滥的问题，中砷毒的现象逐渐减轻，环境污染的程度大有改进。

生产白砷之后将为改善炼锡企业的流程提供条件。例如上述工厂每年进厂砷 200t 左右，按目前的流程，砷在炼锡流程中有严重的循环累积。进到粗炼工段的砷每年达到 600t。势必造成设备重荷，车间污染。生产白砷的系统建立以后就按“含砷物质尽早进入白砷系统”这个原则改善炼锡流程。含砷很高的烟尘、炭渣是否还要直接进熔炼炉，就可以研究了。

锡矿中的铁量很大，如前所述，氯化焙烧车间投产之后，将能扩大其利用。研究、改革选矿工艺，提高铁的选矿回收率，提供炼铁原料，每年可达数十万吨甚至上百万吨，是很重要的一环。现在国内外还没有哪一个锡企业开始利用这种资源来生产钢铁。

炼锡烟尘中还富集了相当数量的锌，有的工厂已经作为原料生产金属锌或硫酸锌，在我国需要加强试验和试生产工作，使这项原料能够早日充分利用。

铋和锑在锡矿里也常存在，铋量较少，粗锡中含铋都少于1%，往往与铅一道进入焊锡，以后再入粗铅，精炼粗铅时由阳极泥回收铋。锑到粗锡中后又进入铝渣，有的工厂已经把它作为生产巴比特合金的原料。

还发现锡矿里常伴生少量铳和锗，炼锡时铳进入炉渣，锗到烟尘，但它们的含量都不高，如何提取、利用是需要研究的课题。

在选矿和冶炼中，综合利用锡矿资源是近三十年的发展，这对锡生产的流程和所用的设备都有大的改变和充实。产品的品种和数量也大大增加，这些产品的价值在生产锡的企业中所占的比重也越来越大，例如有的企业每年生产铅几乎与锡量相当，生产铜达到锡量的几成，有的企业钽铌成了主要的产品。总之，综合回收在今后必定发展得更完善，生产产品更多。

5 锡精矿熔炼设备的发展

古代炼锡用小鼓风炉，配手拉风箱。后来引入各种鼓风机，炉子的高度增大，发展成今天的鼓风炉，但现代选矿厂生产细粒锡精矿，加进鼓风炉就会被风吹出。细粒矿造成块矿的技术没有即时跟上，锡冶炼用的鼓风炉就减少了。

18 世纪开始用反射炉炼锡，细粒锡精矿不会被炉气吹走，反射炉就越来越多地用于炼锡，占炼锡量的80%。但由于炉料是静置在炉膛中，故反射炉被称为静态炉，炉料加热和熔化均较缓慢，人们不满足这种现象，就开始设法弥补这个缺陷，首先在炉子上改进，如：改变炉子尺寸，使用较高温度的热风(800℃)，用煤气或油为燃料[17,18]等。以后又由各种炉子中来寻找更优的炉型。

经过德国人多年试验研究，帮助印度尼西亚在门托克的佩尔蒂姆炼锡厂建起世界上第一家短窑炼锡厂，安装3座8m×3.6m的短窑[16]，1961年兴建，1969年前试生产后投产。短窑实质上是转动的反射炉，炉料由静置变为不断翻动，改善了加热与熔炼条件，试图提高熔炼速度。但短窑炉体大，温度高，经常转动也会带来一些设备上的困难问题。由炉料和炉气运动的相对位置来看，短窑并无根本的变化。

近来试验所谓“沉没式燃烧法”[19]，把燃料和空气吹到熔融的炉料中，燃料在炉料中燃烧，炉料强烈运动，据称效果良好。也有试验用矮高炉熔炼锡精矿的球团[20]，达到炉渣含锡0.1%~1%。国内几家炼锡厂近几年也试验了锡精矿压团或烧结后鼓风炉熔炼[20]。指标和反射熔炼的相近。但制团的方法和适宜的设备有必要再研究、选定。

总体来看，上述的炉型有的在早期使用后被放弃，近来又有改进。有的虽被广泛使用，人们仍有不满意的地方。应该用什么原则来分析、改进和选择炼锡炉的炉型呢？由锡和它的化合物的性质和熔炼的要求应该考虑三点：一是炉气和炉料间的热交换应该快速；二是炉气、炉料和燃料间的化学反应速度要快；三是由于氧化亚锡有很大的挥发性，要求出炉气体温度低带出的锡少。这三点中前两点往往是一致的，能够同时解决，基本要求炉料粒度要细，比表面积大，炉气应与炉料的粒子表面充分接触，这样，传热和多相反应就能很快进行。第三点要求炉气在炉内降温，使凝集出来的锡化合物返回到熔炼带里，则熔炼的直接回收比较高，否则就不能得到较多的金属锡，挥发到炉气中的锡虽未损失，但毕竟不能算直接回收率。

用这三点来衡量已有的和试验的炉型，能够鉴别其优越程度。现在就以此标准对各种炉子分类讨论。

一为反射炉炉型，炉气在料堆上空运动，炉料虽细，比表面大，但仅有料堆表面与炉气接触，热交换面很小，传热慢、熔炼慢，单位炉膛面积的生产率低，只达到 1～2t/m^2。出炉气体不能降温、不能满足第三条要求。幸好料与炉气的接触面小而锡挥发不多。这就是此种炉型的基本特点。

这种炉型除反射炉之外短窑也可归入其中。这种炉型在冶金领域里有逐渐减少使用的趋势。

第二种能够称作悬浮炉炉型。炉气与细粒炉料充分混合，吹到炉内空间中、炉气与料粒的表面有充分的接触，传热、传质都很快，但出炉气体温度仍很高。这类炉型有闪速炉、旋涡炉和悬浮炉等。

出炉气体不能降温，炼锡时必定有大量锡挥发被炉气带到烟道成为烟尘。故不宜作还原熔炼之用，而宜于对含锡低的炉料作烟化之用[22,23]。

对于挥发性很小的金属，如铜、镍等硫化矿，用这一类炉子来熔炼，就充分发挥了炉子小的优越性。炉子的生产率达到较高水平。例如反应塔直径 6m 的一座炼铜闪速炉每月可炼 3 万～4 万 t 铜矿，与大小相当的反射炉相比大了几倍。

第三种吹炉炉型。炉料熔化成液体，压缩空气和燃料(粉煤或油)混合吹入液料中，形成大量气泡。燃烧、传热和多相反应都在液料中迅速产生，炉料被剧烈搅动混匀，促进反应，炉子的生产率很高，但炉气仍然在高温时离开炉子。

上面提到的“沉没燃烧熔炼”炉，烟化炉都属于这种炉型，这种炉内锡大量气化，故只宜于含锡低的物料作烟化处理。要在这种炉中熔炼成金属锡，则直接回收率很低。

和第二种炉型一样，对于不挥发的物料，熔炼是很有效的。

第四种炉型是鼓风炉，块状物料和燃料炉内形成料柱。料柱底部风口区燃料燃烧成高温带，高温炉气沿料柱向上运动，炉气与炉料有充分接触，传热和多相反应快速进行。故鼓风炉的生产率比反射炉高得多，每平方米风口区面积每日可熔炼约 45t 炉料。再加鼓风炉独具的特点，高温炉气通过料柱后降温至 200℃，从而达到一些特有的指标；热效率高达 70%，锡的挥发物凝结在料柱中，烟尘率 7%～10% 不高于反射炉，渣含锡 10%。

几类炉子相比，鼓风炉比较全面地达到三个要求，在一定条件下也宜于炼锡。故它虽古老，现在又开始被注意起来，国内外都在进行试验，目前需要解决的是细粒锡精矿造块的问题，用哪种方法？取何种机器？

此种炉型在冶金领域中一直保有相当的位置，炼铅和炼铁从来都是用鼓风炉型的炉，还有所发展。炼铜和炼镍也有用鼓风炉的。过去不能用鼓风炉炼锌，近二十余年也取得很大的成绩。这些都表明鼓风炉是一种较完善的炉型。

最后，还应当指出，除上述一些发展之外，由于现代科学进步，冶金理论研究不断前进，必定不断促进锡冶金前进。例如能源工业的变革，原子能电站提供大量廉价电能，就增大电冶金的发展前景，真空冶金、等离子体熔炼，电炉熔炼等就有使用的条件。作业机械化自动化的进步将大大改善作业指标，提高劳动效率、降低生产成本。环保研究的进展将使炼锡企业的污染逐渐减少，卫生条件日益改善，公害渐渐减轻。

彻底改变锡冶金的老流程和老设备的时间已经开始，新的面貌已经逐步出现。

参 考 文 献

[1] Мураи Н Н，Савюков Н Н. Металлургия Олова，1964.

[2] 廖遗生，林鹤卿，黎跃邦．锡中矿烟化炉硫化挥发工业试验．有色金属，1964，(7)：12 ~ 17.

[3] 戴永年．提高选冶总回收的途径．有色金属，1973，(12).

[4] 云锡公司第一冶炼厂．富锡中矿的烟化处理．云南冶金，1974，(2)：20 ~ 22.

[5] 新建文托炼锡厂的生产过程工作情况．国外锡工业，1975，(2)：56 ~ 66.

[6] 玻利维亚锡的挥发厂．国外锡工业，1974，(3)：64 ~ 66.

[7] Колодин С М. Вгоричное Олово. мегаллугиэдаг，1963.

[8] Liddell D M. Handbook of Nonferrous Metallurgy，1945：547 ~ 548.

[9] 云锡公司第三厂，云锡公司中心试验所．锡中矿回转窑高温氯化．有色金属，1974，(10)18 ~ 25.

[10] 云南锡业公司，昆明工学院．锡冶金．北京：冶金工业出版社，1977.

[11] 云锡公司第一冶炼厂，昆明工学院，云锡中心实验所．粗锡精炼电热结晶炉除铅．有色金属，1977，(9)：24 ~ 30.

[12] 戴永年．铅-锡合金真空蒸馏分离．有色金属，1977，(9)：24 ~ 30.

[13] 昆明工学院 云锡公司．焊锡真空蒸馏脱铅扩大试验．云南冶金，1972，(8).

[14] 焊锡真空蒸馏脱铅扩大试验．有色金属，1977，(11)：63.

[15] 玻利维亚新的锡精炼厂．国外锡工业，1976，(1)：48.

[16] 印尼锡精矿的回转短窑熔炼．国外锡工业，1974，(4)：49 ~ 55.

[17] 马来西亚巴生炼锡厂．国外锡工业，1974，(4)：49.

[18] Thomes S Machey. The electrolytic tin refining plant at texas city. Texas，J. of Metals，1969，(6)：32 ~ 34.

[19] 从低品位矿石中回收更多的锡．国外锡工业，1976，3(4)：32 ~ 30.

[20] 锡的冶炼．国外锡工业，1975，(2)：35 ~ 41.

[21] 平桂矿务局西湾选炼厂．锡精矿鼓风炉炼工业试验．有色金属，1966.(4)：23 ~ 26.

[22] Lange Barthel. 悬浮熔炼的新成就．国外重有色金属，1966，(4)：6 ~ 16.

[23] 用旋涡炉从含硫贫锡精矿中挥发锡．有色金属，1978，(5)：64 ~ 65.

锡的应用和炼锡厂的产品品种[1]

戴永年

要提高炼锡厂的经济收益，研讨这个问题应当是有助的。现由一孔之见抛砖引玉，共商发展的方向。

1 炼锡厂的产品品种

70 年代，西方国家锡的总消耗量每年大约是 17 万 ~20 万 t，产锡量是 18 万 ~19 万 t，以 1973 年为例，各国的生产和消耗量见表 1 和表 2。

表 1 1973 年西方国家锡的生产量

国 名	澳大利亚	玻利维亚	印度尼西亚	马来西亚	尼日利亚	泰 国	扎伊尔
生产锡/t	6900	7000	14600	82000	6000	22900	1000
占/%	7.33	3.78	7.89	44.32	3.24	12.38	0.54
国 名	巴 西	美 国	西班牙	英 国	其 他	共 计	
生产锡/t	4400	4600	4300	20400	10400	185000	
占/%	2.38	2.48	2.32	11.02	5.62	100	

表 2 1973 年西方国家锡的消耗量

国 名	加拿大	日 本	捷 克	法 国	德意志联邦共和国	意大利	荷 兰
消耗锡/t	5600	38700	3500	11700	15800	8400	4800
占/%	2.63	18.17	3.500	5.49	7.42	3.94	2.25
国 名	波 兰	美 国	西班牙	英 国	其 他	共 计	
消耗锡/t	4800	59100	3600	16600	36800	212900	
占/%	2.25	27.74	1.69	7.79	17.28	100	

表中数据相比可以看到：

（1）英国和西班牙两国的产量和消耗量相近。

（2）有一些国家产锡多而用得少，如马来西亚、秦国、印度尼西亚、玻利维亚、澳大利亚、尼日利亚等。这些国家的产锡量较多，而列入了上面引用的生产统计表中。但它们用锡少，在消耗统计表只能合并放在“其他”项中。

（3）另一些国家消耗锡多，而生产很少，有美国、日本、西德、法国、意大利、加拿大、荷兰和捷克。其中尤以前四国为甚。这些国家消耗大量的锡（前四国占总耗量的 59.4%），而它们产锡量几乎都列不上生产统计表。

透过这些现象可以看到发达国家进口锡这样重要的工业原料，用以生产多种的大量的

[1] 本文发表于《冶金经济分析》，1982，（1）：15 ~17。

工业品，以供给国内外市场需要。而产锡国家的工业大多数没有前一类国家发达，自己用不了自产的锡而以锡金属出口。

出口原料锡和出口工业品(其中有锡)相比，毫无疑问，后者的经济利益要高得多。因此国外许多冶炼厂总是生产许多种含锡的产品，而不是只生产锡锭，以便获得较多的经济利益，美国几个工厂的产品品种列于表3。

表3 美国几个工厂的产品品种

厂　名	产　品
华昌公司	锡、钨、钼、锆、钽、铌等金属的金属锭、金属末、海绵状金属、金属碎屑、氧化物、盐类、碳化物、以及其他化合物
爱特那熔炼和精炼公司	铅锡合金、焊料金属、巴比特合金、印刷合金、铅合金、填隙铅材料、锑铅
哥汀那金属公司	焊锡—条、丝、锭、实心丝、酸芯丝、松香芯丝；巴比特合金；铅—管、锭、条、丝；锡—锭、条、丝、锑铅；锌合金；挤压成形的铅产品
格林贝克联合工业公司	各种品级的铜粉、锡粉、透滤粉、青铜合金粉、焊锡粉、氧化铜粉、混合青铜粉
佛洛里塔熔炼公司	铅锭、锑铅、铅砖、铸铅品、铅管、铅片、铅丝；焊锡—条、块、丝、酸芯丝、松香丝；锡条、锡粒、锡锭、锌板
M.T. 化学工业公司	电解锡，各种锡合金，化学品等，各种金属的盐类，氧化物和陶瓷工业用的化合物

可见，(1)没有一个工厂单独生产金属锭，都是生产多种产品。(2)锡产品有，纯金属，各种合金的锭、片、丝、条；各种化合物和盐类。(3)除锡产品之外，也产出其他种金属的各类产品。从而形成多种产品的工厂。

回顾我国的锡冶炼厂，在五六十年代都以生产金属锭为主，辅以少数副产品。70年代以来，开始向多产品的方向发展，如生产锡锭之外，还产出焊锡：锭、条、丝；白砷、硫酸铜、铟、铋、锡铅锑合金、钨酸，银等。但和某些工业发展的国家相比，就产品品种和经济收益来说仍然有一定差距。

我国四化建设中国计民生都需要多种产品，其中包括多种锡及其合金的材料，化工原料。应当争取国内工厂生产供给，并可供国际的需要，促进国际交流。同时也提高生产中的经济效益。

2 锡的用途

如上表所列，锡的用途很广，大致有几方面，作为纯锡用的，以合金应用的，成无机化合物或有机化合物使用等。国外使用锡的方面见表4。

表4 国外锡消耗的情况

应用方面	占总消耗量的比例/%	应用方面	占总消耗量的比例/%
马口铁	40.2	镀　锡	3.5
焊　料	16.5	锡管、锡箔等	4.7
巴比特合金	8.7	化学药品和氧化物	3.9
青铜等合金	12.6	其　他	9.9

马口铁，由于锡和有机食品接触时不会生成有毒的物质，马口铁为长期以来的传统食

品包装材料，用于此途的锡量达40%。近年来有所减少，美国1979年所用占31%。

焊料，现在广泛用于电气工业及其他方面，其成分变动大，形状多样，有条、丝等，丝状焊锡有的又包有焊药，使用更为方便。有时还做成粉料使用。

巴比特合金使用较早，多用作轴瓦，近年来有人研究用石墨丝加强轴瓦合金、先在石墨丝上析上一层钛，再灌入此合金，则可防止轴瓦在较大压力下摩擦较强时发生蠕变、软化，据称其性能甚好，很有发展前途。

锡与铜组成青铜，它的铸造性能和加工性能很好，常在机械工业中用以制造某些加工机械零件。近来研制以铁-铜-锡粉末冶金制成机械零件，其中铜占3%～10%，锡1%～2%余为铁。压制片烧成温度仅950℃，加工性能良好。

锡-铌合金，是当前研究最多的超导材料。

高级平板玻璃在熔锡液面上拉成。

锡用于蓄电池中用作“无需维修蓄电池”的极片材料，即用铅-钙-锡合金极片代替铅-锑合金极片，蓄电池的失水速率减少三分之二，并使极片的机械强度大大加强。

美国斯坦福大学(Stanford University)的研究者们试做一种用锡调节的原子反应堆以图大大减少公害。此反应堆中在一定的氮气压力下熔融锡中有一定的溶解，核燃料铀放到此锡液中后就生成铀的氮化物，它的密度大而沉到锡液下面，至氮化铀达到临界质量时，反应堆开始工作。若反应温度超过预定值，则氮化铀分解并返回去，从而减少临界质量，反应乃得控制。镧系和过渡族金属杂质溶解在锡中要么生成密度小的氮化物上浮，易于除去，要么就保持溶解状态，对反应堆没有影响，最后作业中生成的废物很少，可装到铸锡箱中便于安全放置。此种反应堆虽尚未达到商业上使用的阶段，但已很有希望。

锡的有机化合物用途日益广泛，有的可以作塑料的稳定剂。如锡的双丁基二月桂酸盐、复合有机锡C102等，有的用作杀虫剂和灭菌剂如重一三丁基锡氧化物用作船底涂料。三丁基锡的苯酸盐和水杨酸盐，用以处理皮制品以防霉防菌，三丁基锡氢氧化物可作抗腐蚀剂，用以包裹外露的电缆。三苯基锡氢氧化物用于控制马铃薯枯萎，甜菜的叶斑，山核桃枯萎；也可用于棉花及其他作物。有的用作触媒，如亚锡辛基盐用于硅油乳化时作触媒，亚锡皂(氧化亚锡，油酸和硬脂相作用而成)用于泡沫橡胶生产，亚锡草酸盐用于煤的加氢作用。最近报道一种锡化合物可能成为抗癌新药。

锡的无机化合物早已为人们所用，并有新的发展。氯化亚锡用作镀锡和镀锡-镍合金的电解液，作塑料板和镀银镜的活化剂，肥皂中香料稳定剂，有机反应的触媒，制氧化亚锡的原料和作其他锡化合物的原料。氟化亚锡用于牙膏中防止牙齿的去矿化作用。氧化亚锡可作其他一些锡化合物的原料，用于金-锡，铜-锡宝石红玻璃的制造。硫酸亚锡的一种重要用途是给钢丝裹上一层铜-锡合金，钢丝拉过线规时有润滑作用，并可保护钢丝在储藏中免于氧化，氯化锡可增强丝纤维和固定颜色，也可作肥皂的香味稳定剂，用于制造印蓝纸。氧化锡作烧成瓷釉的蛋白色面层，色柔和，并用于陶瓷玻璃的着色，铬-锡为粉红色，钒-锡为黄色。锡酸钾可作高速度、高传导性的镀锡，锡酸钠是碱性电镀池的基础物质，价较低，为零件电镀厂所欢迎。钡、镉、铜、铅和镍的锡酸盐可制成瓷绝缘体。

在工业中锡的用途确实很宽，用量日益增多，而且还在发展。比如在汽车、拖拉机、电视机、录音机、缝纫机等工业品中都要有一定量的锡，因此研讨锡的用途就有助于工厂达到多种产品，提高生产中的经济效益。

锡深加工产品发展战略研究❶

戴永年[1] 包晓波[2]

(1 昆明理工大学，昆明；2 中国有色金属工业总公司技术经济研究院，北京)

摘 要：从国内外锡深加工概况研讨我国的发展方向。

关键词：锡；深加工；发展方向

1 概述

我国是最早产锡国家之一，早在汉代时我国就已经对锡矿石进行了开采和利用。我国锡的储量丰富，达337万吨，约为世界储量的20%，故我国生产锡较多，见表1。我国锡产量常占世界的20%，见表2和表3。我国产的锡自己消耗不了，一直在出口。

表1 我国锡产量及出口量 (万t)

年份	1983	1984	1985	1986	1987	1988	1989	1990	1991	1992	1993	1994	1995	1996	1997
产量	2.03	2.30	2.84	2.98	3.02	2.95	3.05	3.58	3.64	3.96	5.21	6.78	6.77	7.15	
出口量			0.79	0.54	1.59	1.90	1.87	1.80	2.09	2.82	3.63	3.82	2.55	2.94	3.06

表2 世界产锡量 (万t)

年 份	1980	1985	1990	1991	1992
马来西亚	7.13	4.55	4.9	4.27	4.38
泰 国	3.84	1.8	1.5	1.13	0.98
印度尼西亚	3.05	2.04	3.1	2.86	2.95
玻利维亚	1.75	1.29	1.35	1.45	1.49
巴 西	0.88	2.47	4.3	3.55	2.92
中 国		2.84	3.58	3.64	3.95
世界合计	24.49	21.6	23.2	20.42	18.27

表3 主要锡生产国锡精矿产量(含锡量) (kt/a)

年 份	马来西亚	泰 国	印度尼西亚	玻利维亚	巴 西	秘 鲁	澳大利亚
1992	14.30	8.40	37.00	16.50	21.70	10.20	6.60
1993	10.40	5.10	36.10	18.60	25.90	13.70	8.00
1994	6.46	3.11	38.50	16.10	19.70	20.00	7.4
1995	6.40	1.78	46.06	14.40	19.40	22.30	6.00
1996	5.20	1.3	51.02	14.80	20.30	26.67	8.80

1993年我国产锡超过了5万t/a，1996年达到7.15万t，已占世界第一。出口量达到3万t/a。

❶ 本文完成于1999年2月；中国有色金属工业总公司技术经济研究院支持项目。

长期以来我国各厂都以生产锡锭为主，属初级材料产品，经济效益低，也就是说我国开采锡矿由大量地质勘探、采矿、选矿、冶炼、做了一系列繁重的基础工作，耗费大量的人力、物力、财力、时间，消耗了大量矿藏，而仅仅产出价值不高的初级材料产品，其经济效益之低，几乎达到了难以维持再生产的程度，设施陈旧、落后，劳动繁重，污染环境，人员待遇低。

近年来，全国快速发展，人民生活水平提高，各方面的需要增加，需要许多锡制品，如各种食物的罐头、包装用镀锡铁片(马口铁)。1986 年消耗约 30 万 t，1995 年增至 68 万 t。电子工业发展，大大扩展了含锡焊料的需求，数量和品种都有增加。塑料工业发展，需要有机锡化合物作为聚氯乙烯的热稳定剂，防止它在加工过程中的热降解作用，这样就随着聚氯乙烯的产量增大而需要更多的有机锡化合物。世界上锡消费结构见表 4，我国也有相似的发展和需求。还有玻璃工业的特种玻璃产品需要锡化合物、催化剂，电子工业产品、药材等都需要用锡化合物。

表 4 世界锡消费结构 (%)

年 份	1963	1983	1985	1990	1991
马口铁	40	40	34	30	32
焊 料	23.3	28	22	31	59
化合物	7.8	7	12.5	10	15
其 他	28.9	25	22.5	35	24

我国在供应这些锡制品的生产能力不足，而需要进口，如表 5 所列。在 1995 年以后，进口的含锡产品增加，1997 年有所好转，但需要进口的品种仍然不少(表中“净出”项为负值的物品)。我国出口锡锭，外国加工成这些物品进入我国，这部分锡成为高价物品，外国得到了不菲的效益。

现代高新技术的突飞猛进，许多含锡物料也起到一定作用，如超导材料的锡-铌合金、传感器的敏感元件、SnO_2 气体敏感材料、SnO_2 也属电子材料的薄膜材料、SnO_2 亦作阻燃剂……。另一方面也应深入研究含锡各种物质的性质，开发其应用，为社会作贡献。

锡的深度加工生产各种含锡产物，近二十多年在我国已有较大发展，如马口铁、各种焊料、合金、无机化合物、有机锡化合物、锡器、饰物等都有了长足的发展，有相当的产量，现在需要进一步提高，以供国内各行业的需要和人民生活水平提高的需求。同时增大锡生产的经济效益和社会效益。

2 国外锡深加工产品的现状和发展方向

2.1 一般情况

国外锡深加工甚为发达，往往围绕锡的生产，制造许多锡制品，一个厂生产多种产品的情况一直存在，例如美国的几个工厂就有如表 6 的产品，其中还包括锡原料中伴生元素提出的金属、合金和化合物，每个厂有十几种，甚至几十种产品。近年来又有深入广泛的发展。

表5 1994~1997年我国锡及含锡金属料进、出口量及金额① （美元）

锡料情况	1994年						1995年					
	进口		出口		净出		进口		出口		净出	
	数量/t	金额/万美元	数量/t	金额/万美元	数量/t	金额/万美元	数量/t	金额/万美元	数量/t	金额/万美元	数量/t	金额/万美元
锡矿砂及其精矿	38.9	3.24	615.18	124.69	576.28	121.45	43.7	3.587	51.6	1.032	7.9	-2.56
镀或涂锡的，宽度小于600mm的铁或非合金钢平板							80535.2	5576.62	5122	228.9	-75413	-5347.7
镀或涂锡的，厚度在0.5mm及以上的铁或非合金钢板							39801.87	1982.43	3989	224.6	-35812.9	-1737.8
镀或涂锡的，厚度在0.5mm的铁或非合金钢平板							475905.3	29085.8	14114	898.5	-461791.3	-281873
未锻轧的非合金锡	1126.62	514.14	36867.67	17135.51	36807.67	17135.51	684.75	240.88	25137.5	14694.2	24452.75	14453.32
未锻轧的巴氏合金	199.69	31.72	271.95	130.43	271.95	130.45	291.45	59.5	320.6	186.2	29.15	126.7
未锻轧的焊锡	361.75	142.6	5859.11	2160.32	5497.36	2017.72	551.26	236.77	7677.3	3623.1	7126	3386.3
其他未锻轧的锡	407.09	105.09	1379.804	631.69	972.71	525.8	726.8	300.22	10171.1	5139.1	9444.3	4838.88
锡废碎料												
锡条、杆型材及异型材或丝												
锡板、片及带，厚度超过0.2mm												
锡管及管附件（接头，压管，管套）												
其他工业用锡制品												
其他非工业用锡制品												
						19809.48						-12470.16

续表5

锡料情况	1996年						1997年					
	进口		出口		净出		进口		出口		净出	
	数量/t	金额/万美元	数量/t	金额/万美元	数量/t	金额/万美元	数量/t	金额/万美元	数量/t	金额/万美元	数量/t	金额/万美元
锡矿砂及其精矿	434.3	32.67			-434.3	-32.51	508.8	11.8			-508.8	-11.8
镀或涂锡的,宽度小于600mm的铁或非合金钢平板												
镀或涂锡的,厚度在0.5mm及以上的铁或非合金钢板												
镀或涂锡的,厚度在0.5mm的铁或非合金钢平板												
未锻轧的非合金锡	740.9	256.1	29411.87	17275.4	28670.8	17019.3	1137.96	340.94	30662.69	16591.57	29524.73	16250.63
未锻轧的巴氏合金	170.75	70.5	205	65.23	34.25	-5.27	167.59	53.86	139.83	28.17	-27.76	-27.69
未锻轧的焊锡	681.92	244.76	6407.1	2654.3	7525.1	2469.5	946.34	365.53	9649.26	3650.27	8702.92	3284.74
其他未锻轧的锡	466.5	215.7	103.9	44.1	-362.6	-171.6	398.5	102.25	635.49	250.96	236.99	140.71
锡废碎料	611.67	60.5	20.5	0.32	-591.1	-60.18	61.28	9.84	1.22	0.167	-60.06	-9.67
锡条、杆型材及异型材或丝	9056.83	2895.8			-9056.83	-2895.8	13833.4	4363.24	1911.78	763.16	-11921.56	-3600.00
锡板、片及带,厚度超过0.2mm	329.2	89.67			-329.2	-89.67	531.3	132	721.08	399.46	189.78	267.46
锡管及管附件(接头,压管,管套)	370.3 1.52	150.4 0.68			-370.3 -1.52	-150.4 -0.68	1.621	2.19	1700.75	873.83	1699.13	871.64
其他工业用锡制品	868.9	399.6	247.9	102.4	-621	-297.2	1334.8	599.89	350.93	186.53	-983.87	-413.36
其他非工业用锡制品	195.1	76.2	23	10.47	-172.1	-65.73	133.9	105.96	16.4	6.42	-117.5	-99.54
						15752.34						16653

① 据《有色金属统计》1995,No.1;1996,No.1;1997,No.1;再计算每年净出口的美元数。

表6 美国几个工厂的产品品种

厂 名	产 品
华昌公司	锡、钨、钼、锆、钽、铌等金属锭、金属粉末、海绵状金属、金属碎屑、氧化物、盐类、碳化物、以及其他化合物
爱特那熔炼和精炼公司	铅锡合金、焊料金属、巴比特合金、铅锑合金、铅合金、填隙铅材料、锑铅
哥汀那金属公司	焊锡条、丝、锭、实心丝、酸芯丝、松香芯丝：巴比特合金；铅管、锭、条、丝；锡锭、条、丝；锑铅：锌合金；挤压成形的铅产品
格林贝克联合工业公司	各种品级的铜粉、锡粉、透滤粉、青铜合金粉、焊锡粉、氧化铜粉、混合青铜粉
佛洛里塔熔炼公司	铅锭、锑铅、铅砖、铸铅品、铅管、铅片、铅丝；焊锡条、块、丝、酸芯丝、松香丝；锡条、锡粒、锡锭、锌板
M.T. 化学工业公司	电解锡、各种锡合金，化学品等，各种金属的盐类，氧化物和陶瓷工业用的化合物

纵观锡的应用在人类历史发展和科学进步中起着十分重要的作用，在世界第一次工业革命中锡基合金运用于机械行业，使机器加快转速，提高功率，延长寿命。在第二次工业革命中，锡作为低熔、耐腐、易亲和的金属应用于电器焊接，保证电器设备安全、稳定运行，发挥了重要作用。由于锡无毒，1853 年镀锡薄板作为安全可靠的材料进入了食品工业的罐头包装，锡的地位又上升了。第二次世界大战期间，作战盟军依靠罐头保证给养，进一步提高了锡的战略地位，被列为战略物资。二战以后，世界军事力量分为两大阵营，美国战略锡储量最高达 30 万 t。家用电器和汽车工业的高速发展扩大了锡的消费，耗锡量的多少成了一个国家发达程度的标志，锡价大幅度上升，1980 年达到 18654 美元/t。

可见，随着世界形势的发展变化，锡在不同的方面起重要作用，它的加工产品也会随之而变化，要求越来越高，锡的各种产品生产也应随之而改变。

2.2 国外马口铁的生产和消耗

镀锡马口铁的特性——无毒、防腐。包装食品保存期长。使它在食品工业的包装材料中占主导地位。马口铁用锡达到过锡耗量的40%。在各个国家都有可观的产量和消耗。表7 列出 1981～1985 年的情况，全世界耗量在 1985 年以前，每年约为 1100 万 t(另一个统计，35 个国家和地区 1982 年共生产了 2050 万 t)，每吨用锡约6kg，共耗锡约6.6 万 t，约占世界锡产量的1/3 以上。

表7 马口铁的生产和消耗 (万 t)

国家		1981 年	1982 年	1983 年	1984 年	1985 年（1～6 月）
美国	生产	327.4	271.3	258.7	250.1	111.5
	消耗	320.6	271.6	270.0	271.2	126.3
日本	生产	166.6	163.9	158.4	165.4	80.4
	消耗	90.2	88.1	83.9	85.8	12.5
英国	生产	87.6	88.7	82.2	92.2	47.9
	消耗	95.4	81.0	77.6	81.8	42.4

续表 7

国　家		1981 年	1982 年	1983 年	1984 年	1985 年（1～6 月）
德　国（前德意志联邦共和国）	生　产	84.3	81.9	72.6	79.7	36.9
	消　耗	59.9	62.8	52.9	69.6	31.4
荷　兰	生　产	51.3	51.7	52.4	56.5	27.4
	消　耗	30.9	26.9	25.4	26.6	14.0
巴　西	生　产	40.3	44.8	39.1	37.8	20.2
	消　耗	43.0	45.0	36.7	35.9	15.9
加拿大	生　产	36.5	38.5	39.4	40.7	20.0
	消　耗	36.9	38.9	39.6	40.9	20.2
全世界	生　产	1164.9	1114.2	1100.2	1128.3	547.4
	消　耗	1147.9	1051.2	1045.2	1064.5	523.0

各个国家的生产和消耗量不一定平衡，而有出口量和进口量不同，见表 8，在 1981～1984 年间，日本和法国分别出口 70 余万 t 和 40 余万 t 马口铁，印度尼西亚则只进口 11 万 t 左右。

表 8　主要工业发达国家的马口铁进出口量　　（万 t）

国　家		美国	日本	法国	德意志联邦共和国	荷兰	英国	印度尼西亚
1981 年	出口	33.12	76.4	41.64	39.36	31.90	18.22	
	进口	26.36			14.79	39.51	26.23	10.46
1982 年	出口	20.60	70.25	44.11	34.08	33.15	16.26	
	进口	20.93			15.05	59.77	24.14	11.91
1983 年	出口	16.37	74.42	41.87	34.85	32.67	13.43	
	进口	27.71			15.56	8.42	24.00	11.47
1984 年	出口	12.19	79.6	40.31	28.67	11.48	13.90	
	进口	33.29			18.52	33.89	24.31	11.09

西方马口铁消耗，在 1965 年以前逐年上升，1965 年到 1989 年波动在 1000～1400 万 t 间，如图 1 所示，1989～1991 年各国的产量见表 9。

图 1　1945～1990 西方国家马口铁消耗

表9 马口铁产量 (万 t)

国 家	1989	1990	1991	国 家	1989	1990	1991
美 国	226.38	246.72	372.10	波 兰	9.50	9.50	8.50
法 国	99.00	99.70	101.50	印度尼西亚	13.00	13.00	11.67
德 国	100.20	106.40	80.00	马来西亚	8.85	9.11	12.90
英 国	91.20	85.10	86.80	泰 国	14.86	17.31	19.1
日 本	175.04	171.06		菲律宾	12.40	12.40	11.60
前苏联	60.00	60.00					

近年来世界产耗维持在 1100 万 t 左右，生产能力约为 2000 万 t。

在一些发展中国家，经济发展起来后，人民生活水平上升，马口铁的使用量随之而增，总耗量增大，见表 9 和表 10，如尼日利亚、印度、埃及、泰国等。

表10 人均马口铁消耗量 (kg/a)

年 份	1970	1980	1986
澳大利亚	22.49	20.53	14.93
欧共体	10.82	11.17	9.65
美 国	25.06	14.75	9.26
日 本	7.90	8.38	6.62
马来西亚	7.51	6.72	5.14
泰 国	0.49	2.09	3.18
巴 西	3.10	5.17	2.78
埃 及	0.42	0.17	1.17
印 度	0.31	0.33	0.37
尼日利亚	0.21	0.66	0.11

由于马口铁消耗量大，用锡多，出现了两种情况，一是节约用锡，而使每吨马口铁用锡量逐渐减少。

年 份	1970 年以前	1977 年	1985 年
1t 马口铁耗 Sn/kg	约 7	5.5	4.8

用锡量降低后，马口铁占用锡量的份额减少，见表 11，由 1977 年的 39.5%，用锡 5.04 万 t 逐渐减少到 1984 年的 28.1%，用锡 3.21 万 t。近几年为 5.8 万 t 左右。

表11 马口铁总耗锡量与所占锡用量的比率

年 份	马口铁用锡量/t	占锡总用量/%	年 份	马口铁用锡量/t	占锡总用量/%
1973	57800	37.3	1982	35500	35.3
1977	50400	39.5	1983	32100	30.9
1980	42900	36.1	1984	32100	28.1

注：主要包括美国、日本、法国、意大利、英国、前德意志联邦共和国。

第二种情况是寻求使用代用品，如用塑料、玻璃、纸等代替马口铁，而使马口铁的用量略有减少，如表 7 的末栏全世界耗量：1981 年为 1147.9 万 t，到 1984 年下降为 1065.5 万 t。

这种替代是有限的，代用品的质量和无毒、强度等性质，都不能和马口铁相比。

目前，由于世界对马口铁的需求的上升趋势，整个世界在马口铁生产能力方面的投入增多，韩国的Pohang钢铁公司(Posco)和印度尼西亚工厂Korindo签约在西爪哇建一马口铁工厂，投资550万美元。巴西Malta饮料公司于1997年2月投资1千万美元在Sao paulo创办其马口铁罐装啤酒。美国Weirton steel建一钢工业联盟以支持马口铁市场，惠灵—匹兹堡钢公司与韩国东洋(Dong Yang)马口铁工业和洛杉矶的一家公司，三家联合提供8000万美元在俄亥俄(Ohio)的白蒙特建马口铁厂，此地是美国30年前建第一个马口铁厂的地方。在东欧、乌克兰计划建40万t/a的电镀锡生产线。在罗马尼亚、美国商业及开发署以30.6万美元做镀锡生产线的可行性报告。英、德、荷三国的公司联合建生产2200个马口铁罐端的新厂。

生产马口铁的方法国外有两种：电镀和热镀。约有8个国家有热镀生产线，34个国家有电镀设施。二者合计共有生产线120多条，美国30条居第一，日本20条居第二。

由于马口铁大量用于食品包装，要求用锡的品质提高，锡的含铅量要求达到0.01%以下。

国外也发展了锡-镍合金镀层，它有抗腐蚀性、高硬度、良好的润滑性和漂亮的外观，并且不会引起镍对皮肤的过敏反应，可用于珠宝、手表、水桶等的表面。锡-锌镀层，有良好的抗腐蚀性，有着好的应用前景。

2.3 焊锡

1990年，西方各国共计有6.1万t锡用于锡-铅焊料，占锡总消费量的32%，已超过马口铁，成为锡的最大用途，1991年，美国用于焊锡的锡量约为1.57万t，英国为0.112万t，使用的方面增长最快的领域是在电气和电子工业，并将焊接工艺变成高技术发展的工艺，用机器焊接，使焊锡总消费量稳步上升。

锡铅钎料是软钎焊中应用最广的钎料，如容器、散热器、电气零部件、元器件及引线的连接、印刷电路板、微电子器件的钎焊等都广泛的使用。

各个国家订出了对焊料的成分要求，表12为日本工业标准(JIS—Z—3283—1972)，美国军用标准(MIL)及美国联邦标准(QQ—S—571d)，规定了杂质含量。

表12 日美的铅料杂质标准值 (%)

杂质	JIS—Z—3282—1972			MIL及QQ—S—571d
	B 级	A 级	S 级	
Sb	<10	<0.30	<0.1	0.2~0.5
Cu	<0.08	<0.05	<0.03	<0.08
Bi		<0.05	<0.03	<0.25
Zn		<0.005	<0.005	<0.005
Fe	其他	<0.03	<0.02	<0.02
Al	<0.35	<0.005	<0.005	<0.005
As		<0.03	<0.03	<0.03

表13是国外的一些焊料及其用途，这些焊料都是以锡、铅为主的料，有一部分含银。表末为Sn-Zn焊料，用于铝焊接。

表 13 几种工业应用的软铅焊合金

标定成分	熔融温度范围/℃	标准技术规范和合金品级	典型用途
60% Sn-Pb	183 ~ 188	BS219，K 级 DIN1708，Ln 级—Sn60Pb ASTM B32，60A 级	电气和电子部件、仪器仪表
50% Sn-Pb	183 ~ 122	BS219，F 级 DIN1707，L 级-Sn50Pb(Sb) ASTMB32，50A 级	金属板材加工及照明工程
40% Sn-Pb	183 ~ 234	BS219，G 级 DIN1707，L 级-PbSn40	通用工程和毛细管接头
30% Sn-Pb	183 ~ 255	BS219，D 级 DIN1707，L 级-PbSn30(Sb) ASTM B32，30A 级	管道焊料、电缆焊接、汽车水箱
20% Sn-Pb	183 ~ 276	BS219，V 级 DIN1707，L 级-PbSn20Sb ASTM S32，20B 级	汽车水箱、电灯灯座
50% Sn-Pb-2. 8% Sb	185 ~ 204	BS219，B 级 DIN1707，L 级-Sn50PbSb	稍廉价而效果较佳的各种焊料，但仅适用于无锌基质
40% Sn-Pb-2. 2% Sb	185 ~ 227	BS219，C 级 DIN1707，L 级-PbSn40Sb ASTM B32，40C 级	
30% Sn-Pb-1. 7% Sb	185 ~ 248	BS219，D 级 DIN1707，L 级-PbSn30Sb	
96. 5% Sn-3. 5% Ag	221 ~ 240	BS219，96S 级 DIN1707，L 级-SnAg ASTM B32，96. 5TS 级	高温用途，抗蠕变
1% Sn-Pb-1. 5% Ag	309 ~ 310	BS219，1S 级 ASTM B32，1. 5S 级	在高温或低温下作业的设备
5% Sn-Pb-1. 5% Ag	296 ~ 301	BS219，5S 级	
80% Sn-20% Zn	200 ~ 270		铝焊接

电子工业发展中使用了焊膏，表 14 为国外的一些焊膏的成分，以锡铅为基，一部分含银。

表 14 典型锡铅基钎焊膏成分

国家或工厂	钎料成分/%				熔化温度/℃	钎 剂
	Sn	Pb	Ag	Sb		
日 本	10	90			300	黏性主剂：松香系 + 溶剂或聚合树脂 + 剂 钎剂规格：JIS—Z—3283 AA 级：非活性纯松香型 A 级：弱活性纯松香型 B 级：中等活性纯松香型 MIL：RA 级，RMA 级
	40	60			238	
	50	50			215	
	60	40			190	
	63	37			183	
	62	36	2		180	
	62	35. 7	2	0. 3	179	
	60	39. 7		0. 3	183	

续表 14

国家或工厂	钎料成分/%				熔化温度/℃	钎剂
	Sn	Pb	Ag	Sb		
Du-Ponts（美国）	95		5		220	
	10	90			300	
	60	40			193	
	62	36	2		189	
	95			5	240	
Alpha Metal（美国）	96.5		3.5		221	松香类：非活性中等活性类
	62	36	2		179	
	63	37			183	

注：RA—完全活性；RMA—中度活性。

当前在发展含锡大于90%的无铅焊料，供电子工业应用，每年需要1.5～2万t锡，以代替Sn-Pb合金焊料，商业上已开始应用。加拿大北方电讯公司用一种新合金含99.3%，0.7%Cu，用于印刷电路，其质量可与标准的工业焊料(37%Pb相比拟)。

由于世界环境法限制铅在焊料中的应用，如移动电话之类的电子设备制造厂被强制使用含锡高的焊料来焊接电子元件，以免铅随物件最终进入垃圾，增加对环境的威胁。

焊料在国外，电子工业上应用广泛(包括电子设备、家电、计算机、军用、航天航空等方面)，品种规格繁多，随着电子器件的发展，要求使用的焊料有各种性能，随即研究若干适当的焊料。故品种多、批量小，向高强度、高密度、免清洗、无铅、低锡、抗氧化、高可靠性方向发展，提出高的要求。

2.4 锡和锡基合金

国外常用的锡合金有：铜-锡合金，以及对此合金再加入少量其他合金元素，巴氏合金系列、铝锡合金、白镴合金等。制造这些合金的耗锡量也很可观。

1985年世界金属统计年鉴统计，美国当年的锡合金耗锡，不包括其他杂项，仅巴氏合金、青黄铜及白金属三项，耗锡分别为：1488t，4329t和937t，共约6754t，占同年总耗锡的13.6%。英国1985年合金耗锡量为3053t，占同年总耗锡量的31.4%。

2.4.1 锡铜合金

1990年，估计西方世界消费锡1.4万t，占总消费锡量的7%，以后这一数量没有急剧的变化。在英国，此种合金耗锡1988年1400t，1989年为1365t，1990年1350t，1991年1299t，此种合金以三种形态使用：铸件、镀件和烧结粉末，表15为英国的BS1400。表16为锻造合金标准。

表15 铸造铜-锡合金的英国标准 BS1400

BS1400 名称	组分/%					抗拉强度[①] /MPa	延伸率 /%	说明
	Cu	Sn	Zn	Pb	其他			
PB1	90	10			最小P0.5	220～280	3～8	用于轴承的磷青铜
PB2	88	12	最大0.3	最大0.5	最小P0.15	130～170	5～15	用于齿轮的磷青铜

续表 15

BS1400名称	组分/%					抗拉强度①/MPa	延伸率/%	说　明
	Cu	Sn	Zn	Pb	其他			
PB4	90	最小 9.5	最大 0.5	最大 0.75	最小 P0.4	190~270	3~12	用于轴承的磷青铜
CT1	90	10			最大 P0.15	230~310	9~20	一般用途的锡青铜
LPB1	87	7.5	最大 2.0	3.5	最小 P0.3 最大 Ni1.0	190~250	3~12	用于轴承的加铅磷青铜
LB1	76	9	最大 1.0	15	最大 2.0	170~230	4~10	铅青铜
LB2	80	10	最大 1.0	10	最大 P0.1 最大 Ni2.0	190~270	5~15	铅青铜
LB4	85	5	最大 2.0	10	最大 P0.1 最大 Ni2.0	160~190	7~12	铅青铜
LG1	余量	3	9	5	最大 Ni2.0	180~220	11~15	加铅炮铜
LG2	余量	5	5	5	最大 Ni2.0	200~270	13~25	加铅炮铜
LG4	余量	7	2.25	3	最大 Ni2.0	250~330	16~25	加铅炮铜

① 砂铸样品。

表 16　锻造合金的英国标准 BS2870

BS2870（片材和带材）	组成/%			抗拉强度/MPa		延伸率/%		说　明
	Cu	Sn	P	退火后	硬度	退火后	硬度	
PB101	97	3	0.02~0.40	320	590	55	8	含锡 3% 磷青铜
PB102	95	5	0.02~0.40	340	640	60	8	含锡 5% 磷青铜
PB103	95	7	0.02~0.40	370	650	65	14	含锡 7% 磷青铜
PB104	91.5	8.5	0.3	380	680	40	5	含锡 8% 磷青铜

此合金有很好的抗腐蚀性，耐磨性和高强度，因此广泛用于：海船、锅炉和与无机酸接触的阀门配件、齿轮、滑动轴承、造钟、雕塑和建筑物用的纪念物，加工成片、带、管、棒、丝等材料，作弹簧和仪器部件，冷却管板、容器。电子设备插头、绕线连接部分。

含锡高于 4% 的 Cu-Ni-Sn 合金强度高，又有相当的延展性，作弹簧的连接器材，锡青铜有抗腐蚀能力，而适于在海水中使用，在淡水中浸泡可达 16 年。Cu-Sn8%-1% Al-0.1% Si 的 AP 青铜适于在污水中使用的冷凝管材料，比利时开发的 Cu-5% Sn-7% Al 合金易于热加工。

这些合金用粉末冶金法克服偏析问题，还可以将铜、锡粉末加入 Pb 或石墨，压密，在 500℃ 的还原气氛中烧结，烧结成的部件用油浸渍，成为“自润滑”轴承。

常用的青铜轴承合金的成分和性质见表 17。

表 17　青铜轴承合金的性能

合　金	成分/%				布氏硬度 HB	抗拉强度/MPa	屈服（软化）强度/MPa	最高工作温度/℃	最大负荷/MPa
	Sn	Pb	Sb	Cu					
高铅锡青铜合金	70	5	25		48	170	83	210	22
加铅红色黄铜	85	5	5	5	60	240	100	230	24

续表 17

合 金	成分/%				布氏硬度 HB	抗拉强度 /MPa	屈服（软化）强度 /MPa	最高工作温度 /℃	最大负荷 /MPa
	Sn	Pb	Sb	Cu					
轴承青铜	83	7	7	3	58	230	110	240	28
磷青铜	80	10	10		60	240	120	240	28
锡锌青铜(炮铜)	88	10		2	65	280	120	250	28
加铅锡锌青铜(炮铜)	88	10	2		65	280	120	250	39

2.4.2 巴氏合金

此合金是在1839年由伊沙克·巴比特爵士首先使用而得名。到今天作轴承被广泛用于大型船用柴油机、涡轮机、发电机及其他大开支旋转机械。巴氏合金简单地分为三种：高锡合金、高铅合金和中间合金。锑和铜为重要的合金元素和硬化元素，1991年美国用于巴氏合金的锡约868t，典型的巴氏合金成分见表18。

表18 典型工业巴氏合金的成分

合金类型	成分/%					特 性	应 用
	Sn	Pb	Sb	Cu	其他		
富锡巴氏合金	余量	最大 0.1	6.5~7.0	2.2~2.6	Ag 最大0.1	为最高摩擦速度而设计；能传递润滑剂	赛车发动机，飞机制造，涡轮机和制冷设备
	余量	最大 0.1	5.3~5.8	4.3~4.7		一种较硬的合金，具有较高的抗压试验数据	轿车、柴油机车辆、拖拉机和飞机用的发动机；压缩机、机车以及涡轮机用的轴承
	余量	最大 0.1	6.5~6.9	2.2~2.6	Cd 0.8~1.2	为较高工作温度下产生的额外强度而设计	柴油机车辆、轿车及飞机用的发动机
	余量		5.0	1.0	Cd 7.0	适合用于轴承工作时与海水接触而无油润滑的地方	船尾轴管轴承和其他与海水接触的用途
	余量		7.5	3.25		具有良好的疲劳强度和极佳的耐蚀性	适合用于低载荷的工作条件下，如电动马达轴衬、泵用轴承、密封轴衬和轻度载荷的止推垫圈
富铅巴氏合金	5.5~6.75	余量	10.2~11.5	0.15~0.25	Ca 0.15~0.23	在高压下不变形	使用高压缩发动机的轿车用活塞杆和主轴承
	8.0	余量	14.8~16.2	0.7~1.0	As 0.8~1.2	在富铅巴氏合金中达到最佳性能。在所有速度下用于艰巨负荷的工作状况下。	高速、高压缩发动机和低转速高负荷破碎机，以及锻压设备

续表 18

合金类型	成分/%					特性	应用
	Sn	Pb	Sb	Cu	其他		
	3.6～4.5	余量	14～16	0.14	Cd 0.5～1.7	为压力不强的普通机械而设计	能够用于与海水接触的地方，如用于推动器轴套
富铅巴氏合金	Sn	Pb	Sb	Cu	其他		
	0.8～1.4	余量	14.6～10.5	0.3～0.7		具有轻负荷工作条件所需的足够硬度	轴箱、水泥生产设备，风扇、卷扬机
	1	余量	15		As 1.0	具有良好的疲劳强度和抗蚀，耐磨性	轿车发动机和变速装置
铅-锡中等巴氏合金	余量	21～22	9.8～11.2	2.8～3.2		各成分已平衡到使合金具有最大硬度，并有一定韧性。不适用于高温作业环境中	压缩机，旋回破碎机，机车轴箱
	余量	40.5	7.5	1.0		一般用途材料；适用于海水下	低速轴管及方向舵轴轴承

2.4.3 铝-锡合金

铝-锡合金轴承，比巴氏合金更坚固。含锡 6% 的铝-锡合金用于高负荷的工作条件，如飞机起落架及汽车工业(美国)。20 世纪五十年代开发了用于轴承的含锡 20% 的铝-锡合金轴承有较好的疲劳强度和表面性，用于高速汽、柴油发动机、振动器、凸轮轴、齿轮子变速箱、拉杆轴衬及止推垫圈的高负荷曲轴轴承。

含锡 30% 的合金准备用于粉尘特别严重而嵌入性又重要的场合。40% 锡的铝-锡合金用在船中柴油发动机的十字头轴承上，又已开发出铝-硅合金用于汽车工业。

2.4.4 白镴(Pewter)器皿

15 世纪白镴就具有重要性，18 世纪是英国第二大出口商品。现代的含有 90% 以上的锡和少量锑和铜，若需铸造则可能添加铋，它不含铅是无毒的，不会因老化而褪色。

英国国家标准，典型的白镴成分：92% Sn，6% Sb，2% Cu，<0.5% Pb。

很多国家都生产具有民族特色的白镴器皿，不少具有装饰性，又有实用性，不加铅可长久保持光亮，与装饰用银制品竞争，表 19 为英国国标。

表 19 国家标准规定的白镴成分 (%)

标准规范		Sn	Sb	Cu	Pb	附注
英国标准 BS5140 1974	合金 A	至少 91	5～7	1.0～2.5	最大 0.5	如果铅和镉的含量分别不超过 0.5% 和 0.05%，且锡含量不小于 91%，允许加入其他元素。除锡、锑、铜、镍、铋、钴和银之外，其他元素的含量不得超过 0.2%
	合金 B	至少 93	3～5	1.0～2.5	最大 0.5	

续表 19

标准规范		Sn	Sb	Cu	Pb	附注
德国标准 DIN17810 1974	$SnSb_2Cu1.5$	余量	1.0~3.0	1.0~2.0	最大0.5	锡必须符合德国标准1704(99.75%锡)，锑的纯度为99.6%，铜必须符合德国标准1708(99.9%铜)
	$SnSb_5Cu1.5$	余量	3.7~7.0	1.0~2.0	最大0.5	
美国检验标准		90~98	1~8	0.25~3.0	最大0.35	镉的最大含量为0.05%，砷的最大含量为0.05%，锌的最大含量为0.005%，其他元素的总含量不得超过0.2%

现在的白镴器皿有：点烟器、烟灰缸、灯具、时钟、酒具、高脚杯、长颈瓶、茶具、咖啡套具、盘、碗、花瓶、相框、装饰盒、烛台。

也常使其表面氧化，以显示其深色的古董外表，制作工艺美术品。

2.4.5 其他合金应用

浮法玻璃工艺是1959年皮尔金登兄弟提出制造优质玻璃板，把熔融玻璃放在金属锡熔体上玻璃就变得近乎平直，这个方法在国外已较多应用，使用较多的锡。

易熔合金，用Sn、Bi、Pb、Cd、In这几种低熔点金属配合制成熔点更低的合金，有广泛用途，见表20，熔点最低为70℃。

表20 易熔合金的应用

熔炼温度/℃	应用	说明	建议使用合金/%					
			Bi	Sn	Pb	In	Cd	其他
138~170	铸件用途	铝模板的生产； 用于蜡模铸造的蜡模制作所需的铸模； 孔穴实验浇铸； 复杂型芯的生产	40	60				
			44.7	8.3	22.6	19.1	5.3	—
70	金属加工	用于机械加工中薄壁段支持	49.4	12.9	27.7	—	10	—
70~73		薄壁管的弯曲	50.0	13.3	26.7	—	10	—
103~227		定位打孔	48.0	14.5	28.5	—	—	9Sb
138		短期钻床运行所用铸模和原型机实验	58.0	42.0	—	—	—	—
71~88	热熔保险丝	喷水头和热熔保险丝之类的温度控制保护装置	42.5	11.3	37.7	—	8.5	—
96		飞机发动机过热诊断的温度显示器	52.0	16.0	32.0	—	—	—
138~170	塑料制品加工	塑料浇铸所用低成本铸模或精密电子设备的封装	40	60	—	—	—	—
138		塑料反应喷射成形所需的喷制金属等静压成形软板； 用于制造汽车所需的进气管塑料芯	58	42	—	—	—	—
70~73	医疗用途	放射治疗中的防辐射罩	50.0	13.3	26.7	—	10	—
138		肺部呼吸器材料的铸模；	58	42	—	—	—	—
		眼膜业的眼球晶状体保护	44.7	8.3	22.6	19.1	5.3	
183	装饰艺术	用橡胶膜离心浇铸的服装珠宝和小型人物像	—	63	37	—	—	—

超导锡铌合金，Nb_3Sn 的临界温度为 18K，已用于生产直径 1μm 的细丝的总直径为 150μm 的导线，用于生产高能物理实验用磁体。

锡-钛合金，首批商品化合金在五十年代早期开发 Ti-5Al-2.5Sn 合金，它有纯钛的可焊性特点，又有相当高的强度，且易于加工曾用于制造第一次登月的阿波罗号飞船的密封增压仓，以后有商品化合金 Ti-2.75Al-13Sn，Ti-5Al-5Sn-5Zr 合金，Ti-15V-3Sn-3Al-3Cr 合金，用冷却成形技术制造美国战略轰炸机部件，另一种 Ti-8Al-4Sn-3.5Zr-0.7Nb-0.5Mo 合金用于涡轮机和航空发动机。

锆-锡合金，Zr-1.5Sn-0.1Fe-0.1N-1400PPMO：为锆合金-2，将其中 Fe 加到 0.2 为锆合金-4。用作翅片，管状用于核燃料外壳或用作平板，锆锡合金在重水、沸水和压力反应堆中使用。

锡用作酒瓶盖镀层，因其无毒代替了 Sn-Pb 镀层的瓶盖，全部使用后可达到年耗锡万吨。

2.4.6 锡及锡材

国外一些厂生产锡及合金的一些材料。

锡有：锡粉、锡丝、锡箔、锡板、棒材、带材、锡的薄板材、锡粒、锡丸、锡线材等，生产方法是铸造、热轧、挤压等，有的用冷轧、拉丝、绞线、连续铸造。

生产的地方，在欧洲各国，美洲一些国家，印度、加拿大都有，往往一厂多种产品，比如还同时生产焊锡、焊膏、合金等。

2.5 无机锡化合物

2.5.1 二氧化锡

陶瓷工业中用二氧化锡，其反射率高，色调好，强度和耐磨性好。氧化锡和钒酸氨或三氧化锑在 1200～1300℃反应得锡-钒黄系列（含 2%～5% 钒）和锡-锑蓝-灰系列（含 3%～8% 锑）。第三个系列为铬-锡粉红系列，是在 1150℃下煅烧 SnO_2，$K_2Cr_2O_3$，$CaCO_3$ 和 SiO_2 混合物制成，颜色变化在紫酱色到淡红色。这些含锡颜料热稳定性好，是很好的釉底色。还有含水氧化锡和用 $SnCl_2$ 还原 $AuCl_3$ 水溶液，产生金属胶体，具有无可比拟的清澈度和明澄度，称为“凯细欧紫”，价昂，用于高档餐具。

玻璃工业在西方世界每年大约消耗 2500t 锡，一种用途是作氧化锡电极，电炉用此电极熔含 12% 以上的铅的玻璃不会脱色。

在玻璃表面涂薄层氧化锡，能有导电性和绝热性，层厚 100nm 可提高玻璃的强度，100～1000nm 会产生虹彩效应，用于装饰用途，超过 1μm 形成光学上透明又能导电的涂层，与氧化铟一起获得最大的导电性，用于飞机自动除水、挡风玻璃、炉子视孔、报警窗的场致发光显示系统。这些薄膜有良好的红外、微波反射率，已用于炉子视孔、微波门以及玻璃防护屏、防微波泄漏，在飞机挡风玻璃层中用一层 In/Sn 氧化物薄膜，可屏蔽，防止 1MHz 的电磁干扰，门窗玻璃上用一层氧化锡膜，冬季可折回和保存室内热量，夏季减少来自太阳的热量，已普及使用。

氧化锡是半导体，已被用于有害气体传感器的敏感元件，使用广泛，在二氧化锡中加入添加料以检测不同气体，见表 21。

表 21　SnO_2 气敏电阻器

名　称	主体材料	添加材料	检测气体的种类	使用温度/℃
二氧化锡气敏电阻器	SnO_2	PdO、Pd、Pt	CO、C_3H_8 酒精	200～300
	SnO_2	$PdCl_2$、$SbCl_2$	CH_4、C_3H_8、CO	200～300
	SnO_2	PdO + MgO	还原性气体	150
	SnO_2	Sb_2O_3-MnO_2	CO、酒精、城市气体	250～300
		TiO_2、TlO_2		
	SnO_2	V_2O_3、Cu	酒精、丙酮等	250～400
	SnO_2	稀土族	酒精类、可燃性气体	
	SnO_2	Sb_2O_3-Bi_2O_3	还原性气体	500～800
	SnO_2	过渡金属	还原性气体	250～300
	SnO_2	高岭土	碳氢化合物类还原性气体	200～300
		$Bi_2O_3WO_3$		

SnO_2-TiO_2 系材料的电阻率随温度升高而降低，如图 2 所示，温度在 300～800℃，电阻率由 $10^7\Omega\cdot cm$ 降到 $10^2\Omega\cdot cm$，幅度较大，而使其成为热敏电阻材料。

SnSe 也是一种热敏电阻材料，在温度范围 －130～30℃时使用。

含 $BaSnO_3$10%（摩尔分数）的 $BaTiO_3$ 的电阻率温度特性如图 3 所示，在 50～150℃之间，电阻率很快升到极大点，物体电阻对温度很敏感。

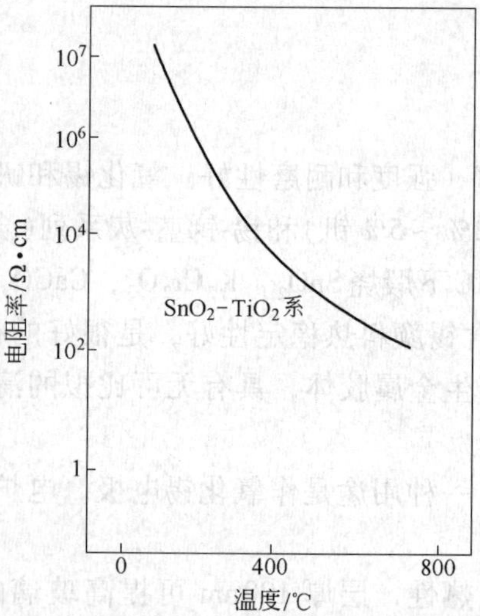

图 2　SnO_2-TiO_2 系热敏电阻材料的电阻温度特性

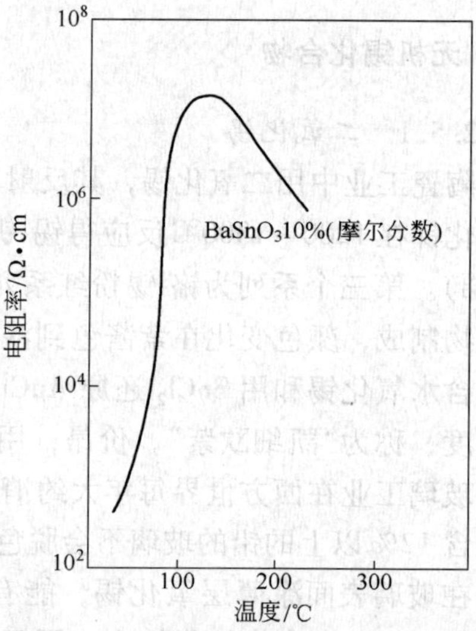

图 3　电阻率的温度特性

日本广泛使用此类气体探测器，其中日本费加罗工程公司年产约 1400 万只传感器。涂氟化物的厚 1μm 的氧化锡层用于光生伏打变换板为组成部分，由美国克罗纳公司生产的这种低成本光生伏打变换器系统，已用在阿拉巴马电力公司的一套主要发电机上。

2.5.2　锡基阻燃剂

国际锡业研究所证实某些无机锡化合物是塑料和合成橡胶的有效阻燃剂，为锡化工产品开拓了一个全新的应用领域，相当于中期将消耗4000t锡，而且还会增加。

羟基锡酸锌[$ZnSn(OH)_6$]和锡酸锌($ZnSnO_3$)为高效阻燃剂和烟雾抑制剂，其性能与Sb_2O_3相当，甚至更好，表22列出了天然橡胶传送带中羟基锡酸锌对可燃性的发烟雾程度的影响。

表22　天然橡胶传送带中羟基锡酸锌对可燃性和发烟雾程度的影响

三水氧化铝/%	羟基锡酸锌/%	限氧指数①	最大烟雾密度/g^{-1}
无	无	18.1	54
50	无	28.9	14.5
50	2.5	30.7	9.7

① 流动气体(氮、氧混合物)使之燃烧所需的最低含氧量，为限氧指数(LOI)，此值高，表示阻燃性强。

以醇酸树脂为基，加有二氧化钛及氯化石蜡的光泽涂料中加羟基锡酸锌和锡酸锌是高效的阻燃剂。

锡基阻燃剂还出现引入超细粉末(0.1~0.4μm)的趋势，因为此物加入后不会沉淀，提高了阻燃效果。

锡基阻燃剂的特点归结为：无毒、安全、易使用，具有阻燃和抑制雾的作用；添加量少、性能好；卤素和填充剂具有良好效果，颜料适配性无限制，应用范围广泛。已经商品化。

二氧化锡催化剂，常与V、Sb、Mo、P的氧化物配合，用于将芳烃氧化为有机酸和酸酐，丙烯的氨氧化和链烯的氧化脱氢，一个有意义的特性是在低温下通过氮的氧化物和氧促进CO的氧化。而对于消除汽车尾气净化器的性能会进一步得到提高。这种SnO_2催化系统已成功地用于CO_2气体激光器，它利用放电效应将离解出来的CO和O_2重新变为CO_2，则可保持激光器在室温下的功率输出不变。还用于空气净化，如潜艇和防护罩，将CO氧化。

2.5.3　其他锡化合物

五水化合物$SnCl_4 \cdot 5H_2O$的一个重要用途是合成无机化合物系列的初始原料。也是有机锡化合物合成的重要原料。

$SnCl_4$用作原料，往玻璃上涂氧化锡膜。

硫酸亚锡、锡酸钠、锡酸钾、氟硼酸亚锡、氯化亚锡都是电镀锡的原料，氟化亚锡是有效的防龋剂，已用于牙膏中。

一些锡化合物可以作成激光器材料(表23)，作较小输出的激光器，极为方便，用于光通讯，光电视唱片、光唱片、激光印刷机，UPC扫描器，全息照相，测距、干涉仪、传真、瞄准器等。

表23　激光器材料及其发光波长

材　料	发光波长 λ/mm	激励方法(引起雪崩的激励方法)
$CdSnP_2$	1.01	E(电子束激励法)
$Pb_{1-x}Sn_xTe$	6~28	I(电注入法)
$Pb_{1-x}SnSe$	8~31.2	I

PbSnTe 半导体材料，可作为红外探测器，红外雷达。

2.6 有机锡化合物

国外，每年约有 1.4 万 t 锡用于有机锡化合物，在近几十年在工业上得到发展，有机锡化合物年产量 1950 年约 50t，1955 年以后大幅上升，1960 年达 1 万 t，1993 年已逾4 万 t。其使用主要分布在两个领域，即杀虫剂及其他方面(主要是塑料工业的催化剂和稳定剂)。

首先系统研究有机锡者为爱德华·弗兰克爵士(1825 ~ 1899)，他在 1853 年制出二碘化二乙基锡酸盐，以后又接着制出其他品种。20 世纪 40 年代，聚氯乙烯(PVC)受光、热的影响，易于发生降解作用，发现某些有机锡衍生物可以阻止这种分解起着强有力的稳定作用。美、欧开始用于此途，1955 年美国等国家政府批准在食品接触的 PVC 中采用无毒辛基锡。1990 年西方世界在这方面的锡用量达 1 万 t 左右。

1950 年荷兰有机化学研究所研究确定三烃基锡和三芳基锡化合物具有强大的杀虫性能，50 年代又引入三苯基锡化合物，60 年代开发出许多有机锡化合物杀螨剂，保护果园和庄稼免受虫害，1960 年成功地应用有机锡基木材防腐剂，60 年代初发现它可在船身防污涂料体系中应用，对黏附在船底的藻类、贝类生物体具有生物抗结作用。

2.6.1 分类与制法概况

现在已知四个系列的有机锡化合物，通式为 $R_nS_nX_{4-n}$，式中 R 为烷基或芳基基团，X 为阴离子基团，如氯化物、氧化物等；n 为 1 ~ 4 数。

四有机锡化合物 R_4Sn 对哺乳动物有毒性，用途主要为合成其他物质。

三有机锡化合物 R_3SnX 具有高度的杀虫性，而用作杀虫剂。

二有机锡化合物 R_2SnX，在塑料工业中作稳定剂和催化剂，特别是二羟基锡化合物用作 PVC 有效的稳定剂及用作聚氨基甲酸乙酯泡沫材料和某些类型硅酮生产中的催化剂。

单有机锡化合物 $RSnX_3$ 对哺乳动物毒性很低，用于稳定 PVC 的协合添加剂(与二有机锡一起)，也用作酯化催化剂。

其制法可归纳为图 4。

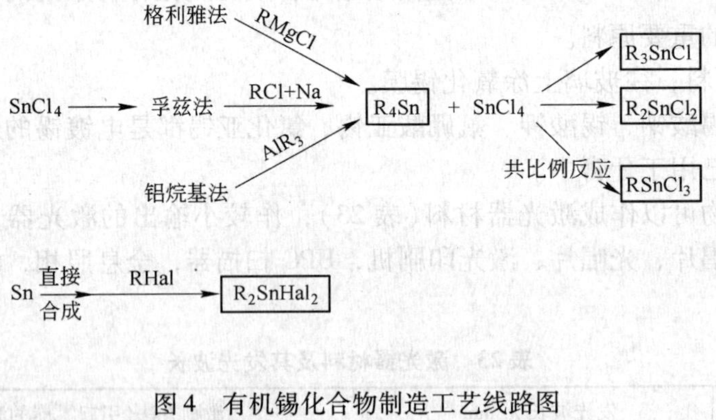

图 4 有机锡化合物制造工艺线路图

四有机锡制取其他有机锡是与四氯化锡反应：

$$3R_4Sn + SnCl_4 \longrightarrow 4R_3SnCl$$

$$R_4Sn + SnCl_4 \longrightarrow 2R_2SnCl_2$$

$$R_4Sn + 3SnCl_4 \longrightarrow 4RSnCl_3$$

（2）功效和应用，归纳见表24。

表24 有机锡化合物的主要用途

应 用	功 能	所用的主要化合物
PVC稳定剂	对热和光效应的稳定作用	二烷基锡二异辛基硫甘醇酸酯 （烷基＝甲基、丁基、2-丁氧基-羧基乙基） 二烷基马来酸锡 （烷基＝甲基、丁基、辛基） 单烷基锡三异辛基硫甘醇酸酯 （烷基＝甲基、丁基、辛基、2-丁氧基-羧基乙基）
聚氨酯泡沫RTV硅酮	均相催化	二丁基二醋酸锡 二丁基二辛酸锡 二丁基二月桂酸锡
酯 化	均相催化	丁烷锡酸 二丁基二醋酸锡 二丁基氧化锡
玻璃处理	在玻璃上预先形成氧化锡（Ⅳ）薄膜	二甲基二氯化锡 丁基三氯化锡 甲基三氯化锡
家禽管理	驱虫药	二丁基二月桂酸锡
木材防腐	杀菌剂	双（三丁基锡）氧化物 三丁基环烷酸锡 三丁基磷酸锡
农药化学	杀菌剂 杀虫剂 杀螨剂 拒食剂	三苯基醋酸锡 三苯基氢氧化锡 三环已基氢氧化锡 六苯丁锡氧 1-三环已基甲锡烷基1,2,4-三唑
防污涂料	杀生物剂	三苯基氯化锡 三苯基氟化锡 双（三丁基锡）氧化物 三丁基氟化锡 三丁基氯化锡 三丁基锡酰化聚合物
防护材料 （石头、皮革、纸等）	杀真菌剂 杀藻剂 杀细菌剂	双（三丁基锡）氧化物 三丁基苯甲酸锡
纺织物 防蠹虫	杀虫剂 拒食剂	三苯基氯化锡 三苯基氢氧化锡
消 毒	抑菌剂	三丁基苯甲酸锡

3　我国锡深加工产品的现状及与国外的差距

3.1　现状与优势

我国锡的消费情况见表25。

表25　我国锡的消费结构和锡年消费量分表

年　份	马口铁	焊　锡	合　金	化　工	其　他	锡消费量
80年代	5%	23%	57%	3%	12%	1.2～1.4万t
1996年	14.9%	39.8%	32.6%	4.2%	8.5%	2.2～2.3万t

与国外相比（表4），我国马口铁耗锡量较小，相差一倍多，焊锡耗锡的量有一定差距，化合物用锡较少，而合金用锡较多。

由于我国锡的产储都占世界前列，深加工具有原料优势，近20多年来，我国各炼锡厂和各种工厂都向锡深加工方向努力，以满足我国人民的其他工业的需要，深加工锡的技术有了很大发展，表26列出一些炼锡厂生产的产品。多数厂已达到十几种，特别是云南锡业公司达到数十种，少数厂生产三种以上产品。

表26　我国各锡厂的多种产品

公司或工厂	产　品
云南锡业公司	精锡、高纯锡、焊锡、焊锡条、锡粉、焊锡丝、锡青铜、锡基轴承合金、铅基轴承合金、硫酸铜、砷酸铜、白砷、精铟、粗铅、电银、锡酸钠、精铋、三氧化钨、白钨精矿、氧化锡、氧化亚锡、氯化锡、氯化亚锡、锡化学标样、锡光谱标样、金、硫酸锡、黄丹、三盐基硫酸铅、锡工艺美术品、辛酸亚锡
柳州冶炼厂	精锡、焊锡、锡基轴承合金、白砷、电银、精铋、电铅、硫酸锌、粗镉、粗铟、硫酸亚锡、锡粉、四氯化锡、部分有机锡
西湾冶炼厂	精锡、焊锡、锡基轴承合金、白砷、精铋、精铅、电铜、酯基锡
广州冶炼厂	精锡、焊锡、电银、高纯锡、精铋、硫酸铜、三氧化钨、电铜、金
赣州冶炼厂	精锡、焊锡、精铋
栗木钨锡冶炼厂	精锡、三氧化钨、电铜、金属钽粉（电容级）、氧化钽（>93%）、氧化铌（>98%）等，三唑锡
衡阳冶炼厂	精锡、焊锡、锡基轴承合金
来宾冶炼厂	精锡、焊锡、白砷、硫酸锌、合金锡

炼锡厂以外的厂，生产许多含锡产品，如合金锡、马口铁……。

3.2　马口铁

我国马口铁的消耗在日益增加，有统计食品工业中罐头和啤酒包装用马口铁量为224.37kg/t罐头，每万吨啤酒耗马口铁盖50t，以此推算消耗见表27，逐年在增加。

表 27 罐头和啤酒瓶盖耗马口铁量 (万 t/a)

年 份	1982	1983	1984	1985
罐 头	17.61	18.95	24.46	31.97
啤 酒	0.59	0.82	1.14	1.55
合 计	18.20	19.78	25.60	33.52

其他行业的不完全统计为：

1985 年	1986 年
9.48 万 t	13.60 万 t

可见，马口铁年消耗量在增加，我国年需求的马口铁约 70 万 t，占世界总耗量的约 5%。

近 20 年，我国经济以较高的速度发展，人民生活得到大幅改善，马口铁的消耗在增加，如果达到每年人均 1kg，则每年需马口铁 120 万 t，现在 70 万 t，合每年人均 0.58kg（略高于 1986 年印度的水平）。

曾预测我国马口铁的需要量见表 27，这样的数量就要消耗 11～26 亿元的马口铁。至于进口，自解放以来到 1985 年共进口 326 万 t 马口铁（按现价值 19 亿美元，折合人民币 157 亿元）。1985 到 1990 年进口量见表 28。共进口 250.29 万 t，耗汇 16.6 亿美元。

表 28 我国进口马口铁

年 份	1985	1986	1987	1988	1989	1990	共 计
镀锡板/万 t	24.98	43.44	74.13	46.05	42.51	19.18	252.29
耗外汇/亿美元	1.52	2.46	4.28	3.09	3.25	2.00	16.6

我国自产的马口铁不多，现有广东中山市中粤马口铁工业有限公司有生产能力 12 万 t/a，实际能力为 10 万 t/a 左右。武汉钢铁公司有生产能力 10 万 t/a，但自产原板质量不高，产品质量不好，仅产 3.5～4 万 t/a。上海第十钢铁厂生产能力 2.5 万 t/a，实际产量约 1 万 t/a。总产量 15 万 t/a。

由于我国马口铁缺口大，已着手开发的厂家有：上海宝山钢铁公司从日本引进技术，建设两条马口铁生产线，计划达到 40 万 t/a。江苏无锡市建设一条 15 万 t/a 的生产线投资 9 千万美元。海南大众金属有限责任公司建一条 10 万 t/a 的生产线，由韩国引进设备，投资 4299.4 万美元。

预计我国马口铁将在近期，很快达到较大的数目。

我国消费的马口铁，若以每年 100 万 t 计，平均为每人 1 年 0.833kg，由表 10 可见此数为 1986 年印度（0.37）的 2 倍多，而不及埃及（1.17），仅为美国（9.26）的 1/11，日本（6.62）的 1/8。因此随着我国的经济快速发展，马口铁的年消耗肯定将大大增加。

要推动马口铁的生产，还必须按质论价，价格与国际接轨，促使生产部门不断提高马口铁的质量，赶上并超过进口货，有竞争力，进入国际大市场。

3.3 焊锡

我国焊锡耗量 1985 年与美、日相比为：

	耗焊锡量/t	占年总耗锡量的比例/%
我　国	约 12000	31
美　国	18616	37.4
日本(1984 年)	13560	40.7

日、美两国焊锡耗锡比例比我国大得多，随着我国电子、汽车业发展，焊料耗锡会继续增长。

在国内各地区的焊锡耗锡比例也不同，如下(1985 年)：

地　区	上海	北京	江苏	天津	湖南
耗锡比例/%	33.5	31.9	29.7	29.4	22

1985 上海市耗锡折合精锡 837.5t，耗锡比 33.5%。

我国电子行业消耗焊锡日益增长：

年　份	1985	1986	1987
焊锡耗锡/t	2560	2970	3280

国内焊锡生产厂家上百个，电子部门认可的是：上海铅锡材料厂，无锡群力电讯器材厂，北京有色金属熔炼厂。实际上云锡公司、个旧市有色金属公司的焊料已进入苏、沪、杭电子工业市场，云锡公司推出的 EAOS 抗氧化焊料新产品已进入国际市场。

关于焊料生产技术，一方面自己研制，并于 1986 年北京有色金属加工厂全面引进国外锡铅焊料生产线(包括先进设备、先进技术)，以满足国内电子工业的需求，生产能力 780t/a，其中焊锡条 200t/a，各种型号焊锡丝 500t/a，焊锡膏 50t/a，焊锡球 2000 万个/d，助焊剂 30t/a。品种的质量满足了国内电子工业、汽车工业、邮电、机械工业等的需求。

表 29　我国有色冶金系统锡焊料产品品种

名　称	版　号	规　格	生 产 厂 家	用　途	1992 年产量/t
铸造锡铅焊料锭	ZHLSnPb60	Sn59.5% ~60.5%	云锡、大厂	电子工业、主要出口	1638
铸造锡铅焊料锭	ZHLSnPb90	Sn89.5% ~90.5%	云锡、个旧有色金属加工厂	特殊用焊料	718
铸造锡铅焊料条	ZHLSnPb63	Sn62.5% ~63.5%	云锡、个旧有色金属加工厂、个旧焊锡厂、鸡街冶炼厂、广州院	电子工业焊料	384
铸造锡铅焊料条	ZHLSnPb60	Sn59.5% ~60.5%	云锡、个旧有色金属加工厂、个旧焊锡厂、鸡街冶炼厂、广州院	电子工业焊料	3172
铸造锡铅焊料条	ZHLSnPb55	Sn54.5% ~55.5%	云锡、个旧有色金属加工厂、个旧焊锡厂、鸡街冶炼厂、广州院	有色金属焊料	425
铸造锡铅焊料条	ZHLSnPb50	Sn49.5% ~50.5%	云锡、个旧有色金属加工厂、个旧焊锡厂、鸡街冶炼厂、广州院	有色金属焊料	856
铸造锡铅焊料条	ZHLSnPb45	Sn44.5% ~50.5%	云锡、个旧有色金属加工厂、个旧焊锡厂、鸡街冶炼厂、广州院	有色金属焊料	528

续表 29

名称	版号	规格	生产厂家	用途	1992 年产量/t
铸造锡铅焊料条	ZHLSnPb40	Sn39.5%～40.5%	云锡、个旧有色金属加工厂、个旧焊锡厂、鸡街冶炼厂、广州院	有色金属焊料	778
铸造锡铅焊料条	ZHLSnPb35	Sn34.5%～35.5%	云锡、个旧有色金属加工厂、个旧焊锡厂、鸡街冶炼厂、广州院	有色金属焊料	638
铸造锡铅焊料条	ZHLSnPb90	Sn89.5%～90.5%	云锡、个旧有色金属加工厂、个旧焊锡厂、鸡街冶炼厂、广州院	特殊用途	230
抗氧化焊锡条	EAOS63B	Sn89.5%～90.5%	云锡、有色冶金研究所	电子工业专业焊料	490
抗氧化焊锡条	EAOS60B	Sn59.5%～60.5%	云锡、有色冶金研究所	电子工业专业焊料	522
焊锡丝	60	Sn59.5%～60.5%	云锡、上海锡铅焊料厂、广州院	电子工业专业焊料	265

年　份	1990	1991	1992
出口焊锡/t	4618.8	5206.1	3976

年　份	1994	1995	1996	1997
净出口量/t	5497.36	7126	7525	8702.92
金额/万元	2017.72	3386.3	2469.5	3284.7

值得注意，新的一些发展。

软钎焊无铅化。由于铅的毒性，国外的职业安全与健康署等机构对铅在工作位置周围的浓度有限制，甚至考虑使用无铅焊料。一些先进工业化国家在这方面掀起一个高潮，研究工作者引起重视，研制无铅焊料，满足电子工业中的表面组装技术（SMT）等高技术需要，该焊料及焊点的疲劳机理，以及无铅焊料在传统工艺上的使用。美国、西欧、日本的一些大学、实验室都投入相当力量研究，我国也已起步。

表 30　常见特种焊料及其合金系列

焊料种类	常用合金系列
高温焊料	Sn：Sn-Sb；Sn-Au；Sn-Ag； Pb-Ag；Pb-Ag-Sn；Pb-In； Cd-Zn；Cd-Ag-Sn；Cd-Zn-Ag
低温环境用焊料	Ag-Pb； Pb-Sn； Sn-Pb-（Sb、Bi、In）
低熔点焊料	Bi-Pb-Sn；Bi-Pb-Cd；Bi-Pb-In； Bi/-Pb-In-Sn-Cd；Bi-Pb-Sn-Cd
铝用焊料	Sn-Zn；Sn-Zn-（Ag、Al）； Pb-Sn-Zn；Pb-Sn-Cd； Zn-Cd；Zn-Al

续表 30

焊料种类	常用合金系列
微型器件用焊料	In；In-Ag；In-Sn；In-Pb-Ag； Pb-In；Pb-Ag；Pb-In-Ag； Sn-Ag；Sn-Pb-Ag； Au-Si；Au-Ge；Au-Sn
玻璃、陶瓷用焊料	Pb-Sn-R R 为：Zn、Ti、Si、Al、Be 稀土等

提高软钎焊料的质量。长期以来我国各厂家未控制 Sn-Pb 焊料中的含氧量，焊料中含氧部分是以 SnO 存在，形成粥样浮渣，增加焊锡的黏度、焊点拉尖、容易桥联，影响电子线路微细化和 SMT 技术的发展，特别在重熔次数增加的波峰焊时间延长，含氧量增加。美国联邦规范 QQ-S-57 划定焊锡中含氧化物不得超过 0.5%，相当于含氧 0.06%，一些先进国家焊锡含氧量小于 0.02%。我国只有云锡公司的“爱法真空无氧化焊料”控制焊锡含氧，用户反映“好用，出渣少，不夹锡”。北京大学钎锡技术研究所已研究出一套易行的工艺解决此问题。

焊膏应用的发展势头很强，SMT 技术的发展带动了焊膏用量剧增。1996 年全国焊膏月用量超过 1.5t(合 18t/a)，仅深圳一地月用量已接近 1t，在计算机、移动电话、BP 机生产中应用多，而焊膏要求很高，要有合适的黏度、优良的印刷性能。适当的可焊性，不会飞溅，不产生焊球、不塌陷、不桥接、不开路、不产生“墓碑”现象，还要求室温下有较长的储存寿命。这就要求生产中掌握生产条件、严格控制生产过程，还要有多种配方才能争取到用户市场。目前国内市场被一些外国公司占领、如 Metals，Multicore，Harris，Daimaru 和新加坡的 PSI 等公司。国内厂家只占有不大的一角。

免清洗助焊剂和焊膏的研究开发，因电子线路板清洗用氟利昂清洗剂受到严格限制，就发展了水溶性焊剂和焊膏，市场上进口的有 Alpha 公司的 Aqualine 系列，Fusion 公司的 WC 和 PA 系列，PSI 公司的 WS 系列等。国内刚刚起步，再是免清洗型，即钎焊后钎剂残余物极少，无腐蚀性的绝缘度高，残留的卤素离子很少(称离子净度)，国内对免清洗焊膏的研究和认识刚开始。

铝的软钎焊，钎料为 Sn-Zn，Sn-Pb-Zn，Sn-Pb-Ag，Zn-Cd 等合金，困难是高活性、低腐蚀钎剂研究，国外产品已有上市，为美国 Harris 公司的 Stay-clean 钎焊剂，Kapp 公司的 Golden Flux，日本铝株式会社的 TF-FX 等，都是含有和胺的液体，有相当活性，英国 Multicore 公司将此液体灌入钎料芯中形成铝焊锡丝出售，国内北大钎焊技术研究所有研究，制成高活性、残渣无腐蚀钎剂，有液、膏、固状态等的钎剂。

由于我国稀土金属资源丰富，自 70 年代以来报道了许多文章，研究稀土在焊料中的作用，已经查出 Sn-Pb-Re 焊料具有更高的热循环可靠性，如汽车水箱在严寒 -40℃ 到沸点 100℃ 反复循环而使水箱焊缝开裂，加稀土后，可显著地改善焊缝的寿命，能经受更多次的热循环，北京冶炼厂的这一工作开始了稀土焊料的有效研究。

我国 160 多个焊料生产厂，一大批研究单位在工作，由 1980 年起第一次全国性软钎焊技术会议作了学术交流，已开 4 次，第五次在昆明召开。1992 年又酝酿成立焊接专业青年委员会1994年开了第一次学术会议，这两种学术会议将推动我国焊料生产，技术向前发展。

可能由于品种不足或商业上的原因，如高新技术需要具有某种特性的焊料，有三分之二进口。我国进口焊锡：

年　份	1994	1995	1996	1997
进口焊锡/t	361.75	551.26	681.92	946.34
折合美元/万元	142.6	236.77	244.76	365.53

有的国家如日本曾指定购买我国的粗焊锡。到日本加工，满足其市场需要或再出口。

近年我国进口的焊锡主要是含金、银、铟的电子工业用特殊焊料和焊锡丝棒等。

随着我国电子、电气、汽车等工业发展，需要的焊锡品种和质量都有提高，国内的工厂、科研单位和高等学校应紧扣需要，生产、研制各种焊料，给以满足，另一方面是供国际市场满足用户的需要，创立良好的信誉，扩大出口量。使我国富有的锡资源发挥更大作用，创造更高的效益。

总之，我国焊锡的一般牌号和品种，基本上能满足国内需求，有一定出口量，有些品种已进入国际市场，如EAOS系列抗氧化焊锡。不足之处是特殊焊料和助焊剂。未完全取得电子行业厂家的认可使用，其质量检测未完全符合国际标准，需要我们厂家向高标准努力，并取得使用厂家认可。

我国在焊料方面耗锡量占总耗锡量的百分率已接近工业先进国家的占总耗锡量的40%，但我国耗锡量为2.2万t(1996年)。而美、日、德等每个国家总耗3万t以上(1992年)。故实际在焊锡上的耗锡量比我国多50%。而我国近年来在家电、计算机等方面发展很快。消耗焊锡随之而增多，焊锡在我国的耗锡量中会占到更多的数目，总量会增加，像大厂，是我国特大的锡生产基地，现在只产150t/a，应当扩大成为我国产焊料的又一大基地。

我国的焊料系列，品种(包括焊膏)的研究的生产都应进一步发展。

3.4　锡基合金及锡加工材料

3.4.1　锡合金

锡合金应用广泛，旋转机械的轴承内衬瓦、轴套、锡磷青铜材、阀门、五金器材等，用量分散，遍及机械制造、船舶、农机、汽车、轻工、冶金、电气等各行业。

锡合金消耗的锡较多，八十年代初占全国总耗锡量的56.8%，加上铜材耗锡3.5%，合计为60.3%。1985年全国总耗锡1.7万t，合金耗锡约8000t左右，占50%。1996年合金耗锡占总耗锡量的32.6%。为约8500t/a。此比例数比国外高(见表4，1991年小于24%)。

(1) 轴承合金。1983年以前汽车、拖拉机都用锡基钢带轴瓦，1987年开始用巴氏合金(含锡约83%的锡铜合金)制轴承，后来又向铝基含锡合金软金属钢带或含锡铜铅合金钢带轴瓦过渡。并已开始推广高锡(含锡20%，Cu1%~2%的铅合金)铝基钢带轴瓦。

同时采取了进口材料，引起轴瓦钢带生产线，进行生产，见表31，由美、日、澳等国引进以改进产品质量，以适应各种汽车、柴油机的生产。

表 31 轴瓦合金钢带建设厂

厂家名称	产品类型	目前产量及概况
上海东风有色合金厂	20%高 Sn 铝基钢带	正与国外谈判引进连铸连轧工艺，目前产量 5000t/a
南通第二轧钢厂	20%高 Sn 铝基钢带	1500 ~ 2000t/a
武汉铜材厂	20%高 Sn 铝基钢带	二汽投资联营厂约 500t/a
北京汽车制造总厂	83% ~86% Sn 巴氏合金钢带	约 1000t/a
北京双金属轴瓦厂	Cu、Pb 合金钢带	日本引进工艺，已试生产，产量不详
营口合金轴瓦厂	高 Sn 及低 Sn 铝基钢带	铁道部投资从美国引进工艺，预计 1989 年投产
杭州柴油机轴瓦厂	Cu、Pb 合金轴瓦钢带	自澳大利亚引进为农机配套用，1988 年投产

通用机械、电站、电机仍使用83%的巴氏合金，耗锡较多，尚无新材料替代。

重型机械厂用铸造法生产磷青铜（Sn 6% ~8%，P 0.1% ~0.5%，Pb 3%，Zn6% ~8%，其余为铜），及锡锑合金（Sn 16%），这方面耗锡约 460t。

（2）含锡铜材。在电气和电器业用多，特别是锡磷青铜材（带、板、箔、线），已有估计全国每年需要约 7000t（含 6% ~8% Sn），至 1990 年可达 10000 ~ 14000t，需精锡 850 ~900t。

民间的铜打击乐器，用 Cu-Sn 合金，1983 年耗锡 268t。

这类合金需提高技术水平，提高产品质量，减少锡的消耗量。

（3）锡和白镴工艺品已有发展。

3.4.2 锡加工材料

随着我国经济快速发展，整体工业技术水平提高，对有色金属各种加工材料的需求增加。锡材的进口量也就有逐年增加之势，见表 32。

表 32 1994 ~ 1997 年 1 ~ 9 月锡材进口量 (t)

品 种	1994 年	1995 年	1996 年	1997 年 1 ~ 9 月
锡条、杆、型材、异型材、丝	5610.9	6989.3	9060.7	9614.2
板、片、带：厚度大于 0.2mm	171.3	562	329	338.9
箔	402.2	515.2	37（箔、粉）	
合 计	6184.4	8066.7	9759.7	9953.0

（1）锡棒（杆）。有用锡铅合金棒 $\phi6 \sim 25$mm 用以进一步拉伸，生产电子工业用 $\phi<2$mm 的不同规格的焊锡（线）。纯锡棒，作为电镀锡的阳极棒材。规格为 7mm × 20mm × （300 ~ 800）mm 矩形棒，如我国广东中山市中奥马口铁有限公司，海南省海宇镀锡板有限公司及无锡镀锡板生产厂均采用镀锡生产工艺，就用此种矩形锡棒。

（2）锡板。用作镀锡阳极板和民用食品加工面板，中外合资的雷跃电子（福州）有限公司、东莞港翔五金电镀制品有限公司，使用台湾产的锡阳极板进行电镀锡。

电镀行业的锡阳极板的基本规格为：（100 ~ 400）mm ×（500 ~ 1200）mm ×（0.5 ~ 15）mm。

（3）锡粒（球）。多用于试剂，少量用于合金生产，粒度 $\phi2.5 \sim 5$mm，日本镀锡板将小滴状锡球放入电解液中，作为锡的来源，宝钢建立 40 万 t/a 镀锡板生产线就用此工艺，镀锡板的耗锡量为2.8～11.2g/m^2(双面镀加倍)，年耗锡球1800～2600t。

目前生产锡球的是云锡公司、华锡集团公司，鞍山市化学试剂厂，西安秦岭化工厂。

(4) 带材。厚度一般0.2～0.5mm，一般据企业标准生产，因批量小，要求高，国内有上海有色金属带箔厂等7个工厂生产。

(5) 片材。以锡合金片产出，用于电子、仪表、轴承等领域。

(6) 锡条、线。ϕ15～20mm的盘条，北京一个工厂用以拉焊锡丝。

(7) 锡箔。用于医药、化工、轻工、食品、艺术工艺等各行业及民间工艺和宗教祭品，我国有近10个单位生产。要求表面光亮、厚度均匀、平整，有一定强度、韧性、孔眼少、幅度宽、不怕挤压，防潮。用于包装，国产的存在的问题，有孔眼多，厚度不能小于30μm，厚薄不均，不平整，幅面较窄(仅有400mm)。

(8) 锡粉。用于生产焊膏，作粉冶原料、陶瓷着色，等离子喷料等、有多家工厂及科研院校生产。

可见，这些锡材我国有相当生产能力，但由于进出口管理方面的问题，如产需双方未沟通等，进口数量仍有不少，需解决存在的管理问题，改变此种情况。

3.5 有机锡化合物

我国在50年代末开始有机锡的研究工作，60年代能生产有机锡类热稳定剂，以后随着国民经济发展，有机锡生产厂家逐渐增多。

由于我国聚氯乙烯塑料(PVC)发展很快，而需要优质热稳定剂有机锡化合物，随之而增多，预计到2000年需8000～8500t。

年　份	1984年	1988年	1990年	2000年
PVC量/万t	50	75	125	210～220
需有机锡/t	1000	1500	2400～2500	8000～8500

也因我国有2000万t海轮和许多舰艇，每年对外制船舶和大量渔船，需要大量的防污涂料以保护船体，有机锡化合物是理想的防污涂料，世界各国都在广泛应用，我国需要生产或进口。

有机锡化合物也是杀虫剂，是很有效的农药，在国外使用很多，对我国这样的农业大国自然有重要的作用。

但是，我国有机锡化物研究的生产较晚，品种和数量尚不能满足本国的需要，不可避免地需要进口，进口价格都比较贵，见表33粗估的价格，每吨几万元到十余万元。

表33　有机锡化合物的粗估价格

物　品	无水 $SnCl_4$	四丁基锡	双三丁基氧化锡	三环锡(或三环锡衍生物)	双三环氧化锡	硫酸亚锡
价格/万元·t^{-1}	0.768	4.55	10.5	8.0	11.2	4.5
成本/万元·t^{-1}	0.544	3.77	8.2	6.1	7.6	3.3

物　品	三苯基氯化锡	有机锡稳定剂	二巯乙酸异丁酯二丁基锡(瑞士)	二巯乙酸异丁酯二丁基锡(日产)	二巯乙酸异辛酯二甲基锡
价格/万元·t^{-1}	16.6	平均5.8	7.4	4.3	4.3

每吨有机锡化合物含锡0.152~0.456t，较多的在0.2t左右，约值1万元。制成有机锡化合物后增值几倍至10余倍。

我国是产锡大国，长期出口锡锭，而需以高价进口有机锡化合物，这种现象自然会产生一种看法：相对低价的锡锭出口，换回相对高价的有机锡化合物，效益外流，这种现象应当早日结束。

我国需要大量的有机锡化合物，应当生产它，而且生产它们有较好的效益，表33中列出一部分物品的成本，比较其价格及成本，差值都较大，每吨达数万元。可以认为这个差值就是"利、税"，这将是可能得到的经济效益。

由于形势需要，我国出现了许许多多的生产单位和研究机构，来生产和研究有机锡化合物，一部分列于表34中。

表34 我国研、产有机物化合物的部分单位和工作

单 位	工 作	产量/$t \cdot a^{-1}$
1. 北京市化工研究院 在北京化工三厂生产	二月桂酸二丁基锡； 二丁基锡、二正辛基锡； 研究格氏法，有机锡稳定剂； 为透明、硬质的PVC制品研制，开发出硫醇型和马来型有机锡稳定剂； 用于加工卫生级PVC片的京锡-8831，京锡-8831C，用于PVC糖果纸的M-828有机锡稳定剂三大类13个品种； 1983年第一个研制并工业化生产了无毒有机锡稳定剂，用以加工出PVC制品用于食品、医药方面的包装，填补了国家空白； 1985年9月与世界最大有机锡厂美国安美特化学公司签订有锡稳定剂生产技术引进协议，年产3000t，1988年建成后需要锡920t	500~100 920
2. 长春市东新化工厂	四丁基锡，二丁基锡	150
3. 大连化学物理所 在黑龙江双鸭山市化工一厂	三苯基氯化锡（防污涂料，农药）； 作防污涂料需扩大生产	100
4. 东北师范大学有机锡研究室	格氏法合成三苯基锡杀菌剂，研究有机锡毒性，合成有机锡稳定剂； 四丁基锡、二丁基锡； 四辛基锡；二辛基锡； 进一步合成SD-C-101，SD-M-103，SDM-101，SD-4322，SD-8831等PVC热稳定剂； 研究多种船底防污剂，供青岛海洋研究所实验船用，以SD-BTO效果好，有机硅快速固化剂SD-80研究，SD-4104聚酯快速催化剂研究，玻璃增强剂SD-413研究，有机锡抗癌药物研究	10
5. 化工部青岛海洋涂料所在招远化工厂	三苯基氯化锡（Na法）	30
6. 北京市化工研究院与防化学院合作	研究甲基锡稳定剂	

续表34

单 位	工 作	产量/t·a⁻¹
7. 福建师范大学	研究有机锡聚合物，研究成功223号，769号自抛光有机锡海船防污涂料，前者达美国200号水平，后者为国内先进	
8. 上海涂料所	研究防污涂料	
9. 7院25所	研究防污涂料	
10. 大连油化厂	研究防污涂料	
11. 南开大学 谢庆兰教授等	三环锡、三唑锡中试	200
12. 沈阳化工研究院	格氏法合成三环锡	
13. 华南工学院	研究直接法碘回收工艺；合成碘代烷，再相转移的作用下与Sn合成二碘二烷基锡水解得二烷基锡，最后余合成有机锡稳定剂	
15. 中国科技大学	有机高分子的基础研究	
15. 北京有色金属研究总院	研究有机锡； 四苯基锡； 二丁基锡； 三环锡衍生物； 双三丁基氧化锡	 80 20 20 20
16. 西北农学院植保系	研究有机锡	
17. 广州有色金属研究总院	托克尔农药	
18. 在海南建厂	三苯基氯化锡	
19. 柳州冶炼厂(规划)	1000t$SnCl_4$，500t$SnSO_4$； 部分有机锡	
20. 山东省化学研究所	用直接以溴代烷合成辛基溴化物，制出无毒有机锡稳定剂S，S-双(硫代甘醇酸异辛酯)二正辛基锡	
21. 云锡研究所	酯基锡，1990年建成投产：辛酸亚锡	
22. 太原化工厂	酯基锡为主的稳定剂系列	
23. 栗木有色金属公司农药厂	三唑锡	250
24. 平桂矿务局	小批量酯基锡	
25. 吉林锗厂		

3.5.1 热稳定剂有机锡化合物

PVC树脂在120℃以上会放出HCl，发生降解，时间长，温度高，降解剧烈、变色，必须加入热稳定剂抑制在160~200℃的降解作用。

在已研究应用的三类热稳定剂中铅盐类稳定剂(三盐基硫酸铅、二盐基亚磷酸铅、邻苯二甲酸铅、各种硬脂酸铅)，原料易得，成本低，耐热性能及电气性能都比较优良。但毒性大，着色差，我国至今用得最多(见表35)，因为毒性大，国外的用量已在大幅减少，1985年美国消费量由93%降为25.5%的9660t，日本也由8500t下降到1986年的4400t只占稳定剂总量的21.8%。

表35 我国1986年热稳定剂的产量

品 名	三盐基硫酸铅	二盐基亚磷酸铅	金属皂的复合铅	有机锡	其 他	合 计
产量/t	1304.8	4069	8555	905	433	27010
比例/%	48.3	15.0	32.5	3.30	1.6	100

金属皂类稳定剂(Ba-Cd, Ca-Zn, Ba-Zn等金属皂类数种)。镉有毒而用量下降，而锌盐类的热稳定性较差，需配用助稳定剂(环氧化合物、亚磷酸酯、一元或多元醇、β-二酮类)。

有机锡类热稳定剂(二甲基锡、二丁基锡、二辛基锡的月桂酸盐、马来酸盐、硫醇基羧酸盐、各种脂肪酸盐等二十种，以及70年代开发的酯基锡类系列)具有优良的热稳定性、高透明度、突出的耐热性、无毒，是其他类稳定剂所不能相比的。但其价较贵，只能以一定比例应用，由于其品质优良，此比例在增大，用量增大。

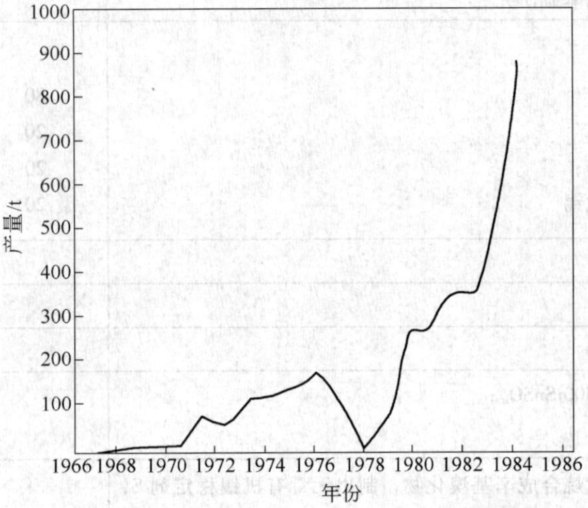

图5 我国有机锡稳定剂的生产情况

1979～1985年我国PVC硬制品发展快，产量猛增。1990年塑料制品量366.8万t，人均3.2kg，低于世界人均17kg水平(发达国家为50～70kg)。规划到2000年年产各种塑料740万t，其中聚乙烯制品220～240万t，10%为透明制品，有机锡稳定剂耗3%，则需6600～7200t，加上部分硬制塑料用，其需求8000～8500t。

塑料工业发展，我国有机锡稳定剂生产也随之发展，如图5所示，在1979年以后上升很快，1986年以后随着PVC塑料产量剧增，有机锡稳定剂必定在发展，国内的生产，在品种、质量和数量上必须跟上去，减少进口量，节省外汇。

当前工业规模生产的有北京化工三厂(与法国阿托公司合资经营)，产品有月桂酸型，马来酸型和硫醇型三大系列26个品种，规模为年产3000t稳定剂，实产如下：

年 份	1992	1994	1995
实产/$t\cdot a^{-1}$	1100	1200	1500

市场占有率不到40%，尚缺四丁基和四辛基有机锡中间体生产，而要进口，故尚不能全面配套生产有机锡稳定剂。

平桂矿务局和广西塑料研究所联合开发硫醇酯基类有机锡稳定剂，能力100t/a，于1992年底试车生产。

山西太原聚氨酯厂与山西化工研究所开发并建设一座年产酯基类有机锡车间，能力250t/a，而于1991年停产。

由于外商及时供货，服务周到，品种齐全，质量好，而处于有利地位，占有国内60%的市场，国内力量分散，市场占有率低。

阿托公司很希望在国内有一家企业生产四丁基锡中间体和他们配套，特别希望能跟大厂协作，柳州冶炼厂能成为配套厂。

3.5.2 有机锡化合物防污涂料

1990年，我国海轮达2000万t以上，每年需防污涂料400t，海军的舰艇每年需要进口50t有机锡防污涂料，用外汇100多万美元(约合2万美元/t)，有人计算我国大量渔船使用防污涂料后每年可节省柴油20万t，直接经济效益20亿元。还有我国为外国制造和维修的船舶需要使用进口优质防污涂料，每年需100t以上。

这样一些需要，不能不成为我国发展有机锡防污涂料的动力。因此，沿海的一些化工厂科研单位、高等学校(见表34)近年来进行了大量工作，取得了很大进展。

三苯基氯化锡是当前理想的防污涂料，各国广泛使用，它有卓越的防效(杀生，使海生物不在船底附着)，使用方便(能很好溶于油漆中，不带颜色)，不腐蚀船底(不产生双电位现象)，对环境安全。

大连化学物理研究所与黑龙江双鸭山市化工厂合作年产三苯基氯化锡100t(1986年)，并在海南建厂生产。化工部青岛海洋涂料所在招远化工厂，用钠法生产三苯基氯化锡30t(1986年)，福建师范大学研究成功223号(达到美国2001号的水平)，769号自抛光海船防污涂料。以及上海涂料科学研究所、7院25所，大连油漆厂等单位研究防污涂料。化工部青岛海洋科学研究所开发以三苯基锡为原料(与其他涂料配套使用)涂料已配套批量生产(三苯基锡生产由山东招远化工厂承担)用于军用舰艇及大型海水中永久性结构。

而出口船舶和在华船坞中修理后的外轮一般均由船主指定使用外国防污涂料。

可见，我国研究和生产有机锡防污涂料有强的技术力量和生产能力，完全有能力做到防污涂料自给，但需再经努力提高质量，争取进入国际市场，争取好的经济效益与社会效益。

3.5.3 有机锡农药

薯瘟锡(三苯基醋酸锡 $Ph_3SnOCOCH_3$)、毒菌锡(三苯基氢氧化锡 Ph_3SnOH)是国外正在使用的有效杀菌剂，其效力比铜杀菌剂高出10~20倍，这类农药在生物体内可以代谢，不积累，在自然界环境下降解为无毒物质，对环境较安全，使用它不易产生抗药性，我国研究指出对稻瘟病，花生云纹斑病，棉花铃疫病，甜菜褐斑病等菌害有卓越防效，对稻曲病防效显著，对稻无不良影响，从国外进口使用。

东北师范大学有机锡研究室用格氏法合成三苯基锡杀菌剂研究，使甜菜含糖量有所增加，试制出柑橘杀螨剂——螨烷锡，进行农田试验。

三苯基锡化合物被世界卫生组织宣布为“安全农药”，近年来在国内柑橘螨防治上使用年耗150t，能消灭蚊子和钉螺、效果很好。

三苯基醋酸锡能防止植物病害蔓延是有效农药，对马铃薯、甜菜、芹菜非常有效。

三环己基氢氧化锡$(C_6H_{13})_3SnOH$对以植物为食物的蛆虫有效。

三丁基氢氧化锡$(C_4H_9)_3SnOH$对食植物的幼虫有显效，控制幼虫对农作物的危害。

山东招远化工厂与南开大学元素所合作对三唑锡(三环乙基锡衍生物)实现了工业化生产，1992年广西栗木锡矿也建成同等规模(250t/a)的厂。4.7~5万元/t，每亩果园仅需

200g，利于果树、药材等经济作物使用，但与国外产品竞争激烈，销路受到影响。

总之，我国有机锡生产已经开始，许多单位作了有效的工作，最具有开发前景的是塑料稳定剂，到2000年需8000～8500t/a，而日产仅1500t/a，有较大缺口，在防污涂料方面也有一定成绩。有机锡农药已有一定工作。大厂提出建四丁基锡稳定剂生产线，但需进一步提高质量，争取市场，加强研究，争取更多的国内市场占有率，并走向国际市场。

4 我国锡深加工产品发展战略与对策

我国锡产储的优势长期以来一直存在，出口锡成为重要的换汇产品，因此，我国具有锡原料的优势。

近二十多年来，国民经济全面发展，各行业需要锡产品，人民生活提高，需要的锡加工产品，数量多，且具有相当的迫切性和不可替换性，以致用进口货来满足需要。

这两方面的大的环境成为我国发展锡深加工的必要条件和有利条件，锡深加工必须大力发展，满足国内的急需，并走向国际市场，变出口低价原料锡，为输出锡深加工产品，创造更高的经济效益与社会效益。可以说这个方向是现在锡生产企业发展前途的决定因素。

4.1 焊料

焊料是当代锡应用的最重要方面，占世界耗锡量的约40%，我国是世界锡的重要生产国之一，也应该是焊料的重要生产国。我国的焊料生产已有较好水平，在抗氧化焊料方面有较大进步，一般焊料方面已能满足国内要求，并有一定量出口，在品种和质量方面需要进一步提高，并建立严格全面的检验制度，用国际标准产出高水平的产品，如低锡料、低铅料、低杂质、低含氧、抗氧化等。

焊膏、免清洗焊剂，一些特殊用途的焊料，需要重视研究、生产，使高级电子器件的焊接用焊料能代替进口产品，并走向国际市场。

我国大型产锡企业可分工生产、研究焊料，成为研究中心和生产中心，创造必要条件，达到世界一流水平，以向世界供应产品，代替现在的原精锡、原粗焊锡为主出口的状况。

4.2 马口铁

要坚决改变进口马口铁的局面。

由于马口铁的质量在很大程度上决定于薄钢板的质量，所以钢铁公司产出合格钢板是很重要的。

我国已是世界产钢大国，应发挥此优势，增产马口铁用优质薄钢板，年产量可超百万吨，同步建立相应数量(百万吨)的马口铁生产厂，使我国马口铁的产量充分满足本国需要，并争取供给国际市场。

在此过程中加强研究，提高马口铁的质量，达到和超过国际先进水平，为提高马口铁的国际信誉，为提高出口罐头质量创造条件。

由于马口铁多用于食品包装，要使用含铅很微($<0.03\%$ Pb)的精锡生产马口铁。

若我国年生产100万t优质马口铁，值5.8亿美元(合48亿元人民币)，钢铁企业和锡生产企业将为我国作出重大贡献。

4.3 锡合金及锡加工材料

锡合金品种多，使用面广，涉及的工业部门多，规格细，耗锡量大，各种锡合金在我国的生锡和研究中都有相当基础。今后，应当是针对各种用途、用户的需求、深入研究，改进提高质量，试制新产品，降低耗锡量。

锡加工材可建立中心，以研究、生产、提高已生产产品的质量和产量，以满足国内需求品种要适当增加。

4.4 有机锡化合物

我国塑料工业的快速发展到2000年将超过220万t，需要有机锡热稳定剂8000t以上。

我国海轮超过2000万t，许多船舰，大量渔船以及为他国生产，维修的船舶，每年需要有机锡防污涂料以千吨计。

发展农业需要的有机锡农药，木材防腐，催化剂、防雾剂、阻燃剂等等，而进口有机锡化合物。

另一方面我国已经有数十个工厂和科研单位在研究生产有机锡化合物，为我国发展锡深度加工创造了优良的条件。

我国应向少进口或不进口有机锡化合物的方向努力，对口生产各种有机锡化合物，充分满足我国的需要，并争取供国际市场，出口创汇。

若达到年产1万t各种锡有机化合物(耗锡仅约1500t)，值约1亿美元(8.3亿元人民币)，供本国使用，再加出口，则产值更多。另一方面，它将促进使用有机锡工业的发展。

4.5 其他方面

开发新产品，生产当前缺少的产品，如氧化锡在敏感材料，锡在超导材料等的应用开发。

锡箔、锡包铜线等的生产，应适当加强，以供国内外需要。

进一步研究锡及其化合物、合金等方面的应用。

4.6 建议

针对锡加工产品的特点是品种多、批量少、要求高、技术复杂、需求单位分布面广，宜分类建立研究生产中心。每个中心有配套齐全的技术队伍，多种设备，集中收集信息，宣传推广销售，组织售后服务，生产多种优质产品，不断推出新产品，一方面满足国内市场，力争进入国际市场。彻底改变仅出口初级金属材料、进口高技术产品的状况，向给世界提供锡多种产品的企业前进。

参考文献

[1] 丁朝模：有色金属进展·第四卷·重有色金属．第三册．锡．长沙：中南工业大学出版社，1995.
[2] 陈革涛．有色金属进展．第一卷·有色金属工业．长沙：中南工业大学出版社，1995.
[3] 陈维东．国外有色冶金工厂·锡．云南锡业公司科技处，1986.

[4] 屠海令．有色金属进展．第七卷 · 有色金属新型材料．长沙：中南工业大学出版社，1995.
[5] 云锡科技，1990 ~ 1996.
[6] 全国第五届锡冶炼学术交流会论文.
[7] 云南冶金，1990 ~ 1996.
[8] 戴永年．锡的应用和炼锡厂的产品品种．冶金经济分析（云南），1982，（1）：15 ~ 17.
[9] 曲喜新．电子元件材料手册．北京：电子工业出版社，1989.
[10] 师昌绪．材料大辞典．北京：化学工业出版社，1994.
[11] 万群，钟俊辉．电子信息材料．北京：冶金工业出版社，1990.
[12] Robin Amlot. Metals & Minerals Annual Review 1997.
[13] 胡德昌，胡滨编．新型材料特性及应用．广州：广东科技出版社，1996.
[14] 科林 · 伊万斯．锡及其工业用途．云南锡业公司科委、科协，刘建云等译，1997.
[15] 中国有色金属工业总公司技术经济研究中心．锡深度加工研讨会论文集，1991.
[16] 有色金属统计．1995 ~ 1997（1）.
[17] 王德润．锡工业发展战略．中国有色金属学会第三届学术会议论文集.
[18]《锡冶金》编写组．锡冶金．北京：冶金工业出版社，1977.
[19] 锡焊料行业厂长联络网．锡铅焊料技术研讨会论文集，1996 年 9 月.
[20] 大厂矿务局科技开发处．锡的应用及产品开发，1995.
[21] 中国有色金属工业总公司技术经济研究院，云南锡业公司．中国锡加工材的市场消费与建议，1998 年 2 月.

粗锑及硅的精炼

CUTI JI GUI DE JINGLIAN

有色金属真空冶金
有色冶金
锡冶金
粗锑及硅的精炼
高能电池

高铅锑除铅精炼研究❶

戴永年 等❷

1 前言

“高铅锑”是迄今一些锑厂处理脆硫铅锑矿（$Pb_4FeSb_6S_{14}$）的冶金产品。由于它含铅约高达10%，难于由其中分离出铅，而不能得到精锑，乃形成此一产品。出售高铅锑的经济效益显然不如精锑。高铅锑的用途也不如精锑的多。销售渠道也必定是精锑更宽。

研究“高铅锑”（成分约为90% Sb，10% Pb）就成为一个重要的课题。

我们研究了此课题，首先由理论上探讨了加硫及硫化锑以分离高铅锑中的铅，而后进行了千克级规模的实验，在效果肯定之后，进行了百千克级实验，得到同样肯定的效果。

硫化法曾于1987年赵天从教授的《锑》一书[1]中述及：“但从热力学的观点看可以用硫化法除铅，……实际上，加元素硫或辉锑精矿，只能使熔体中铅的含量降到0.8% ~ 1.3%”。除此一说之外未见其他报道。

我们的千克级和百千克级的研究结果，达到约0.2% Pb，合于精锑标准的产物，已经可以肯定其效果，还获得一些较好的技术指标。

此研究为处理高铅锑成为精锑提供了一个选择，是对锑冶金的一个补充。

2 基本原理

此研究的基本反应是加硫和锑的硫化物（如辉锑矿）到高铅锑中使其中的铅硫化成PbS，同时也生成Sb_2S_3再和铅作用

$$(\mathrm{Pb})_{合金} + \mathrm{S} = \!= \mathrm{PbS} \tag{1}$$

$$2(\mathrm{Sb})_{合金} + 3\mathrm{S} = \!= \mathrm{Sb_2S_3} \tag{2}$$

$$3(\mathrm{Pb})_{合金} + \mathrm{Sb_2S_3} = \!= 3\mathrm{PbS} + 2(\mathrm{Sb})_{合金} \tag{3}$$

生成的PbS和未反应的Sb_2S_3形成渣。

2.1 反应的可能性

反应（1）和反应（2）的生成自由能（$\Delta G^{\ominus}$）在文献［1 ~ 3］中都已列出：

$$\mathrm{Pb_{(l)}} + \frac{1}{2}\mathrm{S_{2(g)}} = \!= \mathrm{PbS_{(s)}} \qquad \Delta G^{\ominus} = -314.68 + 160.145T \times 10^{-3}\ \mathrm{kJ/mol}$$

$$2\mathrm{Sb_{(s)}} + 3\mathrm{S_{(s)}} = \!= \mathrm{Sb_2S_{3(s)}} \qquad \Delta G^{\ominus} = -161.276 - 23.6T\lg T + 74.9T + 19.0 \times 10^{-6}T^2\ \mathrm{kJ/mol}$$

在一定温度范围内，两反应之值和一些其他金属硫化物的值示于图1。

---

❶ 本文完成于1996年8月，得到了广西南丹龙泉矿冶总厂黎东明先生的支持。

❷ 研究人员：戴永年，杨斌、张国靖、杨部正，罗文洲、刘永成、吴昆华、王承兰。

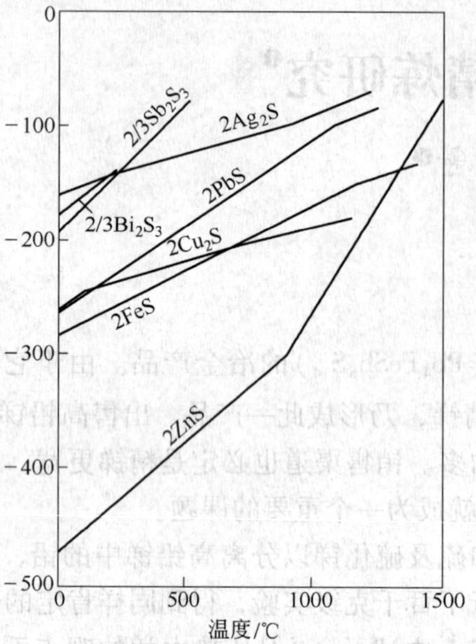

图 1　金属硫化物生成自由能与温度的关系

图 1 所示 PbS 的 $\Delta G^{\ominus}-T$ 曲线位置比 Sb_2S_3 者低，表明 PbS 生成的趋势大于生成 Sb_2S_3，可见往 Pb-Sb 合金中加入硫和含硫的锑化合物将使其中的 Pb 生成 PbS 与合金分离。

反应的最后阶段将是渣相（Pb-Sb-S 熔体）与金属相（Pb-Sb 及溶解少量硫）熔体的作用。

$$3(\mathrm{Pb})_{合金}+[\mathrm{Sb_2S_3}]_{渣}\rightleftharpoons 3[\mathrm{PbS}]_{渣}+2(\mathrm{Sb})_{合金}$$

其平衡常数 K 为：

$$K=\frac{a_{\mathrm{PbS}}^{3}\cdot a_{\mathrm{Sb}}^{2}}{a_{\mathrm{Sb_2S_3}}\cdot a_{\mathrm{Pb}}^{3}}$$

式中　a_i——i 成分的活度。

可能达到的金属含铅量决定于 a_{Pb} 值：

$$a_{\mathrm{Pb}}=\sqrt[3]{\frac{1}{K}\cdot\frac{a_{\mathrm{PbS}}^{3}\cdot a_{\mathrm{Sb}}^{2}}{a_{\mathrm{Sb_2S_3}}}}$$

反应后期，金属相含锑已很高，$a_{\mathrm{Sb}}=1$，得

$$a_{\mathrm{Pb}}=a_{\mathrm{PbS}}(K\cdot a_{\mathrm{Sb_2S_3}})^{-1/3}$$

式中，K 值可以由反应温度 T、K 下的

$$\Delta G^{\ominus}=f(T)$$

$$\Delta G^{\ominus}=-RT\ln K$$

两式计算，但缺少 a_{Pb}、a_{PbS} 和 $a_{\mathrm{Sb_2S_3}}$，与它们的浓度的关系。

因此，未进一步估算，需要由实验来获得可能的结果，以及各项技术指标。

2.2　物料的状态

铅锑合金原料约含 10% Pb，由 Pb-Sb 状态图（图 2）示其熔点约为 600℃。

加入含硫物质之后即生成 PbS，其熔点为 1113℃，由液态锑中分离出来。

锑熔体能熔解 1.5% S（见图 3），熔点为 615℃，含硫量若超过此值将成为二层，一层是以 Sb_2S_3 为基的硫化物液态物，另一层接近纯锑的液态合金。

Sb_2S_3 熔点为 546℃，故它生成后为液态，并与 PbS 组成渣层。渣层的熔点决定于其成分，PbS 多时熔点高些，Sb_2S_3 多时则低些。由于缺少 PbS-Sb_2S_3 系状态图，较准确的渣熔点定量数据尚不能估计。

实验时，开始加含硫物质时渣较浓，作业末尾时渣较稀，其中含铅量，在先时高，末尾时低。

反应完毕，由于加硫过量，锑中熔解约有 1.5% 的硫，故金属含锑量只有约 98%，需

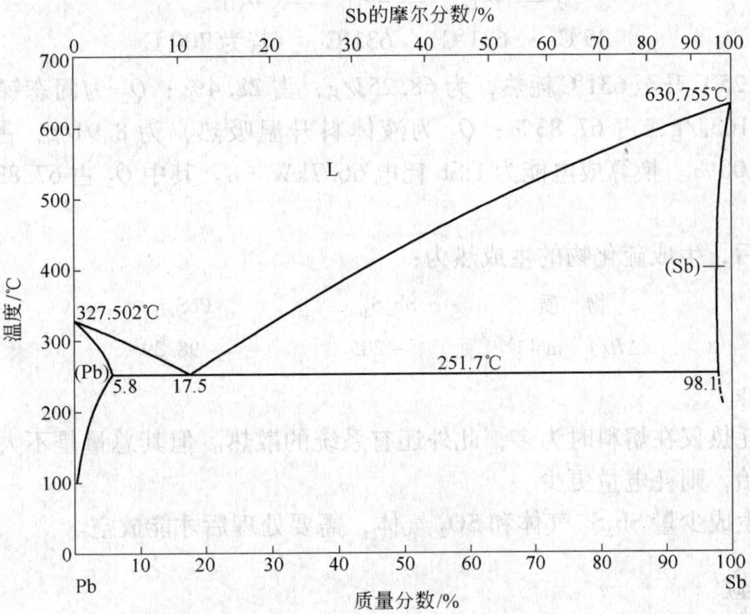

图 2　铅-锑系

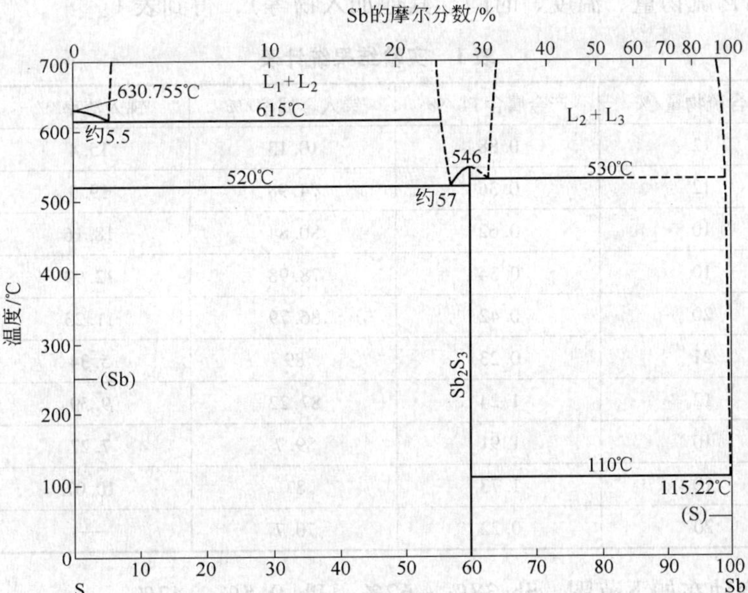

图 3　硫-锑系

要除去这些残硫。

2.3　过程的热耗

若由固体料开始，以锑计，加热时经过如下的历程，各阶段分别消耗热量 Q_n：

$$\underset{25℃}{Sb_{(s)}} \xrightarrow{Q_1} \underset{631℃}{Sb_{(s)}} \xrightarrow{Q_2} \underset{631℃}{Sb_{(l)}} \xrightarrow{Q_3} \underset{若为700℃}{Sb_{(l)}}$$

Q_1 为固态锑由25℃升至631℃耗热，为68.25J/g，占28.4%；Q_2 为固态锑转化为液态锑熔化潜热，为163J/g，占67.83%；Q_3 为液体料升温吸热，为8.9J/g，占3.7%；总计240.3J/g，占100%。换算成电能为1tSb耗电66.7kW·h。其中 Q_2 占67.83%，为最大的部分。

在加S以后，生成硫化物的生成热为：

物　质	$Sb_2S_{3(s)}$	$PbS_{(s)}$
$\Delta H/J \cdot mol^{-1}$	-205	-98.39

都是放热反应。

所以过程耗热仅在熔料时为多，此外还有系统的散热。但其总量是不大的，如果作业是由液体料开始，则耗电量更少。

过程中会生成少量 Sb_2S_3 气体和 SO_2 气体，需要处理后才能放空。

3　千克级试验

试料用含7%～9.5%Pb的铅锑合金，每次试验用1000g。含硫物质为硫黄粉和辉锑矿(含0.2%Pb)。作业温度在630～800℃左右，料熔化后在搅拌中加入含硫物质。实验中变动各种条件(加含硫物量、温度、时间、其他加入物等)，得到表1。

表1　实验结果统计表

编　号	加含硫物量/%	产金属含Pb/%	锑入金属率/%	锑入渣率/%	未回收的锑/%
1	12	0.88	10.13	15.4	14.87
2	12	0.36	74.98	19.9	5.18
3	10	0.62	80.84	18.16	1.0
4	10	0.34	78.98	12.99	8.03
5	20	0.42	86.79	11.23	2.0
6	21	0.23	89	5.34	5.66
7	12	1.24	87.22	9.59	3.19
8	10	1.91	89.7	7.27	3.03
9	10	1.73	87	10.07	2.56
10	20	0.22	70.7	—	—

渣子成分变动在如下范围：Sb 38%～62%；Pb 9.5%～42%。

千克级实验数据表明可以产出含铅0.3%～0.2%的锑，其直接回收率可以超过85%，肯定此方法可行。

在千克级实验的基础上进行了百千克级试验。

4　百千克级实验

实验炉采用感应电炉。每次实验加入原料高铅锑大于100kg，固体料装入炉。含硫物质为硫和辉锑矿。其他条件与前同。

试料和产品分析(包括千克实验者)委托：昆明冶金研究院、昆明贵金属研究所、昆明冶炼厂、昆明理工大学冶金系等单位的化验室进行，并对比其数据。

实验结果基本上与千克级实验相符，为：金属含铅由原料的7.56% Pb降低到0.28% Pb；锑直接回收率约为80%～85%；渣成分：Sb34%～62%；Pb5%～42%；电耗估算：小于1t锑耗500kW·h(此数可能偏高)。

5 实验结果讨论

(1) 高铅锑经过处理，达到含铅0.2%～0.4%，越出了文献[1]中所述只能达到0.8%～1.3%的界限，达到精锑的含铅水平，肯定了加入含硫物质可除去高铅锑或含铅粗锑的可能性。

(2) 加入含硫物质的数量增加，可以使除铅效果提高，如图4所示。

曲线的规律性表明金属含铅量能够低于0.8%～1.3%，达到精锑水平。

(3) 实验得到合金含铅与渣含铅如图5中各点所示。整个图中的点较分散，但用A、B两线可将绝大多数点包围(总点数的75.5%)在内。在此范围以上的点是少数(占14%)，在下面的点也是少数(占10%)。

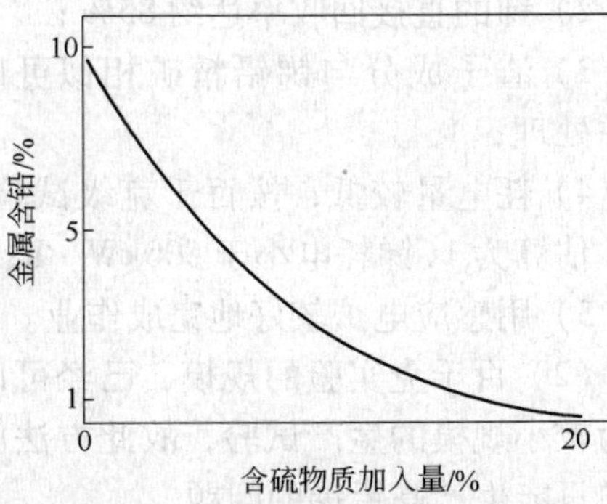

图4 金属含铅量与含硫物质加入量的关系

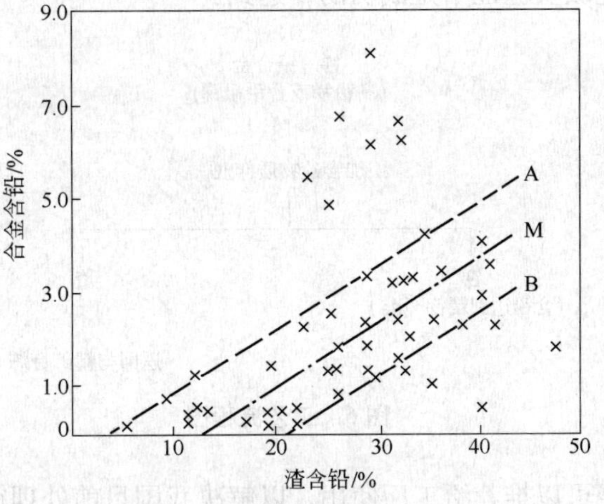

图5 $Pb_{合金}$-$Pb_{渣}$图(实验值)

此二线表明了一个关系：

$$Pb_{合金}\% \propto Pb_{渣}\%$$

即渣中铅含量高时，合金中铅的含量也高。

若取A、B两线的中间线M，得到

M线： $$Pb_{合金}\% = 0.14 \times Pb_{渣}\% - 1.82$$

A线： $$Pb_{合金}\% = 0.14 \times Pb_{渣}\% - 0.82$$

M线的$Pb_{合金}\%$值加1为A线之值，减1为B线之值，实验点分布在M线的两侧，由于实验中各种条件波动造成各点有一定程度的分散，M线可以近似地描述渣和金属两相中的铅的分布。

取一系列数值用此式计算可得到下列之值。

	$Pb_{渣}/\%$	40	35	30	25	20	18	15	14	13	10	8	7	6
M 线	$Pb_{合金}/\%$	3.78	3.08	2.38	1.68	0.98	0.7	0.28	0.14	0				
A 线	$Pb_{合金}/\%$	4.78	4.08	3.38	2.68	1.98	1.7	1.28	1.14	1	0.58	0.3	0.16	0.02

这些数字与实验值基本一致。

(4) 高铅锑中的锑进入精锑的量(一般称为直接回收率)能达到85%以上，只要调节各种技术条件就可以实现。

(5) 渣成分与硫化锑铅精矿十分接近，故可以和精矿一并处理，使作业简化。

(6)未回收到的锑的损失，可能由于物料散落，熔体黏附和少量挥发等因素，在生产中可能降低。

(7)所拟定的技术条件：温度：630～800℃；含硫物质加入量：＜20%(占原料量)，依原料含铅量，高低可以调节。得到了较好的结果。

6　结论

(1) 加含硫物质到铅-锑合金(含约10% Pb 的高铅锑和含小于10% Pb 到约1%左右铅的含铅粗锑)中使铅分离出来。理论分析是可能的，经过千克级实验和扩大100倍的百千克级实验证明是成功的，达到：

1) 产出的锑含铅可达精锑的含铅标准，即约0.2%；

2) 锑的直接回收率达约85%；

3) 渣子成分与锑铅精矿相似可以合并处理；

4) 耗电量较低，按百千克级试验，初步估算为1t锑耗电小于500kW·h；

5) 用感应电炉较好地完成作业。

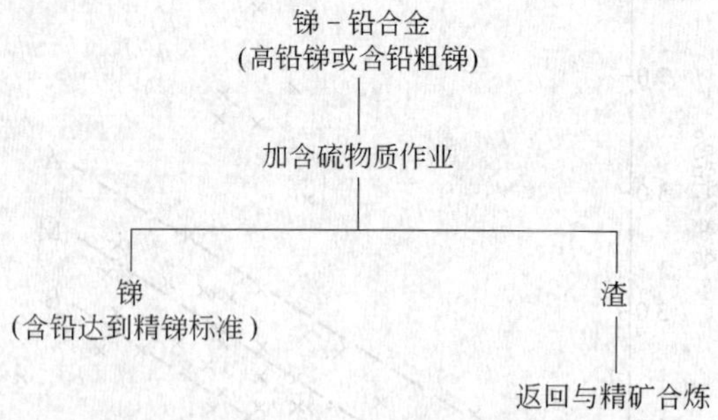

图6　工艺流程图

(2) 百千克实验的规模，已经可以视为较小规模的生产试验，故此方法已经可以推荐给工厂使用，以解决我国目前处理锑铅精矿只能生产高铅锑的问题。

(3) 此方法的工艺流程简单，如图6所示。有利于工厂生产实施。

参 考 文 献

[1]　赵天从．锑．北京：冶金工业出版社，1987.

[2]　Мельникова С М. СУРЬМА. 1977.

[3]　Зефирова А П, Верятин У Д. Термодинамические Своиства Неорганических Веществ. АТОМИЗДАТ, 1965.

硅产品深加工与节能减排[1]

戴永年　杨　斌　马文会　于站良　魏奎先　梅向阳

1　硅原料

硅是自然界分布最广的元素之一，它在地壳中的丰度仅次于氧，为25.8%。SiO_2分布极为丰富，占地壳总质量的87%。我国各地方有许多硅矿，但是有很多硅矿尚未得到很好的开发利用，未发挥其作用。云南被称为中国硅资源丰富的省份之一，云南硅矿资源丰富，主要集中在滇西、滇西北的保山、德宏、怒江、迪庆、丽江以及滇南的文山、红河等地。这些地方的硅矿品质都比较好。

2　硅矿加工产品

硅矿的主要成分为SiO_2，目前的用途很广。硅矿、白沙可以作为建筑材料，同时还可以用来生产玻璃和白炭黑。

硅矿石经过熔炼后可生产工业硅、碳化硅、氮化硅等产品。

工业硅可加工成为硅粉，也可制得硅铝合金、硅铁合金等；纯度比较高的化学用硅则用来生产有机硅和高纯硅。

高纯硅包含多晶硅、单晶硅和硅片。

3　硅产品链价值的变化

硅产品的价值，对社会的贡献是随着加工深度，技术含量增加而增加(见表1)。

表1　硅产品价值

产　品	硅　矿	工业硅	多晶硅	单晶硅	硅　片	芯　片
价格/元·t^{-1}	约10^2	约10^4	约10^6	约10^6	约10^7	10^2美元/片
倍　数	1	约10^2	约10^4	约10^4	约10^5	更大

各地区硅产品的水平、经济效益以及对社会的贡献等各方面都需要工业硅向深加工方向发展。

4　我国工业硅产量

我国工业硅的产量已经超过120万t/a，居于世界第一位。我国的工业硅产品已经出口到世界上60多个国家，约70万t/a，为世界硅产业的发展作出了重大的贡献。我国的硅还支撑了许多国家、地区的硅深加工企业发展。

---

[1] 本文完成于2008年9月。

5 硅产品进出口价值、能耗比较

出口工业硅	进口多晶硅
出口工业硅 70 万 t/a	进口多晶硅超过 3000t/a
耗电 98 亿 kW·h(按 1.4 万 kW·h/t)	耗电 3.5 亿 kW·h(250kW·h/kg)
价值 84 亿元(按 1.2 万元/t)	价值约 84 亿元(280 万元/t)

价值相同，电耗相差 13 倍，硅资源消耗 70∶0.3 = 233 倍

6 加强硅深加工、大幅节能减排

比较生产 70 万 t 工业硅和 1 万 t 多晶硅，见表 2。

表 2 生产 70 万 t 工业硅和 1 万 t 多晶硅的比较

产 品	70 万 t 工业硅	1 万 t 多晶硅	质量相差 70 倍
工业硅用量	70 万 t	约 2.5 万 t	相差 28 倍
用 电	98 亿 kW·h	28.5 亿 kW·h	相差 3.44 倍
价 值	84 亿元	280 亿元	相差 3.33 倍

生产 1 万 t 多晶硅的耗电仅为 70 万 t 工业硅的 1/3.44，节约约 70 亿 kW·h；消耗硅资源仅为 70 万 t 工业硅的 1/28，节约 67.5 万 t；而价值为 70 万 t 工业硅的 3.33 倍，增值 196 亿元。

7 按国内生产总值一元的电耗计算

产值 1 元耗电：

工业硅	多晶硅
1.4 万 t/1.4 万元	25 万 kW·h/300 万元
1.00kW·h/元	0.08kW·h/元

二者相差 12.5 倍

从节能减排角度出发，我国应鼓励发展多晶硅，减少或限制发展工业硅。

8 多晶硅生产，化学法(西门子法)与冶金法并行发展

全球光伏产业发展快，多晶硅供不应求，多晶硅生产经济效益高。这两个因素促使我国出现多晶硅热。

化学法(西门子法)生产多晶硅，我国拥有知识产权的厂家去年生产约 1000t，目前他们正在扩建。

我国很多厂家引进技术，设备，将在今明两年部分投产。3 ~5 年大量投产总产量达到数万吨。

该方法生产多晶硅存在副产品($SiCl_4$)处理问题预计会在近期内解决，污染环境也将改善。

冶金法(物理法)有数 10 家试产，约 5 家研究单位研制，许多家未统计上。

目前试制产品的纯度达到了99.99%(4N)，99.999%(5N)，99.9999%(6N)。质量逐步在提高，产业化程度也在增加。

两三年内有望达到光伏级多晶硅量产，从而形成两法并进，近期可能满足国内光伏电池发展的需要。

9 冶金法有特色，要大力研发，逐步提高质量(见表3)

表3 冶金法与化学法比较

方 法	冶 金 法	化 学 法
耗 电	约50kW·h/kg(0.5亿kW·h/kt)	250 kW·h/kg(25亿kW·h/kt)
投 资	16~35万元/t	120~160万元/t
	1.6~3.5亿元/kt	12~16亿元/kt
还原反应产出率	—	14%~18% 低
建设周期	1~2年	3.5~4年
光电转换率	14%~18%	15%~20%
环 境	可无污染	有副产品 $SiCl_4$ 处理问题

化学法：投资较高，耗电较多(约5倍)，反应产出率低，生产成本较高，产品纯度达9N~11N；

冶金法：投资较少，耗电较少，成品率高，生产成本较低，产品纯度达到约6N。化学法质量高，努力发展。冶金法成本低，能耗低，需加大研发产业化。

10 冶金法在迅速发展

约14家工厂在研究、生产，约5家科研单位在研究试制。

近几年的努力工作，热心工作队伍大。产品达到各种纯度，4N、5N、6N，但是尚未产量。

国内外大量研究工作在发展，方法多样，湿法、真空氧化、氧化(加剂、吹水汽、吹氢气)，定向凝固，电解，纯 SiO_2 还原，纯SiO歧化，有望快速进步，产业化。

11 冶金法的进展

冶金法要达到：杂质含量低，这一阶段要达到每种杂质在 $1\times10^{-4}\%$ 下，硅纯度6N，满足太阳能电池的需要。

全球各地都有人研究。现在各种方法达到较好水平的，列举如下。

(1) 美国C. P. Khattak等做的HEM炉[1]。真空炉(见图1)，石英坩埚装料，可抽真空，可充惰性气体，H_2O 气、H_2 气，在约1450℃作业，考虑了多种因素，真空条件、吹 H_2O 气、H_2、Ar气，加氧化剂，定向凝固。

每批料量有1kg、25kg、150kg等，原料为冶金级硅。对50kg批料，杂质含量达到：

组 分	B	P	Ca	Ti	Fe	Ge	As	Al
产品(质量分数)/%	0.13×10^{-4}	11×10^{-4}	5×10^{-4}	1.2×10^{-4}	24×10^{-4}	2.9×10^{-4}	0.16×10^{-4}	26×10^{-4}
原料(摩尔分数)/%	$(20\sim60)\times10^{-4}$		$(400\sim900)\times10^{-4}$	$(150\sim200)\times10^{-4}$	$(1600\sim3000)\times10^{-4}$			$(1200\sim4000)\times10^{-4}$

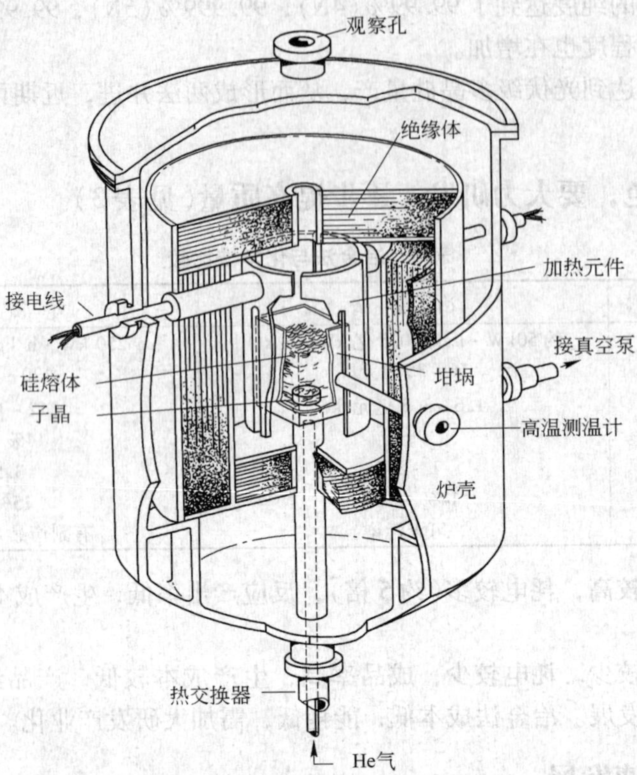

图 1　HEM 炉的示意图

各种杂质都有降低，B 已低于 $1\times10^{-4}\%$ 达到 $0.13\times10^{-4}\%$。硅达到 5N。

(2) 日本 JFE 公司技术[2]。日本 JFE 公司其工艺过程分两步：

1) 真空下用电子束将冶金级硅加热熔融除磷(P)，然后进行定向凝固，破碎，清洗；

2) 在氩气(Ar)氛围等离子枪加热，并通过氧气(O_2)、水蒸气以去除硼(B)和碳(C)，然后进行第二次定向凝固，破碎清洗。所得产品中 P、B 及金属杂质的含量均低于 $0.1\times10^{-4}\%$。

该方法的特点在于两次定向凝固，O_2、H_2O 气氛化，达到要求的质量，用了电子枪和等离子枪以及水冷铜坩埚。该技术拟于 2007 年底投产 400t。

(3) 日本 Kawasaki Steel 公司法[3]。日本 Kawasaki Steel 公司法由以下两个阶段 4 个步骤组成的提纯冶金级硅至太阳能级硅工艺技术，如图 2 和图 3 所示。

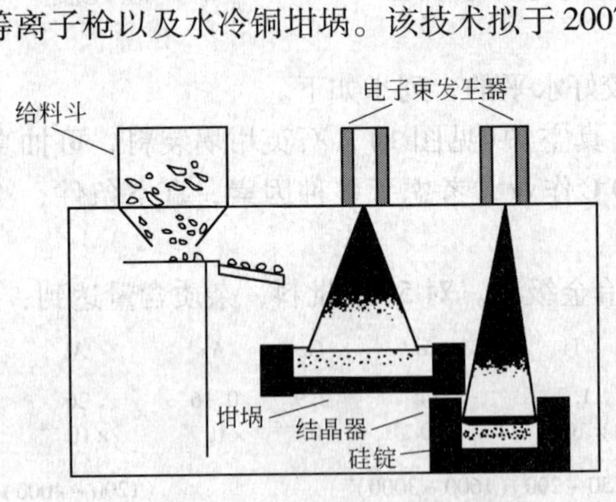

图 2　电子束去 P 及第一次定向凝固

第一阶段，在真空环境下，首先将冶金级硅料连续加入带有电子束发生装置的熔化炉内的坩埚中，同时，电子束发射装置发射的高密度电子束使硅熔化，在电子束和硅熔体液流过程的共同作用下，P 等杂质快速从硅熔体表面蒸发，被真空系统排出炉外，持续进行一段时间处理后，将硅熔体倒入结晶器中，进行第一次定向凝固，去除金属杂质。对凝固后的硅锭进行机械破碎，进行清洗。

第二阶段，从第一阶段得到的硅料在高频感应加热器和等离子枪的共同加热下熔化并维持熔融温度，等离子枪发射 Ar 和等离子体，同时通入由掺有一定量水蒸气和氢气的氩气，硅熔体表面 B 等杂质不断被氧化成 BO 气体挥发出去，将处理后的硅熔体倒入结晶器中，进行第二次定向凝固，进一步去除金属杂质并形成结晶硅。

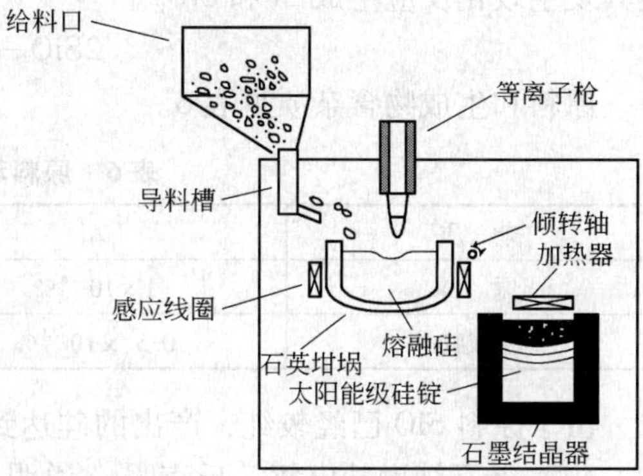

图 3　等离子去 B 及第二次定向凝固

结果表明，B、P 杂质浓度到 $1\times10^{-4}\%$ 水平，其他杂质也大大降低。

(4)龚炳生[4] 在 1950 ~ 1850℃下，用 H_2O+H_2 气吹搅硅熔体，B 降至 $1\times10^{-4}\%$ 以下，见表 4。

表 4　温度对成分变化的影响

组　分	Si	Ca	Al	P	B	C
处理前	99%	0.1%	0.12%	$45\times10^{-4}\%$	$50\times10^{-4}\%$	$300\times10^{-4}\%$
1850℃/4h	≥3N	$\leqslant10\times10^{-4}\%$	$\leqslant30\times10^{-4}\%$	$\leqslant15\times10^{-4}\%$	$20\times10^{-4}\%$	$\leqslant50\times10^{-4}\%$
1900℃/ 3h	≥4N	$\leqslant6\times10^{-4}\%$	$\leqslant10\times10^{-4}\%$	$\leqslant8\times10^{-4}\%$	$\leqslant2\times10^{-4}\%$	$\leqslant5\times10^{-4}\%$
1930℃/ 3.5h	≥4N	$\leqslant1\times10^{-4}\%$	$\leqslant3\times10^{-4}\%$	$\leqslant2\times10^{-4}\%$	$\leqslant1\times10^{-4}\%$	$\leqslant3\times10^{-4}\%$
1950℃/ 2h	≥4N	$\leqslant1\times10^{-4}\%$	$\leqslant2\times10^{-4}\%$	$\leqslant2\times10^{-4}\%$	$\leqslant1\times10^{-4}\%$	$\leqslant2\times10^{-4}\%$

结果显示，温度升高(1850℃升高至 1950℃)，吹搅时间可缩短(由 4h 减少至 2h)，残留杂质最低。

(5) 姚祖敏[5] 等用酸浸法将硅中含 Fe 量明显降低。浸前和浸后杂质含量见表 5。

表 5　浸出前后杂质含量变化　(%)

杂　质	Fe	Cr
浸出前	0.8×10^{-4}	7.3×10^{-5}
浸出后	$<50\times10^{-7}$	5.2×10^{-5}

如此低含量的 Fe 能在酸浸中降至 $<50\times10^{-7}\%$。

如前举的一些实例，酸浸法已成为联合除杂的一种有效方法，在熔炼冶金级硅之前或之后联合使用。姚祖敏的方法特点在于原料含铁已很低，$0.8\times10^{-4}\%$，用酸处理后降至小于 $50\times10^{-7}\%$ 是一种深度除 Fe 的方法。

(6) 高纯 SiO 歧化反应法。近滕次郎[6] 等将纯 SiO 加热至 1000℃以上，1730℃以下，使其发生歧化反应生成 Si 和 SiO_2。

$$2SiO \longrightarrow Si + SiO_2$$

原料和生成物含杂质见表 6。

表 6　原料和生成物杂质含量

杂　质	Al	P	B
原　料	$1\times10^{-4}\%$	$1\times10^{-4}\%$	
生成物	$0.5\times10^{-4}\%$	$0.1\times10^{-4}\%$	$0.1\times10^{-4}\%$

由于原料 SiO 已经较纯，产出的硅达到 6N 以上，含 B、P 都达到 $0.1\times10^{-4}\%$。

（7）硅石熔融盐电解。丘克强[7]说明，20 世纪 90 年代 Jan Relder Stubergh 研究了在冰晶石熔体中电解硅酸制取高纯 Si 的方法：采用炭电极，电解温度为 1000℃，电流密度为 0.5A/cm²，阴极上沉积得 Si，阳极上析出 CO_2。所得阴极产物先经酸浸进行富集提纯，后再熔融、铸锭，制得 Si 的纯度为 99.9997%。其中 B、P 含量分别为 $0.6\times10^{-4}\%$ 和 $1.0\times10^{-4}\%$。

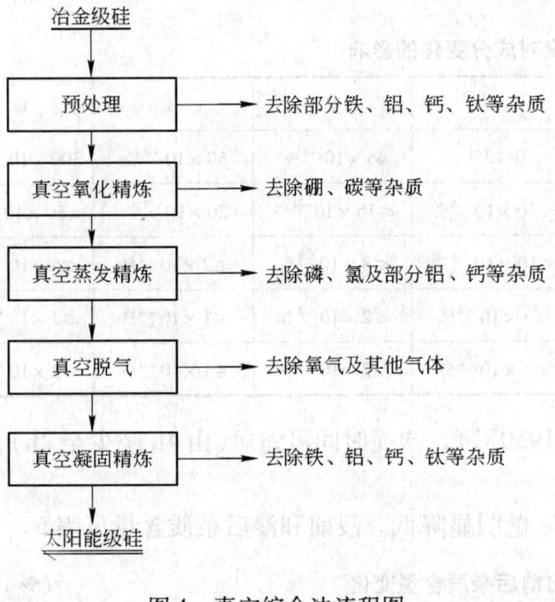

图 4　真空综合法流程图

冰晶石熔体能很好的溶解 SiO_2 且价格低廉，但是其腐蚀性强，炭电极会引入 B、P 杂质，带来污染。

（8）真空综合法。马文会、戴永年[8~10]等人提出以真空综合法制备太阳能级硅（见图 4）。

该技术具有明显的特点和优点：

1）该技术路线以真空冶金新技术为主体。

2）投资少。1000t/a 生产线预计需投资约 1.6~3.5 亿元。

3）设备简单、安全性好。预处理后的精炼过程都是在一套多功能的真空装备内完成，辅助系统少，安全性也较高。

4）电耗和生产成本低。只需将硅进行一次熔融凝固处理，与两次熔融凝固处理工艺相比其电耗和生产成本要低。

5）环境污染小。真空冶金过程是在密闭系统内完成的，对环境污染小，能实现清洁生产，符合建设循环型经济社会的要求。

目前，试验样品纯度达到 6N（$P<1\times10^{-4}\%$（质量分数）），已建成年处理 20t 超冶金级硅的预处理车间。

12　冶金法的发展情况

以上列举 7 个实例都是使一种或多种杂质达到 $1\times10^{-4}\%$，未达到此数的方法未列举。这种现象表明全球许多研究、生产者都在积极研究冶金法制太阳能级多晶硅。多种方法已经找到去除每一种杂质的基本规律。

如何组合一些方法达到制成太阳能级多晶硅的是正在发展的工作。诸种方法将继续发展，已满足光伏产业的需求。

13 努力发展冶金法

冶金法要持续地努力，不断研究、产业化，不断提高产品质量(纯度)，达到并超过光伏产业的需要，并向电子级产品前进。

各研发、生产单位努力工作，不断创新，提高研发软件和硬件；领导机关加大力度给研发、生产单位帮助。需加强培养人才(西门子法、冶金法、光伏产业等各领域的人才)。

14 结语

硅在地球上的分布极为丰富，SiO_2 占地壳的 87%。硅对信息产业、光伏产业、有机硅产业作用很大，贡献很大。多晶硅是当前发展中的重要材料，价值很高，达 400 多美元/kg。

我国工业硅产量已经很高，达 120～200 万 t/a，出口 60 多个国家，对全球硅产业作出重要的贡献。从对社会的贡献、价格、能耗、原料消耗等各方面相比表明，多晶硅和工业硅最终每 1 元人民币的产值电耗相差 13 倍之多。应当考虑适度限制工业硅产量，鼓励多晶硅增产。

多晶硅生产中的西门子法技术最成熟，产品纯度高，可达 9N～11N。当前不可替代，我国需进一步掌握和发展。

冶金法生产光伏级多晶硅具有投资少，能耗低，成本低等特点。目前处于研发、初步产业化的时期，要提高其纯度(达到 6N)，达到稳定量产。

冶金法在工艺过程及加热方式，容器材料等方面还有待研究提高。

冶金法国内外已经出现使一种或几种杂质达到不大于 $1\times10^{-4}\%$ (质量分数)的方法，个别方法对个别杂质元素达到小于 $1\times10^{-4}\%$ (质量分数)的程度，表明冶金法已有明显的进步，已接近和达到光伏级的要求。并有可能进一步提高硅的纯度。有单位已向量产方向发展，不久的将来定能达到量产，供给光伏产业。

冶金法研发单位、生产企业定能努力前进，有关管理机构会给予大力支持，市场会迎接其产品。

硅生产节能减排需要冶金法。

冶金法前途光明。

参 考 文 献

[1] Khattak C P, et al. Solar Energy Material & Solar Cells. 2002, (74): 77～89.
[2] 丘克强，等. 新材料产业，2008，(6)：20～24.
[3] 黄莹莹. 功能材料，2007，38(9)，1397～1399.
[4] 龚炳生. 专利号：ZL03150241.5(2007).
[5] 姚祖敏. 上海有色金属，1996，17(1)：29～32.

[6] 近滕次郎，等. 专利号：ZL98813209. 7.
[7] 丘克强，等. 新材料产业，2008，(6)：20～28.
[8] 马文会，等. 一种制备太阳能级多晶硅的方法. 专利号：ZL200710066017. 7.
[9] 马文会，戴永年，等. 电子信息材料，2006，1(1)：63～72.
[10] 马文会，戴永年，等. 新材料产业，2006，(10)：12～16.

高能电池

GAONENG DIANCHI

有色金属真空冶金
有色冶金
锡冶金
粗锑及硅的精炼
高能电池

锂离子电池和轻型电动车的发展❶

戴永年 杨 斌 马文会 李伟宏 胡成林

1 研究及应用发展迅猛

锂电池最初由 W. S. Harris 的博士论文于 1958 年发表[1]，到 1990 年日本 Sony 公司首先研制成功锂离子电池，实现商品化。和一些已有的电池相比，如 Ni-Cd、Ni/MH、铅酸等蓄电池，锂离子电池具有电压高、比能量高、无记忆效应、无污染、寿命较长等优点。由于性能优异，锂离子电池很快占领了手机、照相机、笔记本电脑、摄像机等小型电子器件应用领域，其产量迅速上升，在过去的 12 年中增加了近 200 倍(见表1)。锂离子电池成了全球研究的热点，国内外每年发表的相关研究论文骤增。随着应用的不断拓展，锂离子电池也成为电子产品中不可替代的电池，全世界手机用量的突增，锂离子电池起了很大的作用。

表1 世界锂离子电池产量及增长率

年 份	1994	1996	1998	1999	2000	2001	2002	2003	2004	2005
产量/亿颗	0.12	1.2	2.95	4.08	5.46	5.73	8.31	13.9	19.9	23.5
年增长率/%		26.4	50.5	38.3	33.6	4.9	45	67.6	42.9	18.1

注：数据来源：新材料在线，2006.3。

在锂离子电池出现几年后，由于研究工作的不断推进，每颗电池的价格在明显降低(见表2)。1994 ~2004 年的 10 年中，每颗电池由 11.1 美元降低到了 2.73 美元，降低了 78%。手机电池原为 400 ~500 元/颗，现在在国内生产成本仅约 10 元/颗。电池的技术进步和成本降低这种趋势，今后应该还会继续下去。

表2 世界锂离子电池平均价格变化

年 份	1994	1995	1996	1997	1998	1999	2000	2001	2002	2003	2004
价格/美元·颗$^{-1}$	11.1	10.5	11	9	7.3	6.3	5.3	4	3.6	2.85	2.46 LIB
							7.3	6.5	5	3.51	2.73 LIPB

注：数据来源：新材料在线，2004.11。

电池进步包含着电池材料的改善、整体电池的提高等。如通过在正极材料钴酸锂中加入各种杂质改善其性能的研究。但由于世界上钴储量不多，不能支持大量使用钴，而研究锰酸锂代替钴酸锂，锰的矿藏量大大多于钴，两者的价格相差 6 倍($LiCoO_2$ 价格约为 28 万元/t，$LiMnO_2$ 价格约为 5 万元/t)，但锰酸锂电池的容量比钴酸锂电池小约 20%，安全性能则锰酸锂要好一些。现在我国研究和生产锰酸锂的情况已经较好，锰酸锂电池用于车用电池的可能性很大，部分已在试用。

❶ 本文发表于《新材料产业》，2006，(9)。

正在研究的电池材料磷酸铁锂（$LiFePO_4$）的性能与钴酸锂相近。许多研究工作在进行，如掺杂质 Cr、加 Mn、加炭黑等，在力图改善其充放电次数，提高其导电性能等研究进展较好。其他的材料也在研究。在电池材料中研究掺杂的工作进行的不少，如加稀土元素，F、Al、Cr、Ni、Mn 等。

可以预计，作为动力用的锂离子电池质量会逐步提高，成本降低，为车用电池创造越来越好的条件。

2 面对大功率、大用量的问题

目前用于小型电子产品的锂离子电池都是小型的，手机电池在 600 ~ 1200mAh，笔记本电脑用约 12V、5Ah 的锂离子电池，体积都很小，质量只有几百克以下。电池正极材料基本上是钴酸锂，它在电池中所占分量（按价值计）很小。钴酸锂价格高低对整机的价格影响不大，只要电池技术水平较高，就不影响整机的质量。手机的大发展较少受制于电池材料的涨价。因此，尽管现在的锂电池产量越来越大，但基本上都用钴酸锂为正极材料。

若用于大型器件，如车用电池、舰船、航空器等，1 台设备所用电池将有数千克、数百千克，甚至上吨级。成千上万台设备就要上万吨、几十万吨，电池的价格就是一个大数。比如一辆轿车，用电池的量大，电池价格会占整车的 1/2 以上，整车的价格就会比目前的汽车高得多。

3 多种能源趋势下的机会

汽车是人类创造的重要物质财富之一，目前全球已有汽车数亿辆，每年还生产约 5000 万辆（2005 年生产汽车约 4560 万辆）。汽车产业的快速发展带来了以下问题：第一，石油消耗大，每年耗油几亿吨，据估计，全球石油储量仅够 40 年消耗，以后怎么办？第二，油价在加快升高，每桶油价由 1986 年的 10.4 美元涨到 2006 年的 75.17 美元（见表3），大幅增涨的油价使人们负担沉重。第三，汽车排气污染大气，加重地球温室效应，南极、北极冰雪过多融化，也影响人的健康。

表 3 1983 ~ 2006 年油价变化

时 间	1983.6	1986	1990.10	1998.12	2002.6	2003.3	2004.10	2005	2006.4
价格/美元 · 桶$^{-1}$	30.38	10.42	40.46	10.72	24.29	37.78	55.17	61.57	75.17

面对此形势，人类必须加快寻找替代石油的能源。用电代油的电动车成为一种重要方向，我国“863”计划重大专项之一就是电动车研制。

电动车的发明并不晚于汽车，但电不像石油可用桶装。研究装电的桶——蓄电池，就成为电动车发展的关键，如何使电池有更大的蓄电能力一直是研究的重点。有了锂电池后，电池的蓄电能力前进了一大步。目前试验的电动车装电池数百千克，甚至上吨级，一次充电走约 200km，而价格高于一般汽车。也就是说，它存在两个重要问题，价格高和一次充电里程较少，总体上还未达到汽车要求的水平。但在化石能源渐趋枯竭的形势下，电动车、多能源的研究不能停，人们要不断研究使之完善。

4 进军轻型电动车市场

在汽车需要寻求替代能源的时候，我国“863”计划重大专项研究电动车的几年来，电动自行车(或称轻型电动车)很快为人们接受，并快速发展了起来(见表4)。电动自行车达到了用电做能源，不排气，对环境无污染，无噪声，节能，每百千米耗电仅1.5kW·h左右。

表4 1998年到2005年我国电动自行车数量统计[①]

年 份	1998	1999	2000	2001	2002	2003	2004	2005
车数/万辆	5.54	12.6	27.6	58	100	400	675.7	1200
年增长率/%		127	119	110	72.4	300	68.9	77.59

① 中国电动车网，2006.2。

在1998~2005年的7年中，我国电动自行车年增长率为70%~300%；多数为70%~120%，即每年约增加1倍，如此持续的大幅度增长，甚为少见。在北京市开放电动自行车准行之后，这项产业将得到政策的支持而有更大发展。

我国电动自行车2005年的工业产值已达到200亿元，利税约60亿元，相关的生产和服务就业接近100万人，国内销售约900万辆，出口约200~300万辆，产销量占全球的90%以上[2]。

电动自行车的迅猛发展，是人们接受电动车的标志，开启了电动车代替燃油车的坦途。电动车发展对锂电池提出了一个重要问题，当前电动自行车基本上都用铅酸电池，市面上还没有装锂离子电池的轻型电动车。技术较成熟的铅酸电池，由于铅的价格比较低(约1万元/t)，而且在近年来其技术又有很大提高，例如国际铅锌研究组织联合62家世界著名的厂家组织了一个先进铅蓄电池集团(ALABC)，7年内使铅蓄电池的能量密度提高近1倍，寿命(充电次数)由75次提高至800次，电池单价每千瓦时降低50%，更加强了铅电池的竞争力。其研究提高铅蓄电池性能见表5[3]。同时，国内铅电池研究也有进展。

表5 铅酸蓄电池7年内的发展

年 份	能量密度/W·h·kg^{-1}	充电时间/h	寿命/次	电池单价/美元·(kW·h)$^{-1}$
1992	25	8	75	200
1995	35	4	500	150
1999	45	0.5	800	100

比较锂离子电池和铅酸蓄电池的特点，可以看出锂电池的性能较好，比铅酸蓄电池能量密度约高3倍，寿命高0.5~1倍，而价格约为铅蓄电池的3倍。这些方面，价格是目前的主要问题。

现在锂电池如何能进入轻型电动车市场，可以考虑以下几个方面的措施。第一，充分发挥锂电池的特点，设计性能更高的轻型电动车。比如，装同样质量的电池，增大车的能力(充一次电的行驶里程、爬坡能力、载重能力)。第二，设计载人分别为1、2、3、4人的轻型电动车。第三，研究提高车的质量，降低价格。第四，加强销售措施，使它进入农村，走向国外。第五，要让锂电池电动车及早进入市场，经受市场的锻炼。

5 研究工作需不断加强

锂离子二次电池进入市场后，以其优越的性能，占领了电子器件用电池领域，同时也支持、促进了电子器件的发展。现在，轻型电动车已被人们广泛接受，铅酸电池起到很大作用。7 年来以每年增加近 1 倍的产销量在迅速发展，铅酸电池以其成熟的技术和较低的价格在现阶段占领了轻型电动车的阵地。

锂离子电池必须进入电动车市场，以提高其生命力，加强电动车发展的能力，为节约乃至部分代替石油作贡献。在此时期，锂电池要进入轻型电动车领域就要在车的设计上充分发挥锂电池的优越性能，加强研究，降低价格，使锂电池电动车性能高于铅酸电池车，并逐步向由 1 人车发展到 2 ~ 4 人车，向电动汽车发展。锂离子电池的研究工作要不断加强，除了提高锰酸锂性能，降低其价格外，还要研究新的电池材料，寻找容量更大、寿命更长、成本较低的新材料。

参 考 文 献

[1] Walter A V S, Bruno S. Advances in Lithium-lon Batteries [M]. New York: Kluwer Acadimic/Plenum 2002: 1.

[2] 张苏娅. 轻型电动车越做越大的新兴产业[N]. 经济日报, 2006-5-30(13).

[3] 万春荣. 先进电池与材料化学[J]. 电池, 2001, 31(2): 51 ~ 53.

锂离子二次电池材料及其器件发展动态[❶]

戴永年 李伟宏 杨 斌 马文会 易惠华

锂离子二次电池自1990年在日本SONY公司诞生以来，仅仅经历了16个春秋就发展到今天的水平，产量由1994年的0.12亿颗激增到2005年的23.5亿颗，应用领域从信息产业(移动电话、笔记本电脑)扩展到能源交通(电动自行车、电动公共汽车、电网调峰、太阳能、风能电站蓄电等)，再到陆军战车、潜艇、鱼雷、无人侦察机、卫星、飞船等军事用途，如此快的发展速度和广阔的应用领域使其成为近几年来发展最快的产业之一。在由Frost、Sullivan和LTC(Lithium Technology Corporation)进行的一项对二次蓄电池市场的研究认为，国家安全、交通运输和固定电源的应用将使蓄电池市场从2003年的3亿美元左右增长到2011年的21亿美元左右。

锂离子二次电池诞生后首先在移动电话和数码相机电池领域取代了MH-Ni电池和Ni-Cd电池，进入了一个高工作电压、低自放电率、无毒、无记忆效应的新时代。近年来世界性的能源危机以及环境问题的日益凸现，将锂离子电池推向了一个更为广阔的应用领域。作为动力电池需具有比能量高、比功率大、自放电少、工作温度范围宽、使用寿命长、安全性好等特点，要耐大电流充放电，某些用途还要求能够快速充电。从现在的发展情况来看，传统的铅酸电池比能量较低、比功率较低、寿命较短，难于满足电动汽车的性能要求，而锂离子动力电池比能量高(120~150W·h/kg)，比功率大(250~350W/kg)，循环寿命长(500~1000次)，能量密度已达到铅酸电池的3~4倍，成为当前电动汽车的首选电池。

1 锂离子电池正极材料

钴酸锂($LiCoO_2$)的研究最早开始于1980年，问世初期受到了全世界研究者的广泛关注，从而成为最早用于商品化锂离子电池的正极材料。$LiCoO_2$具有α-$NaFeO_2$型二维层状结构，适宜于锂离子在层间的嵌入和脱出，理论容量为274mA·h/g。在实际应用中，该材料电化学性能优异，热稳定性好，且初次循环不可逆容量小，实际可逆容量约为120~150mA·h/g。在过充电条件下，由于锂含量的减少和金属离子氧化水平的升高，降低了材料的稳定性。随着研究的深入，$LiCoO_2$材料在热稳定和安全性以及环保方面的缺陷无法忽视，同时由于近十年来$LiCoO_2$的大量需求、钴资源的大量开采，导致$LiCoO_2$价格不断攀升。在这种情况下，即使不考虑$LiCoO_2$在安全等方面的不利因素，仅从价格上看，电动车市场就无法接受一种价格如此高昂且资源紧缺的材料作为动力电池的关键材料。

与钴酸锂相比，尖晶石型锰酸锂的实际容量也略低，为100~120mA·h/g。从热稳定性看，接近完全脱锂状态的$Li_xMn_2O_4$中，$[Mn_2]O_4$结构很稳定。差示扫描热量(DSC)测试也表明，充电状态下的$Li_xMn_2O_4$分解温度在400℃，大大高于钴酸锂，而放出的热量远

---

❶ 本文发表于《中国科技成果》，2006，(22)：28~30。

远小于钴酸锂。

除了安全性能较好之外，锰酸锂材料的放电倍率性能也很好，可以用于大电流放电，5C 放电电流下容量保持率可达到 0.2C 放电电流下的95%；金属 Co 资源比金属 Mn 资源量少得多，储量仅为 Mn 的数千分之一，不可能供动力电池使用(见表1)；锰酸锂中金属成本为 3.24 美元/kW·h，而钴酸锂每千瓦时的金属成本为锰酸锂的 16 倍，达 48.50 美元，因此锰酸锂材料是一种适合应用于动力电池中的正极材料。

表1 $LiCoO_2$、$LiMn_2O_4$ 正极材料性能比较

名　称	$LiCoO_2$	$LiMn_2O_4$
理论比容量/$mA \cdot h \cdot g^{-1}$	274	148
实际比容量/$mA \cdot h \cdot g^{-1}$	120 ~ 150	100 ~ 120
工作电压/V	3.0 ~ 4.3	3.5 ~ 4.3
热稳定性	不良	良好
安全装置	必要	不要
环　保	不良	良好
世界储量/万 t	金属 Co 830	金属 Mn 4800000
年产量/万 t	金属 Co 3.85	金属 Mn 2387
材料中金属单耗/$kg \cdot (kW \cdot h)^{-1}$	1.22	1.08
金属单价/美元·kg^{-1}	48.50	3.00
金属成本/美元·$(kW \cdot h)^{-1}$	59.20	3.24

目前，国内钴酸锂的生产厂家主要有中信国安盟固利、湖南杉杉、青岛乾运高科等；锰酸锂的生产厂家主要有中信国安盟固利、湖南杉杉、云南汇龙、广州鸿森等，相信随着动力电池市场的进一步扩大，锰酸锂正极材料的销量一定还会增加。

虽然 $LiMn_2O_4$ 在原料供应量、原料成本、安全性、热稳定性等方面都优于 $LiCoO_2$，也开始使用于电动车，但是还应提高 $LiMn_2O_4$ 的性能，使之达到甚至超过"863"计划重大专项对锂离子电池性能指标的要求(见表2)。

表2 "863"计划电动汽车重大专项计划书对锂离子电池作为电动汽车动力应达到的性能指标[1]

性　能	参　数	性　能	参　数
质量比能量/$W \cdot h \cdot kg^{-1}$	>130	行驶里程/万 km	>10
功率密度/$W \cdot kg^{-1}$	>1600	电池工作温度/℃	-20 ~ 55
循环次数/次	>500		

注：实用的电动汽车动力电池要求其容量为 $10 \sim 10^3 kW \cdot h$。

2 锰酸锂进一步提高性能

锰酸锂的合成方法主要有固相合成法(高温固相合成法、微波合成法和固相配位反应法)、软化学法(溶胶-凝胶法、Pechini 法、水热合成法、共沉淀法和离子交换法)和熔融浸渍法。影响锰酸锂电化学性能的因素主要有锰的溶解、Jahn-Teller 效应和电解液分解。

目前对锰酸锂改性的方法主要有金属和非金属离子掺杂。研究表明对锰酸锂进行金属离子掺杂可显著抑制导致 $LiMn_2O_4$ 容量衰减的 Jahn-Teller 效应。在 $Li[Mn^{3+}Mn^{4+}]O_4$ 中，Mn^{3+} 极易引发 Jahn-Teller 效应，锰元素的平均化合价为 +3.5，是 Jahn-Teller 效应是否发生的转折点。通过减少材料结构中的 Mn^{3+} 离子，可以抑制 Jahn-Teller 效应的发生，达到部分改善材料性能的目的。+2、+3 等低价金属离子的掺杂，可以降低 Mn^{3+} 的相对含量，抑制 Jahn-Teller 效应，减少 Mn^{3+} 歧化溶解的可能性。M—O 键的键能（M ═Co、Cr 和 Ni 等）较 Mn—O 键大，使尖晶石结构更加稳定的同时，弱化了部分 Li—O 键的相互作用，提高了锂离子在电极中的化学扩散系数，循环性能得到改善。在非金属离子掺杂方面，关勇辉等[2]研究发现 $LiMn_2O_{3.96}F_{0.04}$ 较 $LiMn_2O_4$ 的容量与循环寿命都有较大改善，首次放电容量 113mA · h/g，经 150 次和 300 次循环之后容量衰减为 90mA · h/g 和 80mA · h/g。此外稀土元素掺杂对改善 $LiMn_2O_4$ 容量和循环稳定性也有一定的作用。

在今后一段时间里，锰酸锂方面的研究工作将主要集中于提高其循环寿命、提高与电解液相容性等方面。

3 性能较优的磷酸铁锂（$LiFePO_4$）

嵌锂橄榄石型 $LiMPO_4$（M ═Mn、Fe、Co、Ni）正极材料自 1996 年起引起人们的注意，研究者们先后对 $LiMnPO_4$、$LiNiPO_4$、$LiCoPO_4$ 等都进行了研究，但效果均不如 $LiFePO_4$。近年来 $LiFePO_4$ 的研究取得了较大进展，实际放电比容量已达到 150mA · h/g，接近理论容量（170mA · h/g）。通过掺杂小粒径、高比表面颗粒的制备及导电材料的复合，使得在 4C 的大电流下，放电比容量可达到 120mA · h/g。从比容量和电流密度来看，$LiFePO_4$ 作为锂离子电池的正极材料已经可以满足不少大型电池的要求。该材料的优点是无毒、对环境友好、原材料丰富、安全性能非常优越以及常温低倍率放电循环性能好，低温在 -20℃ 可保持 77% 的容量（0.1C 放电）。

磷酸铁锂的生产方法主要有高温固相合成法、低温液相合成法、液相共沉积法、水热合成法、微波合成法。其中高温固相合成法工艺简单，制备条件容易控制，易于实施工业化。

为了进一步提高 $LiFePO_4$ 在大电流密度下的充放电效率，提高其导电能力，目前常用的改性方法是制备粒径较小的 $LiFePO_4$，以及添加导电材料和进行掺杂实验。

以碳作为导电材料进行添加的改性方式也分为两种，即碳掺杂和碳包覆。此外还可以利用高价态金属离子（如 Mn、Co、Ni、Al、Ti 等）进行掺杂，合成 $LiFeMPO_4$（M ═Mn、CO、Ni、Al、Ti）型化合物，以增加纯态 $LiFePO_4$ 的离子电子传导性能，但是导电材料添加种类以及添加量的配比还有待进行进一步研究。

美国的 Valence 公司已经实现了 $LiFePO_4$ 正极材料的稳定批量生产，国内清华大学、浙江大学等科研单位也在这方面做了大量的科研工作，但目前还没有形成规模生产。

锂离子电池材料方面的研究工作还要不断深入、不断加强，研究出更多适合动力电池的先进材料。

4 推动轻型电动车产业的发展

轻型电动车具有节能、零污染、零排放、噪声低等优点：据测算，一辆轻型电动车百公里耗电只有 1.5kW · h 左右，以年行驶 1 万 km 计算，全年电费大约只有 90 元；目前轻型电动车的电池回收率可以达到100%，原料的回收利用率可以达到97.7%。从中国新型的城市综合交通体系要求来看，轻型电动车成为昂贵的轿车和拥挤的公交车的较理想的替代品和补充品，既有利于解决日益紧张的燃料和环保问题，又能从一定程度上缓解各城市普通存在的交通拥挤问题。2005年，全国各种轻型电动车的总产量预计已超过1200万辆，其中出口约200～300万辆，实现工业产值200亿元，利税约60万元，相关的生产和服务领域的就业接近100万人。自1998年以来，我国电动自行车产量每年增长近1倍（见表3），目前，中国轻型电动车产销量已经占到全球的90%以上，预计2006年产销量可达到1500万辆以上[3]。这种形势表明人民已接受了电动车，对电动车发展有里程碑式的意义，为今后电动车的发展开拓了广阔的道路。

表3　1998年到2005年我国电动自行车数量统计

年　份	1998	1999	2000	2001	2002	2003	2004	2005
车数/万辆	5.54	12.6	27.6	58	100	400	675.7	1200
年增长率/%		127	119	110	72.4	300	68.9	77.59

注：数据来源于中国电动车网，2006.2。

随着轻型电动车普及率的提高，消费者对电动车性能的要求也在提高。现行标准对电动车的要求是最高时速不超过20km、质量不超过40kg、宽度不超过220mm，但消费者认为这一标准已无法满足其生活和出行的需要，因此一度出现了标准款电动车门可罗雀、豪华款电动车大行其道的现象，这不仅对电动车、更是对车载电池提出了更高的性能要求[4]。在这种情况下，传统的铅酸电池已无法满足市场对电动车提出的质量轻、一次续驶里程长、时速快等要求。因此锂离子电池必须尽快进入电动车市场，提高车的性能（如续驶里程等），提高其生命力、加强电动车行业发展的能力，同时还要在车的设计上多做文章，设计出能够充分发挥锂离子电池性能的车型，不断降低价格，使锂电池电动车性能明显高于铅酸电池车，并逐步由1人的轻型电动车向2～4人的微型电动汽车发展。

印度就出现了一种简易的4轮电动车，每次充电可行驶60km，最高时速65km，当地政府对这种新型交通工具也大为支持，已将此车作为四轮脚踏车注册，外销和在当地的销售都比较受欢迎。该车在印度的售价为6860美元，出口到英国后售价13230美元，2005年共生产了1600辆，约半数运到欧洲出售。

锂离子动力电池和锂电池电动车的工作才刚刚开始，我们要不断加强对现有锰酸锂、磷酸铁锂等材料的研究进度，不断降低材料价格、提高循环寿命，同时寻找容量更大性能更好的新型材料应用于电动汽车产业。

参 考 文 献

[1] 国家科技部“863”计划“电动汽车重大专项计划”.

[2] 关勇辉，解晶莹，等. Mg^{2+}/F^-掺杂Li-Mn-O基尖晶石的结构与电化学性能研究. 第十二届中国固态离子学学术会议.

[3] 张苏娅. 轻型电动车越做越大的新型产业. 经济日报，2006-5-30(13).

[4] 张笑，袁顺. 豪华款电动车霸道昆明—专家呼吁出台新标规范使用. 生活新报，2006-8-23(B59).